HANDBUCH FAHRRAD UND E-BIKE

MICHAEL LINK

INHALT

01 Der Einstieg Seite 6

12 Das Fahrrad heute — 13 Steigende Fahrleistung — 13 Komfort und Ergonomie — 14 Schrittlänge ermitteln — 15 Federung am Fahrrad — 17 Den Fahrkomfort verbessern — 17 Preis und Qualität — 18 Komponenten machen das gute Fahrrad teuer — 19 Das Gewicht — 20 Was sollte welches Rad wiegen? — 20 Zulässiges Maximalgewicht — 21 Preisklassen 21 Preisklassen konventioneller Fahrräder — 22 Preisklassen Pedelecs — 23 Die Knackpunkte

02 Evolution der Fahrradtypen Seite 24

26 Fahrradtypologie — 26 Das Trekkingrad — 29 Das Cityrad – der Tiefeinsteiger — 31 Urban Bikes — 34 Crossräder — 35 Mountainbikes (MTB) — 42 Reiseräder — 47 Rennräder — 50 Gravelbikes — 52 Cyclocross-Räder — 53 Fitnessräder — 54 Single Speed / Fixies — 54 Hollandräder — 55 Falträder — 60 Kompaktbikes — 61 Lastenräder — 72 Tandems — 75 Liegeräder, Dreiräder, Spezialräder — 78 Fahrräder für Menschen mit Behinderung — 80 Kinder- und Jugendräder — 81 Worauf kommt es denn nun an?

03 Rahmen Gabel Lenker Vorbau
Seite 82

84 Der Rahmen — 84 Bestandteile eines Rahmens — 84 Rahmenformen — 88 Das Rahmenmaterial — 94 Farbe auf den Rahmen — 95 Die Rahmengeometrie — 97 Rahmengeometrie und Sitzhaltung — 99 Lenker, Steuersatz, Vorbau — 99 Klassischer Gewindesteuersatz — 99 Gewindelose Steuersätze – Das Ahead-System — 100 Höhenverstellbare Vorbauten — 100 Gefederte Vorbauten am Rennrad — 101 Der Fahrradlenker — 104 Die Fahrradgabel — 104 Starre Gabeln — 104 Federgabeln — 107 Federgabel nachrüsten

04 Laufräder Felgen Speichen Naben
Seite 108

110 Laufräder — 112 Felgen — 112 Felgenmaterial — 113 Kastenfelgen — 113 Hohlkammerfelgen — 113 Felgen mit Ösen — 113 Tubeless-Felgen — 114 Carbonfelgen — 114 Felgenband — 115 Nabe und Speichen — 116 Die Schnellspanner — 116 Steckachsen — 116 Die Speichen — 117 Der Kampf ums Gewicht — 118 Besondere Speichen-

201

192

132

52

formen und Maximalgewicht des Fahrrads — 118 Reifen und Schlauch — 119 Reifentypen — 121 Pannensicherheit von Reifen — 121 Der Luftdruck muss stimmen — 122 Gummi und Profil sorgen für gute Haftung — 123 Reifengrößen — 124 Reifen und Felgen — 124 Der passende Schlauch — 124 Welches Ventil darf es sein? — 125 Unterschiedliche Ventillängen

05 Antrieb Schaltung Pedale Seite 128

130 Kette, Riemen und Kettenblätter — 131 Riemen oder Kette? — 132 Kettenschaltung und Getriebeschaltung — 132 Die Kettenschaltung — 134 Schaltertypen — 136 Umwerfer — 136 Das Schaltwerk — 137 Einsatzbereich der Kettenschaltung — 138 Vergleich: Schaltung am Rennrad, Mountainbike und Citybike — 140 Vor- und Nachteile einer Kettenschaltung — 141 Die Getriebe- bzw. Nabenschaltung — 142 Riemen statt Kette — 143 Das Pinion-Getriebe — 144 Das Enviolo-Getriebe — 146 Einsatzbereiche von Nabenschaltungen — 146 Pedale — 147 Plattformpedale — 147 Links- und Rechtsgewinde — 147 Klick- und Kombipedale 148 E-Bikes und Pedelecs: Antrieb mit Strom — 148 Motor, Akku, Steuergerät und Sensoren — 149 Pedelecs und Schaltungen —150 Vor- und Nachteile von Pedelecs — 150 Der Akku — 152 Kapazität eines Akkus — 152 Reichweite eines Akkus — 153 Akkuhersteller — 154 Aufladen und Ladezeiten von Akkus — 154 Pflege, Lebensdauer und Kosten von Akkus — 156 Design der Akkus — 156 Motoren an E-Bikes — 157 Was macht eigentlich ein Pedelecmotor? — 157 Motorunterstützung für welchen Zweck? — 158 Unterschiede in der Motorcharakteristik — 159 Mittelmotoren, Nabenmotoren, Vorderradmotoren — 161 Sensoren und Steuerungssysteme — 162 Motoren und Steuerungseinheiten — 163 Welcher Antrieb soll es denn nun sein? — 163 Displays und Vernetzung mit dem Smartphone — 165 Umrüsten zum E-Bike — 166 Händler trägt beim Umbau das Risiko — 166 Höhere Belastung — 168 Bremsen am nachgerüsteten Pedelec — 170 Wie teuer darf das E-Bike sein? — 170 Sonderangebote ab 1600 Euro — 170 Mittelklasse ab 2000 Euro — 171 Oberklasse ab 3000 Euro

06 Sattel Sitz und Licht Seite 172

174 Weiche Polsterung oder harte Schale? — 175 Wie finde ich den richtigen Sattel? — 176 Der passende Sattel – das Material — 177 Die korrekte Sattelstellung — 178 Gefederte Sättel — 179 Sattelstützen — 181 Es werde Licht – Dynamos 181 Nabendynamos — 183 Scheinwerfertechnik — 185 Batterie- und Akkuleuchten — 185 Akkuleuchten im Test — 186 MonkeyLink — 186 Leuchten an E-Bikes — 187 Reflektoren

07 Anbauten: Bremsen Gepäckträger & Co. Seite 188

190 Bremsen – 190 Felgenbremsen – 193 Scheibenbremsen 194 ABS und Scheibenbremsen – 196 Nabenbremsen – 197 Bremshebel – 198 Gepäckträger – 198 Mitbestellen oder später anbauen? – 199 Das Gepäckträgermaterial – 200 Zubehör – 200 Schutzbleche – 202 Die Klingel – 202 Fahrradstützen – 203 Getränkehalter – 204 Fahrradanhänger – 204 Kinderanhänger – 206 Tandemstangen – 207 FollowMe – 207 Kindersitze – 207 Kindersitze am Fahrrad müssen nicht teuer sein –208 Kindersitze für vorn und hinten – 209 Das Fahrrad als digitales System – 209 Fahrradcomputer – klein und praktisch – 211 Das Smartphone als Steuerzentrale – 211 Smartphone unterwegs aufladen – 212 Der Kontrollbildschirm: Bordcomputer am E-Bike

08 Zubehör: Helme Schlösser Taschen Kleidung Seite 214

216 Fahrradhelme – 219 Gute Helme müssen nicht teuer sein – 219 Hövding – der Airbag für den Kopf – 220 Fahrradschlösser – 221 Stoffschlösser – 222 Taschen und Rucksäcke – 222 Schon für 26 Euro gut unterwegs – 225 Vorderradtaschen – 225 Lenkertaschen, Oberrohrtaschen – 226 Bikepacking – 226 Bekleidung und Schuhe – 227 Über Funktionskleidung – 228 Das Zwiebelprinzip – 228 Hosen, Trikots – 229 Fahrradschuhe – 230 Regenschutz – 232 Fahrradhandschuhe – 232 Modische Fahrradbekleidung – 233 Sonstige Accessoires – 234 Luftpumpen – 235 Werk- und Flickzeug

09 Kauf und Wartung Seite 236

238 Wo kaufe ich ein? – 238 Fahrräder online kaufen – 239 E-Bikes online kaufen – 240 Gebrauchte E-Bikes kaufen – 241 Bikefitting – 242 Das eigene Fahrrad vermessen lassen – 243 Die Methode Sitzprobe – 243 Versicherung, Codierung – 244 Teure Fahrräder versichern – 244 Das Fahrrad codieren – 246 Dienstfahrrad und Leasing – 246 Ein Fahrrad mieten – 248 Fahrradpflege – 250 Die wichtigsten Verkehrsregeln für Radfahrer – 252 Regeln für Pedelecs – 252 Beleuchtung – Vorschriften fürs Fahrrad – 252 Fahrradtransport – 254 Heckklappenträger schlechter als Kupplungsträger – 254 Dachträger erhöhen den Spritverbrauch – 254 Maximalgewicht nicht überschreiten – 254 Fahrradkoffer und -taschen

10 Service Seite 256

258 Glossar – 263 Onlineshops /-versender – 266 Register – 271 Bildnachweis

Symbol-Legende

Um gezielte Informationen schon auf einen Blick erhalten zu können, befinden sich neben dem Text vier verschiedene Symbole, die Kernaussagen zu bestimmten Bereichen aufzeigen. Nachstehend finden Sie diese Zeichen wie folgt aufgeschlüsselt.

Dieses Symbol zeigt Eckpunkte auf, die bei einem Kauf beachtenswert sind.

Die steigende Anzahl folgender Symbole weist auf das ansteigende Niveau im jeweiligen Bereich hin:

Preis

Gewicht

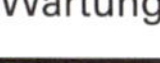

Wartung

01

DER EINSTIEG

Verstopfte Innenstädte, keine Parkplätze, Fahrverbote: Deutschlands Städte ächzen unter dem Autoverkehr und der schlechten Luft. Die Klimaveränderung führt den Menschen täglich vor Augen, dass Mobilität umweltfreundlicher werden muss. Viele haben das verstanden, das Fahrrad erlebt einen regelrechten Boom.

40
39
32
35
25
27
24
28
30
36
7
29
2
31
36
3
8
38
1
35
21
4
37
38
34
33
18
23
6
14
5
42
17
19
15
16
26
20
13
25
22
9

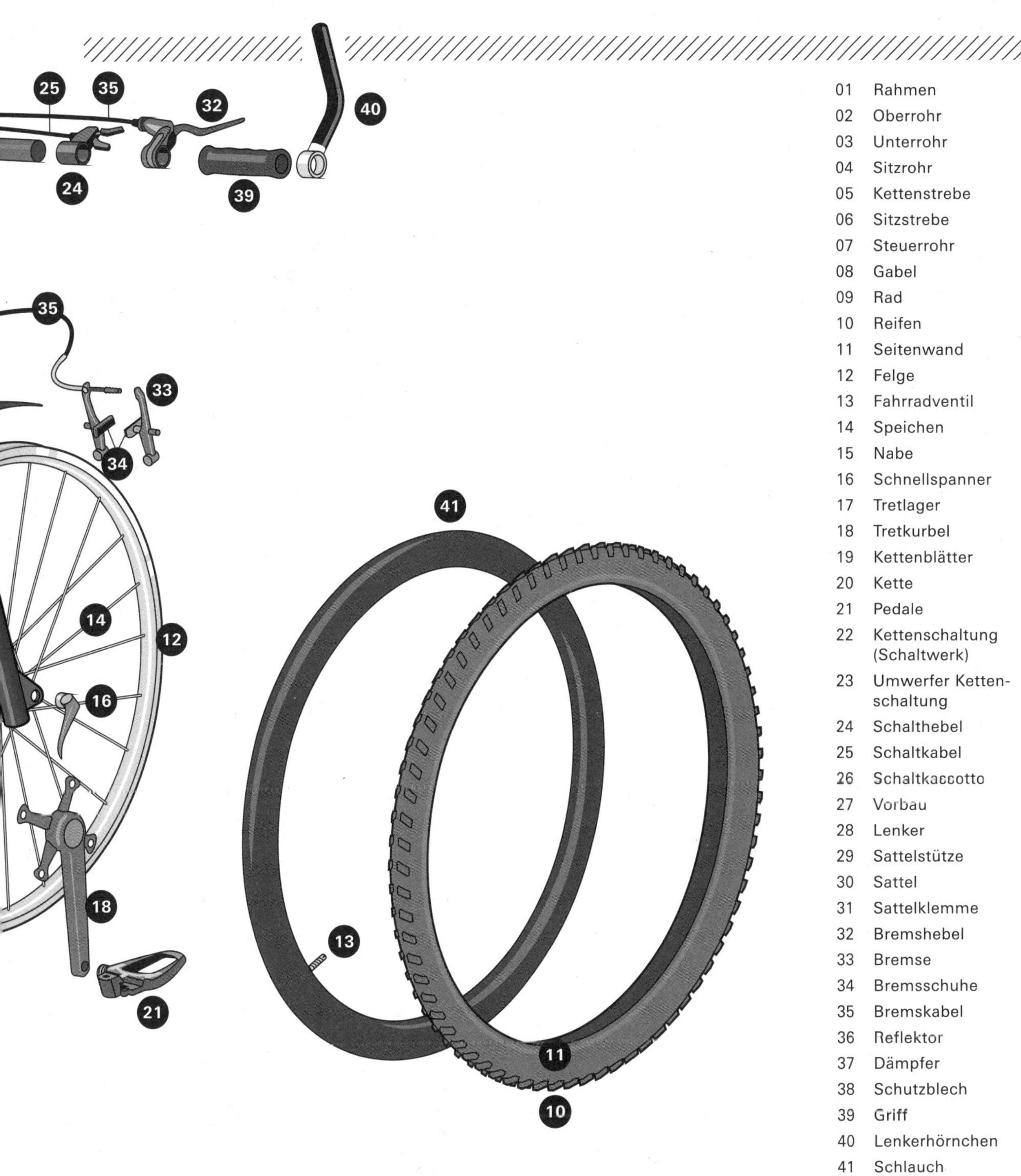
01 Rahmen
02 Oberrohr
03 Unterrohr
04 Sitzrohr
05 Kettenstrebe
06 Sitzstrebe
07 Steuerrohr
08 Gabel
09 Rad
10 Reifen
11 Seitenwand
12 Felge
13 Fahrradventil
14 Speichen
15 Nabe
16 Schnellspanner
17 Tretlager
18 Tretkurbel
19 Kettenblätter
20 Kette
21 Pedale
22 Kettenschaltung (Schaltwerk)
23 Umwerfer Kettenschaltung
24 Schalthebel
25 Schaltkabel
26 Schaltkassette
27 Vorbau
28 Lenker
29 Sattelstütze
30 Sattel
31 Sattelklemme
32 Bremshebel
33 Bremse
34 Bremsschuhe
35 Bremskabel
36 Reflektor
37 Dämpfer
38 Schutzblech
39 Griff
40 Lenkerhörnchen
41 Schlauch
42 Tretlagergehäuse

Trike

Reiserad/Mountainbike-Kreuzung

Hollandrad

E-Citybike als Tiefeinsteiger

Kompaktes Lastenrad

Geräumiges E-Cargobike

Faltbares E-Bike

Faltrad

Trekkingbike

Kompaktes Faltrad
Tandem-Reiserad
Urban E-Bike
Zweispuriges Lastenrad
Reiserad
E-Mountainbike
Downhill-Mountainbike
Stahlrahmen-Rennnrad
Lastenrad

Das Fahrrad heute

Der Preis ist nicht entscheidend

Die Kunden sind durchaus bereit, für Qualität mehr Geld auszugeben. Nicht zuletzt aufgrund des wachsenden E-Bike-Anteils am Gesamt-Fahrradmarkt ist der Durchschnittspreis eines Fahrrads in den vergangenen Jahren gestiegen. Waren es 2018 noch 756 Euro, so kletterte die Marke 2019 auf 982 Euro. Interessant ist auch, dass das Fahrradleasing-Geschäft zunimmt. Tipps dazu finden Sie am Ende dieses Buches (siehe Seite 246). Viele Arbeitgeber bieten es über eine Gehaltsumwandlung an – das macht sich bei den Fahrrädern im hochpreisigen Sektor bemerkbar. Das Leasing wiederum stärkt den Fachhandel im Wettbewerb mit dem Onlinehandel. Beratung und Service, gerade bei den teureren E-Bikes, sind gefragt.

Verkaufszahlen
in Millionen Einheiten

Jahr	Fahrräder	E-Bikes
2017	3,13	0,72
2018	3,20	0,98
2019	2,95	1,36

Quelle: ZIV

In Großstädten nutzen es immer mehr Menschen für ihren Weg ins Büro oder zur Kita, Schule oder zum Einkaufen. Die E-Bikes unterstützen diese Entwicklung. 1,36 Millionen E-Bikes wurden 2019 in Deutschland verkauft. Fast jedes dritte der 4,31 Millionen verkauften Fahrräder verfügte damit über einen Elektromotor.

Und das hat einen Grund: Bei einer Umfrage der Stiftung Warentest im Juni 2020 mit 10 000 Teilnehmern gaben 57 Prozent an, ein Elektrofahrrad gekauft zu haben, weil das Fahren damit Spaß mache. Ganze 84 Prozent sagten gar, sie würden mit dem Elektrofahrrad mehr fahren als zuvor mit einem konventionellen Fahrrad. Und von der Coronakrise haben die Fahrradgeschäfte sogar profitiert, berichtete die Süddeutsche Zeitung Anfang Mai 2020. Zunächst war der Andrang auf die Fahrradgeschäfte vor allem in Berlin zu spüren – denn hier waren die Fahrradläden von Anfang an nicht geschlossen worden. „Anfang März sah es nach einem kleinen Einbruch aus, aber dann lief der Verkauf sehr gut", heißt es etwa beim Lastenrad-Experten Velogut in der Hauptstadt. Andere Händler bestätigen diesen Eindruck.

Bundesweit waren die meisten Geschäfte jedoch geschlossen. Während die Zweirad-Einkaufs-Genossenschaft (ZEG), Europas größter Zweirad-Fachhandelsverband mit mehr als 1 000 Mitgliedern, Mitte März noch eine Talfahrt befürchtete, sah es im Mai schon wieder anders aus. Denn mit der Wiederöffnung der Geschäfte wurden den Händlern die Fahrräder förmlich aus den Händen gerissen. „Die verlorenen Umsätze sind schon jetzt wieder vielfach ausgeglichen worden" erklärte Verbandschef Georg Honkomp der Süddeutschen Zeitung in einem Interview im Mai.

Das Fahrrad ist in, und der Verbraucher steht vor einem erfreulichen Dilemma: Wer sich ein neues Fahrrad oder E-Bike kaufen will, der sieht sich einer schier unüberschaubaren Auswahl an Modellen und Typen gegenüber. Neben den großen Anbietern wie Derby-Cycles, Hercules, Bulls, Cube, Böttcher, Viktoria, Patria oder E-Bike-Spezialisten wie Flyer gibt es Dutzende kleinerer Hersteller mit sehr findigen und interessanten Eigenentwicklungen. Gerade im wachsenden Segment der E-Bikes tummeln sich viele Start-ups und kleine Firmen mit innovativen Produkten und Lösungen. Dazu kommen immer neue Elektromotoren von verschiedenen Herstellern und eine Fülle unterschiedlicher Rahmen, Schaltungen und Materialien.

Um hier die Spreu vom Weizen trennen zu können, um „preiswerte" Qualität vom billigen Massenprodukt zu unterscheiden, ist es gut, ein bisschen Bescheid zu wissen. Und genau dazu will Ihnen dieses Buch eine Hilfe sein.

STEIGENDE FAHRLEISTUNG

Parallel zum wachsenden Markt der E-Bikes nimmt auch die durchschnittliche Kilometerleistung zu, die in Deutschland mit dem Fahrrad zurückgelegt wird. Nach Erhebungen des Infas-Instituts (Studie „Mobilität in Deutschland", 2019) fuhren im Jahr 2002 alle Deutschen zusammen täglich 82 Millionen Kilometer mit dem Fahrrad. 2017 waren es schon 112 Millionen Kilometer pro Tag.

„Die mit dem Fahrrad zurückgelegten Wege und Kilometer haben im Vergleich zu anderen Verkehrsmitteln überproportional stark zugenommen", heißt es in der Studie. In Hamburg stiegen die Zahlen von 9 auf 15 Prozent, in Berlin von 8 auf 15 Prozent, in Bremen von 18 auf 21 Prozent. Beim Nahverkehr hat also ein Umdenken in der Mobilität begonnen. Wer täglich fünf Kilometer mit dem Rad zur Arbeit fährt, kann sich zudem ein gesundes ökologisches Gewissen attestieren: Er spart im Durchschnitt pro Jahr 310 Kilogramm CO_2-Emissionen. Ärzte weisen außerdem darauf hin, dass Fahrradfahren die Nerven schont – auch weil es keinen Lärm macht –, es verringert die Anfälligkeit für koronare Herzerkrankungen, stärkt das Immunsystem, verbessert die Funktion der Atemwege und hilft bei Rückenleiden. Ja, und Radfahren fördert die Kreativität – Einstein soll auf dem Fahrrad seine besten Ideen gehabt haben.

Umsatz in der Fahrradindustrie

Jahr	Umsatz
2017	2,72 Mrd. Euro
2018	3,16 Mrd. Euro
2019	4,23 Mrd. Euro

Quelle: ZIV

Komfort und Ergonomie

Der erste Schritt zum Komfort auf dem Fahrrad liegt darin, die passende Größe zu finden. Traditionell messen die Hersteller die Länge des Sitzrohrs von der Tretlagermitte bis zur Oberkante des Sitzrohrs. Ein „56er-Rahmen" bedeutet demnach, dass die Entfernung Tretlagermitte–Oberkante Sitzrohr 56 Zentimeter misst. Manche Anbieter messen allerdings auch von der Tretlagermitte bis zur Oberkante des Oberrohrs oder zur Mitte des Oberrohrs. Um die Dinge noch mehr zu verwirren, verkaufen einige Hersteller ihre Rahmen zudem mit den von Kleidung her bekannten Größenbezeichnungen wie S, M, L oder XL. Immerhin wird dann angegeben, welchen Körpermaßen diese Angaben entsprechen.

Bildlich kann man sich die Sitzposition und den Komfort auf einem Fahrrad ganz gut mit einem Dreieck vorstellen, das aus Sattelposition, Tretlager und Lenker gebildet wird (siehe Grafik rechts).

Ist das Dreieck eher nach hinten geneigt, sitzt man aufrecht. Ein Beispiel dafür sind Hollandräder, aber auch viele Citybikes bieten diese Haltung. Das Körpergewicht ruht fast ausschließlich auf dem Gesäß und den Füßen. Die Belastung für die Hände ist gering – die Wirbelsäule sackt bei vielen Radlern aber nach kurzer Zeit zusammen.

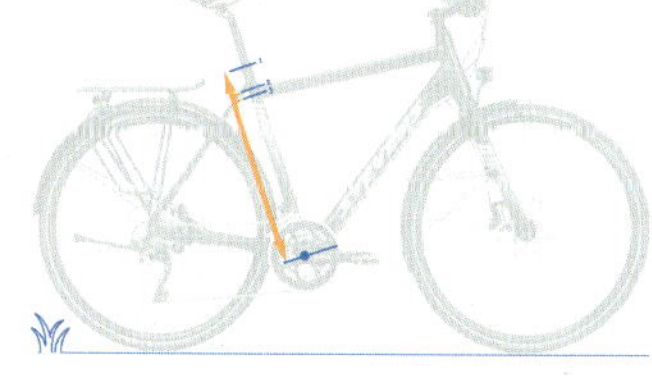

Sitzrohrlänge: Mitte Tretlager bis Oberkante Sitzrohr

Sitzdreieck aus Sattel, Tretlager, Lenker

Die unterschiedlichen Sitzhaltungen in Abhängigkeit vom Fahrradtyp: auf einem Hollandrad (1), einem Cityrad (2), einem Trekkingrad (3) und einem Rennrad (4)

Ist das Dreieck eher nach vorn geneigt, sitzt man etwas sportlicher auf dem Fahrrad. Auf Trekkingrädern ist der Körper etwa zwischen 30 und 60 Grad geneigt. Rücken und Wirbelsäule werden entlastet, die Hände müssen mehr Gewicht tragen, auch Nacken und Schultern sind stärker belastet. Das kann Training erfordern.

Neigt sich das Dreieck stark nach vorn, hat man eine sehr sportliche Sitzhaltung, wie sie auf Rennrädern üblich ist. Sie bietet eine sehr gute Kraftübertragung, Nacken, Schultern und Rumpf werden allerdings stark beansprucht. Gerade die Nackenüberstreckung beim Blick nach vorne kann bei untrainierten Fahrern zu Schmerzen führen.

SCHRITTLÄNGE ERMITTELN

Ermitteln Sie Ihre persönliche Schrittlänge. Klemmen Sie sich dazu barfuß und aufrecht stehend ein Buch oder ein Lineal möglichst hoch zwischen die Beine und messen Sie den Abstand vom Boden bis zur Oberkante des Buches oder des Lineals. Leichter geht das Messen mit einem Helfer. Viele Fahrradhersteller haben auf ihren Webseiten Rechner, die mit dieser Schrittlänge die passende Fahrradgröße „ausspucken".

Weil sich die Rahmen je nach Fahrradtyp – Mountainbike, Fitnessrad, Trekkingrad – etwas unterscheiden, bieten manche Hersteller auch Rechner mit unterschiedlichen Multiplikationsfaktoren an, die auf ihre hauseigenen Angebote zugeschnitten sind. So wird zum Beispiel beim Versender Rose die Schrittlänge für ein Trekkingrad mit dem Faktor 0,61 multipliziert, für ein Rennrad mit 0,66. Bei einer Schrittlänge von 90 cm ergibt das für ein Trekkingrad einen 55er- oder 56er-Rahmen, für ein Rennrad einen 60er-Rahmen. Nicht alle Versender setzen hier aber den gleichen Multiplikationsfaktor an – beim Versender Fahrrad XXL zum Beispiel käme für die gleiche Schrittlänge bei einem Trekkingrad die Rahmengröße 57–61 cm heraus. Im Zweifelsfall hilft ein Anruf im Servicecenter des Versenders. Liegt die ermittelte Rahmengröße zwischen zwei Maßen, so gilt: Ein kleinerer Rahmen ist eher für eine sportliche

Sitzposition geeignet, der größere bietet eine entspanntere Sitzhaltung. Die ermittelte Größe sollte man aber eher als Richtwert betrachten, der je nach individueller Körpergröße etwas variieren kann. Im Zweifelsfall fragt man bei Servicemitarbeitern nach. Der Autor elbst hat die Erfahrung gemacht, dass ihm der 58er-Rahmen eines Gravelbikes perfekt passte, obwohl er bis dahin nur 60er- oder 61er-Größen gefahren war. Das Beratungsgespräch beim Versender war sehr verlässlich.

Die passende Rahmengröße für Trekking- und Mountainbikes nach Körpergröße lässt sich auch mit den Tabellen hier unten errechnen.

FEDERUNG AM FAHRRAD

Vor einigen Jahren noch wurden kaum Trekkingfahrräder ohne Vorderradfederung verkauft. Gerade im Billigsektor war diese Ausstattung aber eher ein Marketing-Gag als wirksame Hilfe. Einfache Federgabeln verschleißen schnell oder werden undicht, die verrosteten Exemplare an Fahrradabstellanlagen zeugen oft vom beklagenswerten Zustand der vermeintlichen Komfortbringer.

Gute Federgabeln für ein Trekkingrad kosten ab 150 Euro. Einen viel preiswerteren Komfortgewinn für den Alltagsgebrauch erzielt man mit einer Starrgabel und einem etwas breiteren Reifen ab etwa 35 Millimetern. Breite Reifen können mit weniger Luftdruck gefahren werden, dadurch dämpfen sie Unebenheiten besser. An sportlichen Fahrrädern reichen 28 Millimeter Breite, an City- und Trekkingbikes können sie auch

Fahrradgröße nach Körpergröße ermitteln

TREKKINGBIKE

Körpergröße in cm	Rahmengröße in cm	Rahmengröße in Zoll
150–160	42–47	16,5–18,5
160–170	47–52	18,5–20,5
170–175	52–54	20,5–21,5
175–180	54–56	21,5–22,0
180–185	56–58	22,0–23,0
185–190	58–60	23,0–23,5
190–195	60–63	23,5–25,0
ab 195	ab 63	ab 25,0

MOUNTAINBIKE

Körpergröße in cm	Rahmengröße in cm	Rahmengröße in Zoll
150–155	33–36	13,0–14,0
155–160	35–38	14,0–15,0
160–165	38–40	15,0–16,0
165–170	42–45	16,5–17,5
175–180	44–47	15,5–18,5
180–185	46–49	18,0–19,5
185–190	49–52	19,5–20,5
190–195	51–56	20,5–22,0
ab 195	ab 56	ab 22

Quelle: Fahrrad XXL

1 Komfort mit einem Breitreifen

2 Profilreifen am Tourenrad dämpfen

3 Vollgefederte Mountainbikes mit breiten Reifen bieten viel Fahrkomfort.

Federgabel für gesteigerten Komfort – gerade im Gelände

bis 40 Millimeter breit sein. Viele Fahrradhersteller setzen in jüngster Zeit auf diesen Trend.

Ansonsten findet man an Crossrädern sehr oft Federgabeln und vor allem an Mountainbikes Vollfederungen. Bei diesen sind auch die Hinterräder gefedert. Diese Modelle nennen sich „Fullys". Dafür wurde die Rahmengeometrie zum Teil stark verändert. Die Kräfte werden je nach Hersteller über unterschiedliche Hebelsysteme umgelenkt. Das kann von einer einfachen Federung unterhalb des Oberrohrs bis hin zu einem aufwendigen Hebelmechanismus über mehrere Gelenke reichen.

Im Prinzip verhält es sich aber so: Jedes Gelenk trägt dazu bei, dass der Rahmen weniger steif ist. Beim Bergauffahren oder im Wiegetritt (auf den Pedalen stehend) muss man daher die Federung abstellen können, um nicht zu viel Kraft zu verlieren. Zudem wiegen diese Räder mehr als ungefederte Modelle, sie sind aufwendiger zu warten und zu pflegen.

Auch an Rennrädern haben in jüngster Zeit Federelemente am Vorder- und Hinterrad Einzug gehalten. Der US-Hersteller Specialized nennt sein System, das etwa 20 Millimeter Federweg an der Gabel ermöglicht, „Future Shock". Trek hingegen nennt es „IsoSpeed". Bei Trek bewegt sich der Hinterbau gar etwas, weil das Sitzrohr in einem Kugelgelenk mit dem Oberrohr verbunden ist.

Auch das Rahmenmaterial beeinflusst den Komfort am Fahrrad. Stahlrahmen sind elastischer und nachgiebiger als Aluminiumrahmen und fahren sich deutlich angenehmer. Das trifft ebenso auf Titan zu, Carbonrahmen federn leichte Stöße und Schwingungen gleichfalls ab.

02

EVOLUTION DER FAHRRAD-TYPEN

Preise anheben. Hinzu kommen ausgefeiltere elektronische Steuersysteme und Displays. Modelle für Wochenendausflüge und Touren.

- Ab 4000 Euro: Hier beginnen die Pedelecs für die großen Touren, höchst solide gefertigte Modelle mit stufenlosen Nabenschaltungen, Riemenantrieb, gefederten Sattelstützen, den kräftigsten Motoren und neuesten Steuerungssystemen. Wenn Sie jeden Tag 30, 40 Kilometer zur Arbeit fahren, dann ist das Ihre Preisklasse. 

DIE KNACKPUNKTE

Wenn Sie Freude an Ihrem neuen Fahrrad haben wollen, leisten Sie sich den Luxus und suchen sich mit Geduld das für Sie passende Bike aus. Fragen Sie sich zunächst ernsthaft, wozu Sie Ihr neues Gefährt hauptsächlich einsetzen wollen und besuchen mit dieser Maßgabe im Kopf verschiedene Fachgeschäfte.

Vor Ort probieren Sie dann unterschiedliche Modelle aus und machen auf jeden Fall Probefahrten. Oftmals sind es Kleinigkeiten, die den Unterschied ausmachen – ein besser passender Lenker, leichter erreichbare Handgriffe, ein angenehmerer Sattel, ergonomische Griffe, geringeres Gewicht. Unter Umständen fällt ein und dieselbe Rahmengröße bei verschiedenen Herstellern ganz anders aus. Und auch wenn Sie ein Modell gefunden haben, das zu Ihnen passt, scheuen Sie sich nicht, nach Änderungsmöglichkeiten zu fragen. Schon leichtere Reifen können das Fahrgefühl verbessern, leichtere Felgen erst recht.

Sie müssen diese Optimierungssuche ja nicht gleich so weit treiben wie der britische Autor Robert Penn in seinem Buch „Vom Glück auf zwei Rädern". Darin erzählt er, wie er verschiedene Hersteller auf der ganzen Welt aufsuchte, um sich sein maßgeschneidertes Traumfahrrad zusammenstellen zu lassen: den Rahmen aus England, Laufräder aus Kalifornien, den Lenker aus Italien und die Reifen aus Deutschland.

Vergessen und unterschätzen Sie andererseits aber auch nicht: Das Fahrrad ist für die nächsten Jahre Ihr Begleiter, und nur wenn der Ihnen Spaß und Freude bereitet, werden Sie ihn auch gern nutzen. Alle Hersteller von Stahlrahmen, die Sie im Serviceteil des Buches finden (siehe Seite 256), bauen Fahrräder auch individuell auf. Und selbst bei vielen Massenherstellern können Sie Ihr Traumrad online konfigurieren.

Das triff auch auf viele E-Bike-Hersteller zu. Hier zeichnen sich zudem eine immer harmonischere Leistungsabgabe der Motoren und leichte Modelle für den urbanen Einsatz ab.

★★★

- Ab ca. 2 000 Euro, die Luxusklasse: Hier finden Sie die leichtesten Rahmen mit innen verlegten Zügen, hydraulische Scheibenbremsen, Spitzen-Lichtanlagen, verstellbare Ausfallenden, Riemenantrieb, elektronische Kettenschaltung, hochwertige Nabenschaltung oder Tretlagergetriebe wie das von Pinion, Gabeln mit fein ansprechender Luftfederung, hochwertige Sättel, Carbonsattelstützen und integrierte Gepäckträger. „Stylische" Modelle und handgefertigte Unikate können auch deutlich darüber liegen.

Ist teuer also doch besser? Im Prinzip ja. Der Satz: „Ich kann mir billige Ware nicht leisten" gilt auch beim Fahrrad. Bei allen Bauteilen an wirklich guten Fahrrädern stehen die Konstrukteure vor der Herausforderung, geringes Gewicht und maximale Stabilität in Einklang zu bringen. Das treibt den Anspruch an die Qualität der Teile in die Höhe – und gleichzeitig den Preis von Rahmen und Komponenten. Hierdurch verbessert sich aber gleichzeitig die Bedienbarkeit, erhöht sich die Haltbarkeit und es steigert den Fahrspaß. Ein dreifach konifizierter Rahmen ist in der Herstellung aufwendiger und teurer als einer mit durchgängig gleicher Rohrdicke (siehe „Konifizierung", Seite 90). Er verwöhnt überdies mit deutlich mehr Fahrkomfort. Eine simple Kettenschaltung tut es zwar auch, die teurere Variante hält aber länger und ist selbst nach vielen Tausend Kilometern noch richtig justiert. In der Summe addieren sich solche Qualitätsunterschiede zu einem stimmigen Gesamtprodukt.

Unser Tipp: Investieren Sie Ihr Geld in einen guten, leichten Rahmen und Anbauteile von Markenherstellern. Federgabeln sind nice to have, aber kein Muss.

PREISKLASSEN PEDELECS

★

- Bis 2 000 Euro: Hier können sich Schnäppchen aus der Vorjahresproduktion verbergen, die solide ihren Zweck erfüllen. Es dominieren Aluminiumrahmen, mechanische Schaltungen über Bowdenzüge, günstige hydraulische Bremsen und Vorderradgabeln mit Stahlfedern. Mittelmotoren und Akkus mit 500 Watt sind Standard. Die Motoren leisten 40 bis 50 Nm. Das reicht im urbanen Alltag völlig aus.

★★

- 2 000–3 000 Euro: Teurere Alurahmen und bessere Komponenten bei den Schaltungen, Kassetten, Laufrädern und Beleuchtung sind für die höheren Preise verantwortlich. Bei den Motoren gibt es in der Regel keine Unterschiede zu günstigeren Pedelecs. 500-Watt-Akkus und Motoren mit 50 Nm herrschen vor. Für den Citybetrieb bestens geeignet.

- Ab 3 000 Euro: Nochmals bessere Komponenten wie Luftfederung der Gabel, größere Akkus mit einer Kapazität von 625 Watt und Motoren mit bis 65 Nm Drehmoment oder mehr, stufenlose Getriebeschaltung, verstellbare Vorbauten, leichtere Laufräder können die

gramm dazu laden. Das sind 10 Kilogramm pro Packtasche und jeweils fünf Kilogramm für die Packtaschen am Vorderrad. Meist hat man die schneller beisammen, als man denkt. Hinzu kommt, dass leichte Fahrräder auch meist für ein geringeres Gesamtgewicht zugelassen sind als etwas schwerere Modelle. Das sollte man beim Kauf beachten.

Preisklassen

Grundsätzlich lassen sich den Preiskategorien bei Fahrrädern grob auch bestimmte qualitative Kriterien zuschreiben – wenngleich sie keinen absoluten Referenzrahmen bilden und Nuancen sicher bestehen.

PREISKLASSEN KONVENTIONELLER FAHRRÄDER

Der harte Wettbewerb unter den Fahrradherstellern führt dazu, dass man nur schwer eine klare Korrelation zwischen Ausstattung und entsprechenden Preisen ausmachen kann: Woran der eine Hersteller spart, das gehört bei dem anderen zur Grundausstattung – dafür ist dort an anderer Stelle ein preiswertes Teil verbaut. Die folgende Übersicht dient denn auch eher als grober Orientierungsrahmen dafür, womit man in bestimmten Preisklassen rechnen kann.

- Fahrräder unter 500 Euro, die „Holzklasse“: Einfache Qualität, mit Langlebigkeit sollte man hier nicht rechnen. Die Rahmen sind schwer, die Bauteile schlicht, die Reifen einfach, es dominieren No-Name-Teile. ★☆☆
- Ab ca. 500 Euro, die Einstiegsklasse: Solide, aber schwere Rahmen mit funktionalen Anbauteilen, Licht, Gepäckträger und meist Felgenbremse. Kettenschaltungen sind die Regel, zunehmend Anbauteile von Markenherstellern. ★★☆
- Ab ca. 800 Euro, die Mittelklasse: Umfassend ausgestattete Fahrräder mit meist mechanischen Scheibenbremsen, Nabendynamo und Federgabel. Die Rahmen sind leichter, meist Kettenschaltung, seltener Nabenschaltung, hochwertigere Reifen. Ab hier beginnt die Tourentauglichkeit. ★★☆
- Ab ca. 1 500 Euro, die Oberklasse: Mit besten Komponenten, Gewicht um 13 Kilogramm, Nabendynamo, hydraulische Scheibenbremsen, optional Nabenschaltungen, top Federgabel, Finessen wie Riemenantrieb oder verstellbare Ausfallenden. Gepäckträger und Lichtanlage sind ins Rahmenfinish integriert. Hochwertige Reifen sind Standard. ★★★

Titan) vereinen die Hersteller diese beiden Faktoren, indem sie möglichst wenig Material verwenden und die Wandstärke der Rohre variieren (siehe „Konifizierung", Seite 90).

WAS SOLLTE WELCHES RAD WIEGEN?

Wiegt über 30 kg: „Superdelite" von Riese & Müller

- Ein **Fitnessbike** ohne Schutzbleche, Lichtanlage und Gepäckträger muss nicht mehr als 10 oder 11 Kilogramm wiegen.
- Voll ausgestattete **Trekkingräder** mit Schutzblechen, Gepäckträger und Nabendynamo (ohne Federgabel) gibt es schon ab 12 Kilogramm, meist wiegen sie aber etwas mehr. Eine Federgabel schlägt im Durchschnitt übrigens mit zwei Kilogramm zu Buche. Die kann man einsparen und dafür in bessere Reifen investieren.
- Leichte **Mountainbikes** sollten nicht mehr als acht oder neun Kilogramm wiegen. Kommt ein Motor hinzu, dann landet man schnell bei 16, 17 Kilogramm. Das liegt nicht nur am Gewicht des Motors, der drei bis vier Kilogramm auf die Waage bringt, sondern auch an stärkeren Rahmen, Bremsen, Laufrädern oder Federmechanismen. Voll gefederte Mountainbikes gibt es schon ab etwa 12 Kilogramm, Enduro-Mountainbikes sind ein, zwei Kilogramm schwerer. Auch hier wiegen die Motorvarianten einiges mehr – man muss mit 20 bis 22 Kilogramm rechnen. Als Faustregel kann man festhalten: Der elektrische Antrieb – also Motor und Akku – wiegt insgesamt etwa sieben Kilogramm.
- Bei den **Trekking-Pedelecs** sind 20 Kilogramm ein guter Wert, das eine oder andere City-E-Bike rangiert sogar darunter.
- Die großen **S-Pedelecs** kommen auf 35 Kilogramm.

Wenn Sie die Wahl zwischen zwei sonst nahezu identischen Rädern haben, entscheiden Sie sich zwischen Ausstattung und Gewicht immer für das geringere Gewicht – leichte Räder lassen sich angenehmer fahren.

ZULÄSSIGES MAXIMALGEWICHT

Das maximale Gewicht, das ein Fahrrad einschließlich Fahrer und Gepäck wiegen darf, wird weniger durch den Rahmen als durch die Laufräder bestimmt. Hier spielen die Stabilität der Felgen und der Speichen die wesentliche Rolle.

Was den meisten gar nicht so bewusst ist: Viele Fahrräder haben Beschränkungen für das zulässige Gesamtgewicht. Das kann bei leichten Fitnessbikes schon bei 110 Kilogramm liegen, bei vielen Trekkingbikes beträgt es 130 Kilogramm, schwere Reiseräder vertragen bis zu 200 Kilogramm, Lastenräder noch mehr. Hat ein Fahrrad zum Beispiel ein maximales Systemgewicht von 130 Kilogramm und wiegt selbst zehn, so kann man bei einem Körpergewicht von 90 Kilogramm noch 30 Kilo-

ausgekleidet sind, da verlieren Schaltgriffe und Bremshebel ihre Leichtgängigkeit, weil es lediglich einfache Gussteile sind, die Lichtanlage gibt erstaunlich früh ihren Geist auf oder die Schaltung verstellt sich immer wieder schnell.

Auch beim Licht gibt es große Preis- und Qualitätsunterschiede. Ein guter Scheinwerfer wie der IQ-X von Busch & Müller mit Tagfahrlicht und Sensorautomatik kostet 139 Euro. Dagegen kann man ein Akku-Set schon für rund 20 Euro kaufen. Ein solches macht Sie in der Dunkelheit zwar sichtbar, aber eine richtig gute Ausleuchtung der Straße haben Sie damit noch nicht erreicht. Manche schaffen nicht einmal die gesetzlichen Anforderungen der StVZO.

Eine ganz eigene Preisspirale haben elektronisch gesteuerte Schaltungen eingeleitet. Shimano bot sie im Jahr 2009 erstmals für Rennräder an, Sram und Campagnolo haben dann nachgezogen. An Alltagsfahrrädern sind sie derzeit noch eine Seltenheit. An Pedelecs und E-Bikes findet man sie häufiger, bieten sie doch große Bequemlichkeit beim Schalten.

Unterm Strich kann man aber sagen: Fahrräder haben in den vergangenen Jahren mehr Qualität zum selben Preis bekommen, was auch die Auswertungen der Stiftung Warentest im Mai 2017 ergeben haben.

Das Gewicht

Fahrradfahren hat etwas von Ausdauersport an sich: Der Radler muss mit seiner Körperkraft sich selbst und das Gewicht des Fahrrads bewegen. Dabei kommt es beim Rad auf jedes Gramm an – je weniger ein Fahrrad wiegt, desto leichter lässt es sich bewegen.

Jeder, der schon mal einen längeren Berganstieg bewältigt hat, wird den Ausspruch bestätigen können: „Bergauf wiegt jedes Gramm doppelt." Wie stark man am Fahrradgewicht sparen kann, zeigt das Mindestgewicht, das der Internationale Radsportverband, die Union Cycliste Internationale (UCI), für Rennräder bei Wettbewerben festgelegt hat. Es sind 6,8 Kilogramm. Das Ziel ist es, gleiche Bedingungen zu erhalten und die Materialstabilität nicht zu überreizen. Dieses Minimalgewicht ist natürlich kein Maßstab für ein alltagstaugliches Gebrauchsrad, aber auch hier gilt: Ein leichtes Fahrrad fährt sich auch leichter. Und je weniger es wiegt, desto leichter lässt es sich herumtragen. Im Stadtverkehr gibt dies ein gewichtiges Argument ab, etwa beim Treppensteigen, wenn das Rad in U- und S-Bahn mitgenommen wird.

Dieser Umstand stellt die Rahmenbauer vor die Aufgabe, zwei sich widerstrebende Anforderungen zu vereinen: Der Rahmen soll einerseits leicht und andererseits stabil sein. Bei Metallrahmen (Stahl, Aluminium,

Qualitätsbewusst: das E-Bike „Roadster" von Riese & Müller

Preisbewusst: das E-Bike „Curt" von Ampler

einem Fachhandelsgeschäft nach, werden schnell 800 oder 1 000 Euro als Mindestinvestition in ein gutes Fahrrad genannt. Wo man schließlich die Untergrenze ansetzt, muss jeder selbst entscheiden – aber unter 500 Euro sollte man nicht gehen.

Bei den Pedelecs (Elektrorädern) sieht die Sache etwas anders aus. Sie sind deutlich teurer als konventionelle Fahrräder. Das liegt zum einen daran, dass die Motoren- und Akkuhersteller Festpreise für ihre Komponenten verlangen, an die sich die Fahrradhersteller halten müssen. Zudem sind die Fahrradkomponenten wie Rahmen, Bremsen und Laufräder eines Pedelecs auch auf die stärkere Belastung durch den Elektromotor ausgelegt und deshalb etwas teurer als an Rädern ohne Motorhilfe.

Sonderangebote bei großen Anbietern finden sich manchmal schon für 1 600 Euro. Das ist so lange in Ordnung, wie es Auslaufmodelle oder Vorjahresmodelle sind. Vor neuen Rädern zu diesem Preis sollte man sich hüten – in der Regel sind die Komponenten qualitativ eher einfach. Fachhändler empfehlen als Einstiegspreis etwa 2 000, besser noch 2 500 Euro. Dafür erhält man robuste Pedelecs, die auch dem täglichen Einsatz auf dem Weg zur Arbeit gewachsen sind. Die Preisspanne bei unserem Test von E-Bike-Tiefeinsteigern vom Juni 2020 lag zwischen 2 150 und 3 500 Euro. Nach oben ist die Preisspirale natürlich offen. Manche Modelle kosten so viel wie ein gebrauchter Kleinwagen.

KOMPONENTEN MACHEN DAS GUTE FAHRRAD TEUER

Neben einem guten und leichten Rahmen (siehe Kapitel „Rahmen, Gabel, Lenker ..." ab Seite 84) sind es die Anbauteile, die ein Fahrrad teuer machen. Hochwertige Lenker, Sattelstützen aus Carbon, leichte Laufräder, top Schaltungen und Reifen oder ausgefeilte Lichtanlagen schlagen sich im Preis nieder. Hier unterscheiden sich einfache Modelle von höherwertigen. Hersteller wie Shimano, Campagnolo, Sram, Tektro und Tubus stehen für hohe Qualität ihrer Schaltungen und Bremsanlagen beziehungsweise Gepäckträger. Ihre Sortimente an Bremsen, Schaltern, Kurbeln, Umwerfern und Schaltwerken haben eine qualitative und preisliche Rangfolge. Es lohnt sich hier, beim Kauf auf Qualität zu achten. Hochwertige Kettenschaltungen von Markenherstellern sind teurer als einfache. Auch Nabenschaltungen, Scheibenbremsen oder ein Riemenantrieb anstelle einer Kette tragen zu höheren Preisen bei. Auf die Dauer zahlt es sich aus, an dieser Stelle mehr auszugeben.

Billiganbieter setzen dagegen bei diesen Komponenten gern den Rotstift an. Da wird schon mit einer „Shimano-Schaltung" geworben, wenn auch nur die Schaltgriffe von dem japanischen Marktführer stammen. Umwerfer, Schaltkäfig hinten, das Ritzelpaket und die Kette können dagegen No-Name-Produkte sein. An billigen Bauteilen werden die Nutzer nach geraumer Zeit aber auch keine Freude mehr haben. Da laufen die Schalt- und Bremszüge schlecht, weil sie innen nicht mit Silikon

DEN FAHRKOMFORT VERBESSERN

Und auch wenn ein Fahrrad aus einem starren Rahmen besteht, kann man es den eigenen Bedürfnissen dennoch anpassen, um den Komfort zu erhöhen. So lässt sich nicht nur die Höhe des Sattels verstellen, er kann auch horizontal zum Lenker hin oder vom Lenker weggeschoben werden. Dadurch verändert sich die Neigung des Oberkörpers. Man kann mit dem Vorbau – jenem Teil, an dem der Lenker befestigt ist – experimentieren, indem man einen längeren oder einen kürzeren Vorbau wählt. Seine Neigung ist variabel, sodass der Fahrer etwas aufrechter sitzt. Auch mit verschiedenen Lenkerformen lohnt es sich zu experimentieren. All das kann auch nachträglich geschehen, und manchmal wirken wenige Zentimeter Veränderung schon kleine Wunder.

Auch ergonomische Griffe mit breiter Auflage für die Handfläche tragen zum Wohlfühlfaktor auf dem Fahrrad bei. Dabei werden die Hände nicht abgespreizt, wie das manchmal an den Standard-Rundgriffen der Fall ist, feine Nervenbahnen geraten so nicht in Gefahr, eingeklemmt zu werden.

Fahrkomfort 

- Federung (Gabel, Rahmen)
- Reifenbreite
- Sattel
- Handgriffe

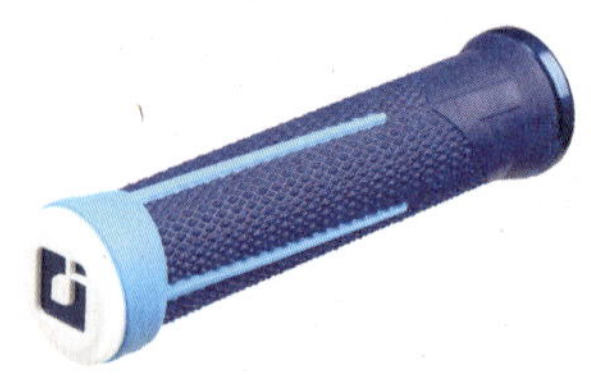

Ergonomische Griffe als „Stoßfänger"

Preis und Qualität

In der Regel gehen wir davon aus, dass teure Waren auch gleich die besseren sind. Doch wie überall, so gibt es auch beim Fahrrad günstige Alternativen. Aber wo sind die Grenzen? Was unterscheidet das Modell mit Scheibenbremsen und Vorderradfederung für 1 500 Euro von dem Sonderangebot für 399 Euro? Ist teuer wirklich immer besser und billig einfach schlecht? Grundsätzlich kann man davon ausgehen, dass an teuren Fahrrädern bessere Komponenten verbaut sind. Doch nicht alles, was angeboten wird, braucht man zwingend. Ist die Federgabel nötig – oder eher überflüssiger Ballast? Muss es die teurere Nabenschaltung sein oder reicht eine einfache Kettenschaltung? Ist beim E-Bike der drehmomentstarke Motor wichtig oder reicht eine einfachere Variante für den eigenen Aktionsradius?

Die Antwort hängt nicht zuletzt davon ab, was man mit dem Fahrrad machen will. Für den Einkauf um die Ecke reicht sicherlich ein preiswertes Modell – da hat das Sonderangebot durchaus eine Chance. Sobald man jedoch mit dem Rad mehr unternehmen, es vielleicht als Pendel-Mobil auf dem zehn Kilometer langen Weg zur Arbeit einsetzen will, sollte man tiefer in die Tasche greifen. Und bei Kinderfahrrädern bedeutet billig oft hohes Gewicht – ungünstig für kleine Fahranfänger.

„500 Euro sind eigentlich die Untergrenze für ein einigermaßen solides Fahrrad", sagt der Verkäufer eines großen Discounters. Fragt man in

Aus dem „Sicherheitsniederfahrrad“, das sich ab Mitte der 1880er-Jahre entwickelte und für die moderne Fahrradform Pate stand, hat sich heute eine schier unüberschaubare Modellvielfalt entwickelt: City- und Trekkingräder, Rennräder, Mountainbikes, Falträder, Tandems, Crosser, Liegeräder, Lastenräder – inzwischen obendrein mit Elektromotoren angetrieben. Behalten Sie den Überblick!

Fahrradtypologie

Die Vielfalt unter den Fahrradtypen nimmt von Jahr zu Jahr zu. Dominierten einst Trekkingräder und Citybikes den Markt, so sind mit sportlichen Versionen von Alltagsrädern, mit den E-Bikes, den Lastenrädern, Klapprädern, Mountainbikes, Crossbikes und zahlreichen Spezialanfertigungen neue Modelle hinzugekommen. Ein Überblick soll die Orientierung erleichtern.

DAS TREKKINGRAD

Das Trekkingrad ist gewissermaßen die Königin unter den Alltagsrädern. Es stellt das meist verkaufte Modell in Deutschland und ist rundum einsetzbar: Sei es für die alltägliche Fahrt zur Arbeit, einen Wochenendausflug oder die Urlaubstour – mit einem Trekkingrad liegt man immer richtig. Dem entspricht die Vollausstattung mit Gepäckträger, Schutzblechen und Lichtanlage. Man findet häufig Federgabeln, an sportlicheren Modellen aber auch Starrgabeln. Qualitativ hochwertigere Trekkingräder verfügen über Carbongabeln statt Alugabeln, das als Material leichter und elastischer ist.

Als Rahmenmaterial wird zumeist ein konifizierter Aluminium- oder Stahlrahmen verwendet (siehe Kapitel 2 „Rahmen", ab Seite 64). Nach hinten leicht abfallende Oberrohre haben sich durchgesetzt, die 28-Zoll-Räder rollen auf pannensicheren Reifen mit deutlichem Profil, deren

Verkauf von Fahrrädern und E-Bikes (kombiniert) nach Modellgruppen 2019 (Menge in Stück)

Radtyp	ohne E-Antrieb	mit E-Antrieb
Trekkingrad	1 120 600	487 250
Cityrad / Urban	624 950	421 600
MTB	215 500	360 400
ATB	344 800	–
Jugendrad	172 400	–
Rennm. Cross	150 850	6 800
Holland-Tourenrad	107 750	–
Kinderrad	107 750	–
Lastenrad	21 550	54 400
Schnelle E-Bikes	–	6 800
Sonstige*	86 200	20 400

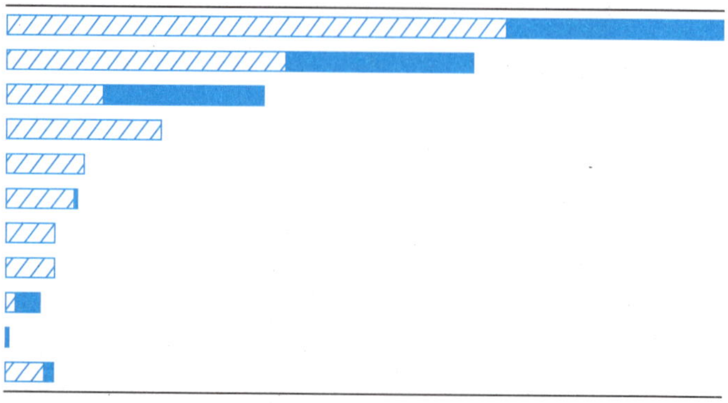

Quelle: ZIV, *inkl. E-ATB, E-Jugendrad

Voll ausgestattetes modernes Trekkingbike mit Gepäckträger, Schutzblechen, Ständer, Licht und Federgabel

Breite ab 35 Millimetern beginnt. Auf einem Trekkingrad sitzt man leicht nach vorne gebeugt, aber nicht allzu sehr gestreckt.

Immer häufiger sind diese Modelle mit Scheibenbremsen ausgestattet. Hydraulische Scheibenbremsen sind leichter zu bedienen als mechanische und dementsprechend etwas teurer. Unter den Felgenbremsen gelten die hydraulischen Modelle von Magura als Nonplusultra, weil sie sehr hohen Bremsdruck aufbauen können.

Bei den Schaltungen ist nahezu alles vertreten, was der Markt bietet: Kettenschaltungen oder die wartungsärmeren, aber auch etwas teureren Nabenschaltungen, sei es ohne oder mit Rücktritt. Stufenlose Schaltungen von Enviolo und Shimanos elektronische Schaltung Di2 sind technische Schmankerl, die für sorgenfreies Schalten stehen. Ein wartungsarmer Riemenantrieb ersetzt bei Nabenschaltungen oftmals die Kette.

Den Strom liefern Nabendynamos, die sich im Vorderrad drehen. Nur bei einfacheren Modellen findet man auch hin und wieder Akkuleuchten. Die Seitenläuferdynamos früherer Zeiten sind nahezu ausgestorben. Nach längerer Benutzung reichte oftmals der Anpressdruck nicht mehr aus, um dauerhaft Strom zu liefern. Bei Regen schleuderten sie zudem Spritzwasser aufs Hosenbein.

Trekkingräder sind die Lastentiere im Radleralltag, deshalb lohnt es sich, auf das Gewicht zu achten. Gute Modelle müssen nicht mehr als 13 Kilogramm wiegen.

Die Gepäckträger sind oft „integriert", was heißen soll, dass sie zumindest am hinteren Ausfallende fest angeschweißt, also nicht nur angeschraubt sind. Das soll mehr Stabilität versprechen. Aber auch angeschraubte Modelle erfüllen ihre Aufgaben gut, die Träger von Tubus sind über alle Kritik erhaben.

Soweit Schutzbleche angebaut sind, sollten sie mit Sicherheitsverschlüssen verbunden sein, die sich lösen, wenn sich Matsch, Steine oder Hölzchen zwischen Reifen und Schutzblech schieben. Der Mechanismus

Trekkingbikes im Test

Im Jahr 2017 hat die Stiftung Warentest Trekkingbikes verglichen (test 6/2017). Siehe auch test.de, Stichwort „Trekkingbikes“.

verhindert eine Blockade des Rades. Gute Schutzbleche sind klapperfrei montiert und aus solidem Material gearbeitet.

An Trekkingbikes findet man immer auch Fahrradständer – entweder am Hinterbau oder am Tretlager befestigt. Die sogenannten Hinterbauständer bieten bei Belastung mit Gepäck oder Packtaschen etwas mehr Stabilität als jene am Tretlager.

Für den Laien ist die Qualität eines Rahmens nur schwer zu beurteilen. Gleichmäßige Schweißraupen ohne Einschlüsse oder Löcher deuten darauf hin, dass die Rahmenverbindungen handwerklich in Ordnung sind. Aus optischen Gründen werden die Schweißraupen oft geglättet. Ob darunter alles top ist, sieht man dann leider nicht. In der Vergangenheit zeigten unsere Tests, dass Aluminiumrahmen am Lenkkopf brachen oder Risse bekamen. Beim Test von Trekkingbikes im Jahr 2017 (test 3/2017) traten diese Phänomene nicht mehr auf. Das dürfte dafür sprechen, dass die Fertigung von Aluminiumrahmen inzwischen ein sehr hohes Niveau erreicht hat. Bei handgefertigten Stahlrahmen können Sie grundsätzlich von solider Herstellung ausgehen.

Das Trekkingrad stand auch Pate für die ersten E-Bikes. Die Akkus wurden damals noch auf dem Gepäckträger angebracht; heute dagegen sind die Modelle schicker geworden: in der Regel halb oder ganz in das große Unterrohr integrierte Akkus, kleinere, sich ans Tretlager anschmiegende Motoren, sodass man sie kaum mehr erkennt. Scheibenbremsen dominieren den Markt, weil sie gerade an E-Bikes effizienter ihre Arbeit verrichten als Felgenbremsen. Für den Betrieb mit den elektrischen Hilfsmotoren sind die Rahmen der Trekkingräder meist etwas verstärkt, etwa im Lenkkopfbereich. Dass dies manchmal dennoch nicht ausreicht, offenbarte eine Daueruntersuchung über 20 000 Kilometer in der Preisklasse zwischen 2 000 und 2 900 Euro vom Juni 2018: Von den 12 geprüften Pedelecs zeigten drei am Testende Anrisse im Rahmen beziehungsweise der Sattelstütze. Bei einem neuerlichen Dauertest von Tiefeinsteigern im Mai 2020 (test 6/2020) zeigten vier Modelle Risse im Rahmen.

Trekkingbikes 

- leichter Rahmen
- leichte Laufräder
- Vollausstattung

Für Trekkingbikes reichen 250-Watt-Motoren mit 50 Nm aus, viele Hersteller bieten mehr. Man findet sie als Mittelmotor oder hinten als Nabenmotor. Auch Frontmotoren sind möglich (siehe dazu auch in Kapitel 5 „Antrieb, Schaltung, Pedale“ den Abschnitt „Umrüsten zum E-Bike“, ab Seite 165). An Schaltungen ist alles vertreten, was der Markt hergibt: Kettenschaltungen, Nabenschaltungen, Getriebeschaltungen, stufenlose Automatikschaltungen.

Dieses Segment bildet das umsatzstärkste in Deutschland, weshalb jeder Hersteller versucht, eigene Akzente zu setzen. So findet man an manchen Rädern austauschbare Akkus, mit denen sich die Gesamtkapazität auf bis zu 1 250 Wattstunden für richtig lange Touren steigern lässt. Verbaut wird gar die High-End-Reihe von Bosch, der CX-Motor.

E-Bikes: Am Anfang stand ein Schweizer Tüftler

Während Anfang der 1990er-Jahre konventionelle Mountainbikes mit immer größeren Übersetzungen die Wald- und Wiesenwege Europas eroberten, dachte ein Schweizer Tüftler weiter voraus. Philippe Kohlbrenner war als technischer Kaufmann Mitarbeiter eines Energieunternehmens in Oberburg im Kanton Bern. Er wohnte im Emmental auf dem Berg Lueg, einem bekannten Aussichtspunkt der Gemeinde Affoltern. Um sich fit zu halten, fuhr er den Weg zur Arbeit mit dem Fahrrad. Ins Büro ging es bergab, doch der Nachhauseweg war hart – 300 Höhenmeter musste Kohlbrenner überwinden. Nach einigen Monaten hatte er von seinem Fitnessprogramm genug – und was Kohlbrenner dann ersann, wurde zur Urform eines neues Fahrradtyps: Er hängte einen Waschmaschinenmotor und eine Autobatterie an sein konventionelles Sportrad – das erste E-Bike war erfunden.
Zwei Jahre später gründete er mit Reto Böhlen und Christian Häuselmann die Firma BKTec und stellte seine in Kleinserien gebauten verbesserten Modelle auf Messen vor. Allein, dem Elektro-Erstling war kein Erfolg beschieden. Zu schwer die Batterie, zu gering die Reichweite, zu klobig das Styling, Investoren sprangen ab. Im Jahr 2000 dann erkannte der Unternehmer Kurt Schär das in der Erfindung Kohlbrenners schlummernde Potenzial und stieg als Geschäftsführer bei BKTec ein. 2001 wurde das Unternehmen in Flyer umbenannt.
Mit seinem Geschäftspartner und Produktentwickler Hans Furrer stellte Schär 2003 einen Tiefeinsteiger mit Elektrounterstützung vor: Die „Flyer C-Serie" war das erste Elektrofahrrad Europas mit der Lithium-Ionen-Technologie. Es hatte einen tiefen Schwanenhalsrahmen, der dicke Akkupack saß hinterm Sitzrohr – der Durchbruch auf dem E-Bike-Markt.
Dieser Flyer war massentauglich: Er war komfortabel, das Design klassisch an bekannte Formen angelehnt. Mit Verbesserungen wurde das Modell bis Ende 2018 gebaut. Es war zunächst einzigartig auf dem Markt, und mit persönlichen Promotiontouren machten die E-Biker aus der Schweiz ihre Modelle bekannt. Die Verkaufszahlen wuchsen, aus der Firma, die man heute als Start-up bezeichnen würde, wurde ein Großhersteller. Falträder, Tandems und ab 2006 auch Mountainbikes wurden elektrifiziert, S-Pedelecs kamen hinzu. Flyer hatte sich zu einer treibenden Kraft auf dem E-Bike-Markt entwickelt. Heute arbeiten im Werk in Huttwil 300 Mitarbeiter. Rund 60 000 E-Bikes werden im Jahr verkauft. Die Firma hat Tochtergesellschaften in Deutschland, Österreich und den Niederlanden.

E-Bike-Pionier Philippe Kohlbrenner …

… und sein erstes E-Bike

DAS CITYRAD – DER TIEFEINSTEIGER

Dieses Segment war lange Zeit das etwas brav anmutende Fahrrad mit tief heruntergezogenem Wave-Rahmen, breiten Reifen, Kettenschaltung und dem obligatorischen Einkaufskorb auf dem Gepäckträger. Doch heute haben sich stylische Stadträder in schicken Farben mit Mixte-Rahmen, Gepäckträger vorn und Scheibenbremsen hinzugesellt. Die verbindenden Elemente: Auf diese Fahrräder kann man bequem aufsteigen,

Tiefeinsteiger ohne E-Motor

Citybike mit Tiefeinstieg

Tiefeinsteiger als E-Bike

sie sind praktisch, alltagstauglich und wartungsarm. Mit ihnen erledigt man den täglichen Einkauf oder die Fahrt um die Ecke, fährt vielleicht noch am Abend zum Theater. Man sitzt aufrecht – das ganze Rad ist eindeutig auf komfortables Dahinrollen in urbanem Terrain ausgerichtet. Manchmal hilft dabei auch eine gefederte Sattelstütze. Wochenendtouren sind nicht das Metier eines Citybikes. Gewichtsersparnis ist kein Thema: Um die Tiefeinsteigerrahmen stabil zu halten, sind die Rohre üppig dimensioniert. Ein großer Radstand verhilft zu einem strikten Geradeauslauf.

Die besseren Cityräder haben Nabenschaltungen mit drei bis acht Gängen. Die stufenlose Enviolo-Schaltung ist eine gute Ausstattungsvariante, aber eher selten zu finden. Cityräder sind komplett ausgestattet mit Lichtanlage, Schutzblechen und Gepäckträgern – wovon gern auch einer über dem Vorderrad angebracht sein kann. Felgenbremsen dominieren, aber auch hier kommen immer mehr Scheibenbremsen auf. Es gibt Modelle mit Nabenschaltung und Nabenbremse, was der gewohnten Bedienungspraxis älterer Radler oft entgegenkommt. Viele Modelle sind schick gestaltet mit Weißwandreifen, Ledersätteln oder Lenkergriffen aus Leder. Manche lehnen sich an französische Räder der 1950er-Jahre mit Berceau- oder Anglaise-Rahmen (siehe Seite 87) an – und verfügen doch über moderne Scheibenbremsen.

Die E-Bike-Variante eines Citybikes besitzt all diese Eigenschaften auch. Die Motoren haben üblicherweise 250 Watt mit 40 Nm. Das reicht in der Stadt völlig aus. Scheibenbremsen sind bei E-Bikes Standard und zu empfehlen – ihre Wirkung ist einfach besser als die der Felgenbremsen. Bei den Akkus geht der Trend hin zur formschöneren Integration in den Rahmen.

Tiefeinsteiger-E-Bikes im Test

Die Kategorie der Tiefeinsteiger ist bei den E-Bikes sehr beliebt. Wegen des tiefgeschwungenen Rahmens kann man gut aufsteigen, die Modelle gelten als komfortabel. Im test-Heft 6/2020 wurden die Ergebnisse für zwölf Modelle veröffentlicht. Im Praxistest überzeugten zehn Räder die Tester – aber nur vier waren so robust und sicher, dass sie mit Gut bewertet wurden, und zwar die Modelle Stevens „E-Courier PT 5", Pegasus „Premio Evo 10", Raleigh „Kent 9" und der Sieger KTM „Macina Tour 510". Beim KTM-Rad lobten die Tester die sehr guten Fahreigenschaften und den schnell aufgeladenen Akku; gemessene Reichweite: 55 Kilometer.

Das Stevens-Modell empfanden die Tester bergauf wegen der Nabenschaltung als etwas schwächer, dafür fuhr es sehr leise. Reichweite unter Testbedingungen: 51 Kilometer. Das E-Bike von Pegasus überzeugte mit einem kraftvollen Motor, der den Testern aber etwas zu laut war. Reichweite: 55 Kilometer. Das Raleigh bot einen gut abgestuften

Tiefeinsteiger-Pedelecs

Im Jahr 2020 hat die Stiftung Warentest Tiefeinsteiger verglichen (test 6/2020). Siehe auch test.de, Stichwort „Tiefeinsteiger".

Boschmotor, wirkte aber mit viel Gepäck etwas instabil. Reichweite: 52 Kilometer.

Die Akkukapazitäten lagen zwischen 500 und 540 Watt. Zwei Räder gar waren nicht brandsicher: das Kalkhoff „Endeavour 5.S Move" und das Kettler „Paramount 10G". Die Steckergehäuse ihrer Akkus entzündeten sich unter starker Hitzeeinwirkung, zudem gab es Materialprobleme: Das Kalkhoff hatte einen Riss an der Sattelstütze, das Fischer „Cita 6.0i" wies einen Riss an der Bohrung der Sattelstützenklemmung auf, beim teuren Flyer „Gotour 6"" war eine Schweißnaht angerissen. Das Qwic „Premium i MN7+" schlingerte mit viel Gepäck und zeigte einen Riss im Steuerrohr, die Modelle Falter „E 9.8 KS Wave", Kreidler „Vitality Eco 7" und Winora „Sinus i 9" enthielten kritische Mengen von Weichmachern. Die Preisspanne lag bei den getesteten Modellen zwischen 2 150 und 3 500 Euro.

KTM Macino Tour 510

Pegasus Premio Evo 10

Raleigh Kent 9

Stevens E-Courier PT 5

URBAN BIKES

Ein relativ junges Segment sind die Urban Bikes, wobei der Begriff sich explizit nicht als Synonym für Citybike versteht, sondern eine eigene Fahrradklasse definiert: sportliche Fahrräder mit schlankem, minimalistischem Design. Sie verzichten auf Ausstattungsdetails wie Schutzbleche, Lichtanlagen und Gepäckträger, sind leicht, zeichnen sich in der Regel durch eine Kettenschaltung und Scheibenbremsen aus. Teurere Modelle sind mit Nabenschaltungen ausgestattet, die etwas mehr Wartungsfreiheit bieten. Diese Räder sind auf Tempo getrimmt und haben meist profillose Reifen, die kaum breiter als 30 oder 32 Millimeter sind. Bei ihnen sitzt man stärker nach vorn geneigt als auf Trekkingrädern. Trotz des Minimalismus sind in den meisten Rahmen auch Ösen vorgesehen, damit man im Bedarfsfall einen Gepäckträger oder Schutzbleche anschrauben kann.

Die Urban Bikes haben in der Regel einen kürzeren Radstand als Trekkingbikes und einen geringeren Nachlauf (siehe Kapitel 3„Rahmen, Gabel, Lenker, Vorbau", ab Seite 82), das macht sie wendiger als Trekkingbikes.

Das Modell „Supermetro" des Herstellers Koga ist ein gutes Beispiel für diese Art des puristischen Stadtflitzers: schwarzer Alurahmen, Schutzblechstummel, fehlender Gepäckträger, Gates Riemenantrieb zu einer 8-Gang-Hinterradnabe, hydraulische Scheibenbremsen und profillose Slicks (Reifen) machen es zum sportiven Alltagsbike für stilbewusste Minimalisten.

Der Aluminiumpionier Cannondale bietet sein Urban Bike „Bad Boy" mit nur einer Gabelscheide an – die rechte spart man sich aus Gewichtsgründen. Und die polnische Firma „Rondo" weitet ihre Stahlrahmenbikes mit Naben- oder Kettenschaltung und breiten Reifen in den Gravel-Bereich hinein aus. Man sieht: Die Grenzen sind fließend.

Urban Bike als E-Bike: das „Souplesse" von MTB Cycletech

Konventionelles Urban Bike

Im E-Bike-Segment dieser Kategorie finden sich seit Kurzem Räder, die vom Design und der Technik her sehr innovativ sind. Trendsetter war die Heidelberger Firma Coboc mit leichten E-Bikes, denen man ihren Charakter kaum mehr ansieht.

Schon 2011 begannen David Horsch und der heute ausgeschiedene Pius Warken in ihrem Start-up mit leichten Fahrradrahmen und E-Antrieben zu experimentieren. Sie wollten weg vom barocken Design der klobigen Tiefeinsteiger-E-Bikes mit Gepäckträger-Akkus. Ihre Modelle sollten schicke Urban Bikes sein, die auch ein jüngeres Publikum ansprächen. Die Räder sollten leicht und so auch bei leerem Akku noch fahrbar sein. Der Clou: Die Stromzellen wurden im Unterrohr untergebracht, der Motor in der Nabe hinten – auf den ersten Blick sieht man nicht, dass es sich um Pedelecs handelt. Als kritische Marke für ihre Räder betrachteten sie die 18-Kilogrammgrenze – darüber werde ein Rad zu schwer, der Akku müsse größer werden, äußerten sie einst. An diese Maßstäbe hat sich Coboc gehalten, denn in der aktuellen Produktpalette wiegt kein E-Bike mehr als 18 Kilogramm.

Oder das holländische VanMoof mit seinem Unisexrahmen aus Aluminium und dem charakteristischen, vorn und hinten überstehenden Oberrohr gibt es in zwei verschiedenen Größen: S 3 für Körpergrößen zwischen 170 und 210 Zentimeter, X 3 für Menschen zwischen 155 und 200 Zentimeter Körpergröße.

Beide Fahrräder sind mit einem Frontmotor mit 250 Watt ausgestattet, den manche Nutzer als zu geräuschvoll kritisieren. Der Akku bietet 540 Wattstunden und ist in vier Stunden vollständig aufgeladen. Die Reichweite beträgt je nach Nutzung zwischen 60 und 150 Kilometer. Untergebracht ist er im Oberrohr und kann zum Aufladen nicht entfernt werden. Im Hinterrad werkelt eine automatische 2-Gang-Schaltung von Sram. Sie schaltet bei etwa 19–20 Kilometern pro Stunde in einen höheren Gang.

Das Fahrerlebnis des Bikes wird von Radlern im urbanen Umfeld als sehr angenehm beschrieben, wobei der Frontmotor den Fahrer ein bisschen zieht – man muss somit aufpassen, dass er auf losem Untergrund nicht durchdreht.

Schlicht und minimalistisch ist auch der Lenker: Es gibt zwei Bremsgriffe für die mechanischen Scheibenbremsen, einen Knopf für eine Klingel, die mit einem internen Lautsprecher gekoppelt ist, und einen kleinen Booster-Knopf, mit dem man die Akkuleistung kurzfristig auf 500 Watt erhöhen kann. Im Oberrohr findet sich zudem ein LED-Display, das Fahrstufen und Akkuladung anzeigt. An den Enden des Rohres sitzen jeweils der Front- beziehungsweise der Rückscheinwerfer, die über den Akku betrieben werden.

Trendsetter: das holländische VanMoof

Die rund 20 Kilogramm wiegenden VanMoof-Bikes treiben die Verbindung mit dem Internet und Smartphone voran. Das mitgelieferte Schloss wird über Bluetooth mit dem Handy oder einer Fernbedienung gesteuert. Dank eines eingebauten Chips und GPS-Senders kann zudem der Standort des Fahrrads ermittelt werden. Damit bietet der Hersteller einen Diebstahlschutz an: Sobald man sein Fahrrad bei VanMoof als gestohlen meldet, macht sich ein „Hunter Team" auf die Suche danach. Der Schutz kostet derzeit 290 Euro für drei Jahre. Der Clou: Wenn das Rad unauffindbar ist, garantiert der Hersteller gleichwertigen Ersatz.

Das ebenfalls mattschwarze belgische Modell Cowboy geht in die gleiche Richtung. Es wird als „elektrisches Fahrrad für Urban Riders" vermarktet. Zunächst sieht man kaum, dass man es mit einem Pedelec zu tun hat. Der Hinterradmotor mit 250 Watt versteckt sich in der Nabe, der entnehmbare Akku mit 360 Wattstunden im Sitzrohr des Aluminiumrahmens. Je nach Fahrweise soll er für bis zu 70 Kilometer reichen. Das Cowboy gibt es nur in einer Einheitsgröße für Fahrer von 170 bis 195 Zentimeter Körpergröße, in einheitlichem Diamantrahmen, und es wiegt 16,4 Kilogramm – sehr wenig für ein Pedelec. Es hat ein Automatikgetriebe, die Kraft kommt über einen Riemenantrieb ans Hinterrad. Gebremst wird mit hydraulischen Scheibenbremsen, und der Motor unterstützt in nur einer Stufe – „Eco" oder „Power" gibt es nicht.

„iPhone" auf Rädern: Das minimalistische „Cowboy"

Das Cowboy kann nur mit einer Smartphone-App gestartet werden, was eben auch bedeutet: Bei leerem Handyakku können weder Motor noch Licht genutzt werden, dann ist das Cowboy nur ein konventionelles Fahrrad. Andererseits gibt es auch beim Cowboy ein GPS-Tracking, was Dieben das Leben schwerer machen dürfte. Auf der Handy-App kann man eine Navigationsansicht sehen, das Licht anschalten, die Tageskilometer oder den Akkustand ablesen. Der Motor unterstützt bis 25 km/h harmonisch und sanft – weil es keine Übersetzung gibt, wird eine darüber liegende Geschwindigkeit zur unangenehmen Kurbelei.

Angenehm dürfte der herausnehmbare Akku sein – Berufspendler können ihn im Büro aufladen (wo das erlaubt ist). Ob er wirklich 70 Kilometer lang hält, hängt von der Fahrweise ab.

Der Name der belgisch-polnischen Kooperation BZen soll sich an den Zen-Buddhismus anlehnen und dem Radfahrer eine ähnliche Entspanntheit ermöglichen. Es sind drei Modelle im Angebot, eines mit Diamantrahmen und zwei mit Trapez- beziehungsweise modifiziertem Berceau-Rahmen, den es in Blau, Rot, Weiß, Gold und Grün gibt. Alle Modelle sind aus Aluminium. Auch hier sieht man kaum, dass es sich um E-Bikes handelt, weil der Akku im Sitzrohr versteckt ist. Bei BZen kann er zum Aufladen aber nicht entnommen werden. Der Hinterradmotor hat die üblichen 250 Watt, der Akku wahlweise 252 oder 380 Wattstunden. Auch das soll für gut 70 Kilometer Reichweite genügen. Zum Hinterrad läuft ein Riemen, der eine Single-Speed-Nabe oder eine 9-Gang-Alivia-Nabe antreibt. Der Motor kann mit einem kleinen Lenkerdisplay in fünf Stufen geregelt werden. Das Rad wiegt nur 14,2 Kilogramm, Schutzbleche, Gepäckträger und Licht sind je nach Modell vorhanden oder können nachgerüstet werden.

Leichtes E-Bike: das „Milano" von BZen

Auch die Modelle des estnischen Start-ups Ampler gehören zu diesen sportlich-minimalistischen Urban Bikes. Den Alurahmen gibt es in Diamant- und Trapezform, das Leichtmodell Curt verfügt über eine Carbongabel. Die Modelle sind entweder mit Riemenantrieb und Single-Speed-Naben oder Kettenschaltung und 10-Gang-Schaltung kombiniert. Der 336-Watt-Akku befindet sich im Sitzrohr (und ist nur für Reparaturen entnehmbar), der Hinterradmotor leistet die üblichen 250 Watt, seine Kraftabgabe wird über Sensoren gesteuert, die Unterstützungsstufen können mit dem Smartphone eingestellt werden. Schutzbleche und Licht sind im Lieferumfang enthalten. Das Gewicht schwankt zwischen 14 und 17,2 Kilogramm.

Für Touren sind die Akkus etwas klein – aber für den urbanen Pendler, der stilvoll und mit einem leichten Pedelec unterwegs sein will, das er an U- oder S-Bahn auch mal die Treppe hochtragen kann, sind die Ampler-Räder eine Überlegung wert.

Weiteres leichtes E-Bike von der österreichischen Firma Geero

Aus Graz kommen die E-Bikes der Firma Geero. Sie sind im Retrolook gehalten mit braunem Sattel und Lederimitathandgriffen und mit Diamant- und Trapezrahmen und verschiedenen Kettenschaltungen zum Hinterrad verfügbar. Dort werkelt ein selbst entwickelter 250-Watt-Motor, der von einem hübsch im Unterrohr versteckten 404-Wattstunden-Akku gespeist wird. Er ist entnehmbar und soll mindestens 85 Kilometer weit reichen. Fünf Unterstützungsstufen bietet das Steuerungssystem an. Auf einer Probefahrt war festzustellen, dass der Motor mit einer minimalen Verzögerung einsetzte. Positiv dürfte sich das Geero mit seiner Schaltung von den Konkurrenten abheben.

Urban Bikes 

- Gewicht
- Vernetzung
- Akku fest oder entnehmbar

Der spanische Fahrradhersteller Orbea hält ebenfalls interessante Varianten in seinem Programm bereit. Die Gain-Serie zum Beispiel versteckt einen Akku in einem Alurahmen und bietet einen „Range Extender": Ist der erste Akku leer, kann man den zweiten, der in den Trinkflaschenhalter passt, mit 208 Wattstunden dazuschalten. Insgesamt stehen dem Nutzer somit 450 Wattstunden zur Verfügung.

Wie weit die Kategorie Urban Bikes inzwischen ausgedehnt wird und sich diese damit verwischen, zeigen Hersteller wie auch die Firma Cube aus dem oberpfälzischen Weiden. Sie hat drei elektrifizierte Mini-Bikes mit 20-Zoll-Rädchen im Programm, die sie Urban Bikes nennt. Das Unternehmen will damit eine neue, flexible Art innerstädtischer Mobilität mit geschrumpften Fahrrädern befördern, die zwar noch keine Klappräder sind, aber sich ein bisschen so anfühlen.

CROSSRÄDER

Crossräder sind eine Mischung aus Rennrad und Mountainbike. Ihre leichten Rahmen bestehen aus Aluminium oder Carbon in Kombination mit geländetauglichen Kettenschaltungen, die vorne drei Blätter haben, und breiten Reifen ab 32 Millimetern, allerdings ohne Schutzbleche.

Es dominieren Scheibenbremsen. Manche Räder sind mit Federgabeln ausgestattet, andere haben starre Gabeln; ist Letzteres der Fall, sind breite Reifen der einzige Fahrkomfort. Diese sind bei Crossern oft grobstollig, damit sie im Gelände besseren Halt bieten. Wird das Wetter schlecht, werden Steckschutzbleche angebracht, und bei dunkler Umgebung klemmt man Akkuleuchten an Lenker und Sitzstrebe. Damenrahmen liegen meist in der Trapezform vor.

Puristisch und ohne viel Ballast sollen Crossräder dazu da sein, schnell von A nach B zu kommen, aber eben auch über Stock und Stein. Schlechte Straßen in der Stadt, Wald- oder Wirtschaftswege sind ihr bevorzugtes Terrain. Auf Crossrädern sitzt es sich sportlich nach vorn gestreckt.

Bei Crossrädern ist stärker auch die Vorbereitung für eine Internetverbindung via Smartphone im Kommen. Cannondale zum Beispiel spendiert seinem Modell „Quick" aus der Reihe „Active Bikes" einen Laufradsensor für die Verbindung zur Cannondale-App auf dem Handy.

Viele Hersteller preisen ihre Crossmodelle als Allzweckwaffe im Alltag an. Wer mit einer über die Schulter geworfenen Tasche ins Büro radelt, ist damit genauso gut aufgestellt wie Eltern, die am Wochenende mit den Kindern einen kleinen Ausflug ins Grüne unternehmen. Ein Crossbike ist dafür besser geeignet als ein Trekkingbike, weil es mehr auf Geländetauglichkeit und schlechte Wege ausgelegt ist. Insofern trifft die Beschreibung „Allzweckwaffe" die Eigenschaften ganz gut.

Die E-Bike-Varianten der Crossmodelle sind sehr vielseitig. Hier gehen die Hersteller in die Vollen und gönnen ihnen den neuesten und stärksten Bosch-CX-Antrieb mit 75 Nm Drehmoment, die hydraulischen Scheibenbremsen haben einen Durchmesser von 180 Millimetern, damit sie auch bei hohem Tempo standfest sind, und es finden sich hochwertige Lichtanlagen verbaut, die vom Akku des Elektromotors gespeist werden.

Konventionelles Crossrad

Ein Crossrad als E-Bike

MOUNTAINBIKES (MTB)

Mountainbikes sind eigentlich keine Fahrräder für den öffentlichen Straßenverkehr, sondern streng genommen Sportgeräte: Sie kommen in der Regel ohne Lichtanlage oder Reflektoren und Glocken in den Verkauf. Und was der Alltagsradler schätzt, fehlt ihnen obendrein: Schutzbleche, Klingel, ein Gepäckträger. Dennoch gibt es einen wachsenden Markt. Denn mit ihren dicken Reifen und Federgabeln sind Mountainbikes nicht nur fürs Gelände gemacht, sondern auch für den Asphaltdschungel der Großstädte mit Kopfsteinpflaster, Schlaglöchern und Rüttelpisten, die vielerorts offiziell als Radwege bezeichnet werden.

Mountainbikes charakterisieren Schaltungen mit einem sehr großen Übersetzungsbereich, mit denen man auch am steilsten Berg noch treten kann. Sind sie mindestens vorn gefedert, nennt man sie „Hardtail",

Ein Hardtail-Mountainbike, also ohne Hinterradfederung

Ein „Fully", voll gefedertes MTB

Die Erfindung des Mountainbikes

Das Mountainbike wurde in den 1970er-Jahren in Kalifornien erfunden, um damit schnell Waldpisten und Schotterstrecken hinunterzurasen. Erfunden haben soll es unter anderen der ehemalige Radrennfahrer und Zweiradmechaniker Gary Fisher, der gleichzeitig Namensgeber der späteren Fahrradmarke wurde. Fisher und sein Freund Joe Breeze bretterten mit umgebauten Beach Cruisern einen Berg im Marin County in der Bay Area von San Francisco hinunter. Später kam Tom Ritchey hinzu, dessen Name heute noch für hochwertige Anbauteile an Fahrrädern steht. Ende der 1970er-Jahre konstruierte Tom Ritchey erstmals ein geländetaugliches Fahrrad mit eigenständigem Rahmen – es sollte der Namensgeber für das Mountainbike schlechthin werden.

Urform des Mountainbikes, wie sie in den USA entstand: der „Stumpjumper"(1981) – das erste massenproduzierte Mountainbike von Specialized

Ritchey entwickelte seinen tourentauglichen Rahmen weiter, es kamen Gangschaltungen und Steuerelemente am Lenker hinzu, und es gab Firmen, die auch Mountainbikes herstellten, wie Specialized und Cannondale. Shimano und SunTour konstruierten Anbauteile; langsam wuchs der Markt. Mitte der 1980er-Jahre boomte das Segment, dann auch in Europa. Seither haben sich Mountainbikes als eine Art Innovationstreiber im Fahrradbereich gezeigt. So stammen zum Beispiel die V-Bremsen, gefederte Vorderradgabeln, Scheibenbremsen und Hinterbaufederungen aus dem Mountainbike-Segment. Auch das Anwachsen der Zahnkränze am Hinterrad rührt daher. 1982 etwa präsentierte Shimano seine heute noch verkaufte Deore-Schalt- und Bremsgruppe für Mountainbikes.

In den 1990er-Jahren explodierte der Markt dann förmlich, Aluminium ersetzte Stahl als Rahmenmaterial, die Rahmen wurden zunehmend in Taiwan hergestellt, Rahmenformen und Modellvielfalt nahmen enorm zu.

bei einer Federung auch hinten heißen sie „Fully". Sie haben Scheibenbremsen und dicke Reifen, mit denen man über Stock und Stein fahren kann. Und mithilfe von Anbauten für Taschen lassen sie sich auch als Reiseräder nutzen. Einziger Nachteil: Auf nacktem Asphalt sind Mountainbikes nicht ganz so leichtfüßig wie andere Fahrräder.

Die Typen zu unterscheiden, fällt immer schwerer. War früher ein Mountainbike ein Fahrrad mit dicken Reifen, muss man sich heute zwischen den unterschiedlichsten Modellen entscheiden.

Ausgeklügelte Federungssysteme

An Mountainbikes haben sich die ausgeklügeltsten Federungssysteme für die Gabel und den Hinterbau entwickelt. Vorn herrschen einstellbare Gabeln vor, die besseren sind ölgedämpft, die einfacheren mit Luft. Am Hinterbau unterscheidet man grundsätzlich Eingelenk-, Mehrgelenk- und Viergelenk-Hinterbauten.

- Bei **Eingelenk-Hinterbauten** ist der Hinterbau, der das Rad führt, nur mit einem Gelenk meist am Tretlager befestigt. Die Federung spricht sensibel an, ist aber nicht so seitensteif wie ein ungefedertes Hinterrad. Man kann bei starkem Tritt leichte Verwindungen im Rahmen bemerken. Dafür ist sie nicht wartungsintensiv.

- Die **Mehrgelenk-Hinterbauten** sind an insgesamt vier Punkten gelagert und stützen das Hinterrad sehr gut ab, sodass der Hinterbau steif steht. Um diese Federung muss man sich schon häufiger kümmern.
- **Viergelenk-Hinterbauten** verfügen im Vergleich zum Mehrgelenk-Hinterbau über einen zusätzlichen Drehpunkt an der Kettenstrebe. Dadurch federt das Hinterrad ziemlich senkrecht nach oben. Der Hinterbau ist sehr steif, aber auch wegen der vielen Drehpunkte und Hebelchen wartungsintensiv.
- Daneben gibt es noch das **VPP-System (Virtual Pivot Point)**. Es besitzt zwei Gelenke kurz hinter der Tretlagerachse und zwei weitere Gelenke am Dämpfer unter dem Oberrohr oder direkt über dem Tretlager. Dieses System gilt als sehr steif und verhindert deutlich das Wippen beim Fahren. Je nach Modell bieten sich kleine Unterschiede. Der MTB-Hersteller Santa Cruz verwendet diese Systeme zum Beispiel. Die Verbindung des Dämpfers am Oberrohr wird bei agilen Bikes verwendet, geht es in schwieriges Gelände, ist die Anbindung unten besser, weil sie etwas träger anspricht.

Sowohl die Federung als auch die Dämpfung der Systeme sind den persönlichen Erfordernissen anpassbar. Das geschieht per Luftdruck oder bei einfacheren Systemen mechanisch.

Die Mountainbike-Typen

Mountainbikes waren seit ihrer Erfindung Innovationsträger (siehe Infokasten „Die Erfindung des Mountainbikes", links, Seite 36), und das sind sie auch heute noch. Ihre Federgabeln sind abhängig vom Terrain verstellbar, seit 2019 auch elektronisch. Bosch hat mit dem Federgabelspezialisten Fox das elektronische Steuerungssystem „eSuspension" für Federgabel und Hinterbau-Federung entwickelt und setzt es ein. Der amerikanische Experte Sram bietet mit seinem „AXS-System" eine elektronische Verstellung auch der Sattelstütze an. Das ist für Downhill-Fahrten – also bergab – praktisch, während derer man aus Stabilitätsgründen tiefer und damit sicherer sitzt.

Als Rahmenmaterial für Mountainbikes wird Aluminium benutzt, im höherpreisigen Segment ist aber immer mehr Carbon im Einsatz. Stahlrahmen findet man bei kleineren Spezialherstellern wie etwa Veloheld aus Dresden.

Je nach Einsatzzweck kann man Mountainbikes grob in vier Kategorien unterteilen:

- Allround- oder All-Mountainbike
- Tour- und Cross-Country-MTB
- MTBs nur zum Abfahren („Downhills")
- Enduro-Mountainbikes

INFO

Federgabeln und Dämpfer am Mountainbike

Jede Federung hat den Zweck, die Bodenhaftung des Rades zu garantieren – ohne Federung könnten Mountainbikes auf ihren holprigen, von Wurzeln, Steinen oder Kanten geprägten Wegen kaum fahren, zumindest nicht so flott und komfortabel. Jedes Federsystem besteht aus einem Federungs- und einem Dämpfungssystem. Die Federung sorgt für das Ein- oder Ausfedern des Rades, die Dämpfung dafür, dass dies nicht zu abrupt, sondern kontrolliert geschieht. Wäre sie nicht da, würde ein Rad über Unebenheiten nur springen.

Die Federung ist heute **meist luftgefüllt** und kann mit speziellen Luftpumpen härter gemacht werden. Wenn sie mit Stahlfedern arbeitet, ist die Härte der Federung meist mechanisch einstellbar, zum Beispiel mit einer Rändelschraube. Die Dämpfersysteme funktionieren **mit Öl**; auch sie können eingestellt werden.

Alle Federsysteme zeichnet ein negativer Federweg aus, jenes Einfedern, das allein durch die Belastung des Rades entsteht – es federt etwas ein. Beim Überfahren von Löchern zum Beispiel kann das System dann ausfedern und die Unebenheit ausgleichen.

MTB für Jugendliche: das „Eightshot"-Allround-MTB

Allround-Mountainbikes

Sie sind meist voll gefedert und können von einfachen Touren bis zu anspruchsvollen Geländefahrten eingesetzt werden. Zuverlässigkeit und Fahrkomfort stehen im Vordergrund, deshalb haben sie einen relativ großen Federweg von 120 bis 160 Millimeter. Für Fahrten bergauf können die Federgabel vorn und die Federung hinten blockiert werden, wodurch nicht so viel Pedalkraft verloren geht. Dies geschieht bei den meisten Modellen manuell, indem man an Gabel und Hinterbau-Federung eine Sperre aktiviert. Mit den vollgefederten Allround-Bikes werden auch schwierige Trails im Gelände befahren – manch ein Bergwanderer in den Alpen mag sich ob eines Mountainbikers, den er auf seinem steilen Bergpfad sah, schon verwundert die Augen gerieben haben.

Für den öffentlichen Straßenverkehr werden die Allround-MTBs mit Akkuleuchten regelkonform aufgerüstet. Sogenannte „Ass Saver", schmale schutzblechartige Plastikscheiben, die unter den Sattel gesteckt werden, halten bei Regen das Gröbste ab. Für Touren sind Anbaugepäckträger erhältlich. Der neue Ausrüstungszweig des Bikepackings (siehe auch Kapitel 8 „Zubehör", ab Seite 214) hat verschiedene Taschenformen hervorgebracht, die Sie am Rahmen oder Sattel anbringen können. Diese MTBs wiegen zwischen 10 und 14 Kilogramm.

Tour- und Cross-Mountainbikes

Sie sind auch als Hardtails bekannt, also als Räder mit einem harten, ungefederten Hinterbau. Das dürfte im öffentlichen Straßenbild die am häufigsten vorkommende Version des Mountainbikes sein. Sie werden als Alltagsräder eingesetzt, können aber auch auf unbefestigten Wegen und im leichten Gelände benutzt werden. In diesem Segment findet man auch völlig ungefederte Mountainbikes – sie vertrauen allein auf den Komfort dickerer Reifen.

Bei den Touren-Mountainbikes lässt sich schon ein gewisser Wettbewerb um geringes Gewicht ausmachen. Bei diesen ohnehin schon minimalistischen Varianten achtet man auf jedes Gramm: Das reicht von Carbonrahmen über Carbonpedale bis hin zur Schaltung aus dem Verbundwerkstoff. Sie wiegen dann kaum mehr als 8 bis 10 Kilogramm. Stand der Technik sind Scheibenbremsen.

Hardtail für den Toureinsatz: das „F-Si" von Cannondale

29er- oder 27,5er-Reifen?

Anfang der 2000er-Jahre kam in den USA eine neue Reifengröße für Mountainbikes auf: Es waren nicht mehr die wendigen 26-Zoll- oder die spurstabilen 28-Zoll-, sondern 29-Zoll-Laufräder. Sie sollten noch mehr Stabilität und mehr Fahrkomfort bieten. Mit großen Rädern rollt man leichter über Hindernisse wie Steine oder Wurzeln.

Messungen ergaben, dass die großen Räder leichter rollen und die Fahrräder im Grenzbereich damit besser zu kontrollieren sind. Andererseits haben die 29-Zöller ein größeres Trägheitsmoment – es muss einfach mehr Masse bewegt werden – und sie sind nicht so seitensteif wie kleinere Laufräder.

Die Alternative zu diesen großen Rädern ist das erst kürzlich aufgekommene Maß mit 27,5 Zoll. Es lehnt sich etwas an die 26-Zoll-Räder an, die sehr seitensteif sind, bietet aber mehr Komfort und bessere Überrolleigenschaften von Hindernissen.

Einsteiger-MTB von Haibike mit 27,5-Zoll-Rädern

Downhills

Der Laie wundert sich vielleicht, aber es gibt eine Kategorie von Fahrrädern, die primär dafür gemacht sind, um mit ihnen möglichst schnell schlechte Waldstraßen, Feldwege oder Bergpfade herunterzurasen: Das sind die Downhills. Sie sind gewissermaßen die Elefanten unter den Mountainbikes – und wiegen bis 18 oder 20 Kilogramm. Das rührt von ihrem stabilen Rahmen und den genauso widerstandsfähigen Anbauteilen her. Ein langer Radstand macht einen ziemlich stoischen Geradeauslauf möglich, die Federwege betragen bis zu 250 Millimeter, das hohe Tempo wird mit Scheibenbremsen von über 200 Millimetern Durchmesser gebremst. Hier kommen besonders breite Reifen ab 50 Millimeter zum Einsatz. Die Downhills sind für spektakuläre Sprünge im Gelände

Downhill-MTB mit langem Radstand von Scott

oder auf Rennparcours ausgelegt. Touren unternimmt man mit ihnen kaum – schon der Weg vom Parkplatz zum Sessellift für den Aufstieg kann auf ihnen zu weit sein.

Vollgefedertes Enduro-MTB von Giant: das „Reign Advanced Pro"

Enduro-Mountainbikes

Sie sind die Langstreckenfahrräder unter den Mountainbikes. Dafür sorgen ein relativ langer Radstand, der Spurtreue vermittelt, und eine eher aufrechte Sitzposition, die nicht so sportlich ist wie auf den Allround-MTBs. Auch die Lenker, die etwas zum Fahrer hin gebogen sind, unterstützen diese Position. Enduros sind vollgefedert, wobei der Federweg zwischen 150 und 180 Millimetern liegt. Bei den Schaltungen sieht man hier immer häufiger die 1 x 12-Schaltung von Sram, die vorn nur ein Kettenblatt hat. Man muss entscheiden, ob einem das gefällt – die Sprünge zwischen den einzelnen Gängen sind relativ groß. Wer für Touren gern eine kleinteilige Wahl an Gängen hat, sollte auf ein zweifaches Kettenblatt achten (siehe auch Kapitel 5 „Antrieb, Schaltung, Pedale", ab Seite 128).

Experten für unwegsames, tiefes Gelände: Fatbikes

Spezialfall Fatbikes

Ein ganz spezieller Fall unter den Mountainbikes sind die Fatbikes: Fahrräder mit Mountainbike-Genen und überdimensional dicken Reifen bis zu 5 Zoll Breite – das sind 12,5 Zentimeter! Dafür müssen die Rahmen an der Gabel und im Tretlagerbereich breiter sein als üblich, auch die Ausfallenden sind breiter. Mit Fatbikes kann man Baumwurzeln genauso bewältigen wie Sandpisten oder tief verschneite Wege. Das perfekte Gerät also für abenteuerlustige Draufgänger.

Es gibt Fatbikes mit Starrgabel oder Federgabel, auch vollgefederte Modelle sind erhältlich. Vorn dreht sich ein Kettenblatt, hinten eine dicke Kassette mit bis zu zwölf Zahnkränzen. Manche Hersteller haben auch Modelle mit zwei Kettenblättern im Angebot. Ösen und Gewinde sind für die Befestigung von Trinkflaschen und Bikepacking-Utensilien meist reichlich vorhanden. Schutzbleche, Licht oder Gepäckträger kommen in der Regel nicht vor, können aber nachgerüstet werden.

Fatbikes lassen sich wegen der breiten Reifen mit ganz wenig Luftdruck fahren. 0,8 Atü sind schon die Obergrenze – im Vergleich dazu haben Rennradreifen bis zu 8,0 Atü. Ein Gewicht von 14 oder 15 Kilogramm ist ein guter Wert.

Mountainbikes 

- Einsatzzweck
- Fully oder Hardtail
- Schaltung

Elektromotoren an Mountainbikes

Es versteht sich quasi von selbst, dass Mountainbikes auch ein Dorado für elektrische Antriebe sind. Denn wie kaum an einem anderen Fahrrad kann man am Mountainbike die Segnungen der elektrischen Unterstützung erleben. Steile Wirtschaftswege auf Almen werden damit zu bequemen Trainingsrouten. Auf der Fahrt von der Ebene hinauf zum Domizil in exponierter Hanglage geht einem nicht mehr die Puste aus – auch wenn es dabei über reichlich sperrige Hindernisse geht. Und die ganz Professionellen, die hoch in den Alpen waghalsig Trails befahren und in Hütten übernachten, freuen sich, dass sie auch mit etwas weniger Muskelkraft ihr Tagesziel erreichen. E-Mountainbikes sind schwerer als konventionelle MTBs und wiegen zwischen 22 und 23 Kilogramm.

Zahnriemen im Innern machen den Brose-Motor sehr leise.

An Mountainbikes fahren die Hersteller der Elektromotoren daher alles auf, was sich die Ingenieure ausgedacht haben. Über die Kombination Mountainbike plus Elektromotor entscheiden die Fahrradhersteller nach eigenen fürs Marketing ausschlaggebenden Gesichtspunkten. Die folgende kleine Motorenübersicht bezieht sich auf Fullys, vollgefederte Mountainbikes. Sie stellen bei den E-Bikes das größte Verkaufssegment dar.

MTB-Motoren 

- Drehmoment
- Schiebehilfe
- Sensorentechnik

- **Bosch** ist mit seiner überarbeiteten Motorenlinie „Performance Line CX" vertreten. Der große Motor liefert 85 Nm Drehmoment – die seit Sommer 2020 per Update nachrüstbar sind – und gilt als äußerst fein dosierbar in der Leistungsabgabe. In einem neuen Fahrmodus „eMTB" stellt er stufenlos die Kraft zwischen den Fahrmodi „Tour" und „Turbo" zur Verfügung, die gerade benötigt wird. Display und „Remote control" könnten besser lesbar und bedienbar sein, klagen Tester.
- Der **Brose** „Drive S Mag" gilt mit 90 Nm als feinfühliges Kraftpaket, das auch schon in niedrigen Unterstützungsstufen ausreichend Power liefert. Er bietet ein sehr natürliches Fahrgefühl.
- Der **Panasonic** „GX 0" hat ebenfalls 90 Nm Drehmoment, bei niedrigen Drehzahlen sinkt seine Leistungsabgabe aber schnell ab. Ein Automatikmodus wirkt sehr ansprechend.
- Der **Shimano** „Steps E8000" ist an sehr vielen Mountainbikes verbaut. Er hat 70 Nm Drehmoment, seine drei Fahrmodi lassen sich via App feinsteuern. Manche Fahrer bemängeln, dass er bei niedrigen Trittfrequenzen zu abrupt einsetzt.
- Die Schweinfurter Firma **Haibike** hat den „TQ HPR 120S" seit 2012 bekannt gemacht. Er ist mit 120 Nm der stärkste Mountainbikemotor überhaupt. Die Leistung gibt er so brachial frei, dass man in steilem Terrain aufpassen muss, nicht hintenüber zu purzeln. Bei mittlerer Unterstützungsstufe bietet er, was andere Motoren bei höchster Power haben – ist aber schwerer zu kontrollieren.

Bei Ihrer Wahl sollten Sie sich aber nicht von Einzeldaten wie etwa Motorleistung, Federweg oder Akkugröße leiten lassen – das beste Mountainbike ist immer noch dasjenige mit dem besten Gesamtpaket. Und das kann je nach persönlichem Geschmack sehr unterschiedlich ausfallen.

Randonneure

Der Begriff Randonneur kommt aus dem Französischen und bedeutet Wanderer. 1931 wurde erstmals die Fernfahrt Paris–Brest–Paris von 1200 Kilometern Länge als „randonnée à vélo" bezeichnet. Die Teilnehmer solcher Langstreckenfahrten nannte man fortan „randonneurs". Von da sprang der Begriff nach Deutschland über, wo nicht nur die Teilnehmer solcher Fahrten, sondern auch die dafür benutzten Langstreckenfahrräder fortan als Randonneure bezeichnet werden.

Viele Fahrer von E-Mountainbikes klettern damit nicht nur Bergpfade hinauf, sondern setzen sie auch im Alltag ein – zur Feierabendrunde oder auf dem Weg zur Arbeit. Dann kann zum Beispiel auch die Möglichkeit entscheidend sein, ein ordentliches Licht oder einen Gepäckträger leicht anbringen zu können.

REISERÄDER

Reiseräder sind Fahrräder, die für die große Tour gedacht und deshalb besonders stabil und belastbar sind. Es sind gewissermaßen die Packesel unter den Fahrrädern. Sie können von Rennrädern abstammen und werden dann gern als „Randonneure" bezeichnet, sie können aber auch auf Trekking- oder Mountainbikes basieren.

Traditionell haben Reiseräder meist Diamantrahmen oder leicht geschwungene Trapezrahmen aus Stahl – das Material wird weltweit verwendet und kann auch in abgelegenen Teilen der Welt repariert werden. Allerdings kommt auch Aluminium häufig zur Anwendung – moderne Alurahmen sind nicht unbedingt weniger haltbar als solche aus Stahl.

Die Rahmen sind generell auf Stabilität ausgelegt: Die Rohre können etwas dicker sein als an üblichen Trekkingrädern, auch ist der Radstand meist größer als an konventionellen Rädern. Das führt zu höherer Laufruhe.

Auf Federungen an der Gabel oder dem Hinterbau wird verzichtet – das Motto: „Was nicht dran ist, kann auch nicht kaputt gehen" gibt den Maßstab ab. Auch gefederte Sattelstützen sind die Ausnahme. Stattdessen setzt man für ein wenig Komfort auf solide Starrgabeln und breitere Reifen. Der Hinterbau fällt etwas länger aus, sodass man dort auch gut gefüllte Packtaschen anbringen kann, ohne mit den Fersen dagegenzustoßen. Die Gepäckträger sind meist angeschweißt und verfügen über eine zweite Rohrebene fürs Einhängen der Packtaschen. Die Gabeln haben Gewinde für die Aufnahme von „Lowrider"-Gestellen für Packtaschen. Zwei oder drei Getränkehalter sind Pflicht, ebenso Schutzbleche und eine Lichtanlage. Dazu kommen besonders stabile Laufräder, sodass das Gesamtgewicht bis 150 oder 160 Kilogramm reicht.

Der Lenker sollte ergonomisch passen und möglichst viele Variationen zum Anpacken bieten, damit der Fahrer nicht in einer einseitigen Haltung über Stunden verkrampft; Lenkerhörnchen bilden da eine gute Ergänzung. Manche Radler bevorzugen aus diesem Grund Rennlenker, da sie viele Griffmöglichkeiten bieten. Auch ein angenehmer Sattel ist ein wichtiges Kriterium – hier geht probieren über studieren.

An Schaltungen ist alles vertreten, was das Herz begehrt: Seien es Ketten-, Naben- oder Getriebeschaltungen mit dem edlen Pinion-System. Die Getriebeschaltungen gelten bei Reiseradlern als beste Wahl, weil sie keine Wartung brauchen. Dazu kommen Riemenantriebe zum Hinterrad und je nach Hersteller kleine technische Spielereien wie etwa

Reiserad mit Kettenschaltung und Lowrider am Vorderrad

Pinion-Getriebe und Gates-Riemenantrieb an einem Reiserad von Velotraum

Reifen für Reiseradler: Der „Road Cruiser Plus“ von Schwalbe hat einen speziellen Pannenschutz (1), der „Billy Bonkers“ ist ein Spezialist für Sand (2), der „G-One“ ein Universalist (3).

eine USB-Buchse, über die man unterwegs das Handy mit dem Nabendynamo aufladen kann.

An Reiserädern werden grundsätzlich breitere, stärker profilierte Reifen verbaut. Sie bieten auf losem Untergrund den besseren Halt und überstehen auch Schotterpassagen oder steinige Pisten besser als schmalere Reifen von 28 oder 35 Millimetern Breite.

Welche Laufradgröße: 26 oder 27,5 Zoll?

Bei den Laufrädern der Reisefahrräder gibt es eine Besonderheit: Sehr verbreitet sind 26-Zoll-Räder. Sie haben kürzere Speichen als die 28-Zoll-Räder und sind daher stabiler, Speichenbrüche seltener. Die Ersatzteillage, auch bei den Reifen, ist zudem weltweit gut. Die kleineren Räder bieten den oft schwer beladenen Reiserädern zudem den Vorteil, dass sie agiler sind, das Fahrrad sich also etwas leichter dirigieren lässt als mit größeren Laufrädern. Zu den 26-Zoll-Rädern passen auch gut breite Reifen ab 50 Millimeter – die an größeren Rädern schon sehr wuchtig aussehen.

Am Reiserad sehr verbreitet: 26-Zoll-Räder

Eine etwas neuere Entwicklung stellen 27,5-Zoll-Räder dar. Der Trend stammt von den Mountainbikes. Die Größe soll die Wendigkeit des kleineren Formats mit der Spurstabilität der 28-Zoll-Räder verbinden. Der Markt hält zudem ein breites Angebot an sehr leichten und dennoch stabilen Felgen sowie den passenden Reifen in diesem Format bereit. Somit kann etwas Gewicht gespart werden. Viele dieser 27,5-Zoll-Felgen sind auf schlauchlose Reifen ausgelegt. Sie gelten als pannensicherer als solche mit Schlauch – auch ein Vorteil auf einer Reise.

Reifen

Reiseräder haben in der Regel breitere Reifen, angefangen bei einem Minimum von 37 Millimetern und bei 26-Zoll-Reifen bis an die 50 oder 60 Millimeter heranreichend. Für diese Reifenbreiten müssen die Gabel und der Hinterbau des Fahrrads breit genug sein. Mit breiteren Reifen kann man den Luftdruck um etwa ein Atü absenken, wodurch die Traktion auf schlechtem Terrain besser wird, auch der Komfort erhöht sich damit leicht. In diesem Zusammenhang ist es ratsam, die passende Kombination aus Maulweite der Felge und Reifenbreite zu beachten – nicht jeder breite Reifen passt auf jede Felge (siehe Kapitel 4„Laufräder, Felgen, Speichen, Naben", ab Seite 108).

Die Reifen an Reiserädern sind zudem stark profiliert und gegen Pannen geschützt. Dafür haben die Hersteller in den vergangenen Jahren ziemlich wirksame Gummimischungen entwickelt, die mit harten Kunststoffeinlagen versehen werden und Durchstiche abhalten können.

Bremsen an Reiserädern

Auch an Reiserädern oft verbaut: Scheibenbremsen

Scheibenbremsen haben an Reiserädern die Felgenbremsen fast vollständig verdrängt. Nur wenige Hersteller, zum Beispiel Koga oder Poison, bieten noch Modelle mit Felgenbremsen an. Poison montiert immerhin die sehr effektiven Magura-Felgenbremsen. Die Dominanz der Scheibenbremsen liegt darin begründet, dass sie bei Nässe grundsätzlich eine bessere Wirkung haben. Zudem sind Reiseräder schwerer, Scheibenbremsen diesen höheren Anforderungen besser gewachsen. Dem größeren Gewicht tragen die Hersteller auch dadurch Rechnung, dass die Bremsscheiben mindestens einen Durchmesser von 180 Millimetern haben – an konventionellen Rädern beträgt er 160 Millimeter. Idworx verbaut an seinen Reiserädern auf Wunsch gar Scheiben mit 203 Millimetern Durchmesser. Sie dürften auch steilsten Abfahrten mit noch so viel Gepäck ihren Schrecken nehmen.

Große Wirkung: hydraulische Felgenbremse

Felgenbremsen bewirken zudem im Lauf der Zeit einen Verschleiß an den Bremsflächen der Laufräder, was zu Stabilitätsproblemen bis hin zum Bruch eines Laufrades führen kann. Dieses Problem verursachen Scheibenbremsen nicht. Scheibenbremsen an Reiserädern können mechanisch oder hydraulisch mit Öldruck betätigt werden. An der Frage, was sich an einem Reiserad besser eignet, scheiden sich die Geister. Hydraulische Bremsen wirken einen Tick vorteilhafter, da man etwas weniger Handkraft benötigt. Andererseits ist bei Ausfall des Systems die Reparatur aufwendiger – wer nimmt schon ein Entlüftungsset mit Ersatzbremsflüssigkeit mit ins Gebiet um den Himalaya? Da ist der Seilzug einer mechanischen Scheibenbremse leichter ersetzt.

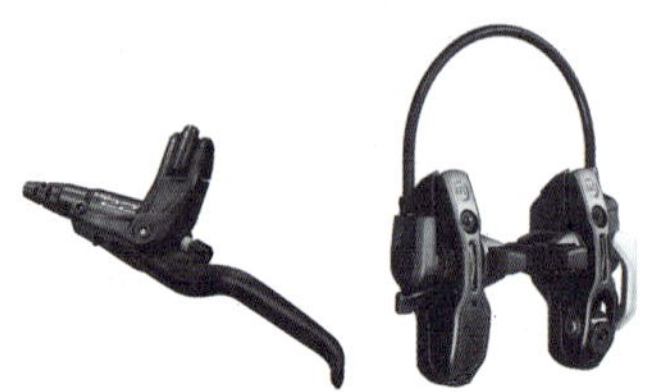

Hydraulische Felgenbremsen erfordern auf sie abgestimmte Bremshebel

Randonneure

Die Randonneure sind die sportlichen Fahrräder unter den Reiserädern. Sie sind der Form nach einem Rennrad sehr ähnlich, die Rahmen hingegen langstreckentauglicher ausgelegt: Ein kürzeres Oberrohr und ein längeres Steuerrohr sorgen dafür, dass man nicht so gestreckt und nach vorn gebeugt sitzt wie auf einem Rennrad, sondern relativ aufrecht. Der Gepäckträger ist angeschweißt und mit bis zu 40 Kilogramm belastbar. Die Laufräder sind meist 28 Zoll groß, Reiserad-Spezialisten wie Velotraum bieten auch 26-Zoll-Räder an. Sie haben Schutzbleche und Lichtanlagen.

An manchen Rädern findet man pfiffige Details wie etwa einen Anschlagstop für die Gabel: Damit sie sich beim Abstellen des Fahrrads nicht so weit verdreht, dass vielleicht ein Schalt- oder Bremszug aus der Halterung gerissen wird, gibt es am Steuerrohr kleine Anschlagpunkte, die genau das verhindern. Zur Verbesserung der Stabilität eines voll beladenen abgestellten Fahrrads findet man an der Gabel oder dem Lowrider von Reiserädern häufig einen kleinen Seitenständer für das Vorderrad.

Kettenschaltungen sind passend zum Rennrad-Flair dieser Modelle die erste Wahl – wenngleich es auch Nabenschaltungen mit Riemenantrieb an Randonneuren gibt, die allerdings etwas schwerer sind.

Klassisches Reiserad von Kona

Randonneur oder Reiserad: der „Vättern“ von Norwid

Klassische Reiseräder

Diese Reiseräder ähneln in ihrer Form am ehesten den Trekkingrädern und sind mit Diamant- oder Trapezrahmen erhältlich. Sie haben gerade oder leicht gekröpfte Lenker, oftmals mit Lenkerhörnchen, und eine Rahmengeometrie, die etwas weniger sportlich ist als die der Randonneure. Die Rahmen sind sehr stabil, die Gabeln auf breitere Reifen jenseits der 50 Millimeter ausgelegt. Auch hier sind die Gepäckträger angeschweißt, Schutzbleche aus Blech und stabil befestigt. Im Vorderrad dreht sich ein Nabendynamo, wo meist auch schon Lowrider für Packtaschen angebracht sind.

An Schaltungen kommen alle Möglichkeiten in Betracht: von Ketten- über Nabenschaltungen mit Rohloff-Getriebe und Gates-Riemenantrieb bis hin zum edlen Pinion-Getriebe, das im Tretlager sitzt. Für flaches Gelände reicht die Nexus-Nabe von Shimano mit acht Gängen völlig aus, wenn es steiler werden soll, sind die Elf-Gang-Nabe Alfine oder eine Rohloff-Nabe eine gute Wahl. Die meisten Reiseradler setzen auf Nabenschaltungen, weil sie keine Wartung benötigen. Und ein Riemenantrieb zum Hinterrad spart das Putzen und Ölen einer Kette.

Je nach Hersteller ist das Design sportlich-elegant oder robust. Stahlrahmen sind auch hier die erste Wahl, haben sie doch eine generell schlanke Silhouette, die auch bei voll ausgestatteten Reiserädern elegant wirkt.

Der Spezialist für Reiseräder Velotraum geht beim Design eigene Wege. Er betrachtet Fahrräder gemäß seiner Produktphilosophie als „Lebensmittel“. Demgemäß werden sie auf die individuellen Kundenwünsche maßgefertigt. Gekoppelt mit langjähriger Erfahrung, in deren Zentrum die Ergonomie, Materialerfahrung und Handwerk stehen, erge-

Ein auch für Reisen geeignetes Trekkingbike

Reiseräder 

- 26 oder 28 Zoll
- Nabenschaltung bevorzugt
- Stahlrahmen
- Bremsen

ben sich so eigenständige Formen und Ausstattungsvarianten, die sich von moderner Massenfertigung abheben. „Unsere Stärke ist der Dialog mit dem Kunden. Ihm liefern wir die passende Technik", sagt Inhaber Stefan Stiener. So hat zum Beispiel das Modell „Finder" einen Rahmen mit geknicktem Oberrohr fürs leichtere Aufsteigen, einen Rennlenker und 27,5-Zoll-Laufräder. Damit ist der „Finder" für die große Reise genauso geeignet wie für den täglichen Pendelverkehr ins Büro.

Ein Fatbike von Salsa als Reiserad

Mountainbikes als Reiseräder

Mountainbikes schließen sich eigentlich von ihrer Konstruktion her als Reiseräder aus. Sie sind meist nicht für die Aufnahme von Gepäck konstruiert, Gewindeösen am Rahmen fehlen in der Regel, und die Federgabeln machen das Anbringen von Lowridern schwierig. Wenn überhaupt, dann kommen allenfalls Hardtails, also Räder ohne gefederten Hinterbau, infrage. Denn andererseits sind Mountainbikes sehr robust, mit ihren Übersetzungen lassen sich auch steilste Berge überwinden, und wenn man beim Gepäck nicht allzu große Ansprüche hat, lassen sich für die Urlaubstour auch so genug Sachen mitnehmen.

So gibt es durchaus die Möglichkeit, Mountainbikes zumindest für etwas längere Touren zum Reiserad aufzurüsten. Im Zubehörhandel finden Sie dafür die nötigen Utensilien. Manche Hersteller haben an ihren Rahmen Gewinde für Gepäckträger vorgesehen. Schutzbleche und Licht können mit ansteckbaren Schutzblechen und Akku-Leuchten nachgerüstet werden. Bevorzugt werden Mountainbikes aber als Modelle für das Bikepacking.

E-Bike als Allround-Rad

E-Bikes als Reiseräder

Auch bei den Reiserädern gibt es einen Trend hin zum E-Bike. Das klingt paradox: Mit einem Reiserad will man ja eigentlich in entfernte Orte der Welt fahren – der Elektroantrieb verlangt aber Strom zum Aufladen, also die Nähe der Zivilisation. Wie passt das zusammen? Vielleicht muss man dazu den Begriff der „Reise" etwas weiter fassen. Nicht für jeden Radler ist erst die Tour auf dem Karakorum-Highway im Grenzgebiet zwischen China und Pakistan eine Reise – für manchen fällt schon die zehntägige Etappentour, etwa von Deutschland nach Südfrankreich, darunter. Und für diese Radler könnte ein E-Reiserad wirklich interessant sein. Bietet es doch Komfort auf planbaren Etappen, die abends nicht am Lagerfeuer, sondern im Hotel oder Hostel enden. Wer wirklich ins Outback will, wird kein E-Bike nehmen. Wer aber in Mitteleuropa lange Urlaubsfahrten plant, ist mit einem E-Bike für die Reise ganz gut dran.

Die Motoren- und die Fahrradhersteller haben sich auf diese Gruppe inzwischen eingestellt. Der Fahrradhersteller Koga hat zum Beispiel mit der Elektroversion seines seit vielen Jahren beliebten „World Travellers"

Mit Gepäcktaschen, die man direkt am Rahmen befestigt, werden auch Mountainbikes zu Reiserädern. Die Taschen sitzen fest, nichts wackelt.

so ein Modell im Programm. Dieser verfügt über einen Aluminiumrahmen mit Starrgabel, den es auch in Trapezform gibt, einen soliden, angeschraubten Gepäckträger, hydraulische Scheibenbremsen, einen Motor von Bosch („Performance CX Line") mit abnehmbarem 500-Watt-Akku und eine Kettenschaltung. Velotraum bietet in seiner „E-Finder"-Reihe Modelle mit Naben- und Mittelmotor an. Manche Modelle sind darauf ausgelegt, einen Ersatzakku mitzunehmen, womit die Kapazität auf bis zu 1 250 Wattstunden steigt. Riese & Müller hat mit seinem „Superdelite" zum Beispiel so einen Kraftprotz im Programm. Auch Räder der E-Bike-Spezialisten Flyer und Stromer werden gern als Reiseräder eingesetzt – wobei die Stromer-Modelle S-Pedelecs sind, die ein Versicherungskennzeichen benötigen. An Solidität mangelt es beiden jedoch nicht.

Aber: Aufladen muss man die Akkus irgendwann doch, egal, wie groß sie sind. Gut, wenn es dann eine Steckdose gibt. Denn wer das zusätzliche Gewicht eines E-Bikes mit reiner Muskelkraft bewegen muss, würde dann lieber auf einem konventionellen Reiserad sitzen.

RENNRÄDER

Rennräder stellen bei den Fahrrädern eine eigene Kategorie dar. Die Sportgeräte sind wie kein anderes Fahrrad auf schnelles Vorankommen getrimmt. Dazu müssen sie möglichst wenig wiegen. Deshalb wird an ihnen alles weggelassen, was zum Fahren nicht notwendig ist: Schutzbleche, Gepäckträger, Lichtanlagen, Klingel, Ständer. Und was dann noch übrig bleibt, ist auf maximalen Leichtbau ausgelegt: Rahmen, Laufräder, Lenker, Vorbau, Schaltung, Bremsen, Sattelstütze und Sattel sollen der Muskelkraft möglichst wenig Gewicht entgegensetzen. Dazu werden im hochpreisigen Bereich überwiegend Carbonrahmen eingesetzt.

Der „Comet"-Rahmen des Hamburger Fahrradherstellers Stevens wiegt zum Beispiel in Größe 58 nur 800 Gramm – so viel Gewicht bringt manche Aluminiumgabel allein schon auf die Waage. Ein Gesamtgewicht

Rennräder mit Stahlrahmen (1) bilden eine beliebte Marktnische. Einfachere Modelle mit Alurahmen (2) gibt es schon ab 750 Euro – bei Carbon wird es teurer. Das Cannondale „Super Six Evo" (3) mit Carbonrahmen und Sram-Funksteuerung gehört ins Hochpreissegment.

um 8 Kilogramm ist gut, weniger ist besser. Die Rahmengeometrie bei Rennrädern ist darauf ausgelegt, dass möglichst viel Kraft an die Tretkurbel kommt und der Fahrer möglichst aerodynamisch auf dem Rad sitzt. Bei Fahrten in der Ebene ist der Luftwiderstand der höchste zu überwindende Widerstand. Deshalb sitzt man mehr oder weniger stark nach vorn gebeugt auf einem dünnen, ungefederten Sattel, der höher ist als der Lenker. Der Radstand ist kurz, der Lenkrohrwinkel steil, wodurch ein Rennrad sehr wendig wird, aber auch wenig Laufruhe hat.

Rennräder haben einen Lenkerbügel mit Bremsschalthebeln, einen schmalen Rennsattel und Dual-Pivot-Rennbremsen (siehe auch Kapitel 7 „Anbauten: Bremsen, Gepäckträger & Co.", ab Seite 188). Meist passen nur Reifen von maximal 28 Millimetern Breite. Bei Marathon- oder Endurance-Rennrädern, die auf etwas mehr Komfort für lange Strecken ausgelegt sind, können es auch bis zu 32 Millimeter sein.

Rennradrahmen – Material

Als Rahmenmaterial gibt es alles, was gut ist: Stahl, Aluminium, Carbon, Titan. In den vergangenen Jahren hat Carbon den Markt erobert, manche Hersteller bieten Aluminium nur noch im Einsteigerbereich an. Rennräder aus Stahl sind ein Nischenprodukt, finden aber ihre Abnehmer. Daneben gibt es auch Rennräder aus dem teuren Titan. Sie gelten als Luxusvarianten des Sportgeräts. Da Rennräder bei publikumsträchtigen Sportveranstaltungen eingesetzt werden, wird in die Entwicklung der Rahmen viel Aufwand investiert – sie sollen möglichst leicht sein (siehe Kapitel 3, „Rahmen, Gabel, Lenker, Vorbau", ab Seite 82).

Bei Rennradschaltungen Standard: elf Ritzel (1). Srams elektronische Schaltung braucht keine Schaltzüge (2). Ein Stellmotor wechselt die Kette (3, 4). Scheibenbremsen und leichte Laufräder (5–7) reduzieren das Gewicht. Felgenbremsen werden seltener (8).

Laufräder

Natürlich sind auch die Laufräder an Rennrädern auf möglichst wenig Gewicht hin entwickelt. Das Fahrrad lässt sich schneller beschleunigen und fährt sich quirliger. Das spürt man vor allem am Berg. Als Material für die Laufräder wird in der Regel Aluminium verwendet. Auch die Zahl und das Profil der Speichen beeinflussen das Gewicht. Hochprofilfelgen sind zwar etwas aerodynamischer, aber seitenwindanfällig.

Bremsen und Schaltung am Rennrad

Bremsen und Schaltung sind am Rennrad in einem kombinierten Hebel gemeinsam untergebracht. Zum Bremsen zieht man den Hebel heran. Die rechte Seite ist grundsätzlich für das Hinterrad zuständig, die linke für das Vorderrad. Rechts bewegt man auch das Schaltwerk hinten und somit die Kette auf dem Zahnkranz. Mit dem linken Kombihebel bewegt man den Umwerfer vorn. Er befördert die Kette vom großen auf das kleinere Kettenblatt und umgekehrt.

Felgenbremsen weichen immer mehr den Scheibenbremsen. Sie bremsen besser, schmirgeln nicht wie die Felgenbremsen die Bremsfläche des Laufrads ab und sind leicht zu bedienen. Ob man sich für hydraulische oder mechanische Scheibenbremsen entscheidet, ist eine Frage des Einsatzes und des Geldbeutels. Hydraulische Scheibenbremsen funktionieren mit Öldruck, mechanische werden wie klassische Felgenbremsen mit einem Seilzug betätigt. In beiden Fällen wird ein Bremskolben auf die Bremsscheibe gedrückt, bei den besseren Scheibenbremsen sind es zwei oder sogar vier Kolben. Hydraulische Felgen-

Rennräder 

- Gewicht
- Bremsen
- Rahmenmaterial
- Schaltung

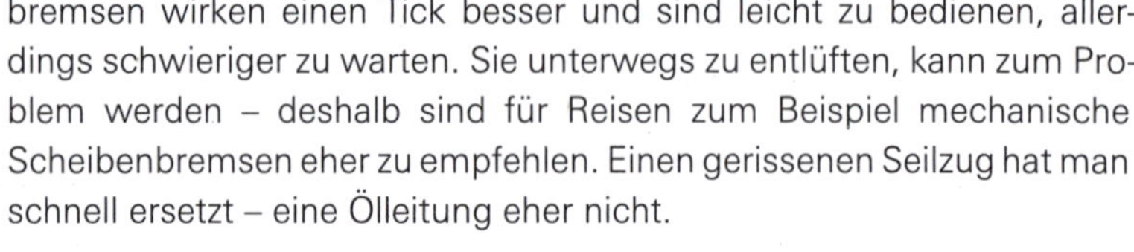

bremsen wirken einen Tick besser und sind leicht zu bedienen, allerdings schwieriger zu warten. Sie unterwegs zu entlüften, kann zum Problem werden – deshalb sind für Reisen zum Beispiel mechanische Scheibenbremsen eher zu empfehlen. Einen gerissenen Seilzug hat man schnell ersetzt – eine Ölleitung eher nicht.

GRAVELBIKES

Typisches Gravelbike mit dickeren Reifen und gemäßigter Geometreie: „Backroad" von Rosebikes

Gravelbikes sind Rennräder mit einer gemäßigten Geometrie, breiteren Reifen und Schaltungen mit leichten Gängen fürs Gelände und die Berge. Oft kommen Befestigungsmöglichkeiten für Schutzbleche und Gepäckträger hinzu, Ösen für mehrere Getränkehalter bieten fast alle Modelle. Eine einheitliche Definition oder einen Standard der Hersteller gibt es aber nicht. So sind manche Räder fast genauso sportlich wie Rennräder mit breiten Reifen, aber etwas bequemer zu fahren. Andere Modelle erlauben eine sehr aufrechte Haltung und sind mit versteckten Federsystemen am Lenker und Sitzrohr sowie breiten Reifen ab 40 Millimeter fürs grobe Gelände gemacht. Gemeinsam ist allen Varianten, dass man damit auch auf schlechtem Terrain unterwegs sein kann und sich die Modelle von Rennrädern und Cyclocross-Rädern aus entwickelt haben.

Gravelbikes gelten als Alleskönner unter den Rennrädern, sind für die schnelle Ausfahrt genauso geeignet wie für den Ritt über Waldwege oder den täglichen Weg zur Arbeit und längere Touren.

Der Name entstammt ursprünglich dem englischen Begriff „Gravel Roads", den Schotterstraßen in den USA, die mit solchen Rädern befahren werden. Seit einigen Jahren sind Gravelbikes auch in Europa vertreten. Nahezu alle Fahrradhersteller führen heute Gravelbikes im Programm.

Woher rührt jedoch ihre Vielseitigkeit? Häufig sorgen ein längeres Steuerrohr und ein kürzeres Oberrohr als bei Rennrädern für eine aufrechtere Sitzhaltung. Hinzu kommen ein etwas tiefer liegendes Tretlager und ein größerer Radstand als bei Rennrädern. Das bewirkt mehr Laufruhe und ein weniger quirliges Fahrverhalten als bei klassischen Rennrädern. Die Rennbügel des Lenkers sind etwas weiter nach außen gebogen – was im Gelände einen sicheren Griff gewährleisten soll; diese Form nennt sich „Flare".

Auch die breiten Reifen tragen zur Vielseitigkeit bei. Mindestmaß sind 32 bis 35 Millimeter, die Breite kann bis 47 Millimeter reichen. Das dämpft schon mal die gröbsten Unebenheiten ab. Dann können Gravelbikes über raffinierte Tricks an der Gabel und der Sitzstrebe gefedert sein – sei es durch Federungen, wie sie Specialized verwendet, sei es durch das Iso-Link von Trek, sei es durch Sitzrohre oder Sitzstreben, in die Elastomere eingearbeitet sind. Canyon hat gar ein Modell im Programm mit einem „Doppeldecker-Lenker", wovon der obere federt. All diese Maßnahmen erhöhen den Fahrkomfort deutlich.

Gravelbikes 

- Rahmenmaterial
- Gewicht
- Übersetzung
- Federung

INFO

Was bedeutet Übersetzung?

Unter einer Übersetzung am Fahrrad versteht man das Verhältnis der Zähnezahl von Kettenblatt und Ritzel. Dieses Verhältnis entscheidet darüber, wie leicht oder schwer man treten muss. Hat das Kettenblatt vorn zum Beispiel 48 Zähne und das Ritzel hinten 10 Zähne, ergibt das eine Übersetzung von 48 geteilt durch 10 = 4,8. **Das bedeutet:** Wenn die Kurbel eine Umdrehung macht, macht das Ritzel 4,8 Umdrehungen. Das ist bergauf relativ schwer zu treten, aber bergab gut fürs schnelle Vorankommen. Hat das Ritzel dagegen 30 Zähne, ist die Übersetzung 1,6 – deutlich leichter zu treten und eine Empfehlung fürs Bergauffahren.

Nun gibt es auch kleine Kettenblätter, die nur 32 Zähne haben und hinten kann ein Ritzel mit ebenfalls 32 Zähnen montiert sein – dann hat man eine Übersetzung von 1:1 – eine sehr leichte Übersetzung fürs Gebirge. Bei hinten gar 34 Zähnen ergäbe sich eine Übersetzung von 0,94 – eine noch leichtere Kombination für steile Anstiege. Aus der Übersetzung lässt sich die Entfaltung des Fahrrads (Wegstrecke pro Kurbelumdrehung) errechnen: Man multipliziert Übersetzung mit Radumfang, bei 28 Zoll knapp 2,1 Meter: also zum Beispiel: 4,8 x 2,10 = 10,080 Meter.

Bei einer Umdrehung fährt unser Fahrrad also 10,08 Meter weit. Wenn wir eine Übersetzung von 0,94 haben, sind das pro Kurbelumdrehung nur noch 1,97 Meter.

Übersetzungen sind immer auf den **Einsatzzweck** zugeschnitten. An Alltagsrädern werden gern Übersetzungen mit drei Kettenblättern und 48/36/26 Zähnen sowie Kassetten mit neun, zehn oder elf Ritzeln verbaut. Sie haben dann standardmäßig zum Beispiel einen Umfang von elf bis 36 Zähnen. An einem solchen Rad wäre die größte Übersetzung (schwerster Gang) 4,36, die kleinste Übersetzung (leichtester Gang) 0,72.

Auch die Übersetzung an Gravelbikes weicht von konventionellen Rennrädern etwas ab. Statt einer Kurbel mit 50/34 Zähnen sind Kurbeln mit 48/32 Zähnen oder 46/30 verbaut, hinten meist eine Kassette mit elf Ritzeln und elf bis 34 Zähnen. Damit kommen Übersetzungen zustande, die Hobbyradlern das Befahren von Bergen erleichtern. Auch im Gelände bietet diese Übersetzung mehr Spielraum im unteren Bereich. Alternativ sind viele Räder mit der 1:12-Übersetzung von Sram ausgerüstet. Die aus dem Mountainbikebereich stammende Übersetzung hat nur ein Kettenblatt mit 40 Zähnen, die Kette läuft auf einer Kassette mit elf oder 12 Ritzeln mit elf bis 42 Zähnen. Das spart etwas Gewicht. Als Nachteil wird aber bemängelt, dass die Sprünge zwischen den einzelnen Gängen relativ groß sind und sich auch die größte Übersetzung fürs schnelle Fahren auf Asphalt nicht so eignet.

Feld-, Wald- und Wiesenwege sind das Terrain von Gravelbikes.

Nach außen ausgestellte Unterlenker („flare") sind typisch für Gravelbikes.

Shimano hat für das Gravelbike-Segment eine spezielle Schaltgruppe „GRX" entwickelt. Es gibt sie als ein- und zweifache Kurbeln mit Zehn- und Elffach-Schaltwerken. Die Kurbeln sind etwas breiter, die Kettenlinie wandert etwas nach rechts, um breiteren Reifen Platz zu machen. Das Übersetzungsverhältnis ist berggängiger geworden. Die Kurbeln haben 48/31 oder 46/30 Zähne. Die Einfachkurbel hat nur 40 Zähne. Es gibt einen langen und einen kurzen Schaltkäfig. Geschaltet wird mechanisch oder elektronisch.

Als Rahmenmaterial kommen bei Gravelbikes Carbon, Aluminium oder Stahl infrage. Carbon kann man leichter formen, es federt besser und ist leichter als die anderen Materialien. Aluminium und Stahl sind robuster, und bei guten Stahlrahmen ist der Gewichtsunterschied zu Carbon nicht sehr groß. Der „Pfadfinder" des Berliner Stahlexperten Standert wiegt zum Beispiel 9,6 Kilogramm – das Carbon-Gravelbike „Grix" von Storck 9,1 Kilogramm.

Akku und Motor sitzen beim Stevens „E-Getaway Gents" im Unterrohr und können entnommen werden.

Elektromotoren an Rennrädern und Gravelbikes

Man glaubt es kaum, aber auch vor diesen sportlichen Modellen hat der Einsatz von elektrischer Motorunterstützung nicht haltgemacht. Wer Rennrad fährt, sollte man meinen, setze allein auf seine körperlichen Fähigkeiten – deshalb tut die Person das doch schließlich. Die Logik hinter E-Bikes im Rennradbereich ist allerdings eine andere: Sie soll dem vielleicht nicht mehr ganz so agilen Rennradler auch dann über den Berg oder zum Anschluss an die Gruppe helfen, wenn die eigenen Kräfte nicht mehr reichen. Das kann bei langen Alpen-Anstiegen der Fall sein oder bei schnellen Ausfahrten. Die Motorunterstützung kann auch helfen, wenn der Gegenwind allzu stark wird. Wie dem auch sei – Elektromotoren gibt es auch an Rennrädern. König unter den Antrieben ist das Modell „Fazua" aus Bayern (der Name steht für „Fahr zu!" auf Bayrisch). Der Akku ist im Sitzrohr oder im Unterrohr untergebracht, der Antrieb im Tretlager, beides kaum sichtbar. Der Motor leistet 250 Watt und hilft bis 25 km/h. Darüber schaltet er sich ab. Der Akku ist abnehmbar – und dann kann das Rad wie ein konventionelles Rennrad gefahren werden.

Die spanische Marke Orbea verwendet Hinterradmotoren. Specialized aus den USA hat eigene Motoren im Tretlagergehäuse untergebracht. Renn- oder Gravelbikes mit E-Motor wiegen um die 15 Kilogramm.

CYCLOCROSS-RÄDER

Cyclocross-Räder sind Rennräder für Querfeldeinrennen. Sie haben den gleichen sportlichen Rahmen mit stark nach vorn geneigter Sitzhaltung. Ihr Rahmen erlaubt aber die Verwendung von Stollenreifen bis zu 38 Millimeter Breite. Im Rennen werden meist 32 Millimeter gefahren.

Weil Crosser hauptsächlich im Gelände gefahren werden, sitzt das Tretlager etwas höher als bei Rennrädern, um mehr Bodenfreiheit im Gelände zu gewähren. Die Übersetzung kommt überdies meist etwas geländetauglicher daher. Statt der Kompaktkurbel wie bei Straßenrennern mit 50/34 Zähnen findet sich an Cyclocross-Rädern oft eine Übersetzung von 46/36 Zähnen. In der Vergangenheit waren sie mit Cantilever-Bremsen ausgerüstet, die mehr Freiraum für breite Reifen und Matsch im Gelände bieten. Aber auch hier halten immer mehr Scheibenbremsen Einzug. Die Schaltzüge werden meist auf dem Oberrohr verlegt, damit sie beim Tragen des Crossrads im Gelände nicht stören. Eine Alternative ist die Verlegung in den Rohren selbst.

Cyclocross-Rad: das „SuperX Force1" von Cannondale

Cyclocross-Räder sind Allroundräder, die auch gern von Pendlern eingesetzt werden. Eingefleischte Rennradfahrer holen sie zu Beginn des Herbstes aus dem Keller und starten damit ihr Training während der kalten Jahreszeit auf Feld-, Wald- und Wiesenwegen.

FITNESSRÄDER

Fitnessräder sind Rennräder mit einem geraden Lenker und einer gemäßigteren Geometrie – auf diese knappe Formel kann man diese Kategorie Fahrräder bringen. Sie verfügen über ein abfallendes Oberrohr und ein eher langes Steuerrohr, wodurch man aufrechter sitzt als auf einem Rennrad. Sie haben leichte Systemlaufräder bekannter Hersteller. Das heißt: Felge, Nabe und Speichen sind auf Leichtbau optimiert.

Fitnessrad von Winora, hier voll ausgestattet und mit 8-Gang-Nabenschaltung

Ansonsten fehlt ihnen alles, was ein alltagstaugliches Fahrrad auszeichnet: Schutzbleche, Lichtanlage, Gepäckträger oder Ständer sucht man hier vergebens. Dafür sind sie mit schmalen Reifen ausgestattet – 28 oder 32 Millimeter sind üblich – und sie wiegen nicht viel. 10 Kilogramm gelten als ein guter Wert. Als Antrieb kommen Rennradübersetzungen mit 50/34 Zähnen vorn und elf Ritzeln an der Kassette hinten zum Einsatz. Es gibt Fitnessräder mit Scheibenbremsen, einfachere Modelle haben Cantilever-Felgen- oder Rennradbremsen.

Mit einem Fitnessrad ist man schnell in der Stadt unterwegs, Querfeldeinpassagen oder Schotterpisten sind nicht sein Metier. Auch für die Einkaufstour eignen sich Trekkingräder besser. Dennoch kann man die meisten Fitnessräder auch nachträglich mit Gepäckträgern oder Schutzblechen ausstatten, Leuchten werden als Akkuvariante angeclipt.

Wer Wert auf ein leichtes Stadtfahrrad legt, sollte sich in dieser Kategorie einmal umsehen. Fitnessräder sind technisch hochwertig gefertigt und mit nachträglichen Anbauten sogar alltagstauglich. Auch Touren lassen sich damit bestreiten. Der Autor hat selbst habe einmal die 700 Kilometer von Berlin nach Freiburg damit unter die Räder genommen, mit Gepäck an einem Träger, und war sehr angetan von der Stabilität und Spurtreue. Natürlich gibt es diese Kategorie auch mit Elektrounterstützung. Der Motor sitzt im Tretlager, der Akku im Unterrohr – beides kaum sichtbar.

In der Stadt sehr beliebt: ein Single Speed

SINGLE SPEED / FIXIES

Weniger Fahrrad geht kaum: Single-Speed-Fahrräder haben keine Gangschaltung, sondern nur einen Gang, und wenn sie dazu keinen Freilauf haben, nennt man sie Fixies. Das heißt, die Pedale drehen sich immer mit. Verlangsamt wird das Gefährt dadurch, dass man mit der Kraft der Beine gegen die Pedalbewegung arbeitet. Damit dürfen Single-Speed-Bikes in Deutschland nicht auf öffentlichen Straßen fahren, denn dort sind Bremsen vorgeschrieben. Um dieser Zwangslage zu entgehen, sind manche Fixies immerhin mit einer Bremse ausgestattet. Dass sich die Pedale immer mitdrehen, sorgt dafür, dass sich der Fahrer eine gleichmäßige Trittfrequenz angewöhnt. Im urbanen Bereich mag das noch angehen, bergauf zu fahren, ist mit einem Fixie aber keine Freude.

Dem üblichen Fahrempfinden kommen Fixies mit einem Freilauf stärker entgegen. Sie nennen zwar auch keine Gangschaltung ihr Eigen, dafür drehen sich die Pedale aber nicht ständig mit. Mit Flipflop-Naben, die auf der einen Seite ein freilaufendes Ritzel und auf der anderen ein starres haben, kann man ein Single-Speed-Fahrrad in ein Fixie verwandeln: Man baut das Laufrad aus und dreht es um.

Fixies oder Single-Speed-Räder sind minimalistisch ausgestattet. Ihr Lenker ist gerade oder es handelt sich um einen Rennlenker, dazu gesellen sich ein Leder- oder Rennsattel sowie schmale 28-Zoll-Reifen. Sie gelten als schick, sind das Statussymbol urbaner Hipster und puristischer Fahrradkuriere. Weil sie wenig wiegen, kann man sie gut auf Treppen tragen – sei es aus der U-Bahn heraus oder hinauf in den 4. Stock zur eigenen Wohnung.

HOLLANDRÄDER

Holland-Klassiker als Tiefeinsteiger (oben) und mit Diamantrahmen (unten)

Hollandräder sind Fahrräder, die sich durch eine besonders aufrechte Sitzposition auszeichnen. Ihre Form mit dem weit nach hinten gebogenen Lenker hat sich in den vergangenen 100 Jahren kaum geändert. Hollandräder sind sehr stabil, haben meist einen Kettenschutz, der die Hose vor Schmutz bewahrt, und eine Abdeckung des Hinterrads. Dazu kommen ein Gepäckträger, der deutlich mehr als die üblichen 18 oder 25 Kilogramm verträgt, und ein Ständer, der über das hintere Schutzblech hochgeklappt werden kann. Oft findet man auch einen zusätzlichen Gepäckträger vorn.

Hollandräder sind zum gemütlichen Fahren auf ebenem städtischen Terrain gemacht. Dazu haben sie einen großen Radstand, eine Nabenschaltung mit Rücktrittbremse oder auch gar keine Gangschaltung. Am Vorderrad ist eine Trommelbremse üblich, die über einen Seilzug oder ein Gestänge betätigt wird.

Als Rahmen werden klassische Diamantrahmen und geschwungene Trapezrahmen verwendet. Die Gabeln sind im Bereich der Ausfallenden weit nach vorn gebogen, wodurch sich ein ziemlich sturer Geradeauslauf ergibt. Auch der große Radstand trägt zu diesem Fahrverhalten bei. Der Fahrer oder die Fahrerin thront auf einem breiten, meist gefederten Sattel. Die Kette zum Hinterrad ist mit einem Kettenkasten abgedeckt, was den Aus- und Einbau des Hinterrads etwas kompliziert und fummelig macht. Manche Modelle haben an der Achse einen Kettenspanner, die Achse selbst wird festgeschraubt, Schnellspanner findet man an Hollandrädern nicht. Die Reifenbreite variiert zwischen 35 und 47 Millimetern – auch das trägt zum Fahrkomfort bei. Bekannte Hersteller sind Gazelle, Batavus und Sparta.

In den vergangenen Jahren sind Modelle mit leichter Abwandlung der traditionellen Rahmenform des Hollandrads auf den Markt gekommen. Sie nähern sich der Form von Trekkingrädern an, um eine etwas moderne Form des Hollandrads zu interpretieren. Geblieben aber sind der typische, hohe und weit zum Fahrer hin gebogene Lenker und die aufrechte Sitzhaltung.

FALTRÄDER

In Zeiten veränderter Mobilität erleben Fahrräder einen Boom, die vor Jahren noch ein Nischendasein bei wenigen Fahrradenthusiasten führten: Es sind die Falt- oder Klappräder – Zweiräder, die zumeist auf 16 bis 20 Zoll kleinen Rädchen rollen und zu handlichen Päckchen zusammengeklappt werden können. Platzsparend kann man sie dann in U- oder S-Bahn mitnehmen, im Büro abstellen oder in den Kofferraum des Pkw packen. Fast jeder Hersteller hat sie heute im Programm. Es gibt aber auch Falträder mit großen 26- oder 28-Zoll-Rädern, etwa vom amerikanischen Hersteller Montague.

Ein „Birdy"-Faltrad von Riese & Müller (1), Klappverschluss für Steuerrohr mit Lenker (2), Zusammengefaltet gut transportabel und verstaubar (3)

Der Klappmechanismus

Ein Faltrad kann an mehreren Scharnieren so zusammengefaltet werden, dass es relativ klein und transportabel ist. Die Scharniere werden von Schnellkupplungen oder -spannern zusammengehalten, man braucht kein Werkzeug dazu. So ein Faltrad ist in 30 Sekunden zu einem handlichen Paket „zerlegt".

Im Detail unterscheiden sich die Mechanismen von Hersteller zu Hersteller. Einige Gemeinsamkeiten gibt es dennoch. So befindet sich etwa bei den Modellen der Hersteller Brompton und Dahon ein Scharnier in der Mitte des zentralen Rahmenrohrs vom Lenkkopf zur Hinterachse. Das Steuerrohr kann ein-, der Hinterbau umgeklappt werden, sodass er als Abstellfläche für das Klapprad dient. Dann muss vielleicht noch die Sattelstütze in das Sitzrohr geschoben werden – und schon hat man ein Fahrradpaket vor sich, das wie bei dem „Birdy" von Riese & Müller rund 80 x 60 x 34 Zentimeter misst. Das „Birdy" hat übrigens dieses klappbare, zentrale Rahmenrohr nicht, sondern wird an den

Faltrad mit schlichtem Einrohrrahmen von Bernds

Klappräder in öffentlichen Verkehrsmitteln

Die Deutsche Bahn erlaubt die **kostenlose Mitnahme** von Klapprädern, wenn sie zusammengefaltet sind. Sie müssen dazu seit 2019 nicht mehr wie ein Stück Handgepäck verpackt sein. In den Beförderungsrichtlinien heißt es: „Demontierte und komplett verpackte handelsübliche Fahrräder sowie zusammengeklappte Fahrräder – letztere auch unverpackt – können mitgenommen werden, sofern diese unter oder über dem Sitz sicher verstaut werden können und andere Reisende nicht behindern oder verletzen oder den Wagen beschädigen." Die öffentlichen Verkehrsmittel haben unterschiedliche Regelungen. In München, Hamburg und Berlin etwa können Falträder zusammengeklappt kostenlos mitgenommen werden, sofern es der Platz zulässt. Im Normalzustand, also nicht eingeklappt, gelten zum Teil andere Regelungen.

Drehpunkten der Federung eingeklappt. Das soll die Fahrstabilität des Klapprads erhöhen. Je nach Konstruktion kann ein zusammengeklapptes Faltrad auch wie ein Rollkoffer gezogen werden. Der Klassiker der Falträder von Brompton misst zusammengeklappt 58 x 57 x 57 Zentimeter. Es wiegt zwischen 9 und 12 Kilogramm.

Über Sattelstütze und Steuerrohr kann ein Faltrad der individuellen Körpergröße angepasst werden, wodurch die meisten Falträder nicht in unterschiedlichen Größen gebaut werden. Eine Ausnahme hiervon machen die Falträder des Herstellers Bernds. Sie werden in einem Familienbetrieb in Überlingen am Bodensee in unterschiedlichen Größen hergestellt und können auf das individuelle Körpermaß hin angefertigt werden.

Viele Faltradmodelle verfügen wegen der kleinen Räder über Federungen, allerdings sorgt die weit aus dem Sitzrohr herausgezogene Sattelstütze allein schon für einen gewissen Federungskomfort.

An Schaltungen wird quasi alles verbaut, was jemals erfunden wurde. Es gibt Falträder ohne Übersetzung, mit Nabenschaltung oder mit Kettenschaltung, Riemen ersetzen zunehmend die Kette. Zum Teil werden die gleichen Komponenten wie bei konventionellen Fahrrädern verwendet, dann gibt es wieder Spezialanfertigungen mit kleineren Maßen. Die Nabenschaltungen sind die gleichen wie bei anderen Fahrrädern auch. Es gibt auch Reisemodelle für die große Tour – zum Beispiel mit der Rohloff-Speedhub-Schaltung, die bei Reiseradlern sehr beliebt ist. Mit den Übersetzungen lassen sich Fahrleistungen erzielen, die denen konventioneller Fahrräder sehr nahe kommen. Gebremst wird meist mit Felgenbremsen, aber auch Rücktrittbremsen und Scheibenbremsen sind vertreten, vor allem bei der taiwanesischen Marke Tern.

Das „AM XTB" ist die Neuauflage des von Dr. Alex Moulton 1988 entwickelten ersten vollgefederten Mountainbikes der Welt.

Gepäckträger, Schutzbleche und Lichtanlagen machen aus den Falträdern vollwertige Alltagsräder. Zudem gibt es viele individuelle Lösungen für Packtaschen, Gepäckträger am Steuerrohr, Koffer oder Trolleys, in denen man die kleinen Flitzer für die Reise verpacken kann.

Das Gewicht der Falträder schwankt zwischen 10 und 14 Kilogramm.

Faltrad von Montague mit 28-Zoll-Laufrädern

Exoten unter den Falträdern

Ein ganz eigenes Design bieten die „Strida"-Modelle des oberpfälzischen Herstellers Motor Sport Accessoires. Der Rahmen ist praktisch ein Dreieck mit zwei Rädern: Das vordere Dreiecksrohr wurde um eine kurze Gabel verlängert, die das Vorderrad führt, hinten sitzt das Rad direkt im Rahmendreieck. Im Tretlager befindet sich eine Dreigangschaltung, der Sattel ist auf dem nach hinten abgehenden Rahmenrohr angebracht. Zusammengeklappt sieht es fast aus wie ein etwas groß geratener Spazierstock. Es wiegt rund 10 Kilogramm.

Exotische Anmutung, angenehmes Fahrverhalten: ein Strida

Einen ganz eigenen Weg zum Faltrad beschreitet die 1987 in Cambridge, Massachusetts, gegründete amerikanische Firma Montague. Sie stellt Trekking- und Mountainbikes in normalen Größen mit Rahmen her, die eingeklappt werden können.

Der Hersteller Tern hat neben Modellen mit 20-Zoll-Rädern auch Modelle mit größeren Laufrädern, etwa 26 Zoll, im Programm. Das Modell „Eclipse" mutet ohne Schutzbleche und Gepäckträger oder Lichtanlage wie ein Fitnessbike an. Das Modell „Joe Tour" verfügt dann über all diese Ausstattungsmerkmale und ähnelt einem Trekkingbike. Das Gewicht beträgt 16 Kilogramm, das zulässige Gesamtgewicht 105 Kilogramm – ob sich bei einem so großen Fahrrad der Klappmodus noch lohnt, ist fraglich. Das gilt im Prinzip auch für die Räder von Montague.

Auch das gibt es: ein Moulton „Jubilee" mit Rennlenker.

Falttandem und -lastenrad in einem: das „Pax“ von Bernds

Auch Elektromotoren sind an Falträdern keine Seltenheit mehr.

Das dänische Mate Bike gibt es als klappbares Pedelec.

Tandemfaltrad

Man muss schon staunen – aber Falträder gibt es auch als Tandemausführung. Die Firma Bernds zum Beispiel stellt ein solches Modell her. Es kann zwar nicht so klein wie ein Solo-Faltrad zusammengeklappt werden, doch kann man den Hinterbau und das Steuerrohr einklappen, sodass dafür in den meisten Kombi-Pkw Platz sein dürfte.

Falträder mit Elektroantrieb

Auch Falträder gibt es natürlich mit Elektroantrieb. In der Regel sind die Reichweiten nicht so groß wie bei konventionellen Fahrrädern. Die „Kleinen“ sind eher für die urbane Kurzstrecke als für die Wochenendtour geeignet. So schwanken die Strecken, die man elektrisch zurücklegen kann, zwischen etwa 40 und 80 Kilometern. Für die Fahrt von der U-Bahn ins Büro reicht das aber allemal.

Für die elektrische Unterstützung muss man aber meist ein größeres Gewicht in Kauf nehmen; 23 oder 24 Kilogramm sind keine Seltenheit. Das ist deutlich mehr als die elf Kilogramm, die etwa ein konventionelles Brompton wiegt. Die britische Kultmarke macht aber auch beim Gewicht ihrer Elektroversion eine gute Figur: 14 und 15 Kilogramm für die beiden Modelle sind eine echte Ansage. Dafür gibt es wahlweise eine 2-Gang- oder eine 6-Gang-Schaltung.

Bei den elektrischen Falträdern gibt es genauso wie bei den größeren Bikes Motoren im Vorderrad oder hinten als Nabenantrieb und im Tretlager. Die Akkus sind entweder auf einem Frontgepäckträger, auf dem Gepäckträger hinten oder hinter dem Sitzrohr befestigt. Ganz so schick wie bei den großen Pedelecs ist das noch nicht.

- In diesem Segment tummeln sich zahlreiche Hersteller auf dem Markt, darunter auch Start-ups mit innovativem Design – wie etwa bei dem dänischen Modell **„Mate X“**, einer Mischung aus BMX- und Faltrad. Es wiegt 30 Kilogramm, sein Akku soll für 50 Kilometer reichen und innerhalb von zwei Stunden aufgeladen sein. Es zeichnet sich durch eine gefederte Gabel und eine Sieben-Gang-Kettenschaltung aus.
- **Corratec** tritt mit seinen „LifeS“-Modellen an, die auf 20-Zoll-Rädern von 76 Millimetern Breite rollen und ein wenig nach Kinderfahrrad aussehen. Der Bosch-Mittelmotor ist mit 50 Nm aber ein Kraftpaket, das für den urbanen Alltag völlig ausreicht.
- Viel Lob seit der Premiere 2009 hat der schicke britische Hightech-Stadtflitzer **Gocycle** erhalten. Er wird in Spritzgusstechnik aus einer leichten Magnesiumlegierung gegossen. Designer aus dem Formel-1-Rennstall von McLaren standen dabei Pate. Das Modell „GXi“ hat einen Carbonrahmen und ist seit 2019 als Faltrad erhältlich. Glatt und sauber im Finish wiegt es rund 16 Kilogramm. Der 250-Watt-Motor sitzt im Vorderrad, im Hinterrad ist eine elektronisch gesteuerte

Falträder – Geschichte und Marken

Wer an ein Faltrad denkt, hat schnell ein Brompton oder Moulton aus Großbritannien im Kopf. Doch so neu sind Falträder gar nicht. Schon Ende des 19. Jahrhunderts gab es erste zusammenfaltbare Fahrradmodelle. 1878 erfand der Engländer William Grout ein Hochrad, dessen riesiges Vorderrad sich in vier Segmente teilen ließ. Der Rahmen konnte eingeklappt werden, sodass das Rad in einen Koffer passte. Klappmodelle des Gründers der Pfadfinderbewegung Robert Baden-Powell um 1900 und ein holländisches Modell 1909, die beide fürs Militär entwickelt worden waren, setzten sich am Markt nicht durch. Britische Fallschirmjäger waren im Zweiten Weltkrieg zum Teil mit Falträdern von BSA ausgestattet. Die eigentliche Geburtsstunde des Faltrades kam dann 1959, als der britische Ingenieur Alexander Moulton sein „Stowaway" vorstellte, ein gummigefedertes Faltrad auf 16-Zoll-Rädern. Es gab viele Nachbauten, die allerdings nicht so gut zu fahren waren wie das Moulton-Modell und die Falträder in Verruf brachten. Mitte der 1980er-Jahre lösten dann die Modelle des britischen Herstellers Brompton eine neue Nachfragewelle nach Falträdern aus. Die Klappräder mit ihren 16-Zoll-Rädern waren schnell eingeklappt, hatten ein kleines Packmaß von 58 x 57 x 57 Zentimetern und fuhren sich richtig gut. Bis heute sind sie stilbildend.
Es folgten die Falträder des amerikanischen Ingenieurs David Hon, der seine Falträder in Taiwan bauen ließ. Heute ist Dahon der größte Faltradhersteller weltweit.
In Deutschland kam in den 1990er-Jahren das Modell „Birdy" von Riese & Müller auf den Markt. Es zeichnet sich dadurch aus, dass es vollgefedert ist und sein Rahmen nicht geklappt wird. Die Faltstellen befinden sich an der Federung. Zudem wird das Vorderrad in einer Schwinge, nicht in einer Gabel geführt.

Nexus-Drei-Gang-Nabe untergebracht, gebremst wird mit hydraulischen Scheibenbremsen. Manche Nutzer bemängeln den etwas lauten Motor und den Umstand, dass die Fahrmodi nur per App, nicht mit einem Schalter am Lenker verstellbar sind.

- In die Richtung des schicken Stadtflitzers auf kleinen Rädern gehen die Elektrofalträder der oberpfälzischen Firma **Cube**.
- **Hercules** hat eine eher traditionell gestylte Reihe mit Mittelmotor und verschiedenen Übersetzungskombinationen im Programm: Kettenschaltung oder Nabenschaltung mit Rücktrittbremse oder Freilauf können gewählt werden.
- Von **Tern** gibt es Elektromodelle, die den konventionellen Falträdern aus dem eigenen Haus sehr ähneln.
- **NCM** ist ein E-Bike-Hersteller aus Hannover, hinter dem chinesische Investoren stehen. Er hat eine ganze Reihe von Falträdern im Programm, die sich im Design an den großen Urahn Brompton anlehnen.

Falträder 

- Einsatzzweck
- Klappmechanismus
- Zubehör
- Gewicht

Urbaner Schönling: das britische Gocycle mit E-Motor

Die Tiefeinsteigermodelle sind auf Komfort ausgelegt, angetrieben von Nabenmotoren im Hinterrad.

- Ein eigenes Design wurde den Falträdern der österreichischen Marke **Vello** verpasst: Statt eines dicken Rahmenrohrs haben sie zwei schlanke Röhren, die vom Steuerrohr zum Sitzrohr beziehungsweise zum Tretlager laufen. Im Hinterrad dreht sich ein 250 Watt starker Elektromotor, der bei Bergabfahrten und beim Bremsen Energie zurückgewinnen kann. Wahlweise gibt es die Modelle mit einem Zweigang-Schlupf-Planetengetriebe.
- Ein völlig neuartiges Konzept verfolgt das koreanische **„Mando Footloose"**. Es hat als erstes Faltrad der Welt keinen Antrieb im klassischen Sinne, auch keine Kette oder einen Riemen zum Hinterrad; der Fahrer lädt mit seinen Tretbewegungen ausschließlich den eingebauten Akku. Der gibt seine Kraft an den Hinterradmotor ab. Über ein Display werden die Fahrmodi gesteuert – wie etwa „Automatik". In diesem Modus gibt der Motor je nach Trittfrequenz seine unterstützende Leistung ab. Es fährt sich etwas anders, der Widerstand ist nicht so groß wie bei konventionellen E-Bikes, man tritt fast ein wenig ins Leere. An die Steckdose muss das „Mando Footloose" aber dennoch – nach ca. 40 Kilometern. Denn durch die Tretbewegung werden nur ca. 80 Watt produziert, während der Motor 250 Watt schluckt.

Bei den elektrischen Falträdern gibt es zudem Discounterangebote meist aus chinesischer Produktion, die wegen ihres günstigen Preises unter 1 000 Euro verlockend sind. Diese sollten Sie sich aber genau anschauen – manches davon tendiert in Richtung Spaßmobil. Und bei Discountern ist die Ersatzteilversorgung häufig längerfristig nicht gesichert.

KOMPAKTBIKES

Seit geraumer Zeit bereichern Modelle mit 20-Zoll-Rädern und Ballonreifen den Fahrradmarkt, zumindest in den Städten sieht man sie immer häufiger. Es sind Vertreter einer neuen Kompaktklasse, die sich zwischen konventionellen Fahrrädern und Falträdern gebildet hat. Diese Fahrräder lehnen sich hinsichtlich der Größe bei den Falträdern an, die meisten können aber nicht vollständig eingeklappt werden; meist lässt sich nur der Lenker verschwenken. Sie sind in nur einer Größe erhältlich, können aber durch das ausziehbare Sitz- und das verstellbare Steuerrohr an unterschiedliche Fahrergrößen angepasst werden.

Aufgrund der kleinen Räder sind sie im Stadtverkehr sehr wendig. Zudem nehmen sie beim Abstellen – im Hausflur, in der Garage oder auch im Büro – wenig Platz weg. Sie sind etwas stabiler als die Falträder, ein etwas längerer Radstand sorgt für sturen Geradeauslauf. So positionieren sie sich als alltagstaugliche Räder, die auch gern von verschiedenen Personen genutzt werden können – Bikesharing ist mit diesen Modellen relativ einfach.

Modelle wie das „Radius Tour" von Winora, das „Compact Hybrid" von Cube, das „LifeS Active" von Corratec, das Pegasus „Swing", das „Sahel 3" von Kalkhoff, die Modelle von i:sy und Victoria, die „Futura"-Modelle, das „Rob Fold" von Hercules oder auch das „Upstreet 1" des Schweizer E-Bike-Spezialisten Flyer definieren damit eine neue Fahrradgattung für urbane Radler. Dass die Modelle auch mit Elektromotoren geliefert werden, unterstreicht, dass sie als ernst zu nehmende Alternative zum Auto auf dem täglichen Weg ins Büro gedacht sind.

Rahmen in nur einer Größe, bequemer Einstieg: das „LifeS"-Kompaktrad von Corratec

LASTENRÄDER

Lastenfahrräder fristeten in Deutschland lange Zeit ein Schattendasein. Sie waren bestenfalls bei der Post, bei manchen Handwerkern oder Einzelhändlern im Einsatz in Form schwerfälliger, umgebauter Alltagsräder mit verstärkten Gepäckträgern vorn und hinten und einem stabilen Ständer. Zudem fuhren sie sich schlecht und sahen genauso aus.

Das ändert sich aber rapide. In jüngster Zeit kommen mehr und mehr Modelle auf den Markt, die in den Niederlanden und Dänemark seit Langem schon den Fahrradalltag in den Städten prägen: Lastenfahrräder mit Vorbauten für Gepäck, Waren oder Passagiere. Nicht nur Kurierfahrer, Handwerker und Kleinunternehmer sind damit unterwegs, sie dienen auch als Kindertransporter für den Weg zur Kita oder als Autoersatz für den Einkauf.

„Long John" oder Familienkutsche?

Im Prinzip gibt es bei den Lastenrädern zwei Grundformen: die einspurige Form, die „Long John" genannt wird, mit einer Ladefläche zwischen Steuerrohr und Vorderrad, und die Formen mit zwei Rädern an der Vorderachse, über denen sich eine Transportwanne befindet.

Der „Long John", den es in Dänemark seit den 1930er-Jahren gibt, war einmal nur als Lastenrad konzipiert worden. Anfang der 2000er-Jahre kamen mit den dänischen Herstellern Babboe und Nihola Varianten auf den Markt, die zunächst für den Personentransport entwickelt wurden: Über der Vorderachse thronte ein Transportkorb mit zwei kleinen Sitzbänken für Kinder. Schnell etablierte sich das Rad als Familienkutsche für Umweltbewusste. In der einstigen Hippie-Hochburg Christiania in Kopenhagen war es unter den Anhängern alternativer Lebensformen das Transportgefährt schlechthin.

Inzwischen hat sich die Funktion der beiden Formen angenähert. Long-John-Rahmen können mit flexibler Aufbaugestaltung zum Kindertransporter umgewandelt werden, aus der Babboe-Form können auch Lastenräder werden.

Lastenräder können flexibel auch als als Kindertransporter eingesetzt werden.

Neben dem Transport von Personen auch für den täglichen Einkauf bestens geeignet: einspurige (1 und 3) und zweispurige (2) Lastenräder.

Lastenräder mit einem verlängerten Gepäckträger, wie bei den französischen Herstellern Yuba oder Bike43, spielen auf dem Markt eher eine untergeordnete Rolle.

„Wer sportlich ambitioniert ist, wählt das Long John. Es ist trotz seines Alters immer noch völlig auf der Höhe der Zeit und gewissermaßen die eierlegende Wollmilchsau", sagt Stefan Ottjes, Mitarbeiter beim Berliner Lastenradexperten Velogut.

Lastenräder 

- Einspurig oder zweispurig
- Einsatzzweck
- Gewicht
- Motor

Welches Lastenrad soll es denn sein?

Grundsätzlich sollte man sich vor dem Kauf eines Lastenrads überlegen, wozu man es hauptsächlich braucht: Will man den Einkauf transportieren und auch mal Kinder darin mitnehmen? Dann ist ein Babboe eine gute Wahl. Wer es sportlicher mag, vielleicht auch mal auf eine Tour geht, sollte sich nach einem „Long John" umsehen. Zudem stellt sich die Frage: Wo kann ich das Lastenfahrrad abstellen? Steht mir eine Tiefgarage, ein Hof oder ein Garten, auf dem ein 2,45 Meter langes Bullit Platz hat, zur Verfügung? Kann ich ein dreirädriges Gefährt unterbringen oder steht nur ein schmaler Hauseingang für ein 1,95 Meter langes Muli zur Verfügung?

Sodann sollten Sie sich fragen: Soll es ein fertiges Komplettrad mit passendem Aufsatz für einen bestimmten Zweck sein, oder wollen Sie in der Aufsatzfrage (Last, Sitz, freie Fläche) für Drittanbieter offen sein? Solche haben oftmals pfiffigere Lösungen als die Originalausstatter. Und dann kommt der Preis hinzu. Er reicht von rund 1 600 Euro für ein

STIFTUNG WARENTEST: **Warum haben Sie ein Lastenfahrrad gekauft?**

LENA SINGTON: Wir leben in der Großstadt Berlin und sind der Überzeugung, dass man hier kein Auto braucht. Wir haben zwei kleine Kinder, und dann war eben die Überlegung: Wie transportieren wir die zum Kindergarten? Das war der springende Punkt. Und für mich ging es auch darum, dass ich bei meiner großen Tochter so lange warten musste, bis ich sie auf dem Fahrrad mitnehmen konnte, weil sie erst richtig sitzen können musste. Wir hatten zwar einen Fahrradanhänger, das war aber nicht optimal. Da konnte sie nicht richtig rausschauen. Und ich wollte etwas, mit dem ich auch das kleine Geschwisterchen schon früh mitnehmen konnte.

Und klappte das mit dem Lastenfahrrad?

Absolut. Es gibt von Douze so eine Art Hängematte, die haben wir in die Lastenkiste so gespannt, dass der Kleine mich angucken konnte, und Alma saß daneben. Es war aber gar nicht so leicht, ein Modell zu finden, wo das genau so funktionierte. Es ist noch nicht vollends ausgereift, wie man Neugeborene mitnehmen kann. Wir haben uns dann für das große Douze entschieden, weil die Kiste einfach breit ist.

War das dann der ausschlaggebende Grund für dieses Lastenrad?

Mein Favorit war das Bullit, weil es schon so lange hergestellt wird, man kann alles nachkaufen und die sportliche Sitzhaltung auf dem Fahrrad – das kam mir am nächsten. Wir sind auch viele Familienkisten Probe gefahren, diese dreirädrigen Kisten waren für uns gleich raus, weil die absolut behäbig sind und der Wendekreis in der Stadt viel zu sperrig ist. Wir wollen zudem im Verkehr mitschwimmen, nicht den Fahrradweg blockieren. Und am Ende war das Hauptargument: Wie schaffen wir den Transport beider Kinder? Wir brauchen ein Regenverdeck, da wir morgens los müssen, egal, ob es schneit oder nicht. Beim Bullitt war uns die Abdeckung für zwei Kinder aber zu schmal.

LENA SINGTON ist begeisterte Lastenradfahrerin, Mutter zweier Kinder (Alma, 4, und Ove, 1) und nutzt ihr Douze täglich.

Wie kommen Sie mit so einem Rad von über 2,20 Metern Länge im Stadtverkehr zurecht?

Die Länge ist tatsächlich nicht das Problem. Das Douze hat eine Seilzuglenkung, was ein absoluter Vorteil ist, denn es ist unglaublich, wie klein der Wendekreis dadurch wird. Das ist gerade für den Stadtverkehr ein absoluter Vorteil.

Wie fährt sich der Motor?

Das ist natürlich wunderbar. Man wackelt zum Beispiel nicht beim Anfahren, und wenn man abends vielleicht mal ein bisschen müde ist, schaltet man auf „Boost" und schwupp, saust man davon. Das ist schon toll und gerade bei einem Lastenbike eine echte Hilfe. Männer geben ja gern an, sie würden ohne Motor fahren. Ich finde den aber klasse.

Und wie ist das Fahrgefühl?

Wunderbar. Ich bin ein Fahrzeug, und so fahre ich auch. Ich fahre auf der Straße. Ich bin breit, ich bin groß, damit müssen sich die Autofahrer abfinden.

Wie lange reicht der Akku denn?

Also, unser Hauptweg ist ja zweimal am Tag in den Kindergarten und zurück und die Platzrunden, das heißt, wir fahren am Tag mit dem Ding im Durchschnitt so zehn Kilometer. Der Akku reicht fast eine Woche. Er ist abschließbar am Fahrrad angebracht. Freitags nehme ich ihn mit in die Wohnung und lade ihn über Nacht auf.

einfaches Babboe-Dreirad bis zu rund 6000 Euro für „Long Johns" mit Elektromotor.

Das Fahrverhalten der beiden Linien unterscheidet sich deutlich.

- **Einspurige Lastenräder** fahren sich fast so leicht wie ein normales Fahrrad und sind beinahe genauso wendig. Sie sind schneller und leichter als die dreirädrige Konkurrenz. Man kommt besser an Staus vorbei, weil sie schmaler sind und auf den in Deutschland oft engen Fahrradwegen nicht so viel Platz einnehmen; überdies kann man sie auch besser herumheben. Wegen ihrer Länge müssen Sie allerdings etwas vorausschauender fahren.
- **Zweispurige Lastenräder** sind träger und brauchen mehr Platz. Dafür können sie nicht umkippen – was gerade beim Transport von Kindern ein Vorteil ist. Allerdings: Sie sind kein Wunder an Wendigkeit: „Mein Babboe hat einen Wendekreis wie ein Lkw", sagte eine Mutter, die zwei Kinder in ihrem Rad transportierte, als ich sie nach ihren Erfahrungen fragte. Hinzu kommt, dass man sich nicht in die Kurve legen kann und sich das Lastenrad bei hoher Kurvengeschwindigkeit nach außen neigt – es sei denn, Sie entscheiden sich für die dreirädrigen Lastenräder mit Neigetechnik an der Vorderachse.

Gleich ist fast allen Lastenrädern, dass sie stabile 26-Zoll-Hinterräder haben, vorn sind es meist 20 Zoll. Gebremst wird fast nur noch mit Scheibenbremsen, Lichtanlagen sind selbstverständlich und Accessoires wie flexible Abdeckungen, Kindergurte, Kindersitze oder Sitzkissen zumindest optional erhältlich.

Abdeckbare Ladekiste und Seilzuglenkung bei Douzes „V2"

Um die Lenkung von „Long Johns" herrscht fast ein Glaubenskrieg. Sie werden entweder über Seilzüge oder Gestänge zum Vorderrad gesteuert. Der Vorteil von Seilzügen besteht darin, dass der Radeinschlag je nach Modell bis zu 90 Grad reicht und das lange Fahrzeug damit gut zu manövrieren ist. Vielfahrer behaupten zudem, dass die Seilzuglenkung das Vorderrad stärker dämpft als die direktere Gestängelenkung. Denn bei schneller Fahrt auf holpriger Strecke kann es schon einmal passieren, dass das Vorderrad etwas „springt". Der Darmstädter Hersteller Kargon setzt zum Beispiel auf Seilzuglenkung.

Sogar Waschmaschinen lassen sich mit einem Cargobike transportieren.

Stangenlenkungen sind etwas direkter und vermitteln einen festeren Fahreindruck. Ihnen kann man durch den Einbau eines Lenkungsdämpfers das „Hoppeln" aber auch abgewöhnen. Vorderradfederungen sind zudem bei den meisten Lastenfahrrädern vorhanden.

Die dreirädrigen Babboe-Varianten werden entweder mit einem normalen Lenker oder einem Bügel gelenkt, der Teil des Rahmens ist.

An Schaltungen offerieren Lastenräder alles, was auf dem Markt erhältlich ist: Kettenschaltungen, Nabenschaltungen oder Getriebeschaltungen wie das Pinion-Getriebe. Gerade bei den eher schwergewichtigen Lastenrädern bieten die materialschonenden Naben- oder Tretlagergetriebe einen Vorteil gegenüber den verschleißfreudigeren Kettenschaltungen. Gleichwohl sind Kettenschaltungen bei den sportlicheren „Long John"-Varianten beliebt.

Die Modellvielfalt bei den Lastenrädern ist sehr groß, die Unterschiede liegen oft nur im Detail. Der Wettbewerb der Konstrukteure um größtmögliche Variabilität der Modelle ist ebenso groß, wovon der Kunde profitiert.

Schick und sportlich: der „Long John"

Den „Long John" kann man als Grundform aller modernen Lastenbikes ansehen. Bei dieser sportlichen Form eines Lastenrads erstreckt sich die Ladefläche zwischen Lenker und Vorderrad, die der Fahrer so immer gut im Blick hat. Diese Form hat zudem den Vorteil, dass sich das Rad einfach beladen lässt und der Schwerpunkt tief liegt. Damit ist die Manövrierbarkeit ganz passabel.

Und für Radtouren sind die „Lastenesel" auch geeignet.

Die Hersteller lassen unterschiedliche Möglichkeiten offen, den Ladebereich zu nutzen. Der Platz kann frei und ungestaltet sein – dann eignet er sich zum Beispiel zum Transport von Gütern oder Waren, aber auch verschließbare Kisten oder Kindersitze finden hier Platz. Es gibt Varianten mit einem Passagierverdeck oder einer zweiten Strebenverbindung zum Lenkkopf am Vorderrad, wodurch eine Lkw-ähnliche Bordwand für schwere Lasten entsteht. Und es gibt es auch Modelle der gleichen Baureihe mit unterschiedlich großen Lastenbereichen.

Ein typischer Vertreter dieser Kategorie ist das dänische Bullitt. Es ist der Nachbau eines Klassikers der dänischen Lastenradgeschichte, der inzwischen selbst Kultstatus besitzt. Die Firma Harry vs. Larry, die sie herstellt, ist für ihre leichten Cargobikes bekannt. Das leichteste Bullitt wiegt gerade einmal 15,5 Kilogramm – weniger als manches Mountainbike. Die Zuladung beträgt bis zu 180 Kilogramm. Zulieferer bieten Kisten für den Kindertransport an. Mit Alukiste und entsprechender Übersetzung eignen sich die Bullitt-Modelle zudem als Reiseräder.

Auch Lastenräder von Riese & Müller, Cube und Bergamont sind in diesem Segment vertreten. Riese & Müller haben auf ihren „Load"- und „Packster"-Modellen jeweils unterschiedliche Ladeflächen. Sie sind auf hohe Lasten bis 200 Kilogramm Gesamtgewicht ausgelegt. Cube und Bergamont haben variable Modelle im Angebot, die wahlweise als Kindertransporter oder als Lastenbike eingesetzt werden können. In die gleiche Richtung gehen die Modelle des Darmstädter Herstellers Kargon. Die Vorderradgabel ist auch hier gefedert, Leichtbau ein wichtiges Element. Der Rahmen wiegt laut Hersteller nur 7 Kilogramm. Auch die in einer Bremer Manufaktur hergestellten Modelle von Velolab sind leichte, variable Cargobikes; das „Kàro" wiegt nur 18 Kilogramm.

Das Cargobike von Muli Cycles ist Lastenrad und Alltagsrad in einem. Dafür spricht, dass es mit 1,95 Metern relativ kurz ist und mit

25 Kilogramm nicht zu viel wiegt. Ein variabler Korb verwandelt es vom Transportrad in ein Kindertaxi.

Urban Arrow packt das Thema „Kindertransport" mit seinen Modellen schick und sportlich an. Die Räder haben die „Long John"-Form, und auf der Ladefläche befindet sich eine flexibel einsetzbare Lastschale. Sie kann mit einem Babysitz oder kleinen Sitzbänken ausgestattet sein und mit einem Faltdach gegen Regen geschützt werden. Alternativ dient sie auch dem Gütertransport. Allerdings sind die Urban Arrows mit gut 50 Kilogramm für den Betrieb ohne Motorunterstützung etwas schwer.

Die französische Marke Douze Cycles stellt ebenfalls schicke und innovative „Long Johns" her. Sie tragen die Bezeichnungen „G 4" und „V 2". Die „V 2"-Modelle sind am Steuerrohr teilbar, was Platz beim Abstellen zu Hause oder für den Transport im Auto spart. Außerdem kann zwischen unterschiedlichen Längen der Lastenfläche gewählt werden. Sie kann 40, 60 oder 80 Zentimeter lang sein. Der hintere Teil des Rahmens besteht wahlweise aus einer diamant-ähnlichen Konstruktion mit Oberrohr, was den Rahmen noch etwas steifer macht („Messenger-Rahmen"), und einem trapez-ähnlichen, offenen Rahmen („Traveller-Rahmen") für den leichten Einstieg – auch mit wallendem Rock. Für gute Manövrierbarkeit des 2,24 Meter langen Lastenrads bauen die Franzosen eine Seilzuglenkung ein, wodurch das Vorderrad um 75 Grad nach rechts und links eingeschlagen werden kann. Das ist deutlich mehr als bei mancher Stangenlenkung. Dadurch sind die Douze-Modelle sehr wendig und mit passenden Aufsätzen als reines Lastenrad oder Kinderrad nutzbar; das Gewicht beträgt nur 25 Kilogramm. Die bewältigt man auch, wenn der Akku mal leer sein sollte. An Schaltungen werden eine klassische Kettenschaltung und das Pinion-Getriebe angeboten, die an Mittelmotoren von Brose und Shimano hängen.

Selbst Kompakträder wie die Modelle von i:sy gibt es als Lastenräder.

Einen ganz eigenen Weg geht die Marke i:sy. Sie bietet Lastenräder im Kompaktformat an – das heißt mit 20-Zoll-Rädern hinten und vorn. Mit einer Länge von 2,10 Metern sind sie kürzer als die klassischen „Long Johns" und damit beweglicher, aber etwas länger als ein Muli. Die Marke, deren andere Modelle alle auf dem gleichen Rahmen basieren, präsentiert sich damit frei nach dem Motto „small is beautiful" als Minimalist für urbane Radler.

Die dänische Marke Omnium schließlich setzt auf einen klassischen Fahrradstil. Die schicken Modelle lehnen sich an einen konventionellen Fahrradrahmen an. Die Lasten werden auf einem verlängerten Frontgepäckträger transportiert, der auf einem 20-Zoll-Vorderrad ruht.

Alle Lastenräder werden mit unterschiedlichsten Motoren angeboten. Es gibt aber auch konventionelle Antriebe ohne Motor. In der Regel sind dann Ein-Kurbel-Schaltungen verbaut, die ein relativ kleines Kettenblatt mit 36 Zähnen und einen 12-fach-Zahnkranz haben, dessen größtes Kettenblatt im Bereich von 50 Zähnen liegt. Damit sind bergtaugliche Übersetzungen möglich. Gerade für Lastenräder sind E-Motoren aber

Verschieden lange Ladeflächen durch teilbare Rahmen

natürlich besonders empfehlenswert. Es ist keine Freude, ein mit zwei Kindern besetztes Lastenrad am Berg in Schwung zu bringen.

Die Familienkutschen

Der Urahn dieses Segments dürfte das dänische Nihola sein. Seit Anfang der 2000er-Jahre ist das Familiendreirad mit dem Transportkasten über der Vorderachse auf dem Markt. Zwei Kinder bis zum Alter von acht Jahren finden darin Platz – alternativ kann das Nihola auch als Transportrad verwendet werden. Die Nihola-Modelle zeichnen sich durch hohe Qualität aller Bauteile und spezielle Modelle für verschiedene Zwecke aus. So gibt es ein Trike für Hunde, eins speziell für Solofahrer und Lasten oder eines, das statt des Förderkorbes eine Säule für Werbung hat.

Dieser Lastenkorb lässt sich bei Bedarf einklappen.

Das holländische Babboe dürfte genauso bekannt sein. Um das Jahr 2005 herum experimentierten Eltern mit Fahrrädern für den Kindertransport – dabei entstand ein Trike, ein Fahrrad mit zwei Rädern an der Vorderachse. 2007 kam der „Babboe Big" erstmals auf den Markt, ein Modell mit einer Holzkiste über der Vorderachse für den Transport von bis zu vier Kindern. In der Kiste befinden sich auch heute noch Kindersitze mit Gurten, Staufächer und eine Regenabdeckung.

Das „Babboe City" von 2010 orientierte sich dann an einem „Long John"-Rahmen – und mit diesen beiden Grundformen haben die Niederländer seither die Richtung für familienfreundliche Fahrräder vorgegeben.

Dem Babboe ähneln auch die Modelle des Berliner Unternehmens Sblocs. Für ein besseres Handling im Stadtverkehr hat das Lastenrad eine Vorderachse, die sich in den Kurven neigt. Anders wieder ist es bei den dreirädrigen Modellen von Iron Horse aus Kopenhagen, denn die haben als besonderes Merkmal eine Hinterradlenkung für eine bessere Manövrierbarkeit. Die Modelle mit 20-Zoll-Rädern werden ausschließlich

Für welches Lastenrad man sich entscheidet, ist eine Frage des Einsatzzwecks und des gewünschten Fahrgefühls. Zweispurige Lastenräder wie die Modelle von Sblocs (links) und Babboe (rechts) fahren sich grundsätzlich jedoch stabiler als einspurige Fahrzeuge.

mit E-Motoren gefertigt. Als Familienkutsche gedacht sind auch die Dreiräder von Johnny Loco aus den Niederlanden, die in ihrem Retro-Flair sehr stylisch aufgemacht daherkommen. Auch das „Nummer 1" von Livelo aus Schweden ähnelt dem Babboe mit seinem Korb über der Zweirad-Vorderachse.

Mit langem Hinterbau

Die französische Firma Yuba interpretiert das Thema recht klassisch mit einem Mixte-Rahmen und verlängertem Hinterbau. An diesem befinden sich zwei Trittbretter für die Füße der Mitfahrenden, die auf einem verlängerten Gepäckträger Platz nehmen können. Darauf kann auch ein Kindersitz befestigt werden.

Eine ähnliche Strategie verfolgt das Bicicapace-Modell „Justlong". Es bietet auf dem Gepäckträger Platz für bis zu drei Kinder – oder entsprechendes Gepäck. Es rollt auf 20-Zoll-Rädern.

Die deutsche Firma Radkutsche ist in beiden Welten zu Hause: Sie bietet einerseits einen „Long John" an, hat aber mit dem Modell „Musketier" auch ein Trike im Angebot, dessen Ladefläche sich hinter dem Sitzrohr befindet, was den Eindruck eines Kleinlastwagens vermittelt. Das Rad wiegt 68 Kilogramm, das zulässige Gesamtgewicht liegt bei 300 Kilogramm. Die Zielgruppe sind Handwerker, Innenstadtzulieferer bis hin zu Betreibern von kleinen Marktständen.

Auch wenn Lastenräder primär nicht dafür konstruiert werden, dass man sie herumträgt, so kann wenig Gewicht nie schaden. Sei es, dass man sie im Stadtverkehr umheben muss, sei es, dass man sie in die Bahn mitnimmt (was bei vielen „Long John"-Modellen möglich ist): Über ein leichtes Rad freut man sich immer.

Trägt viel und weit: Der „Multicharger" von Riese & Müller ist ein Lastenrad mit verlängertem Radstand, E-Unterstützung und offroadtauglichen Reifen.

Bei Yuba sitzen die Beifahrer klassisch hinter dem Fahrer, optional gibt es breite Trittbretter.

Zumal wenn der Elektromotor einmal ausfällt, weil der Akku leer ist. 20 Kilogramm treten sich leichter nach Hause als 50 Kilogramm – und so viel Gewicht ist bei Lastenrädern keine Seltenheit.

Auch bei den Stahlrädern der Firma Radkutsche befindet sich die Transportfläche hinter dem Fahrer.

Lastenräder mit Elektromotor

Wenn es noch keine Elektromotoren für Fahrräder gäbe – für Lastenräder müsste man sie erfinden. Denn wie kaum eine andere Fahrradgattung profitieren die Fahrer auf Familien- und Transporträdern von der elektrischen Unterstützung. Das gilt nicht nur für Fahrten in hügeligem Terrain, sondern auch in der Ebene. Anfahren mit 120 Kilogramm Gewicht auf dem Rad erfordert wesentlich mehr Kraft, als ein Citybike in Schwung zu bringen. Viele Handwerker und Kurierdienste sind auf ihnen in den Städten unterwegs.

Fast alle Hersteller führen daher Lastenräder und Familienräder mit Motorunterstützung im Programm. Elektromotoren an Lastenrädern haben jenseits der Kraftunterstützung noch einen Effekt: „Sie disziplinieren den Fahrer", sagt Stefan Ottjes vom Lastenradspezialisten Velogut. Sprich: Sie erziehen zu gleichmäßigem, ruhigem, kraftsparendem Fahren. Denn die Schallmauer jenseits der 25 km/h zu überspringen, an der der Motor abriegelt, und mit eigener Muskelkraft auf einem schweren Lastenrad weiterzufahren, das sei sehr schwierig. Man bleibe ohne Motor dann lieber bei den 23, 24 km/h, die man noch gut mit eigener Kraft treten könne. Das halte zu einem gelasseneren Fahrstil an.

Mittelmotor an einem Lastenrad mit flexibler Ladeflächennutzung

Frontmotor, Mittelmotor, Hinterradmotor

Wie bei den konventionellen Fahrrädern gibt es auch bei den Lastenrädern alle Motorvarianten. Die dort geltenden Vor- und Nachteile treffen auch auf Lastenräder zu: Mittelmotoren sind die kräftigsten, aber etwas

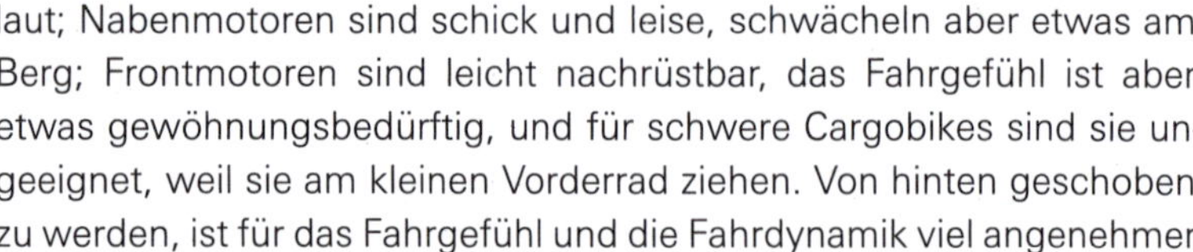

laut; Nabenmotoren sind schick und leise, schwächeln aber etwas am Berg; Frontmotoren sind leicht nachrüstbar, das Fahrgefühl ist aber etwas gewöhnungsbedürftig, und für schwere Cargobikes sind sie ungeeignet, weil sie am kleinen Vorderrad ziehen. Von hinten geschoben zu werden, ist für das Fahrgefühl und die Fahrdynamik viel angenehmer.

Einige Modelle sind variabel mit Ketten- oder automatischer Nabenschaltung erhältlich.

Am häufigsten verbaut werden daher die kräftigen Mittelmotoren, wie sie auch bei den Top-Mountainbikes zum Einsatz kommen. Stefan Ottjes von Velogut schwört auf die Shimano-Motoren: „Bei ihnen kommen Motor, Steuerung und Antrieb aus einem Haus und alle Teile passen sehr harmonisch zueinander", sagt er. Bei den Brose-Motoren bestehe das Problem, dass die Steuerungselektronik von einem anderen Hersteller komme, ebenso der Antrieb. „Wenn da ein Teil repariert werden muss, hat man es immer mit unterschiedlichen Herstellern zu tun", so der Experte. Das verkompliziere den Service. Bosch habe das erkannt und sei im Cargo-Bereich zur besseren Feinabstimmung von Motor und Antrieb deshalb eine Kooperation mit Rohloff, Enviolo und Shimano eingegangen, um eine Einheit aus einem Guss anzubieten.

Für drehmomentstarke Motoren ab 80 Nm eignen sich übrigens bei den Nabenschaltungen nur die stufenlose Enviolo- und die Rohloff-Nabe. „Andere Naben vertragen diese Kräfte nicht", meint Ottjes. Kettenschaltungen machen diese Kräfte dagegen nichts aus, weshalb man sie fast durchgängig an den Cargobikes mit drehmomentstarken Motoren findet. Allerdings gilt auch hier: Viel Kraft bedeutet auch mehr Verschleiß an Kette und Zahnkranz.

Lastenanhänger

Manchem Tourenfahrer bietet ein Fahrrad nicht genug Stauraum für sein Gepäck. Er braucht mehr Platz – und greift folglich zu einem Fahrradanhänger. Anhänger können aber auch die Lösung von Transportproblemen im Alltag sein – für den Transport des Wocheneinkaufs, Getränkekisten, den kleinen Abfall.

Im Prinzip gibt es bei Fahrradanhängern zwei Modelle:

- Einspurige Anhänger
- Zweispurige Anhänger

Bei den einspurigen Anhängern gibt es ungefederte und gefederte Modelle. Der Branchenprimus, der „Yak" von Bob Yak, ist ungefedert, ebenso der „M-Wave". Gefedert sind der „Ibex" von Bob und der „Monoporter" des Herstellers Weber. Eine Federung sorgt in der Regel für bessere Bodenhaftung, ist aber auch etwas anfälliger.

Der „Yak" überzeugt nicht nur Weltenbummler, weil er nahezu unverwüstlich ist. Er wird an einer Spezialachse eingehängt und hat ein Drehgelenk. Dadurch liegt der Schwerpunkt tief, und der Anhänger folgt

Bei Fernreisenden sehr beliebt: einspurige Lastenanhänger – gefederte Modelle fahren sich angenehmer.

dem Fahrrad genau in der Spur. Der gefederte „Ibex" läuft etwas besser hinter dem Fahrrad, die Zuladung beträgt 30 Kilogramm.

Der Weber „Monoporter" ist gefedert und wird mit einer ebenen Ladefläche ausgeliefert, in die man Spanngurte zum Befestigen von Ladung einhängen kann. Er wird ebenfalls mit einer Spezialachse am Hinterrad befestigt, ist mit 5,7 Kilogramm relativ leicht und kann zusammengefaltet werden. Der Hersteller deklariert ihn als „sportlich" und begrenzt die Zuladung auf 20 Kilogramm. Ob die gefederten Anhänger für vollgefederte Mountainbikes geeignet sind, müssen Sie beim Hersteller erfragen. Und ob Bob die immer abgebildete, wasserdichte Transporttasche für seinen „Yak" mitliefert, sollten Sie ebenso beim Kauf klären. Für Rennräder wird der „Yak" nicht empfohlen, weil zu starke Kräfte auf den filigranen Rennradrahmen wirken.

Dauerbrenner am Markt ist der „BOB Yak". Bei 6 kg Eigengewicht kann er 30 kg transportieren.

Die Modelle des französischen Herstellers Aevon sind ebenfalls gefedert, vertragen bis 45 Kilogramm Zuladung und werden an der Sattelstütze befestigt, aus welchem Grund sie für Carbonstützen nicht infrage kommen.

Für Rennräder könnte der Trailer von Topeak eine Empfehlung sein. Er wird mit einer speziellen Kupplung am Ausfallende verbunden, alternativ kann auch eine spezielle Steckachse mit den Verbindungselementen eingesetzt werden. Er wiegt knapp 5 Kilogramm und kann bis zu 32 Kilogramm tragen.

Daneben gibt es noch eine ganze Reihe weiterer zweispuriger Anhänger, die hauptsächlich für den Lastentransport eingesetzt werden. Sie werden meist mit einer fest am Fahrrad angebrachten Kupplung verbunden. Die Palette reicht von Trolleys, die man am Fahrrad anbringen kann, über Modelle mit nur einer Ladefläche bis hin zu Kastenaufbauten. Als ausgereift gelobt werden immer wieder Modelle der Firmen Chariot

Zweispurige Lastenanhänger sind im Alltag praktisch und können für sehr unterschiedliche Zwecke genutzt werden. Manche Modelle lassen sich zum Bollerwagen umrüsten, andere zum Einkaufstrolley mit Verdeck.

(„Croozer Cargo") und Burley („Nomad"). Der „Croozer Travel" schafft 45 Kilogramm Zuladegewicht und ist faltbar. Viele Anhänger lassen sich auch umrüsten, sodass sie als Handwagen benutzt werden können.

TANDEMS

Wer nicht gern allein Fahrrad fährt, der greift zum Tandem – zu zweit fährt es sich unterhaltsamer und schneller. Doch für die Gemeinsamkeit auf dem Fahrradsitz muss man auch ein bisschen Beweglichkeit opfern – ein Tandem ist nicht so wendig wie ein Solo-Fahrrad, wer hinten sitzt (der „Heizer" oder „Stoker"), hat keine gute Aussicht und braucht Vertrauen in den vorn Sitzenden („Captain") – denn der bestimmt die Richtung und muss auf Schlaglöcher achten.

Auf einem Tandem können auch blinde Menschen mitgenommen werden, und wenn man es an die Körpergröße anpassen kann, auch Kinder. Für sportlich Ambitionierte bieten Tandems die Chance auf hohes Tempo: Schließlich wirkt der Windwiderstand nur einmal – die Kraft von zwei Fahrern aber doppelt.

Der Rahmen

Tandemrahmen werden nur noch von wenigen Herstellern produziert, da die Nachfrage seit Jahren schwindet. Zu den wenigen verbliebenen Marken im hochwertigen Bereich gehören Santana und Co-Motion aus den USA. Stahlrahmen sind etwas filigraner, hier genügen Rohrdurchmesser von 48 Millimetern, bei Aluminium müssen es mindestens 50 Millimeter sein. Aus Kostengründen werden jedoch meist Alurahmen verbaut.

Tandemrahmen haben zwei Sitzrohre mit Lenkern und zwei Tretlager. Als Standardrahmen hat sich eine Konstruktion aus vorderem Rahmendreieck mit einem anschließenden Parallelogramm sowie dem Hinterbau herausgebildet.

Ein Tandem als Reiserad mit 26-Zoll-Rädern, stabilem Alu-Rahmen und einer Rohloff-14-Gang-Hinterradnabe.

„Bei den modernen Rohrdurchmessern sind solche Rahmen absolut steif. Die Tandems liegen auf der Straße wie ein Brett", sagt Oliver Nekola, Inhaber des Versandhandels HPV-Parts und zugleich Importeur der Co-Motion-Rahmen. Konstruktionen mit einem zusätzlichen Diagonalrohr vom Steuerrohr zum hinteren Tretlager findet man seltener. Sie gelten als ebenfalls sehr steife Rahmen.

Sportliche Rahmen können auch aus zwei miteinander verschweißten Dreiecken bestehen. Zusammen mit dem langen Unterrohr zwischen den Tretlagern und dem Hinterbau ergibt sich daraus die Silhouette von vier ineinander verschachtelten, stabilen Dreiecken. Gute Rahmen werden übrigens für beide Fahrer maßgeschneidert.

Touren-Tandems bieten eine aufrechte Sitzhaltung, auf Sport-Tandems sitzen Sie weitaus gestreckter; beeinflusst wird die Haltung über die Länge des hinteren Oberrohrs. In der Regel ist das hintere Oberrohr aus diesem Grund knapp 16–18 Zentimeter länger, in Abhängigkeit von der Rahmengröße. Der Hersteller Velotraum empfiehlt eine Länge zwischen 72 und 76 Zentimetern, damit der „Stoker" keinen Katzenbuckel machen muss. Weil der hinten sitzende Fahrer keinen Blick auf Straßenunebenheiten hat, empfiehlt sich bei Touren-Tandems für ihn eine federnde Sattelstütze – wenn sich nicht gar beide Fahrer diesen Luxus leisten können. Auf sportlichen Tandems fährt man dagegen mit ungefederten Sattelstützen.

Touren-Tandems haben zudem Befestigungsmöglichkeiten für Gepäckträger hinten und vorn, für Schutzbleche und können auch mit Nabendynamo und Lichtanlage ausgestattet sein.

Bei den Laufrädern haben sich 27,5 und 29 Zoll durchgesetzt (wobei diese das gleiche Maß wie 28-Zoll-Felgen haben – allein die Reifen sind dicker). „Auch hier hängt die Wahl der Größe davon ab, wie sie zu den Fahrern passen", sagt Nekola. „Kleine Räder und große Fahrer – das sieht merkwürdig aus."

Eine Besonderheit mancher Rahmenhersteller sind teilbare Rahmen. „Mit speziellen Edelstahlkupplungen versehen, können sie in drei Teile

Rennrad-Tandem: steiler Steuerrohrwinkel, leichte 28-Zoll-Räder, Scheibenbremse hinten, 2x10-Gang-Kettenschaltung.

zerlegt und so in einem Kleinwagen oder im ICE transportiert werden", kommentiert Nekola.

Weil Tandems mit Fahrern und etwas Gepäck leicht ein Gesamtgewicht von 200 Kilogramm und mehr aufweisen können, sind die Laufräder verstärkt. Sie sind etwas schwerer als an Solo-Fahrrädern, die Felgen können bis zu 40 Speichen haben und verfügen über breitere Naben, damit sie stabiler eingespeicht werden können. 145 Millimeter Breite sind üblich. Auch die Gabeln – seien sie aus Stahl oder aus Carbon – sind verstärkt.

Scheibenbremsen sind aktueller Stand der Dinge, sie haben mindestens einen Durchmesser von 203 Millimetern, damit man bei schnellen Bergabfahrten auf der sicheren Seite ist. Felgenbremsen finden sich noch an sportlichen Tandems. Trotz der Verstärkungen müssen Tandemrahmen keine Schwergewichte sein. 16 bis 17 Kilogramm im fahrfertigen Zustand sind möglich. Damit wiegen hochwertige Tandems so viel wie ein einfaches Trekkingrad.

Bei zwei Fahrern muss ein Tandem aber noch nicht aufhören. Es gibt Triple Editions für drei Fahrer oder Quad-Modelle für vier Fahrer – die auch noch teilbar sind. Die Berliner Firma Pedalpower hat solche zum Beispiel im Programm.

Schaltungen und Übersetzungen

An Schaltungen gibt es alles, was man an Solo-Fahrrädern auch findet: Kettenschaltungen sind sehr verbreitet, vor allem an sportlichen Rahmen. Bei Reise-Tandems findet man oft die Rohloff-Speedhub-Nabenschaltung, und seit 2019 gibt es auch das edle Pinion-Getriebe in einer speziellen Konstruktion an Tandems. Bei der Nabenschaltung und dem Pinion-Getriebe ersetzen wartungsarme Riemen die Kette.

Die beiden Tretlager eines Tandems sind über eine starre 1:1-Übersetzung miteinander verbunden, vorn sollte sich ein Exzenter zum einfachen Nachspannen der Kette befinden. Geschaltet wird am hinteren Tretlager, und zwar vom „Captain", der vorn sitzt und auch die Bremshebel in der Hand hält.

Hinsichtlich der Übersetzungen müssen Sie die für sich passende Kombination finden. Es gibt sehr viele unterschiedliche Kettenblätter am Markt: Die Spanne reicht von bergtauglichen Blättern mit 48/32 Zähnen bis hin zu Kettenblättern für den Renneinsatz mit 60/38 Zähnen. Die Kassetten am Zahnkranz hinten sollten je nach Einsatzgebiet bis zu 32 Zähne für Bergfahrten haben.

Die Preisspanne für gute Tandems beginnt bei circa 4000 Euro und reicht bis 7000 Euro. Ganz edle Ausführungen können auch über die 10000-Euro-Marke gehen.

Tandem-Pedelecs

Auch an Tandems ist Motorunterstützung möglich. Das ist zum Beispiel besonders interessant, wenn ein Radler etwas schwächer ist als sein Partner oder wenn es auf der Tour ins hügelige Gelände oder in die Berge gehen soll. Zudem können so körperlich nicht so belastbare Partner auf einem Fahrrad mitgenommen werden.

Verbaut werden meist starke Mittelmotoren, je nach Hersteller im vorderen oder hinteren Tretlager. Der Akku hängt am Sitzrohr oder ist auf dem Gepäckträger untergebracht. Weil auf Tandems der Platz reichlicher ist, können auch zwei Akkus vorhanden sein, was der Reichweite zugutekommt. Mit mehr als 120–150 Kilometer sollte man allerdings nicht rechnen. Im Unterschied zu konventionellen Tandems sind die Ketten- oder Riemenantriebe am E-Tandem nicht synchronisiert – jeder kann also treten, wie er mag. Eine Ausnahme bildet hier die französische Firma Moustache, bei deren E-Tandem die beiden Tretlager gleich laufen.

An Rahmenformen sind die unten genannten zu finden (siehe ab Seite 84), darüber hinaus gibt es auch Modelle mit Trapezrahmen und solche mit hochgezogenen Lenkern. Auf ihnen sitzt man nahezu aufrecht wie auf einem Hollandrad. Und für Senioren stehen auch Tiefeinsteiger zur Verfügung.

E-Tandems weisen Nabenschaltungen oder stufenlose Enviolo-Schaltungen auf, Kettenschaltungen kommen seltener vor. Die Tandem-Pedelecs können wie konventionelle Tandems teilbare Rahmen haben, sodass man sie ins Auto oder in den Zug packen kann. Mehr als 30 Kilogramm muss ein E-Tandem nicht wiegen.

Die Modellauswahl lässt auch bei den E-Tandems kaum Wünsche offen. Sie können entweder als Touren-Tandems oder als sportliche Tandems ausgelegt sein – und ja, es gibt auch Tandems in Mountainbike-Anmutung. Der Rahmen ähnelt sehr einem Touren-Tandem, doch eine gefederte Vorderradgabel, gekröpfte Lenker und breite Stollenreifen verleihen zum Beispiel dem Modell von Moustache den nötigen Schuss Geländeaffinität. Mehr als schlechte Feldwege oder Almwege wird man damit aber wohl kaum befahren – für den Ausritt ins Gelände sind die Geräte einfach ein bisschen zu lang.

E-Tandems gibt es auch als Falttandems (siehe Seite 58). Die Firma Bernds hat zum Beispiel ein solches Modell im Programm. Sie bietet dieses mit Vorderrad-, Tretlager- und Hinterradmotor an. Pedalpower aus Berlin führt E-Tandems, die auseinandergeklappt werden können.

LIEGERÄDER, DREIRÄDER, SPEZIALRÄDER

Liegeräder sind, wenngleich heute verbreiteter als noch vor 30 Jahren, immer noch Nischenprodukte. Doch die einst kuriosen Modelle haben sich zu High-Tech-Geräten entwickelt.

Das Stufentandem „Pino" von Hase Bikes kann mit dem passenden Zubehör Kindertaxi, Lastenrad oder Reise-Tandem in einem sein.

Ein Klassiker unter den Liegerädern: der Oldtimer „Peer Gynt"

Ein Grund, warum sich Radfahrer und Tüftler für Liegeräder interessiert haben, ist ihr geringerer Windwiderstand – Liegeräder sind flacher als herkömmliche Fahrräder und haben deswegen einen aerodynamischen Vorteil. Man kann mit ihnen schneller fahren als mit normalen Rädern. Zudem fährt man auf ihnen auch angenehm, wenn man auf klassischen Rädern Rücken- oder Nackenprobleme bekommt – man liegt relativ entspannt in einer Sitzschale. Zudem werden so die Handgelenke nicht belastet.

Allerdings haben Liegeräder auch Nachteile. Man wird auf den flachen Rädern schlechter gesehen, gerade im dichten Stadtverkehr nachteilig. Liegeradfahrer benutzen deshalb Stangen mit kleinen Wimpeln, um auf sich aufmerksam zu machen. Liegeräder brauchen Rückspiegel für den Blick nach hinten, man kann sie nicht so leicht tragen wie konventionelle Fahrräder, sie sind nicht so wendig und bergauf zu fahren, ist mit ihnen kein Vergnügen. Zudem kann man wegen der kleineren Räder Probleme mit Hindernissen wie Bordsteinen oder Absätzen bekommen.

Liegeräder gibt es als Einspur- und als Zweispurfahrzeuge, man nennt sie dann „Trikes". Trikes sind natürlich deutlich sperriger als die Einspurfahrzeuge, kippeln dafür nicht.

Liegeräder gibt es nur in einer Größe. Man passt sie durch die Verschiebung der Sitzschale oder des Tretlagerauslegers auf die Körpergröße des Fahrers an. Grundsätzlich gibt es zwei Formen: Kurzlieger und Langlieger. Man kann sie für den Transport auch falten.

Beim Kurzlieger (Vordergrund) befindet sich die Tretkurbel vor dem Vorderrad.

Kurzlieger

Bei einem Kurzlieger befindet sich die Tretkurbel vor dem Vorderrad. Diese Version ist relativ wendig. Der Lenker kann entweder bequem unterhalb des Rahmens angebracht sein, was anfangs etwas ungewohnt ist, oder oberhalb. Diese Position entspricht mehr einer klassischen Griffposition.

Das Liegedreirad „Scorpion“ von HP Velotechnik gibt es auch mit elektrischem Antrieb als Pedelec.

Langlieger

Bei ihnen befindet sich die Tretkurbel zwischen den Rädern. Der Radstand ist länger als beim Kurzlieger, wodurch der Geradeauslauf etwas ruhiger ist. Sie sind nicht so wendig wie Kurzlieger.

Das Trike

Als Trike bezeichnet man zweispurige Liegeräder, die entweder vorn oder hinten eine Achse mit zwei Rädern haben. Im sportlichen Bereich befinden sich die Räder stets vorn, wo auch gelenkt wird. Ausgefeilte Modelle weisen eine Neigetechnik auf, um stabiler in den Kurven zu liegen. Diese Technik ist auch am Hinterrad möglich.

Trikes werden meist von Kleinserienherstellern angeboten. Die Ausstattung kann eine einstellbare, hydraulische Vollfederung umfassen, es gibt verschiedene Sitzmöglichkeiten, Scheibenbremsen sind Standard, und meist haben die Trikes Kettenschaltungen.

Ein renommierter Trike-Hersteller ist die Firma HP Velotechnik, die auch Ausführungen mit höherem Sitz anbietet. Das erleichtert den Einstieg für Menschen mit körperlicher Einschränkung, etwa bei Hüftproblemen, und gibt einen besseren Überblick über das Verkehrsgeschehen. Trikes lassen sich zusammenfalten. Das „Scorpion fx“ von HP Velotechnik zum Beispiel misst dann noch 110 x 83 x 60 Zentimeter

Die Fahrradmanufaktur Hase in Waltrop hat sich einen Namen als Hersteller für handgefertigte Spezialräder gemacht. Hier findet man Tandems mit einem Liegesitz vorn und einem Sattel dahinter, es gibt diese Modelle mit einer Gepäckfläche unter dem Sitz. Hase baut Trikes für die Straße und fürs Gelände mit und ohne Motor und Liegeräder in nahezu allen erdenklichen Formen und Ausstattungen. Die Trikes gibt es auch in den eher unüblichen Versionen mit einem Rad vorn. Hase führt dafür die bessere Beweglichkeit und den Umstand an, dass man sie auch platzsparend senkrecht abstellen oder nach dem Entfernen des Vorderrads als Anhänger an einem Zugrad benutzen kann.

Trike 

- Gewicht
- Preis
- Variabilität

Liegeradhersteller HP Velotechnik mit seiner „Special Edition“-Reihe

„Trix"-Modelle von Hase Bikes: speziell für Menschen mit Handicap

Ein Trike mit E-Motor und Federung

Handbikes: eine Alternative bei Bewegungseinschränkungen in den Beinen

Kompaktes Pedelec für Menschen mit Behinderung: das „Easy Go" von VanRaam

Liegerad- und Trike-Pedelecs

Die Liegeräder und Trikes gibt es auch als Pedelecs und S-Pedelecs mit Motor. Üblich sind Tretlager- oder Hinterradmotoren, die es übrigens auch zum Nachrüsten gibt. Die Reichweite schwankt je nach Fahrstil zwischen 80 und 145 Kilometern, kann mit einem Zusatzakku jedoch erheblich erweitert werden. Neodrives gibt für seinen Nabenmotor mit Zusatzakku bis zu 290 Kilometer an. Das Drehmoment schwankt zwischen 40 und 70 Nm.

FAHRRÄDER FÜR MENSCHEN MIT BEHINDERUNG

Körperliche Beeinträchtigungen und Fahrradfahren müssen sich nicht gegenseitig ausschließen. Es gibt viele unterschiedliche Ansätze, Menschen trotz Behinderung das Radfahren zu ermöglichen. So kann zum Beispiel für Menschen mit Gleichgewichtsstörungen ein Trike eine sinnvolle Anschaffung sein. Menschen mit geistiger Beeinträchtigung können auf einem Tandem mitfahren. Dafür gibt es zum Beispiel Modelle mit einem tiefer liegenden Schalensitz vorn.

Zahlreiche Hersteller bieten hier ganz individuelle Lösungen an. Der holländische Hersteller VanRaam etwa baut eine breite Palette unterschiedlicher Varianten. Dazu gehören bequeme Dreiräder mit einer Achse hinten und einem tiefen Einstieg, es gibt Fahrräder mit einer Plattform vorn, auf die ein Rollstuhl aufgeschoben werden kann, oder Parallel-Tandems, auf denen zwei oder gar vier Fahrer nebeneinander sitzen können. Die Holländer arbeiten mit dem Dreiradzentrum in Deutschland zusammen und adaptieren auch zahlreiche Details wie Kurbeln, Pedale, Schaltgriffe und Sitze, sodass sie zu den individuellen Anforderungen passen.

Der Liegeradspezialist HP Velotechnik rüstet seine Modelle mit Fußfixierungen, Aufstehhilfen, Armstützen, Sicherheitspedalen, Unterschenkelfixierungen, Einhandbedienungen für Schaltung und Bremse und vielem mehr zu Rädern aus, die manche körperliche Beeinträchtigung ausgleichen.

Der Hersteller Draisin hat Rollstuhlfahrräder, Tandems, auf denen man nebeneinander sitzt, oder Trikes, auf denen auch Schwerstbehinderte mitfahren können, in seiner Produktpalette. Viele Modelle gibt es auch mit Elektromotoren.

Auch Handbikes passen in diese Kategorie. Hier ersetzt die Kraft der Arme die Tretbewegung der Beine. Die Modellvarianten sind sehr vielfältig und reichen vom Anbau eines Lenkers mit Gabel, Rad und Kurbel an einen Rollstuhl bis hin zu High-Tech-Geräten, die im Para-Sport eingesetzt werden. Ein bekannter Hersteller ist Sopur, eine gute Übersicht findet man auf www.rollistore.de.

STIFTUNG WARENTEST: **Herr Triebe, warum fahren Sie Trike?**

MANFRED TRIEBE: Weil ich das Fahrradfahren liebe, es ist meine Leidenschaft, leider kann ich aber nicht mehr auf einem Zweirad fahren.

Ihr Trike hat die beiden Räder vorn, nicht hinten. Warum?

Aus einem ganz praktischen Grund: Zwei Räder sind vorn besser einzusehen als hinten. Da bestünde doch die Gefahr, irgendwo hängenzubleiben.

Und wie fährt sich Ihr Trike im Allgemeinen?

Sehr angenehm. Ich sitze in einer Matte. Schon auf normalen Fahrrädern werden ja die Gelenke geschont, im Liegerad ist das noch einmal etwas besser.

Wo fahren Sie? Auf der Straße oder auf dem Radweg?

Auf der Straße. Radwege sind meist zu schmal, man weiß nie genau, ob man an Pollern vorbeikommt. Auf der Straße behindern einen auch keine Wurzeln oder enge Passagen, wo man vielleicht noch mit einem Fahrrad durchkommt, mit einem Trike aber nicht mehr.

Und wie steht es um das Fahrgefühl im Vergleich zu einem Zweirad?

Nun, man kann nicht so schnell ausweichen, muss die Breite des Trikes im Gespür haben und Barrieren beachten. Hohe Kanten sind zum Beispiel mit den 20-Zoll-Rädchen schwierig, abgesenkte Bordsteinkanten dagegen viel besser.

Haben Sie keine Angst, übersehen zu werden?

Nein, im Gegenteil. Ich habe das Gefühl, Autofahrer respektieren ein Trike auf der Straße mehr als ein normales Rad. Sie fahren oft hinter mir her, bis sie überholen können.

Der Berliner Lehrer MANFRED TRIEBE ist passionierter Radfahrer. Er hat fast alle Alpenpässe überquert, er war in der Sierra Nevada und den Rocky Mountains mit dem Fahrrad unterwegs. Nach einem Bandscheibenvorfall war die Beweglichkeit seines linken Fußes eingeschränkt: „Ich rutschte immer von den Pedalen ab", sagt er. So entschied er sich für ein Trike. „Ich wollte beweglich bleiben", erklärt Manfred Triebe.

Wie verhält es sich eigentlich mit den Auspuffgasen von Autos? Sie sitzen im Trike ja fast auf Auspuffhöhe ...

Ich sehe zu, dass ich an Ampeln oder Kreuzungen etwas Abstand halte und fahre nicht zu dicht auf. Dann ist es erträglich.

Wie ist es mit dem öffentlichen Nahverkehr? In eine S-Bahn passt ein Trike doch nicht, oder?

Doch. Es ist ja faltbar. Allerdings passt es nicht in alle Züge, eine Mindestbreite muss sein.

Sie haben seit Kurzem auch einen E-Motor an Ihrem Trike. Wie verändert der das Fahren?

Er ist übrigens nachgerüstet und wirklich eine große Hilfe. Früher bin ich ohne Motor kaum über 15 km/h hinausgekommen, jetzt sind 20 km/h die Regel. In Berlin ist die Landschaft ja flach, aber wenn es im Urlaub mal einen Anstieg hinaufgeht, dann merkt man erst, was man vorher vermisst hat. Ohne Motor sind Berge mit einem Trike kaum zu fahren.

KINDER- UND JUGENDRÄDER

Scheibenbremsen am Kinderfahrrad lassen sich in ihrer Bremskraft leicht dosieren.

Kinderräder haben Laufräder zwischen 12 und 20 Zoll, Jugendräder ab 24 Zoll. Was für Erwachsenenräder gilt, gilt hier umso mehr: Auch wenn Kinder und Jugendliche aus ihren Fahrrädern herauswachsen, sollte man sie nicht mit Billigprodukten abspeisen. Wichtig: Wählen Sie das Rad mit Ihrem Kind aus – ihm muss es gefallen!

Kinderfahrräder sollten gut erreichbare Griffe haben, der Lenker sollte an beiden Seiten gepolstert, die Bremsen auch mit kleinen Händen gut zu greifen und schließlich sollte es leicht sein. Es gibt in diesem Segment viele Stahlräder – Aluminium ist leichter: Zehn Kilogramm Gewicht bei einem 18-Zoll-Rädchen sind indiskutabel.

Natürlich muss die Größe passen. Unterschiedlich sind die Ansichten, ob es eine Rücktrittbremse oder eine Felgenbremse sein soll. Kinderräder sind aktuell auch mit Scheibenbremsen erhältlich, die sich leicht bedienen lassen – das ist immer eine Überlegung wert. Eine leichtgängige Lichtanlage ist sinnvoll, wenn Sie mit Ihrem Spross auch einmal im Dunkeln unterwegs sein möchten. Von Stützrädern wird heute im Übrigen eher abgeraten – es ist besser, wenn die Kinder früh ihren Gleichgewichtssinn auf dem Fahrrad ausbilden lernen.

Grundsätzlich sollten Sie sich bei Markenherstellern umsehen, deren Modelle zwar etwas teurer als die der Baumärkte, aber bei Weitem nicht unerschwinglich sind. Und qualitativ liegen zum Teil Welten dazwischen. Und überhaupt: Ein qualitativ hochwertiges Kinderfahrrad lässt sich besser wieder verkaufen als eine billige „Gurke".

Bei Jugendfahrrädern besteht eine größere Auswahl. In der Größe ab 24 Zoll sind bei den sportlicheren Modellen Scheibenbremsen schon fast Standard. Hier werden auch Modelle mit einfachen Federgabeln verkauft, von denen Sie allerdings die Finger lassen sollten – sie halten nicht lang. Nabendynamos geben ein angenehmes Ausstattungsdetail ab und versprechen länger zu halten als ansteckbare Akkuleuchten.

Jugendräder 

- Größe
- Gewicht
- Bedienbarkeit
- Unfallschutz

Auch in diesem Segment machen die Anbauteile den Preis aus, und generell ist festzustellen, dass Markenhersteller die eindeutig solideren Angebote vorzuweisen haben. Sie verwenden keine No-Name-Produkte, sondern Komponenten etablierter Produzenten. Schwere Stahlrahmen sind eher die Ausnahme, leichtere, konifizierte Aluminiumrahmen die Regel, und die Brems- und Schaltzüge sind zum Teil innen verlegt, was ihnen bei der rauen Behandlung wilder Jugendlicher ein längeres Leben beschert.

Die Preisspirale nach oben kennt hier kaum Grenzen – ob es ein Mountainbike für knapp 1 500 Euro mit Carbonrahmen, Sram-Eagle-Schaltung und luftgefederter Gabel sein muss, muss jeder für sich entscheiden.

Und natürlich haben die Marketingstrategen auch in diesem Segment das E-Bike entdeckt. Mit einem Bosch-Motor mit 75 Newtonmetern Drehmoment kann der Sprössling über Stock und Stein preschen,

Auch für Nachwuchsradler gibt es Spezialisten wie etwa die Firma Eightshot. Sie konzentriert sich auf ergonomisch angemessene Jugendfahrräder mit Anbauteilen, die zu den kleineren Körperproportionen passen.

wenn gewünscht. Die Ausstattungsmöglichkeiten kommen also schon ganz schön „erwachsen“ daher.

WORAUF KOMMT ES DENN NUN AN?

Die Auswahl an Fahrrädern und die Typenvielfalt sind schier unermesslich. Wenn Sie sich nun ein Fahrrad anschaffen wollen, so sollten Sie sich zuerst kritisch das eigene Nutzungsverhalten vor Augen führen: Was will ich mit dem Fahrrad machen, wozu werde ich es voraussichtlich am häufigsten verwenden? Die Antwort darauf fällt je nach Zweck und Nutzertyp unterschiedlich aus.

Für den kurzen täglichen Weg zur Arbeit reicht ein konventionelles, gut ausgestattetes Trekking- oder Cityrad völlig aus. Wenn die einfache Strecke aber 12, 15 oder 20 Kilometer beträgt, lohnt es sich, sich nach einem E-Bike umzusehen. Wer mit seinem Fahrrad daneben auch Urlaubstouren oder Reisen unternehmen will, der sollte sich bei den Reiserädern umsehen. Es ist immer einfacher, mit einem gut ausgestatteten Fahrrad für anspruchsvolle Touren auch die einfachen täglichen Wege zu erledigen als umgekehrt. Wollen Sie dagegen nur hin und wieder bei schönem Wetter zum Biergarten fahren oder die Freundin um die Ecke besuchen, muss es nicht die Hightechvariante mit Pinion-Getriebe und Carbonrahmen sein.

Und wenn Sie an ein E-Bike denken: Fragen Sie nach der Reparaturmöglichkeit und Ersatzteilbeschaffung bei den elektrischen Teilen wie Motor und Sensoren. Hier sollte man sich vor vermeintlich günstigen No-Name-Produkten hüten und auf Markennamen vertrauen. Nichts ist ärgerlicher, als das gute Stück nur deshalb nicht benutzen zu können, weil der Motor zeitaufwendig zu einem Hersteller eingeschickt werden muss – oder gar nicht mehr repariert werden kann, weil er pleite gegangen ist.

Probefahrten

Worauf Sie vor allem achten sollten: Wie fährt sich mein Fahrrad? Es muss Ihnen gefallen, Sie müssen es gern benutzen wollen, es soll Ihnen beim Fahren Freude bereiten. Deshalb ist eine Probefahrt so wichtig. Und probieren Sie mehrere Modelle bei verschiedenen Händlern aus. Erst im Vergleich kann man das passende Modell für sich selbst finden.

03

RAHMEN GABEL LENKER VORBAU

Wie man zwei Räder am besten so miteinander verbindet, dass daraus ein handliches Fahrrad wird – das ist schwieriger, als es scheint. Durchgesetzt haben sich heute zwei grundlegende Formen: der Diamantrahmen und der Trapezrahmen.

Der Rahmen

Der Klassiker unter den Farradrahmen: Diamantrahmen bestehend aus zwei Dreiecken

Der Rahmen ist das Kernstück jedes Fahrrads, an ihm sind alle anderen Teile befestigt. Die meisten Fahrradrahmen sehen sich ähnlich, doch bei genauerem Hinsehen existieren deutliche Unterschiede. Das betrifft Konstruktion, Gewicht, Formen und das verwendete Material. Zwar kommen die allermeisten Rahmen heute aus Taiwan, doch bei der Qualität gibt es Unterschiede. Achten Sie auf Markennamen, nehmen Sie konifizierte Rahmen (siehe Info „Konifizierung", Seite 90) und meiden Sie No-Name-Produkte. Beim Fahrradtest 2017 der Stiftung Warentest brachen zum Beispiel gleich mehrere Rahmen, auch von Großserienherstellern, siehe test.de, Stichwort Fahrradtest.

BESTANDTEILE EINES RAHMENS

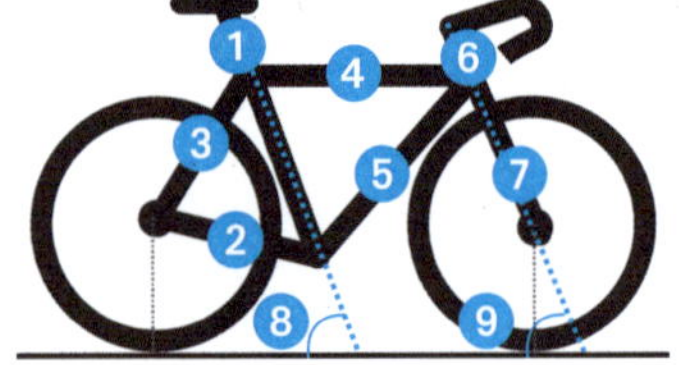

1 Sattelrohr / Sitzrohr
2 Kettenstrebe
3 Sitzstrebe
4 Oberrohr
5 Unterrohr
6 Steuerrohr
7 Gabel
8 Sattelrohrwinkel
9 Steuerrohrwinkel

Eigentlich besteht ein Fahrrad aus ineinander gesteckten Rohren. Oben quer verläuft das Oberrohr. Es ist hinten mit dem Sitzrohr und vorn mit dem Steuerrohr verbunden. Das Steuerrohr nimmt die Gabel auf und ist über das Unterrohr mit dem Tretlager verbunden, in das auch das Sitzrohr mündet. Zusammen bilden diese Rohre annähernd ein Dreieck. Diese Form hat sich durchgesetzt, weil sie besonders stabil ist. Nach hinten laufen die Kettenstreben, die mit den Sitzstreben das Hinterrad führen.

Ein Fahrradrahmen muss stabil sein, um ein sicheres Fahrgefühl zu vermitteln, soll aber gleichzeitig auch wendig und vor allem nicht zu schwer sein. Daraus ergeben sich Anforderungen an die Rahmenbauer, die sich eigentlich widersprechen: Zum einen braucht man relativ viel Material, um einen stabilen Rahmen konstruieren zu können. Zum anderen soll es wenig sein, damit er nicht zu schwer wird. Gelöst wurde dieser Konflikt, indem sich im Laufe der Geschichte Rahmenrohre unterschiedlicher Wandstärken durchsetzten. Eine gewisse Elastizität des Rahmens sorgt für Fahrkomfort.

RAHMENFORMEN

Im Fahrradbau finden sich verschiedenste Formen von Rahmen, je nachdem, ob es sich um ein Damen- oder Herrenrad, ein City- oder Mountainbike handelt, ob der dicke Akku eines Pedelecs im Rahmen verbaut ist oder der Rahmen in eine Hinterradfederung ausläuft. Im Prinzip münden aber all diese Varianten in zwei grundlegende Rahmenformen: den sogenannten Diamantrahmen und den Trapezrahmen. Auch die teils verschnörkelt anmutenden Rahmen von Mountainbikes leiten sich davon ab.

Traditionelle Rahmenbaukunst: Diamantrahmen aus Stahl an einem Randonneur

Der Diamantrahmen

Der Diamantrahmen besteht im Prinzip aus zwei Dreiecken – eigentlich einer Raute: Sie besteht aus einem vorderen Dreieck, das von Oberrohr, Steuerrohr, Unterrohr und Sitzrohr, und einem hinteren Dreieck, das aus den Kettenstreben und den Sitzstreben gebildet wird. Diese Dreiecke haben sich im Lauf der Konstruktionsgeschichte von Fahrrädern als die stabilsten und, was den Materialverbrauch anbelangt, auch als sparsamste Formen erwiesen.

Der Diamantrahmen geht auf den Engländer Thomas Humber zurück, der diese Rahmenform im Jahr 1890 erstmals vorstellte. Bis dahin wurde mit allerlei Skurrilitäten operiert – einschließlich der wahnwitzig anmutenden Hochräder, bei denen die Tretkurbel fest am Vorderrad angebracht war. Thomas Humbers Diamantrahmen hatte praktisch schon alles, was einen heutigen Fahrradrahmen ausmacht: Er bestand aus zwei Dreiecken und einem mehr oder weniger horizontalen Oberrohr. Man kann die Dreiecke als Raute betrachten, was im Englischen mit „diamond" bezeichnet wird, woraus im Deutschen wiederum „Diamant" wurde. Daher sein Name. Der Diamantrahmen wird auch als „Männerrahmen" bezeichnet.

Moderne Rahmengestaltung: Viergelenkrahmen aus Carbon an einem Mountainbike

Rahmen 

- Material
- Gewicht
- Verarbeitung
- Fahrergröße

Der Trapezrahmen

Beim Trapezrahmen laufen zwei Rohre schräg vom vorderen Steuerrohr auf das Sitzrohr zu. Er wird gern als „Damenrahmen" bezeichnet – eine historische Referenz an die Zeit, als die Damen noch wallende Röcke trugen und es als unschicklich galt, in „Männerart" auf dem Pferd oder Fahrrad zu sitzen.

Der Trapezrahmen bietet einen leichteren Einstieg, während man beim Diamantrahmen zum Aufsteigen auf das Fahrrad ein Bein über das Oberrohr schwingen muss. Stabiler ist in aller Regel ein Diamantrahmen.

Vom Trapezrahmen haben sich mehrere Sonderformen entwickelt. Beim Schwanenhalsrahmen führen meist zwei Unterrohre in einer gebogenen Form an das Sitzrohr. Beim Tiefeinsteiger ist das Unterrohr in

Trapezrahmen mitsamt Gepäckträger, Schutzblech, Federgabel, Scheibenbremsen und Lichtanlage

einem großen Schwung so gebogen, dass der Einstieg besonders leicht fällt. Zur Verbesserung der Stabilität haben solche Rahmen meist besonders große Rohrquerschnitte oder zusätzliche Versteifungen im Bereich des Sitz- oder Steuerrohrs.

Die Geschlechterunterschiede haben sich heute allerdings, was die Fahrradrahmen anbelangt, weitgehend verwischt. Es ist für Damen nicht mehr „unschicklich", sich auf einen Diamantrahmen zu setzen und von dessen größerer Stabilität zu profitieren. So wie Frauen im Beruf einstige angebliche Männerdomänen erobert haben, haben sie den Diamantrahmen erobert, und umgekehrt gibt es sehr wohl Herren, die sich auf einem modernen Trapezrahmen wohlfühlen.

Gerade für Senioren geeignet: Tiefeinsteiger mit weit geöffneten Rahmen

Der Schwanenhalsrahmen/Tiefeinsteiger

Rahmen mit einem doppelten, tief nach unten geschwungenen Rohr werden als Schwanenhalsrahmen bezeichnet. Der Wave-Rahmen ist genauso tief nach unten geschwungen, hat aber noch ein kurzes Verstärkungsrohr zur Sitzstrebe hin. Die Rohrquerschnitte sind dicker als bei Trapezrahmen. Im Prinzip ist dagegen nichts einzuwenden – mit schwerem Gepäck ist allerdings Vorsicht geboten. Da sind Diamantrahmen oder gute Trapezrahmen weit stabiler.

Besondere Rahmenformen

Auch wenn Diamant- und Trapezrahmen den modernen Massenmarkt dominieren, so gibt es doch eine ganze Reihe besonderer Rahmenformen. Gerade im Mountainbikebereich haben sich ganz eigene Rahmenformen entwickelt.

Als Mitte der 1970er-Jahre in den USA die Mountainbikes aufkamen, waren sie bald Trendsetter im Fahrradbau. Radsportler um den Kalifornier Gary Fisher fuhren auf alten Schwinn-Cruiser-Fahrrädern die Feldwege im Marin County herunter und wollten ihre Räder geländetauglicher machen. Sie verpassten ihnen dicke Reifen, änderten die Geometrie, und es dauerte nicht mehr lange, bis auch Federgabeln üblich wurden. Zunächst nur am Vorderrad. Solche Mountainbikes nennt man seither „Hardtails", weil das Hinterrad hart, also ungefedert ist. Bald kamen auch vollgefederte Mountainbikes hinzu – die „Fullys" waren geboren.

Gerade und schnörkellos: Rahmen für ein Mountainbike mit Federgabel

Für sie sind heute unzählige unterschiedliche Rahmenformen entstanden. Sie reichen von Modellen, bei denen die Diamantform nahezu erhalten blieb – das gilt vor allem für die einfach konstruierten „Hardtails" –, bis hin zu ganz eigenwilligen y-förmigen Konstruktionen für den gefederten Hinterbau. Gängig sind Federn, die unter dem Oberrohr liegen und mit einem Hebelmechanismus verbunden sind.

Mountainbike mit einem Mehrgelenk-Rahmen (1), daneben ein Tiefeinsteiger (2), Mountainbike mit ungefedertem Rahmen (3), Mixte-Rahmen (4), Trapezrahmen (5) und Fachwerkrahmen eines Moulton-Faltrads (6)

Berceau-, Anglaise- und Mixte-Rahmen

Beim Trapezrahmen läuft das Oberrohr vom vorderen Steuerrohr schräg nach unten zum Sitzrohr. Wenn kein besonders verstärktes Sattelrohr verwendet wird, kann dieses bei großer Belastung nach hinten durchknicken. Anglaise-, Mixte- und Berceau-Rahmen kennen dieses statische Problem nicht. Durch zwei zusätzliche Streben, die bis zur Hinterradachse durchlaufen, sind diese gegen Stöße annähernd so stabil wie ein Diamantrahmen. Der Anglaise-Rahmen ähnelt dem Trapezrahmen. Er besitzt zwei zusätzliche Streben, die in Verlängerung des abgesenkten Oberrohres zu den Ausfallenden am Hinterrad führen.

Beim Mixte-Rahmen laufen die beiden Streben des Anglaise-Rahmens weiter bis vorn zum Steuerrohr und ersetzen das Oberrohr. Diese Konstruktion ist gegen seitliche Verwindung weniger steif als Rahmen mit gewöhnlichem Oberrohr, da zwei dünne Streben weniger torsionssteif sind als ein einzelnes Oberrohr mit größerem Durchmesser.

Der Berceau-Rahmen ähnelt dem Mixte-Rahmen. Die doppelten Oberrohre sind jedoch nicht gerade, sondern für bequemeren Einstieg zum Tretlager hin etwas geschwungen.

Rennradrahmen für Damen

Im Rennradbereich wurden für Damen bis vor Kurzem keine speziellen Rahmen angefertigt. Sie mussten sich mit passenden, meist kleineren Größen der Herrenräder begnügen. Das hat sich inzwischen geändert.

Damenrennrad von Decathlon

Rennräder für Damen 

- Kürzeres Oberrohr
- Slopingform
- Sattel

Die Fahrradhersteller gehen davon aus, dass Frauen im Durchschnitt kleiner sind als Männer, dass sie kürzere Oberkörper, schmalere Schultern und breitere Becken haben. Auch ihre Hände sind meist kleiner. Dem tragen die Hersteller dadurch Rechnung, dass sie nicht nur linear „geschrumpfte" Herrenrahmen herstellen, sondern spezifische Geometrien für Frauen entwickelt haben. So ist der „Reach", der horizontale Abstand zwischen Tretlagermitte und Steuerrohr, kürzer, und die Rahmen haben stark nach hinten abfallende Oberrohre. In Verbindung mit einem etwas längeren Steuerrohr sitzt man aufrechter, was zugleich einer entspannteren Nackenpartie zugutekommt. Zudem ist der Sattel etwas breiter als ein Männersattel und damit auf die weiter auseinander stehenden weiblichen Sitzknochen ausgelegt. An der Front ist meist ein kürzerer Vorbau angebracht, und die Brems- und Schalthebel sind meist so eingestellt, dass sie von den kürzeren weiblichen Fingern besser zu erreichen sind. Auch der Nachlauf an der Gabel ist oft größer, was bessere Spurtreue und ein ruhigeres Fahrverhalten bringt.

Braucht man nun spezielle Damenrennräder? Man muss es ausprobieren. Generell kommen Damenrahmen der weiblichen Physiognomie stärker entgegen als lediglich kleinere Herrenrahmen. Das gilt hauptsächlich für den kürzeren Abstand zwischen Sattel und Steuerrohr beziehungsweise Lenker. Andererseits gibt es große Frauen, die mit Herrenrahmen bestens zurechtkommen. Gewissheit kann am Ende nur eine Probefahrt geben.

DAS RAHMENMATERIAL

Ein Rahmen ist im Idealfall stabil, robust und dennoch elastisch, er soll leicht sein und dennoch viel Festigkeit besitzen. Aber all diese Eigenschaften zu vereinen, ist schwerer, als mancher denken mag. Erfinder, Fahrradingenieure und Hobbyschrauber kamen über die Jahre auf die verschiedensten Ideen. Hatte die Draisine – das Schieberad, das der badische Forstbeamte Karl Freiherr von Drais 1817 erfand – noch einen Rahmen und Laufräder aus Eschenholz, so haben sich heute drei wesentliche Materialien durchgesetzt: Stahl, Aluminium und Carbon. Ein Nischendasein fristen Titanrahmen. Aber auch Exoten wie Holzrahmen und sogar Bambus finden sich im Handel – alle mit ihren eigenen Vor- und Nachteilen.

Ernsthaft in Frage kommen allerdings nur Aluminium, Stahl und der Faserverbundstoff Carbon. Was ist nun besser und passt mehr zu den Bedürfnissen des Radlers?

Die Laufmaschine des Carl Friedrich Drais (oben); ein Herrenrad aus Bambusrohr (unten)

Rahmen aus Aluminium

Der Fahrradrahmen macht etwa ein Sechstel bis ein Siebtel des Fahrradgewichts aus, für den Rest sind die Anbauteile verantwortlich. Das er-

Schickes leichtes Kinderfahrrad mit 18-Zoll-Rädern und Aluminiumrahmen

klärt, warum beim Rahmen der Leichtbau bei gleichzeitig größtmöglicher Stabilität gefragt ist. Die allermeisten Fahrräder haben heute Aluminiumrahmen. Diese sind leicht, in Großserien preiswert herzustellen und voll alltagstauglich. Wer pragmatisch und preisbewusst denkt, kauft ein Fahrrad mit Alurahmen. Es bietet in aller Regel das beste Preis-Leistungs-Verhältnis.

Bis in die 1980er-Jahre galt Stahl als das Material schlechthin im Rahmenbau. Mitte der 1980er-Jahre fand mit dem Aluminium eine Revolution auf diesem Gebiet statt. Als Pionier gilt zwar die deutsche Firma Kettler, die schon Ende der 1970er-Jahre Alurahmen auf den Markt brachte. Doch der Durchbruch im Massengeschäft gelang Mitte der 1980er-Jahre durch die US-Firma Cannondale, die die gleichzeitig aufkommenden Mountainbikes mit Aluminiumrahmen ausstattete. So setzte sich das Material bald sowohl bei Mountainbikes als auch im Rennsport durch.

Schließlich ist Aluminium leichter und war damals steifer als Stahl, worin zugleich Segen und Fluch des Materials liegen. Segen, weil dadurch die Kräfte, die der Fahrer auf die Kurbel aufbringen muss, besser an die Straße weitergegeben werden. Fluch, weil das Material nicht so viel Stöße „schluckt" wie ein Stahlrahmen, es fährt sich ungleich härter. Schläge von Fahrbahnunebenheiten werden ungefiltert an den Fahrer weitergegeben. In der Massenproduktion wurde Aluminium schließlich auch beliebt, weil es weniger rostanfällig ist als Stahl. Zudem wurden Aluminiumrohre mit der Verlagerung der Herstellung nach Asien immer preiswerter.

Tiefer Einsteig und Frontgepäckträger

Einen weiteren Nachteil hat Aluminium: Es ist nicht so elastisch wie Stahl, der bei Überlastung etwas nachgiebig ist. Und um die gleiche Festigkeit wie Stahlrohre zu erreichen, müssen Aluminiumrahmen dickere Rohrquerschnitte aufweisen. Und das sieht man Fahrrädern an: Im Vergleich zu den schlanken Stahlrahmen wirken die Aluminiumrahmen weniger schick. Dennoch dominiert Aluminium heute eindeutig den Massenmarkt.

INFO

Konifizierung

Gute Metallrahmen haben unterschiedliche Wandstärken, was man „Konifizierung" nennt. Im Englischen werden sie dann mit „double butted" oder „triple butted" bezeichnet – zweifach oder dreifach dort verstärkt, wo man es braucht: An den Schweißstellen im Übergang von Oberrohr und Sitzrohr oder vom Oberrohr zum Steuerrohr sind die Rohre dicker. Wo weniger gebraucht wird und etwas Elastizität gewünscht ist, sind sie dünner. Das ist zum Beispiel in der Mitte des Oberrohrs der Fall. Auch das Sitzrohr hat unterschiedliche Wandstärken. Damit erzielt man ein wenig Elastizität, das Rohr kann leicht federn, der Fahrkomfort verbessert sich, das Fahrrad wird insgesamt etwas leichter.

Fertigungstechnisch haben sich Aluminiumrahmen seit den 1970er-Jahren deutlich weiterentwickelt. Standard sind heute zwei unterschiedliche Legierungen, sie werden mit 6061 T 6 und 7005 T 6 bezeichnet. 7005 ist etwas zug- und druckfester als 6061, dafür aber auch spröder. Durch Beigaben von Metallen wie Silizium, Mangan oder Magnesium mischen sich die Hersteller spezielle Legierungen für die Optimierung je nach Einsatzzweck. Mit der Methode des „Hydroforming" unter hohem Öldruck lassen sich Aluminiumrahmen inzwischen auch in individuelle Formen pressen. So kommt es zu unterschiedlich geformten Rohrquerschnitten, gebogenen oder kantigen Rohren. Hergestellt werden die allermeisten Aluminiumrohre in Taiwan.

★★★

Mancher einfachere Gabelschaft, also jenes Rohr, das von der Vorderradgabel nach oben durch das Steuerrohr führt, besteht aber nach wie vor aus Stahl. Bei der Belastbarkeit und Festigkeit besteht nach Aussage eines Fahrradversandhändlers aber kein Unterschied im Vergleich zu Aluminium, nur ist Aluminium eben leichter.

Bei allen Bemühungen der Konstrukteure, dem Aluminium etwas Elastizität beizumengen – Komfortrahmen sind Alu-Rahmen nicht. Sie sind bretthart. Als Ausgleich werden dazu oft Federgabeln an die Räder montiert. Es dürfte kein Zufall sein, dass mit dem Aufkommen von Aluminiumrahmen auch immer mehr Federgabeln an Alltagsrädern verbaut wurden. Sehr gute Aluminiumrahmen wiegen um 1 200 Gramm.

Rahmen aus Stahl

Bis in die 1980er-Jahre gab es eigentlich kein anderes Material für Fahrradrahmen als Stahl. Dieser war preiswert, in großen Mengen verfügbar; seine Verarbeitung hat in den Industrieländern eine lange Tradition, er besitzt eine hohe Steifigkeit und Festigkeit und hält praktisch ewig. Aus Stahl wurde alles geformt, was zu einem soliden Fahrrad gehörte: der Rahmen, die Kettenstreben, die Gabel, ja auch der Lenker, und bis in die 1970er-Jahre hinein waren auch Stahlfelgen nicht unüblich. Wegen seiner Festigkeit war es möglich, die Stahlrahmen relativ schlank zu halten – was den Fahrrädern ein attraktives, filigranes Äußeres verlieh. Noch heute werden die Rennräder jener Zeit dafür geliebt, ja, sie erleben gerade einen kleinen Retro-Boom. Als das Aluminium kam, war der Stahl out. Heute sind Stahlrahmen ein Nischenprodukt, das seit geraumer Zeit zwar ein Comeback feiert, aber eher etwas für Liebhaber klassisch anmutender Fahrräder ist als für die breite Masse.

Stahl rostet zwar, Stahlrahmen hingegen gelten als unverwüstlich und komfortabel. Und mit ordentlicher Lackierung sind sie auch sehr lange gegen Korrosion geschützt. Die Rohre – in der Regel Chrom-Molybdän-Stahl – stammen heute meist von Reynolds aus England oder Columbus aus Italien. Auch gute Stahlrahmen sind konifiziert.

Stahlrahmen wiegen etwa ein Kilogramm mehr als Carbonrahmen, haben aber auch im Rennradbereich viele Fans.

Die Elastizität von Stahl merkt man einem guten Stahlrahmen beim Fahren an: Er gibt etwas nach, schluckt Stöße und federt Vibrationen leicht ab. Ein solcher Rahmen fährt sich viel komfortabler als ein Aluminiumrahmen. Gepaart mit etwas breiteren Reifen ab ca. 35 Millimetern macht ein guter Stahlrahmen nahezu jede Federung am Fahrrad überflüssig – zumindest auf einigermaßen befestigten Wegen.

Zudem sagen die Verfechter von Stahlrahmen, dass sie länger halten als Aluminiumrahmen – sie sind auf jeden Fall unempfindlicher gegen Stöße und Schläge. Heute sind Stahlrohre mit einem Wanddurchmesser von 0,3 Millimetern möglich. Damit ist auch der Gewichtsunterschied zu Aluminium nicht mehr so groß wie früher. Reiseradler schätzen an einem Stahlrahmen, dass ihn praktisch jeder Dorfschmied auch in den entlegensten Ecken der Welt schweißen kann. Das ist bei Aluminium nicht der Fall. Gute Stahlrahmen wiegen um 1 800 Gramm, mit Gabel etwa 2 300 Gramm. Komfortbewusste Radler mit einem Hang zum Besonderen und dem Sinn für lange Haltbarkeit entscheiden sich gern für Stahlrahmen.

Rahmen aus Edelstahl und Titan

Wer es etwas teurer und edler haben will, der greift beim Fahrrad zum Rahmen aus Chrom-Nickel-Stahl oder dem Raumfahrtmaterial Titan.

Unter Edelstahl versteht man im Fahrradbau vergüteten Stahl, meist eben Chrom-Nickel-Stahl. Er ist korrosionsbeständig, sehr fest und glänzt silbern; man muss ihn nicht einmal lackieren – das Material benötigt diese Schutzschicht nicht.

Edel: Mountainbike mit Titanrahmen der Firma Highendcycling

Titan ist ein hochfestes Edelmetall, das aus den Erzen Rutil und Ilminit gewonnen und in einem aufwendigen und teuren Prozess hergestellt wird. Es ist rostbeständig und somit für eine lange Lebenszeit des Fahr-

Muffen am Unterrohr eines Stahlrahmens

INFO

Gemufft oder geschweißt?

Den Puristen unter den Stahlrahmen-Anhängern gelten Rahmen mit Muffen als Qualitätsmerkmal. Hierbei werden die Rahmenrohre mit Passstücken, den sogenannten „Muffen", ineinander gesteckt und dann verlötet oder geschweißt. Die einfache Alternative besteht darin, die Rohre direkt zu verschweißen. Doch was ist nun besser? „Gemuffte Rahmen sind nicht haltbarer als geschweißte, aber sie sehen besser aus", sagt David Darmer vom Stahlradhersteller Raketerad. Gemuffte Rahmen sind etwas teurer, weil eben auch die Muffen hergestellt werden müssen. Die Muffenverbindung zeugt daneben auch davon, dass der Hersteller die klassische Rahmenbaukunst versteht. Und selbstverständlich schwört der Stahlrahmenexperte auch auf sein Material. „Aluminiumrahmen sind hart wie ein Brett. Das sind Stahlrahmen nicht", sagt Darmer. Seine Firma hat sich übrigens auch aus ökologischen Gründen für Stahl entschieden. „Aluminium ist in der Herstellung einfach dreckig", sagt Darmer.

rades gut. Die meisten Hersteller geben deshalb eine lebenslange Garantie auf einen Titanrahmen. Titan ist leichter als Stahl und die Verarbeitung komplizierter als bei diesem oder Aluminium. So müssen die Rohre unter Schutzgas zusammenschweißt werden. Dieses spezielle Verfahren macht Titanfahrräder teuer. Ursprünglich aus dem Flugzeugbau kommend, wurde Titan seit den 1990er-Jahren auch für Fahrradrahmen eingesetzt.

Zunächst galt das Material als „weich" und kraftzehrend. Durch Metallzusätze ist es inzwischen steif geworden und hat gleichzeitig seinen Charakter als komfortabler Werkstoff im Rahmenbau behalten. Fahrräder mit Titanrahmen sind Einzelproduktionen, Kunden lassen sich gern Maßanfertigungen auf die persönlichen Anforderungen zuschneiden.

Titan stellt gewissermaßen das Luxusmaterial unter den Zweirädern dar. Das Preisniveau für Kompletträder beginnt bei knapp 4000 Euro. Wer sich für einen Titanrahmen entscheidet, zeigt, dass bei ihm Fahrkomfort, ein Bewusstsein für Nachhaltigkeit in der Produktion und die Leidenschaft für das Besondere über alles gehen.

Rahmen aus Carbon

1999 ging der später als Dopingsünder enttarnte US-Amerikaner Lance Armstrong bei der Tour de France mit einem Carbonrad an den Start und sorgte für großes Aufsehen. Es war klar, dass es nicht mehr lange dauern würde, bis diese Technologie auch Eingang in den Massenmarkt finden würde.

Carbonrahmen finden sich auch an Mountainbikes wie bei diesem vollgefederten Modell, das zudem einen E-Motor im Tretlager verbaut hat.

Bald starteten alle Profis mit Carbonrahmen, und seit den 2000er-Jahren findet man den Verbundstoff an Rennrädern und Mountainbikes. Heute werden daraus nicht nur Rahmen hergestellt, sondern auch Teile wie Gabel, Sattelstütze, Lenker, Tretkurbel, Flaschenhalter und Laufräder. Auch an vielen Aluminiumfahrrädern der gehobenen Preisklassen findet man Carbonteile – etwa die Gabel oder die Sattelstütze.

Carbon ist ein Material, das aus Kohlenstofffasern und einem speziellen Harz besteht. Dabei werden mehrere Lagen dieser Fasern in flüssige Kunststoffe eingelegt, die unter Druck und großer Hitze in vorgeformten Schalen aushärten.

Die Rahmen werden in diesen vorgeformten Röhren quasi „gebacken". Carbon ist nur in Faserrichtung steif, weshalb viele Fasern übereinandergelegt werden müssen, um einen nach allen Richtungen steifen Rahmen herzustellen. Das geschieht oft in Handarbeit von Fachleuten, weshalb auch gute Carbonrahmen relativ teuer sind. Aus Carbon kann man sehr leichte und dennoch steife Fahrradrahmen herstellen. So wiegt zum Beispiel ein Diamantrahmen aus Carbon knapp ein Kilogramm weniger als ein Aluminiumrahmen und ist bis zu achtmal steifer als ein solcher.

Zudem ist die Gestaltbarkeit von Carbon gut. Man kann damit runde, eckige, ovale oder aerodynamisch geformte Rohre herstellen. Je nachdem, wie man die Carbonfasern ausrichtet, kann an bestimmten Stellen des Rahmens auch mehr Steifigkeit hergestellt – zum Beispiel im Tretlagerbereich oder am Lenkkopf– oder mehr Elastizität erzielt werden, wie an der Sattelstütze.

Für den Fahrer hat das den Vorteil, dass Carbonrahmen insgesamt etwas elastischer sind, sich nicht so hart anfühlen und Vibrationen besser dämpfen als Aluminiumrahmen. Carbonrahmen für Rennräder wiegen zwischen 800 und 1 000 Gramm. Allerdings gilt auch hier: Einen guten Carbonrahmen herzustellen erfordert viel Know-how. So haben

Tests im Rennradbereich gezeigt, dass zum Beispiel hochwertige Alurahmen einfachen Carbonrahmen nach wie vor überlegen sind.

★★★

Carbon ermüdet nicht, ist aber gegen Einwirkungen von außen empfindlicher als Aluminium oder Stahl. Während sich Stahl bei Überlastung verbiegt und Aluminium eine Delle bekommt, gibt es kleinere Verformungen bei Carbonrahmen nicht. Sie brechen oder reißen an der belasteten Stelle. Solche Risse oder Stürze können zu feinen Materialschäden des Laminatmixes führen, die nur mit speziellen Messgeräten feststellbar sind. Früher empfahlen die Hersteller, beschädigte Carbonrahmen auszutauschen, manche Hersteller führten günstige Austauschrahmen in ihrem Programm.

Heute gibt es auch Reparaturtechniken für Carbonrahmen, die aber teuer ausfallen. Viele Hersteller geben Garantien auf die von ihnen eingesetzten Carbonrahmen – Univega zum Beispiel sechs Jahre. Gute Carbonrahmen wiegen rund 1 Kilogramm. Allerdings: „Bis ein Carbonrahmen mal einen Riss bekommt, muss schon ordentlich etwas passieren", sagt ein Mitarbeiter beim Rahmen- und Mountainbike-Hersteller Nicolai. Und dass ein Lenker etwa bricht, wie es immer wieder kolportiert wird, „das habe ich noch nie gehört", sagt er.

Carbon ist das bevorzugte Material im Mountainbike- und High-End-Rennradbereich. An Trekking-, City- oder Alltagscrossrädern hat es sich bisher nicht durchgesetzt – mit zwei Ausnahmen: An höherpreisigen Fahrrädern findet man häufig Sattelstützen und Starrgabeln aus Carbon. Weil das Material Vibrationen dämpft, führen diese vergleichsweise kleinen Änderungen bei Aluminiumrahmen zu deutlich mehr Fahrkomfort. Wer sich also für ein Alurad entscheidet, sollte nachfragen, ob die Sattelstütze aus Carbon ist. Das erhöht die Fahrfreude deutlich. Einen Nachteil hat das Material aus ökologischer Sicht aber grundsätzlich: Es ist nicht recyclebar, das Fasernlaminat lässt sich nicht mehr trennen. Überdies muss man bei Reparaturen aufpassen: Das Material ist sehr empfindlich. Wenn man Schrauben etwa an der Sattelstütze festzieht oder den Carbonvorbau am Gabelschaft befestigt, sollte man immer einen Drehmomentschlüssel verwenden.

Im High-End-Bereich ist Carbon das dominante Rahmenmaterial. Es ist das richtige Material für Sportler, auch im Mountainbikebereich. Für welchen Rahmen Sie sich am Ende auch entscheiden, es ist eine Frage des Preises und Ihrer Vorlieben. Wichtiger als das Material ist aber die Frage, ob der Rahmen zu Ihrer Körpergröße passt.

FARBE AUF DEN RAHMEN

Erst Farbe verleiht dem Fahrrad ein attraktives Finish. Doch reinen Lack auf das Material aufzutragen, das hält nicht lange. Hauptsächlich zwei Methoden haben sich für einen dauerhaften Farbauftrag in der Vergangenheit etabliert: das Eloxieren und die Pulverbeschichtung.

Eloxiert oder pulverbeschichtet?

Bei der Pulverbeschichtung wird ein Pulverlack in der Wunschfarbe auf das Material aufgebracht und unter Hitze damit verschmolzen. Es ist für Stahl und Aluminium das gebräuchlichste Verfahren. Die Oberfläche sieht dann aus, als sei sie mit einer feinen Lackschicht überzogen worden. Die Farbpalette ist groß, die Oberfläche sehr resistent gegen Kratzer und Schläge. Die Pulverbeschichtung widersteht zu einem gewissen Grad sogar Verformungen, das heißt, sie platzt nicht gleich bei jeder Delle ab. „Eine Pulverbeschichtung ist viel robuster als jede herkömmliche Lackierung. Sie bietet hochwertigen Schutz und ist sehr schlagfest", sagt Roy Löw, Inhaber der Firma Bikecolours in Usingen bei Frankfurt am Main. Das Verfahren ist umweltfreundlicher als das Eloxieren.

Beim Eloxieren wird in einem Elektrolytbad durch chemische Umwandlung der obersten Metallschicht des Rahmens eine Schutzschicht erzeugt. Sie schützt dauerhaft vor Korrosion. Die Schicht ist mit 5 bis 25 Mikrometern sehr dünn. Am besten eignet sich das Verfahren daher für Bauteile, die selbst einen eher dünnen Auftrag vertragen wie Naben oder Bremsteile. Auch gemuffte Stahlrahmen werden gern eloxiert. Der metallische Charakter des Materials bleibt dabei erhalten. Allerdings ist die Farbauswahl im Vergleich zur Pulverbeschichtung ein wenig eingeschränkt. Und das Ergebnis des Farbauftrags hängt auch sehr von der Legierung des Rahmens ab – ist sie nicht vollständig einheitlich, kann es leichte Farbunterschiede geben. Bei Carbon kommt ausschließlich Nasslack infrage. Das bringt ästhetisch unübertroffen glänzende, glatte Oberflächen. Der Farbgebung sind hier kaum Grenzen gesetzt.

Eloxieren eignet sich für kleinere Flächen wie Naben oder Griffe.

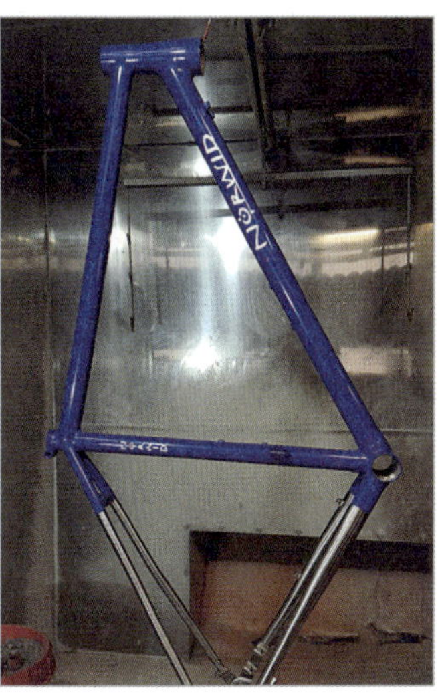

Für Rahmen verwendet man dagegen die Pulverbeschichtung.

DIE RAHMENGEOMETRIE

Ein Fahrrad ist eigentlich ein einfach aufgebautes Fortbewegungsmittel. Zwei Rahmendreiecke, dazu eine Gabel und Kettenstrebe – fertig ist das Gefährt. Doch erst die feine Abstimmung der Rohre aufeinander macht daraus ein gelungenes Produkt.

Der Rahmen des Fahrrads legt fest, wie Sie auf dem Fahrrad sitzen: aufrecht, etwas nach vorn gebeugt oder wie auf dem Rennrad stark nach vorn gebeugt. Bestimmt wird diese Geometrie des Rahmens durch das Verhältnis von Tretlagergehäuse, Sitzrohr, Oberrohr und Steuerrohr zueinander und die Länge der Rohre. Hier haben sich im Lauf der Geschichte für die unterschiedlichen Anforderungen fein ausgetüftelte Längen- und Winkelverhältnisse herausgebildet.

Eine entscheidende Größe ist der Sitzrohrwinkel, also der Winkel zwischen Sitzrohr und der Waagerechten. Der Winkel legt fest, ob man direkt über dem Tretlager und damit sportlich auf dem Rad sitzt oder etwas weiter hinten und eher aufrecht und bequem. Üblicherweise liegt der Winkel zwischen 70 und 74 Grad. Wichtig ist: Je senkrechter man über der Tretlagerachse sitzt, umso mehr Kraft bringt man auf die Pedale.

Der Sitzrohrwinkel beschreibt den Winkel zwischen Sitzrohr und Horizontaler. Je flacher der Winkel, desto weiter sitzt der Fahrer hinter dem Tretlager.

Das ist bei Rennrädern beispielsweise der Fall, aber auch bei sportlichen Alltagsrädern. Kombiniert wird dieser steilere Winkel gern mit einem kürzeren Steuerrohr. Bequeme Rahmen kennzeichnet dagegen meist ein flacher Sitzrohrwinkel und ein längeres Steuerrohr. Man sitzt also weiter hinter dem Tretlager. Beim Hollandrad sind es zum Beispiel 67 Grad. Hier sitzt man sehr aufrecht.

Je geringer die Überstandshöhe, desto mehr Schrittfreiheit bietet ein Rahmen.

Sloping-Formen

Früher war das Oberrohr zwischen Lenkkopf und Sattelrohr gerade, seit geraumer Zeit sind jedoch sogenannte Sloping-Formen üblich – leicht nach hinten abfallende Oberrohre. Als Vorteil führen manche Hersteller dafür weniger Materialverbrauch bei gleicher Steifigkeit an, andere den Umstand, dass dadurch längere Sattelstützen möglich sind, die mehr federn können, was sich wiederum auf den Komfort vor allem bei harten Aluminiumrahmen niederschlägt. Zudem kann man mit diesen abfallenden Oberrohren auch Unisex-Rahmen konstruieren, die für Männer und Frauen gleichermaßen geeignet sind.

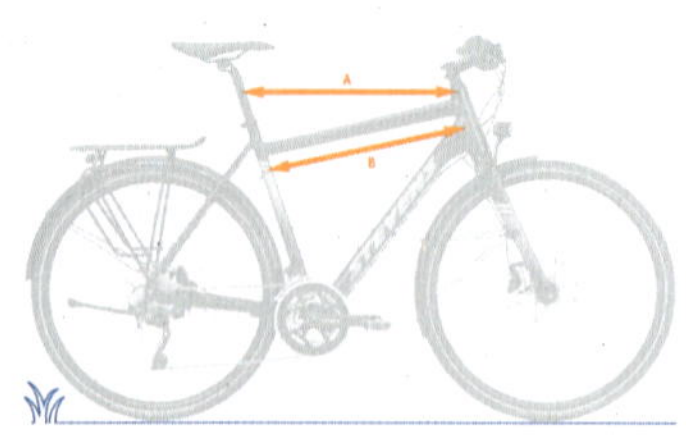

In Deutschland misst man die Rahmenhöhe von der Mitte der Tretlagerwelle bis zur Oberkante des Sitzrohrs (oben). Die Rahmenlänge wird horizontal vom Steuerrohr zum Sitzrohr gemessen. Das Oberrohr selbst kann bei bei Sloping-Formen kürzer sein (unten).

Oberrohr und Steuerrohr

Die Rahmengröße wird traditionell durch die Länge des Sitzrohrs von der Tretlagermitte bis zu seiner Oberkante angegeben. Ein 60er-Rahmen hat also ein Sitzrohr, das 60 Zentimeter lang ist, ein 54er eines von 54 Zentimetern Länge. Doch noch stärker wird die Rahmengröße von der Länge des Oberrohrs beeinflusst. Ein kurzes Oberrohr sorgt eher für aufrechten Sitz, ein längeres für eine gestrecktere Sitzhaltung. Auch das Steuerrohr trägt wesentlich zur Fahrradgeometrie bei. Ein kurzes Steuerrohr zwingt den Fahrer in eine nach vorn gebeugte, renntypische Haltung. Ein längeres Steuerrohr ermöglicht eine aufrechtere Sitzposition.

Beim Abmessen des Oberrohrs gibt es zwei Größen: Die effektive Länge wird waagerecht von der Mitte des Steuerrohrs bis zur Mitte des Sitzrohrs gemessen. Sie gibt Auskunft über die Länge des Rahmens. Die tatsächliche Länge des Oberrohrs kann kürzer sein, vor allem bei Sloping-Rahmen ist das der Fall.

Steuerrohrwinkel

Der Steuerrohrwinkel und der Nachlauf am Vorderrad tragen ein Gutteil dazu bei, ob das Fahrrad satt und ruhig auf der Straße liegt oder ob es sich eher kippelig fährt. Als Nachlauf bezeichnet man im Rahmenbau den Abstand zwischen dem Punkt, an dem die gedachte Verlängerung des Steuerrohrs auf den Boden trifft, und dem Aufstandspunkt des Vorderrads senkrecht unter der Nabe (siehe auch Seite 260). Ein flacher Steuerrohrwinkel und längerer Nachlauf sorgen für Laufruhe, ein steiler

Winkel eher für ein spritziges Reagieren des Fahrrads auf Lenkbewegungen. Tourenräder haben meist einen großen Steuerrohrwinkel und somit großen Nachlauf, Rennräder einen kleinen.

In den vergangenen Jahren hat sich zur Ermittlung, ob ein Rahmen eher komfortabel oder bequem ist, der sogenannte Stack-Reach-Quotient durchgesetzt. Als „Stack" wird dabei die Distanz zwischen Tretlagermitte und der gedachten horizontalen Linie vom oberen Ende des Steuerrohrs bezeichnet, „Reach" ist die Entfernung von diesem Kreuzungspunkt bis zum Oberrohr. Der Quotient aus beiden Zahlen ist ein Maß für die Sportlichkeit des Rahmens. Werte unter 1,45 gelten als sportlich, darüber werden sie komfortabler.

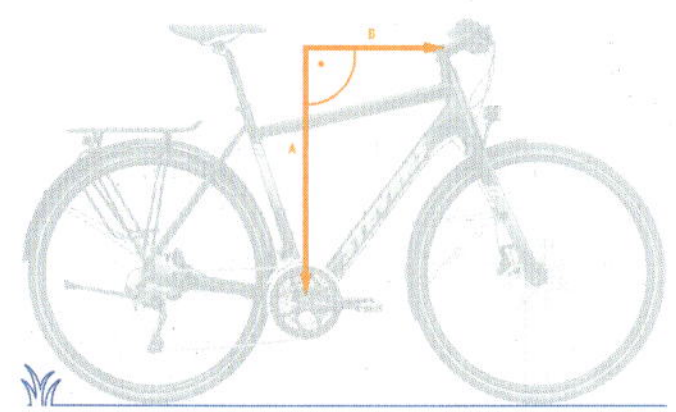

Stack: Maß Tretlagermitte bis Kreuzungspunkt Reach (horizontale Entfernung Steuerrohr)

RAHMENGEOMETRIE UND SITZHALTUNG

Eine angenehme Sitzhaltung ist die Grundvoraussetzung für Freude am Fahrradfahren, sie sollte frei von Beschwerden sein. Ist das nicht der Fall, dann passt irgendetwas nicht. Am Rahmen lässt sich in der Regel wenig ändern, doch verstellt werden können

- die Sattelhöhe,
- die Sattelposition über dem Tretlager,
- der Vorbau,
- der Lenker und
- die Kurbellänge.

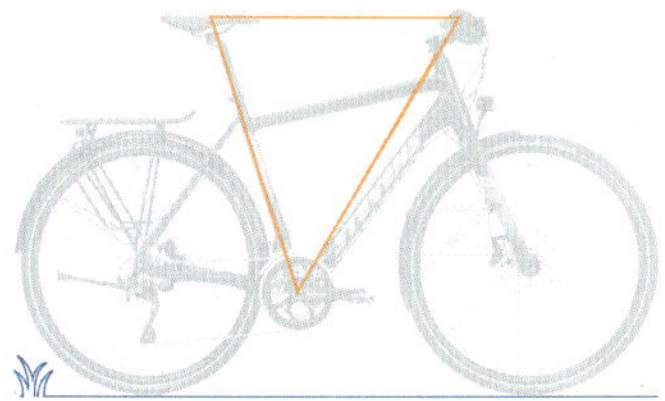

Rahmendreieck = Sportlichkeitsmaß

Wenn beim Fahren Schmerzen entstehen, sollten Sie versuchen, ob Sie mit Veränderungen an diesen verstellbaren Teilen Abhilfe schaffen können. Manchmal hilft schon eine aufrechtere Haltung mit einem Vorbau, der steil nach oben steht. Manchmal ist der Lenker zu schmal, sodass die Schultern in eine ungünstige, geschlossene Position gezogen werden.

Die drei Fixpunkte Sattel, Lenker und Tretlager bestimmen, wie man auf dem Fahrrad sitzt. Sie formen ein Dreieck, und je nachdem wie es steht, sitzt man aufrecht, leicht gebeugt oder stärker nach vorn gebeugt (siehe auch ab Seite 13).

Typisches E-Cityrad (Tiefeinsteiger)

Cityrad

Auf einem Cityrad sitzt man fast ganz aufrecht. Der größte Teil des eigenen Gewichts lastet auf dem Sattel, etwa 80 Prozent. Der Rest verteilt sich gleichmäßig auf die Hände am Lenker und die Beine auf den Pedalen.

Trekkingrad mit Trapezrahmen

Trekkingrad

Hier sitzt man leicht nach vorn gebeugt. Auf dem Sattel ruht nur noch etwa die Hälfte des Fahrergewichts, der Rest verteilt sich gleichmäßig auf Pedale und Lenker. Diese Haltung gilt als sehr angenehm .

Entwicklungssprünge im Rahmenbau

Das „Star Bicycle“: ein US-Rad aus den 1880ern mit Trethebelantrieb am Hinterrad (oben). Auf dem Weg zu gleich großen Laufrädern: ein französisches Hochrad aus den 1860er-Jahren (unten).

Die Geschichte des Rahmenbaus steckt voller Skurrilitäten. Das Schiebefahrrad von Drais aus dem Jahr 1817 hatte zwei Holzräder mit Eisenbeschlägen, darüber einen Balken mit einem Sitz und einen Lenker (siehe Seite 88). Es wurde mit den Füßen vorwärts geschoben – deshalb auch der Begriff „Laufmaschine“.
Ab den 1830er-Jahren gab es dann verschiedene Erfinder, die Tretkurbeln am Vorderrad anbrachten.
Die Modelle des Franzosen Pierre Michaux, die ab 1861 gebaut wurden, waren die ersten Fahrräder, die in größeren Stückzahlen hergestellt wurden. Sie gelten als Vorläufer des Hochrads, das ab 1867 dominierte. Dabei konnten die Vorderräder kaum groß genug sein: Das Vorderrad von James Starleys „Ariel“-Hochrad hatte zum Beispiel einen Durchmesser von 1,27 Metern. Diese Ungetüme waren ohne Hilfe nicht zu besteigen, sie galten als gefährlich, Stürze waren nicht selten. Allerlei zum Teil bizarre Rahmenkonstruktionen sollten daraufhin die Gefahr der gefürchteten Abstürze von den Hochrädern mildern. Dabei wurde generell das Gewicht zunächst nach hinten verlagert, was das Fahren auf den hochbeinigen Gefährten etwas sicherer machte.
Der Durchbruch zu unseren modernen Diamantrahmen kam dann ab etwa 1885 aus England, wo „Sicherheits-Niederräder“ entwickelt wurden. John Kemp Starleys „Rover III“ von 1886 gilt als Prototyp des modernen Fahrrads. Es hatte einen geschwungenen Stahlrahmen mit Tretkurbelantrieb zum Hinterrad, der dem heutigen Diamantrahmen schon sehr ähnelte. Bereits 1889 gab es ein Damenmodell mit tiefem Einstieg. Als 1890 durch Thomas Humber das Sitzrohr hinzu kam, war der moderne Fahrradrahmen dann fertig. Man kann sagen: Alles, was seither kam, sind mehr oder minder Detailverbesserungen. Der Rahmen zumindest hat sich nicht wesentlich verändert.

Rennrad

An diesem Rennrad deutlich zu sehen: die Sattelüberhöhung

Auf einem Rennrad sitzen Sie sehr weit nach vorn gebeugt. Der Hauptteil des Gewichts, etwa 60 Prozent, ruht auf den Pedalen, was dem schnellen Vorankommen dient. Auf dem Sattel ruhen etwa 25, auf dem Lenker 15 Prozent. Die gestreckte Haltung hängt von der Rahmenlänge und der Länge der Steuerrohrs, aber auch von der Sattelüberhöhung ab. Das ist jenes Maß, um das die Sattelhöhe über die Lenkerhöhe hinausreicht. In dieser Haltung wird oft der Nacken überstreckt, was zu schmerzhaften Belastungen führen kann. Die Fahrradhersteller haben dem in den vergangenen Jahren dadurch Rechnung getragen, dass sie Rennräder mit gemäßigteren Geometrien auf den Markt gebracht haben. Sie laufen unter der Bezeichnung Marathon- oder Endurance-Rennräder.

Lenker, Steuersatz, Vorbau

Mit Lenker, Steuersatz und Vorbau kann man die Sitzhaltung nachträglich beeinflussen. Ein kurzer Vorbau führt zu einer aufrechteren Sitzposition, macht das Fahrrad aber auch etwas „wackeliger", die Lenkung reagiert direkter. Umgekehrt führt ein längerer Vorbau zu einer gestreckteren Sitzposition und einem ruhigeren Geradeauslauf. Auch die verschiedenen Lenkerformen entscheiden darüber, wie man auf dem Fahrrad sitzt: gestreckt oder eher aufrecht, bequem oder eher in sportlich-geduckter Haltung.

Reparaturen leicht gemacht

Die Stiftung Warentest hat 2018 unter dem Titel „Fahrrad Reparaturen" ein Buch herausgebracht, anhand dessen jeder selbst leicht Reparaturen und Einstellungen am eigenen Rad vornehmen kann.

KLASSISCHER GEWINDESTEUERSATZ

Als Steuersatz bezeichnet man das Lenkkopflager im Steuerrohr, in dem die Gabel gelagert wird. Es gibt zwei Typen: den Gewindesteuersatz und den gewindelosen Steuersatz. Letzterer bildet die jüngere Entwicklung ab.

Der klassische Steuersatz ist ein Gewindesteuersatz. Er hat am unteren Ende des Steuerrohrs eine Rille für ein Kugellager, am oberen Ende befinden sich ebenfalls ein Kugellager und ein Gewinde. Der Steuersatz wird mit der Lagerschale und einer Mutter festgezogen. Der Vorbauschaft, an dem der Lenker befestigt wird, wird in diesen Steuersatz eingesteckt und mit einem Konus festgezogen.

Vorbauten für Gewindesteuersätze gibt es in unterschiedlichen Formen und Längen. Man kann somit rasch die Höhe des Lenkers verändern. Zudem sind variable Vorbauten verfügbar, mit denen die Neigung des Lenkers leicht eingestellt werden kann. Das System ist so fest und stabil wie das neue System ohne Gewinde.

Gewindesteuersatz an einem älteren Fahrrad

GEWINDELOSE STEUERSÄTZE – DAS AHEAD-SYSTEM

Beim gewindelosen Steuersatz wird der Gabelschaft über eine Kralle im Steuerrohr befestigt, indem eine Schraube in der Kralle den Gabelschaft beim Befestigen nach oben zieht. Der Vorbau selbst wird dann über zwei Schrauben außen am Schaft fixiert. Dieses System ist etwas leichter und stabiler als die ältere Steuersatzvariante.

Der Nachteil: Man kann den Vorbau in der Höhe nicht verschieben, die durch die Länge des Gabelschafts vorgegeben ist. Leichte Variationen sind nur mit „Spacern" möglich – Abstandsringen in unterschiedlicher Breite, die unter dem Vorbau auf dem Gabelschaft angebracht werden können. Dagegen kann die Vorbaulänge beim Ahead-System etwas leichter verändert werden – dazu müssen Sie am Gabelschaft allerdings einen neuen Vorbau anbringen.

Bei den klassischen Gewindesteuersätzen steckt der Vorbau im Steuerrohr. Man löst ihn (1), richtet den Lenker gerade aus (2) und zieht ihn wieder fest (3, 4).

Beim Ahead-Set-Steuersatz umschließt der Vorbau das Gabelrohr, er wird quasi darübergestülpt.

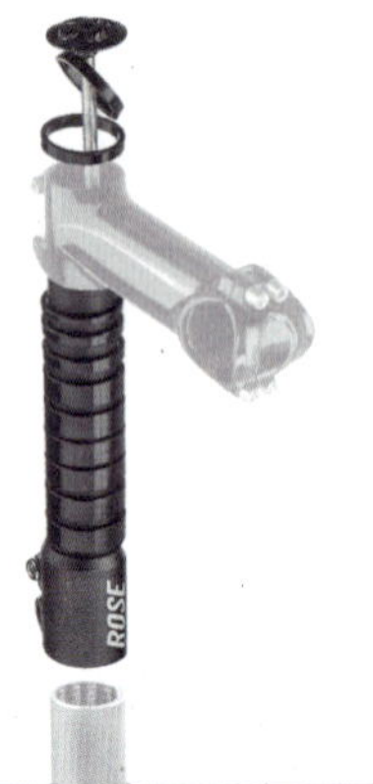

Für Ahead-Set-Steuersätze gibt es auch Gabelschaftverlängerungen.

Ahead-Vorbauten gibt es in gerader Form und in unterschiedlichen Neigungswinkeln, üblich sind 6°, 17°, 35° oder 40°. Je steiler man ihn stellt, desto mehr werden Lendenwirbel und Nacken entlastet. Längen von 80, 90, 100, 110 oder 120 Millimetern sind üblich.

Der Gabelschaft wird mit einer Schraube fixiert, die sich unter dem Schaftdeckel befindet. Der Vorbau wird dann mit zwei Schrauben am Gabelschaft festgezogen.

HÖHENVERSTELLBARE VORBAUTEN

Es gibt für das Ahead-System von verschiedenen Firmen zudem höhenverstellbare Vorbauadapter, etwa von Ergotec, oder Gabelschaftverlängerungen, die auch nachträglich angebracht werden können. Treten Probleme etwa bei Rücken- oder Nackenschmerzen auf, eröffnen diese eine Option. Man steckt sie anstelle des alten Vorbaus auf den Gabelschaft, was aber andererseits zusätzliches Gewicht bedeutet. Zum Ahead-System stehen auch gefederte Vorbauten zur Verfügung, die die Vibrationen und Erschütterungen beim Fahren absorbieren.

Daneben gibt es auch Gabelschaftverlängerungen, mit denen man den Lenker am Vorbau auf eine größere Höhe bringen kann. Das hilft bei Rückenproblemen.

GEFEDERTE VORBAUTEN AM RENNRAD

Im Rennradbereich hält dieser Federungskomfort ebenfalls Einzug. So sind einige Rennräder von Trek und Specialized etwa mit Vorbaufederungen ab Werk ausgestattet und sind zwischen Vorbaubefestigung und Gabelschaft angebracht. Das Ahead-System hat dem älteren System in den vergangenen Jahren zusehends den Rang abgelaufen, vor allem bei etwas teureren und qualitativ anspruchsvolleren Fahrrädern.

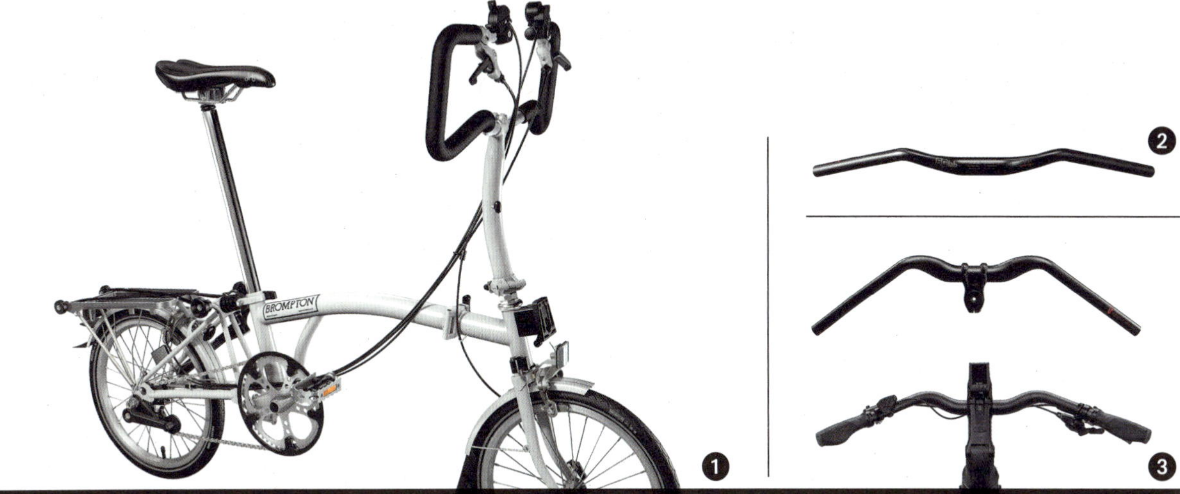

Verschiedene Lenkerformen sollen das Radfahren angenehmer machen. Ein Butterfly-Lenker an einem Faltrad (1), daneben ein relativ gerader (2) sowie zwei gekröpfte Lenker unterschiedlicher Biegung (3).

DER FAHRRADLENKER

Der Lenker muss zum Charakter des Rades passen. Das heißt, zu einem sportlichen Rad gehört eher ein flacher Lenker, wer bequem auf seinem Rad sitzt, wählt eher einen gebogenen Lenker. Denn seine Form beeinflusst neben der Geometrie die Haltung auf dem Fahrrad am stärksten. Die Form der Lenker ist beim Kauf vorgegeben, doch lohnt es sich an dieser Stelle, unterschiedliche Lenker auszuprobieren.

Lenker können ab Werk völlig gerade sein oder leicht zum Körper hin gebogen ausfallen. Man nennt das „gekröpft". Sie können stark gebogen oder nach oben geschwungen sein, und manche kann man auch so drehen, dass man den Abstand zum Sitzrohr verkürzen oder verlängern kann. Die sogenannten Butterfly-Lenker mit den beiden nach oben gebogenen Enden, die man lange Jahre an vielen Trekkingrädern fand, sind etwas aus der Mode gekommen. Der richtige Lenker kann Rücken, Nacken und Hände schonen – ein unpassender nach einiger Zeit zur Qual werden.

Die meisten Fahrräder werden zwar mit Lenkern ausgeliefert, die auf den Charakter des Rades abgestimmt sind. An einem Hollandrad, auf dem man sehr aufrecht sitzt, wird man keinen sportlichen Lenker finden. An einem auf Sportlichkeit getrimmten Trekkingrad kann das hingegen sehr wohl der Fall sein. Achten Sie beim Kauf darauf, ob der Lenker zu Ihrer bevorzugten Haltung auf dem Fahrrad passt – das ist schlussendlich das Wichtigste. Als Material kommt in der Regel Aluminium zur Anwendung, nur an teuren Rennrädern sind auch Carbonlenker verbaut. An älteren Fahrrädern findet man meist Stahlrohre vor.

In Bezug auf die Lenkerbreite besteht folgende Faustregel: Sie sollte der Schulterbreite entsprechen.

Für den Abstand zwischen Sitzrohr und Lenker gilt ebenfalls eine Faustregel: Zwischen die Spitze des Sattels und dem Lenker sollte ein Unterarm mit ausgestreckten Fingerspitzen passen; sie sollten gerade eben den Lenker berühren.

Lenker 

- Durchmesser Vorbau 25,4 mm bis 31,8 mm
- Material
- Form

Sportlich: ein gerader Lenker

Gerade Lenker

Gerade Lenker ohne nennenswerte Kröpfung sind sehr sportlich. Sie zwingen die Schultern des Fahrers in eine leicht nach vorn gebeugte Position, wodurch etwas mehr Druck auf die Pedale kommt. Die meisten haben einen leichten „Rise", das heißt, sie sind etwas nach oben gebogen. Vor allem an Mountainbikes findet sich diese Form. Je breiter der Lenker, desto besser die Kontrolle über das Fahrrad.

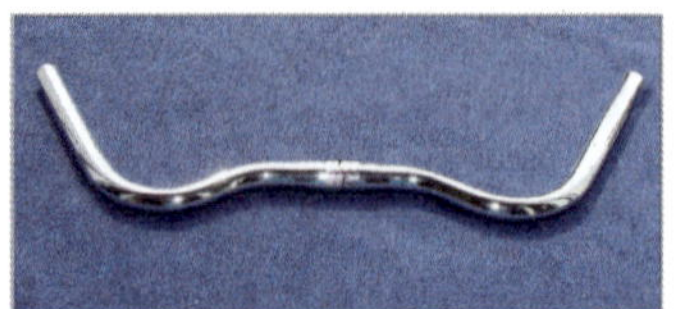

Trainingsbügel, wie er an französischen Rädern aus den 1970er- und 1980er-Jahren zu finden ist.

Gekröpfte Lenker

Komfortabler sind Lenker, die zum Fahrer hin etwas gebogen sind. Hier gibt es ganz unterschiedliche Winkelgrade – das kann von einer leichten Kröpfung bis hin zu einer ganz starken Biegung reichen. An Cityrädern sind etwa 30–35 Grad üblich. Die leichte Kröpfung wird in der Regel angenehmer an den Händen empfunden als ein gerader Lenker. Französische Rennräder wurden zum Beispiel in den 1970er-Jahren gern dadurch alltagstauglich gemacht, dass man ihnen solche Lenker verpasste. Sie werden als „französische Trainingsbügel" auch heute noch gehandelt und bestehen aus Stahlrohren.

Rennlenker

An Rennrädern und Gravelbikes, die auch bei Pendlern sehr beliebt sind, findet man die klassischen gebogenen Rennlenker. Sie ermöglichen viele Griffpositionen, was gerade auf langen Strecken angenehm ist. Man kann häufig umgreifen und damit Hände, Nacken und Arme entlasten. Zudem lässt sich am Berg daran „ziehen" und somit viel Kraft aufs Pedal bringen. Ein Griff zum Unterlenker führt zu einer gebeugten, aerodynamisch günstigen Position, der Griff zum Oberlenker zu einer aufrechteren Haltung.

Die Rennbügel gibt es in unterschiedlichen Rohrformen und Biegewinkeln. Üblich sind runde Rohre. Ergonomisch angenehmer dagegen ovale Formen im Obergriff, da sie eine breitere Auflagefläche für die Hände bieten. Auch der sogenannte Reach, die waagerecht nach vorn reichende Länge des gebogenen Rohres, und der Drop, die Biegung des Lenkers, variieren. Rennlenker für Gravelbikes haben einen kleinen „Flare": Ihre Enden weisen etwas nach außen, womit sich die Fahrkontrolle verbessern soll. Bei den Lenkern gibt es unterschiedliche Durchmesser. Sie reichen von 25,4 Millimeter beim Trekkingrad bis zu 31,8 Millimeter beim Rennrad.

Der „Drop" am Rennlenker bezeichnet den Krümmungsradius.

Handgriffe

Wer viel und lange Fahrrad fährt, hat bestimmt schon einmal ein Kribbeln in den Händen verspürt. Es kommt meist daher, dass zu den Fingerspitzen führende Nerven aufgrund einer ungünstigen Griffposition eingeklemmt oder verspannt sind. Die Handgelenke werden am Lenker abgeknickt, was nach einiger Zeit zu Taubheit führt. Rund 25 Prozent des eigenen Körpergewichts lasten bei normaler, relativ aufrechter Sitzhaltung auf den Händen am Lenker. Bei etwas gestreckterer, sportlicherer Haltung sind es deutlich mehr. Die Hände sind also belastet, und das kann schon einmal zu einem Taubheitsgefühl führen, das sich meist in den Handballen meldet.

Ergonomischer Griff mit Auflage für den Handballen

Um das zu verhindern, hat die Zubehörindustrie ergonomische Griffe erfunden. Die einfachste Form besteht aus einer runden, gut gepolsterten Gummihülse, die sich zum Handballen hin etwas verdickt. Etwas ausgefeiltere Formen werden zum Außenbereich hin deutlich flächiger. Dadurch haben die Handballen eine breite Auflage, um sich abzustützen. Die flächige Form sorgt daneben auch für eine angenehme Dämpfung von Fahrbahnerschütterungen in den Händen. Befestigt werden die ergonomischen Handgriffe meist mit kleinen Inbusschrauben auf dem Lenker.

Lenkerhörnchen

Auf langen Fahrten ist es sehr angenehm, wenn man die Griffposition am Lenker ändern kann, wofür Lenkerhörnchen einige Optionen bieten. Das sind kleine gebogene Halterungen, die nach vorn abstehen und so der Silhouette eines Hornes ähneln. Manche Hersteller verkaufen sie auch als „Bar Ends" (englisch für Lenkerhörnchen). Ihr Hauptzweck liegt darin, bei längeren Fahrten Ermüdungen oder ein Kribbeln in den Händen zu verhindern. Man kann diese Hörnchen umschließen, die Hände zur Abwechslung einmal darauf abstützen, und sie sind sehr nützlich, wenn es bergauf geht: Dann besteht die Möglichkeit, an den Lenkerhörnchen zu ziehen und damit das Gewicht etwas weiter nach vorn auf das Fahrrad zu verlagern, wodurch wiederum mehr Kraft aufs Pedal kommt.

Ergonomischer Griff mit Lenkerhörnchen

Lenkerhörnchen gibt es in sehr vielen verschiedenen Ausführungen. Die einfachsten werden schlicht in das offene Lenkerrohr rechts und links hineingeschraubt, wobei sich der vorhandene Lenkergriff nicht verändert. So ergibt sich eine simple Methode, die Griffposition zu verändern. Anspruchsvollere Varianten werden meist zusammen mit passenden Lenkergriffen geliefert. Hierbei bilden Griff und Hörnchen eine ergonomische Einheit.

Die Fahrradgabel

Starre Fahrradgabel mit Bremssockel für Cantilever- oder V-Bremsen

Trekkingbike mit einer Starrgabel

Mountainbike mit Federgabel

Sie nimmt das Vorderrad auf, von ihrer Neigung hängt es ab, ob das Fahrrad sich leicht einlenken lässt oder eher stur geradeaus läuft, und sie kann besseren Fahrkomfort ermöglichen. Die Fahrradgabeln sind in starrer Ausführung und als Federgabel erhältlich.

STARRE GABELN

Die Gabel eines Fahrrads hat die Aufgabe, das Vorderrad zu führen. Im klassischen Fahrradbau bestand sie aus Stahl, heute sind Gabeln meist aus Aluminium, bei höherwertigen Fahrrädern aber auch aus Carbon – oder gar Titan. Die Formen der Starrgabeln unterscheiden sich je nach Hersteller, meist sind die Gabeln leicht nach vorn gebogen, wodurch sie eine gewisse Elastizität erlangen sollen; gerade Rohre sind aber ebenso vertreten. Je nach Einsatzzweck des Fahrrads sind an den Gabelrohren Ösen zum Befestigen von Schutzblechen und vorderen Packtaschen vorgesehen, sogenannte Lowrider. Am oberen Ende der Gabel befindet sich der Gabelschaft, der auch bei Carbongabeln oft aus Aluminium besteht. Er verläuft durch das Steuerrohr des Rahmens und trägt schließlich den Vorbau, an dem wiederum der Lenker befestigt ist. Starre Gabeln sind relativ leicht und preiswert zu fertigen.

FEDERGABELN

Im Gegensatz dazu stehen die komplizierteren Federgabeln. Sie haben den Vorteil, dass sie feinfühliger auf Bodenunebenheiten ansprechen und raue Untergründe oder Schlaglöcher abfedern. Die einfachste Form einer Federgabel ist die Zentralfedergabel. Bei ihr befindet sich das Federelement im zentralen Gabelschaft. Der Federweg ist allerdings gering.

Federgabeln mit zwei federnden Rohren haben seit der Gründung der amerikanischen Firma Rock Shox im Jahr 1989 am Fahrrad Einzug gehalten. Zunächst nur an Mountainbikes verbaut, gibt es sie seit den 1990er-Jahren auch an allen Arten von Alltagsrädern. Sie verschafften auch den bretharten Aluminiumrahmen ein gewisses Maß an Fahrkomfort. Verwendet werden vor allem Teleskopgabeln. Dabei federt das Tauchrohr, das oben an der Gabelbrücke befestigt ist, in das sogenannte Standrohr ein. Es gibt auch den umgekehrten Fall, dass die Federn unten am Standrohr befestigt sind. Das nennt man dann „Upside Down"-Gabel. Hinzu kommen Doppelbrückengabeln, meist an besonders beanspruchten Mountainbikes. Der Federweg bei Standardgabeln beträgt 80 bis 100 Millimeter.

Die meisten Federgabeln sind heute Luftfedergabeln. Man kann die Härte einstellen, indem man mit einer speziellen Luftpumpe eines der beiden Federbeine aufpumpt.

Jede Federgabel an einem Fahrrad ist aber nur so gut wie die dazugehörende Dämpfung – sie verhindert, dass sich die Federgabel aufschaukelt. Bei einfachen Gabeln spart man sich dieses System – eine solche können Sie daher als Anschaffung getrost vergessen. Gedämpft werden Federgabeln mit Öl oder Luft. Beides kann man einstellen, was aber eher eine Sache für den Fachmann darstellt.

Einstellung von Federgabeln

Wichtig ist, dass Federgabeln sensibel auf das Fahrergewicht ansprechen – bei luftgefüllten Gabeln kann man das über die Luftmenge regulieren. Hierzu sind spezielle Luftpumpen erforderlich. Bei einfacheren Gabeln wird das über die Windung der Feder erreicht. Sie orientiert sich an durchschnittlichen Gewichten – eine individuelle Einstellung ist hier nicht möglich.

Damit die Federung in bestimmten Fahrsituationen keine Energie schluckt, ist sie über ein „Lockout"-System abschaltbar – zum Beispiel, wenn man auf Asphalt bergauf fährt. Das ist bei vielen Federgabeln an Alltagsrädern auch möglich; entweder durch ein Einstellrädchen auf dem Standrohr oder noch bequemer durch einen Schalter am Lenker.

Wartung von Federgabeln

Federgabeln muss man warten. Man sollte in bestimmten Intervallen das Schmieröl tauschen, auch die Luftmenge sollte regelmäßig kontrolliert werden. Die Dichtungen sind hochbelastete Teile, wenn sie undicht werden, geht der Federeffekt verloren. An ihnen nagt zudem gern die Witterung, vor allem wenn das Fahrrad im Freien steht.

Federgabeln haben einen gewissen Wartungsaufwand – man sollte sie zumindest regelmäßig reinigen. Dazu hebt man mit einem Schraubendreher vorsichtig die Dichtungen ab (1), reinigt diese und die Standrohre (2, 3). Etwas Schmieröl oder Fett sorgt für Leichtgängigkeit (4, 5).

Federgabel oder Starrgabel?

Wer braucht nun Federgabeln? Am Mountainbike sind sie natürlich unentbehrlich – erst mit ihnen werden unwegsame Waldstrecken befahrbar. Die ganz leidenschaftlichen Mountainbiker fahren gar sogenannte Fullys, die vorn und hinten gefedert sind, und machen damit weder vor Stock noch Stein halt.

An Alltagsrädern sind die Hersteller in den vergangenen Jahren etwas von den Federgabeln abgekommen. Hier ist man in der Regel mit einer Starrgabel und breiteren Reifen ab etwa 35 Millimetern besser bedient. Das System ist leichter, benötigt keine Wartung und der Fahrkomfort reicht völlig aus. Zumal man sich vor billigen Federgabeln hüten sollte. Meist sind deren Rohre nach nur einem Jahr ausgeschlagen und verschlissen, die Tauchrohre verrostet und die Federn ihrer Spannung verlustig gegangen. An Federgabeln ist zudem die Befestigung von Lowridern etwas komplizierter, außerdem stehen nicht so viele Auswahlmöglichkeiten bei den Befestigungssystemen offen. Wer also vorwiegend auf Asphalt oder befestigten Wegen unterwegs ist, kann auf Federgabeln verzichten. Etwas breitere Reifen für den Fahrkomfort erfüllen vollkommen ihren Zweck.

Elektronisch steuerbare Gabeln und Federungen

Mit dem Einzug von Steuerungselektronik an Fahrrädern ist inzwischen auch die elektronische Verstellung von Sattelstützen (siehe Kapitel 6, „Sattel, Sitz und Licht“, ab Seite 172) und die Einstellung kompletter Federungssysteme möglich. Das wird vor allem bei voll gefederten Mountainbikes, bei den Fullys, angewendet. Der Federungsspezialist Fox hat das „Valve System“ entwickelt. Federhärte und Zugstufeneinstellung werden nach wie vor manuell voreingestellt. Das System verfügt jedoch über eine Sensorik, die das Terrain vermisst und Federung und Dämpfer vollautomatisch daran anpasst. Der Fahrer muss also nicht mehr anhalten und für die schnelle Abfahrt den „Lock"-Hebel umlegen, wenn er die Federung gerade nicht braucht. Bosch hat das System in Zusammenarbeit mit Fox für seine „Performance-Line"-Motoren und Akkus an E-Bikes angepasst und lässt es über seinen Bordcomputer „Kiox" steuern. Ein System, das in Tests Spezialisten schon sehr erfreut hat – und sicherlich Nachahmer finden wird.

FEDERGABEL NACHRÜSTEN

Federgabel 

- Luft- oder ölgedämpft
- Gewicht
- Preis

Wer unbedingt eine Federgabel an seinem Fahrrad möchte, kann eine solche auch nachrüsten. Das muss allerdings mit Bedacht geschehen, denn Federgabeln bauen höher als klassische Starrgabeln – unter Umständen passt der Abstand zwischen Vorderachsnabe und unterem Steuerlager am Rahmen nicht. Die Federgabel muss zudem über Montagemöglichkeiten für die Bremsen, für Schutzbleche und Beleuchtung verfügen. Ganz billig wird der Umbau allerdings nicht – Federungsspezialist RockShox hat zwei Modelle ab knapp 270 Euro im Programm. Wer es günstiger haben möchte, sollte vielleicht lieber zu einer gefederten Sattelstütze für mehr Fahrkomfort greifen.

Bei der Überlegung, ob man ein ungefedertes Pedelec nachrüsten möchte, sollte man bedenken, dass das größere Gewicht des Pedelecs schon ein gutes Stück des Federwegs schluckt – worauf die Gabel ausgelegt sein muss.

An Liegerädern ist die Federung übrigens weit verbreitet – hier werden die Laufräder von manchen Herstellern analog zum Pkw-Bau mit Federbeinen und Dämpfern versehen.

04

LAUFRÄDER FELGEN SPEICHEN NABEN

Ein wichtiger Bauteil eines Fahrrads sind die Laufräder. Das Fahrrad von Carl Gustav von Drais hatte Kutschenräder aus eisenbeschlagenem Eschenholz. Heute konkurrieren Aluminium und Carbon an den Laufrädern. Sie tragen das Gewicht von Fahrer, Rad und Gepäck und bestehen aus Felge, Speichen und Nabe. An ihre Eigenschaften werden unterschiedliche Anforderungen gestellt.

Laufräder

Laufrad mit Carbonfelge

Laufräder 

- Größe
- Gewicht/Material
- Felgenbreite
- Steifigkeit
- Achsbreite
- Felgen-/Scheibenbremsen

Auch Randonneure wie dieses Modell von Meerglas profitieren von leichten Laufrädern.

Ein Laufrad besteht aus der Nabe, der Felge und den Speichen. In der Nabe des Laufrads dreht sich die Radachse. Hier werden die Speichen eingehängt, auf der Felge sind sie mit einem Gewinde verschraubt. Besonders stabile Felgen haben an dieser Stelle Ösen, die noch einmal die Festigkeit etwas erhöhen. Laufräder gibt es für Felgenbremsen und für Scheibenbremsen.

Laufräder sollen möglichst steif sein und exakt rund laufen, andererseits aber auch möglichst leicht: Leichte Laufräder lassen sich schneller beschleunigen, das Rad fährt sich einfacher. Man sollte auch an Alltagsrädern auf möglichst leichte Laufräder achten – es zahlt sich im Fahrgefühl aus. Ein guter, stabiler Laufradsatz für Felgenbremsen muss nicht mehr als 1 800 Gramm wiegen. Weil Scheiben- mehr als Felgenbremsen wiegen und sie Steckachsen benötigen, machen Laufräder mit Scheibenbremsen das Fahrrad um etwa 500 Gramm schwerer.

Das Optimum im Leichtbau geben Carbonfelgen mit ebensolchen Speichen ab. Ein Laufradsatz kann um 1 200 Gramm wiegen. Bei der Kombination von Felgenbremsen und Carbonrädern ist allerdings Vorsicht geboten: Durch die Hitzeentwicklung beim Bremsen kann die Felge platzen. Scheibenbremsen an Carbonfelgen sind deshalb sicherer – womit sich ein Gutteil des Gewichtsvorteils aber auch wieder aufhebt.

Die Seitensteifigkeit vermittelt Spurtreue und sorgt so für ein sicheres Fahrgefühl. Zudem muss die hohe Festigkeit dafür sorgen, dass möglichst viel der auf die Pedale wirkenden Kraft sich auch auf die Straße überträgt. Anderseits bringen sehr steife Laufräder gewisse Komforteinbußen mit sich, sie geben bei Bodenunebenheiten weniger nach. Laufräder sollte man immer mal wieder im Stand darauf kontrollieren, ob sie noch rund laufen, also ohne Seiten- oder Höhenschlag. Beides rührt in der Regel von mangelnder Speichenspannung her.

Laufräder gibt es unterschiedlichen Maßen – und zusammen mit dem Rahmen machen sie die Größe des Fahrrads aus. Als Maßeinheiten haben sich Zoll und das modernere ETRTO durchgesetzt. Dieses Maß steht für „European Tyre and Rim Technical Organisation" und setzt sich aus dem Reifendurchmesser und der Innenweite des Reifens zusammen. Ein ETRTO-Maß von 622 x 25 entspricht einem 28-Zoll-Reifen mit 25 Millimetern Breite.

Historisch gesehen hat sich die Größe des Laufrads in Zoll für die Größe eines Fahrrads etabliert. Sie beginnt bei 12 Zoll für Kinderfahrräder ab einem Alter von etwa drei Jahren und einer Körpergröße von etwa 95 Zentimetern. Sie steigert sich um jeweils zwei Zoll. 24 Zoll etwa sind typische Kinderräder für 11- bis 12-Jährige. Das Jugendrad hat

Laufräder sollten möglichst leicht sein wie dieses Modell aus Carbon. Es ist überdies aerodynamisch optimiert.

schließlich 26-Zoll-Räder und wird ab einer Körpergröße von etwa 140 Zentimetern empfohlen.

Als übliche Laufradgröße für Erwachsene haben sich die 28-Zoll-Räder durchgesetzt. Sie gelten als Idealmaß für City-, Trekking- und Rennräder, weil sie schnell, spurstabil und steif sind. Die etwas kleineren 26-Zoll-Laufräder sind dagegen sehr viel wendiger, leichter zu beschleunigen und galten der kürzeren Speichen wegen lange Zeit als stabiler. Bei Reiserädern sind sie heute noch das Maß der Dinge. Hier mag der Glaube an die bessere Ersatzteilversorgung auch in fernen Winkeln der Welt eine Rolle spielen. Im Mountainbike-Segment waren sie lange Zeit die dominierende Größe. Und bei Falträdern herrschen die kleinen 20-Zoll-Räder vor – sie sparen einfach Platz beim Zusammenklappen des Gefährts.

Sondergrößen

Im Lauf der Entwicklung des Fahrrads hat sich der Abstand der hinteren Ausfallenden zueinander verändert – und damit auch die Einbaubreite der Laufräder. Bei historischen Stahlrahmen beträgt sie 126 Millimeter, heute ist der Standard 135 Millimeter. An Mountainbikes, Tandems und Fatbikes hingegen reicht die Einbaubreite bis zu 197 Millimeter.

Die 26-Zoll-Räder an Mountainbikes findet man heute kaum noch, sie wurden von 27,5 Zoll großen Laufrädern abgelöst und laufen auch unter der alternativen Größenbezeichnung 650 B. Ähnlich schnell zu beschleunigen, spurstabil und wendig wie die 26-Zoll-Laufräder, verfügen sie aber über etwas bessere Abrolleigenschaften. Große Hersteller wie Trek, Specialized oder einer der größten deutschen Hersteller, Derby

Kinderfahrräder

Körpergröße in cm	**Laufradgröße** in Zoll
ab 95	12
ab 100	14
ab 105	16
ab 110	18
ab 120	20
ab 135	24
ab 140	26

Quelle: Fahrrad XXL

Cycles, bieten bei ihren Mountainbikes ausschließlich nur noch 27,5 oder 29 Zoll an.

Und dann gibt es da noch 29-Zoll-Räder, die dem Fahrrad auf unebenem Untergrund mehr Stabilität verleihen sollen; zudem behaupten die Hersteller, man könne damit Hindernisse wie Wurzeln, Geröll oder Steine besser überfahren. Auch soll der Rollwiderstand ein wenig geringer sein. Was sie obendrein auszeichnet: Bei schnellen Abfahrten bieten sie gute Spurtreue und Fahrstabilität und eignen sich daher bestens für Einsteiger. Streng genommen verbirgt sich hinter den „29 Zoll" aber eine Mogelpackung – die Felgen haben nämlich einen 28-Zoll-Durchmesser, die „29-er" wirken lediglich durch die fetten Mountainbikereifen größer.

Fatbikes haben 4,8 Zoll breite Reifen, was rund 12 Zentimetern entspricht.

Laufradgrößen an Fatbikes

In jüngster Zeit sind zu den geländegängigen Rädern sogenannte Fatbikes hinzugekommen. Sie haben bis zu fünf Zoll breite Reifen, womit man auch in unwegsamstem Gelände, Sand oder auf Schnee fahren kann. Die Reifen werden mit knapp einem Bar gefahren und in der Regel auf 26-Zoll-Felgen gezogen.

Felgen

Die Felgen am Fahrrad sollen möglichst leicht und trotzdem stabil sein. Denn leichte Felgen kosten weniger Kraft beim Fahren. Man unterscheidet zwischen Kastenfelgen und Hohlkammerfelgen. Sie gelten als Referenzqualität im Felgenbau.

FELGENMATERIAL

Auch bei den Felgen hat Aluminium als Material den früher üblichen Stahl abgelöst, weil es leichter ist. „Fast alle Hersteller verwenden die gleiche Aluminiumlegierung 6063", sagt Mark Krauspe, technischer Geschäftsführer eines großen westfälischen Felgenherstellers. Außerdem ist die Wirkung von Felgenbremsen auf Aluminium viel besser als auf Stahl, vor allem bei Regen.

Ist das Fahrrad mit Felgenbremsen ausgestattet ist, muss man aufpassen: Die Felgen nutzen sich im Laufe der Zeit ab, die Bremsflanke wird dünner. Das kann bis zu Rissen in der Felge führen. Gute Felgen haben einen Verschleißindikator auf der Felgenflanke, meist ist es eine eingefräste Rille. Wenn diese nicht mehr zu sehen ist, wird es Zeit, das Laufrad auszutauschen.

KASTENFELGEN

Sie bestehen nur aus einem u-förmig gebogenen Aluminiumprofil, in dessen Mitte die Löcher für die Speichen gebohrt sind. Diese ragen in das Felgenbett hinein, in dem sich auch der Schlauch befindet. Um ihn vor den Speichen zu schützen, ist ein Felgenband erforderlich. Kastenfelgen kann man nur mit Schlauch und Felgenbändern fahren. „Sie werden heute aber kaum mehr verbaut, der Markt verlangt nach hochwertigeren Komponenten", sagt Mark Krauspe.

HOHLKAMMERFELGEN

Qualitativ hochwertiger sind Hohlkammerfelgen, die aus einem doppelten Boden bestehen. Das verleiht ihnen bei geringem Gewicht mehr Steifigkeit und Belastbarkeit als den Kastenfelgen. Die Speichennippel haben keinen Kontakt mit dem Schlauch oder dem Felgenband, da sie in den Hohlraum hineinragen. Hohlraumfelgen sind deshalb auch für schlauchlose Reifen geeignet.

Übrigens geht der Trend zu breiteren Felgen: „Das hat mit den E-Bikes zu tun", sagt Krauspe. „Aufgrund ihrer breiteren Reifen sehen breitere Felgen auch besser aus".

FELGEN MIT ÖSEN

Felgen sind enormer Belastung ausgesetzt. „Eine Speiche wirkt mit etwa 140 Kilogramm Zugbelastung auf die Felge", klärt Mark Krauspe auf. Bei jeder Radumdrehung werden auf die Speiche Druck und Zug ausgeübt, sie bewegt sich also minimal auf der Felge. Im Lauf der Zeit kann es sein, dass sich die Speiche so in das nur zwei Millimeter dünne Aluminium der Felge „hineinfrisst". Um das zu verhindern, gibt es Felgen mit Ösen am Nippelloch. Dadurch wird die Belastung besser verteilt, die Spurstabilität der Felge ist auf Dauer wesentlich besser. Für besondere Belastungen wie bei Tandems, Liegerädern oder auch Rollstühlen gibt es zudem Felgen mit zwei Ösen.

TUBELESS-FELGEN

An Autoreifen gibt es sie schon lange: schlauchlose Reifen. Seit einigen Jahren findet man sie auch an Rennrädern. Ist das eine wegweisende Innovation oder kann man sich schlauchlose Reifen sparen?

Ein Fahrradreifen hat einen Schlauch – das ist die gängige Ausstattung, seit John Dunlop 1887 für seinen Sohn den ersten Satz Luftreifen für das Fahrrad erfand. Auf der Felge liegt ein Schlauch, darüber wird der Reifen gestülpt. Das war ein großer Fortschritt im Vergleich zu Vollgummireifen: Ein Luftreifen verleiht dem Fahrrad einen gewissen Fahrkomfort.

Hohlkammerfelge 

- Haltbarkeit
- verbesserte Tragkraft der Felge
- besserer Pannenschutz für Schlauch und Reifen

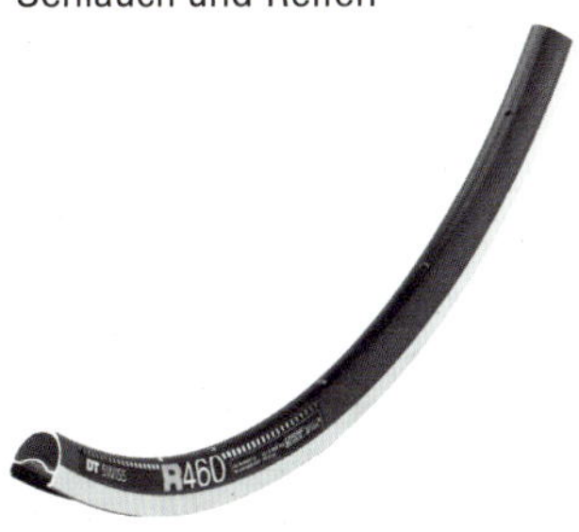

Hohlkammerfelgen haben einen doppelten Boden, sodass die Speichennippel keinen Kontakt mit dem Felgenband und dem Schlauch haben.

Hohlkammerfelge aus Aluminium mit Edelstahlösen

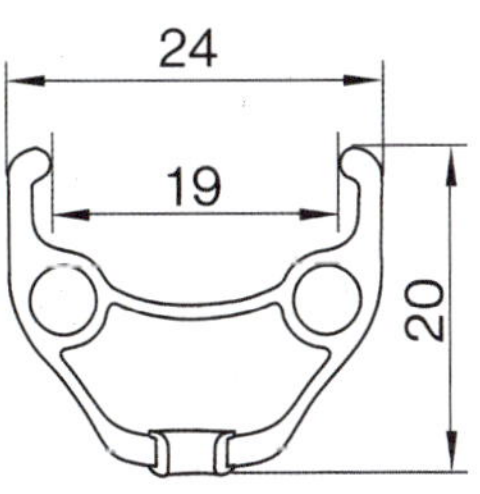

Schematischer Aufbau einer Hohlkammerfelge

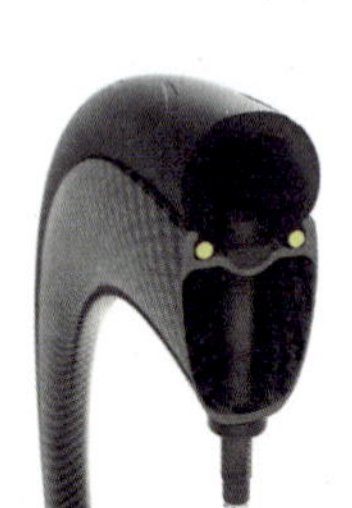

Schlauchloser Rennradreifen auf einer speziell dazu passenden Felge von Mavic

Heute gibt es auch fürs Fahrrad Felgen, auf die man schlauchlose Reifen aufziehen kann. Sie werden am Mountainbike und im Rennradsport eingesetzt. Der Vorteil ist eine kleine Gewichtsersparnis. Wo um jedes Gramm gerungen wird, da sind circa 130 bis 200 Gramm für einen Mountainbike- oder Trekkingbikeschlauch schon eine Größe, auf die man achtet. Hohlkammerfelgen sind hier die einzig geeigneten. Der Hersteller Schwalbe empfiehlt weiterhin, immer ein Felgenband als zusätzliche Dichtung einzukleben. Außerdem ist die Schulter im Felgenbett deutlicher ausgeprägt als bei herkömmlichen Felgen, damit der schlauchlose Reifen auch gut gehalten wird. Und das Ventil ist anders: Es ist konisch geformt, um an der Felge luftdicht abzuschließen. Außerdem kann der Einsatz herausgeschraubt werden – so ist es möglich, die Dichtmilch auch durch das Ventil einzufüllen. Um das Ventil aus der Felge herauszuschrauben, braucht man ein spezielles kleines Werkzeug, das manche Hersteller, etwa DT Swiss, mit ihren Tubeless-Felgen mitliefern. Schlauchlose Felgen werden mit der Aufschrift „tubeless ready" gekennzeichnet. Insgesamt ist die Verwendung von schlauchlosen Reifen etwas umständlicher bei der Montage.

CARBONFELGEN

Auch an Mountainbikes haben Carbonfelgen Einzug gehalten.

Carbonfelgen im Alltag

Für den Alltagsradler sind Carbonfelgen nicht empfehlenswert, sie bleiben eine Ausstattungsvariante für Spezialisten und Rennradprofis.

Wenn es um Leichtbau geht, ist Carbon das Material der Wahl schlechthin. Kaum waren in den 1990er-Jahren Carbonrahmen auf dem Markt, gab es auch superleichte (und teure) Carbonfelgen. Seit über 20 Jahren werden aus dem Verbundmaterial (siehe ab Seite 92) Laufräder hergestellt und kommen bei Rennrädern und Mountainbikes zum Einsatz. Ihr Vorteil ist ihr geringes Gewicht und höhere Steifigkeit als bei Alufelgen. Ein guter Carbonlaufradsatz wiegt um die 1400 Gramm. Erschwinglicher geworden sind Carbonlaufräder heute auch. Etwa 1000 Euro muss man für einen guten Satz hinlegen – die Hälfte des Preises von vor etwa fünf Jahren. Möglich macht diese Preissenkung die maschinelle Herstellung der Räder.

Mit Felgenbremsen sind aber Carbonlaufräder nur in der Ebene zu empfehlen, denn beim Bremsen entwickelt sich an den Flanken eine enorme Hitze, die in Tests einschlägiger Magazine in der Vergangenheit einige Laufräder zum Platzen brachte. So überstanden bei einem Test im April 2019 nur sechs von 16 Carbon-Rädern mit Felgenbremsen eine kurze steile Abfahrt von 240 Höhenmetern ohne bleibende Schäden. Bei gemäßigter Beanspruchung und in der Ebene bremsen auch Carbonfelgen dagegen zuverlässig.

FELGENBAND

Jede Felge benötigt ein Felgenband. Das ist ein Stoff- oder Kunststoffband, das auf die Felge gelegt wird. Damit wird an konventionellen Felgen verhindert, dass der Schlauch direkten Kontakt mit dem Metall oder den Speichennippeln hat. Im Tubeless-Reifen dient es als zusätzliches Dichtmittel. An Schlauchreifen hat das Felgenband allerdings noch eine zweite Funktion: Es leitet die Wärme ab, die bei starkem Bremsen entsteht, etwa auf langen Passfahrten bergab. Es ist schon vorgekommen, dass Schläuche wegen der großen Hitzeentwicklung an den Felgenbremsen geplatzt sind – Felgenbänder verhindern das. Bei Scheibenbremsen ist dieses Problem kein Thema.

Auch Hohlkammerfelgen brauchen Felgenbänder, vor allem im Verbund mit Felgenbremsen. Sie leiten Wärme ab.

Nabe und Speichen

Die Nabe ist gewissermaßen das Zentrum des Laufrads. In ihr dreht sich das Laufrad, das vorn am Fahrrad in die Gabel und hinten in die Ausfallenden eingespannt ist. In der Nabe läuft die Radachse, die über den Speichenflansch mit der Felge verbunden ist. Sie besteht aus einem Lagergehäuse – meist Aluminium –, und den beiden Lagern, die mit der Achse – einem Schnellspanner oder einer Steckachse – an der Gabel befestigt sind. Die vordere ist kleiner als die hintere Nabe, weil hinten im Falle einer Kettenschaltung noch ein Zahnkranz oder ein ganzes Zahnkranzpaket angebracht wird. Bei Nabenschaltungen ist die Nabe noch einmal etwas dicker, da sie die Übersetzung aufnehmen muss. Am Vorderrad kann in einer Nabe auch ein Dynamo untergebracht sein – was ebenfalls zu einem größeren Durchmesser führt.

Dass auch die Speichen am Rad wichtig sind, weiß jeder – vor allem, wenn sie einmal verbogen oder gerissen sind. An den meisten Rädern werden heute konifizierte Speichen aus Edelstahl verwendet – sind also von unterschiedlicher Dicke. In der Mitte sind sie 1,8 Millimeter stark, an der Felgenseite und an der Nabe 2 Millimeter. An der Nabe werden die Speichen durch ein Loch im Nabenflansch geführt, auf der Felge sind sie mit kleinen Nippeln verschraubt, wodurch die Speichen gespannt werden. Eine gleichmäßige Spannung ist wichtig, damit die Felge schön rund läuft. Die Speichen dürfen jedoch nicht zu fest gespannt sein, da sie sonst reißen, aber auch nicht zu locker, sonst bekommt das Rad einen Schlag. Zudem müssen die Speichen über eine gewisse Elastizität verfügen, um den unterschiedlichen Belastungsverhältnissen standzuhalten, wenn sich das Rad dreht. Sowohl der exakte Rundlauf als auch die Spurhaltigkeit des Laufrads werden nur über die Speichenspannung hergestellt. Im Alltagsbetrieb sind die Speichen oftmals zu locker und ungleichmäßig gespannt – was dann dazu führt, dass das Rad nicht mehr rund läuft oder Speichen gar reißen.

Mountainbikenabe mit gekreuzten Speichen und Scheibenbremse (1); Schnellspanner mit Diebstahlsicherung (2); Spezialnabe zur Leistungsmessung für Profis (3)

Spezieller Schnellspannhebel mit Diebstahlsicherung

Und ohne Schnellspanner?

Erfunden hat die Schnellspanner der Italiener Tullio Campagnolo im Jahr 1930. Bis dahin musste zum Radwechsel immer eine Achse mit Schraube und Mutter gelöst werden.

DIE SCHNELLSPANNER

Laufräder werden in der unten offenen Gabel am Fahrrad meist mit Schnellspannern befestigt, die den Vorteil haben, dass man das Rad nach dem Lösen der Schnellspanner zügig aus der Gabel herausziehen kann.

Schnellspanner bestehen heute aus Stahlstiften von fünf Millimetern mit einem Gewinde auf der einen und einem Spannhebel auf der anderen Seite, einer Kontermutter und zwei kleinen Spiralfedern. Man setzt zuerst eine Feder mit dem schmalen Teil zur Gabel auf die Achse, führt sie dann durch die Nabe, setzt die andere Feder auf und verschraubt die Achse ein wenig, ohne sie ganz festzuziehen. Anschließend wird sie mit dem Spannhebel festgezogen. Dazu bedarf es etwas Fingerspitzengefühl, unter Umständen muss man mehrmals ansetzen. Der Hebel hat die Funktion, dem Schnellspanner sozusagen den letzten „Biss" zu geben. Hierbei braucht es keinen Schraubenschlüssel mehr.

Steckachsen: häufig an Rädern mit Scheibenbremsen, da stabiler als Schnellspanner

STECKACHSEN

Vor allem an Fahrrädern mit Scheibenbremsen haben sich in den vergangenen Jahren Steckachsen durchgesetzt. Sie haben einen größeren Durchmesser als die Schnellspanner – am weitesten verbreitet sind 12 bis 15 Millimeter –, weil sie eine größere Belastung durch die Scheibenbremsen aufnehmen müssen. Steckachsen sind wesentlich stabiler und werden in ein Gewinde auf einer Seite der Gabel verschraubt, wozu man einen Inbusschlüssel braucht.

Eine breite Felge für breite Reifen an Fatbikes

DIE SPEICHEN

Eine Kardinalfrage im Laufradbau ist: Wie viele Speichen muss ein stabiles Laufrad zählen? Und wie sollen sie eingespeicht sein: gekreuzt oder radial? Speichen müssen nämlich eine Zugbelastung von 140 bis 150 Kilogramm aushalten – ohne Fahrergewicht. Da spielt Stabilität eine entscheidende Rolle.

Über die Kreuzungsart kann man die Stabilität eines Laufrads beeinflussen. Generell gilt: Je mehr Gewicht ein Laufrad tragen soll, desto mehr Speichen braucht es. Und je mehr Speichen ein Laufrad hat, desto häufiger sollten sie gekreuzt sein. „Gekreuzt" bedeutet: Die Speichen überschneiden sich mindestens einmal. Das kann bei besonders robusten Laufrädern bis zu fünfmal der Fall sein. „Radial" eingespeicht bedeutet, dass die Speichen direkt und gerade mit der Felge verbunden sind, ohne sich zu kreuzen. Wie die Strahlen der Sonne gehen sie von der Nabe ab.

Kurze Speichen sind stabiler als lange, man findet sie oft an Cargo-Fahrrädern mit Nabenschaltung.

Gekreuzte Speichen widerstehen vor allem den sogenannten Torsionskräften besser als radiale Speichen. Das sind die Kräfte, die beim Pedalieren auf die Speichen einwirken und sie im Verhältnis zur Nabe zu verdrehen versuchen.

Da etwa zwei Drittel des Gewichts von Fahrrad und Fahrer auf das Hinterrad entfallen, muss es entsprechend stabil sein. Deshalb sind am Hinterrad die Speichen in den allermeisten Fällen gekreuzt. Ein weiterer Kniff für mehr Stabilität der Speichen und damit des gesamten Laufrads sind Ösen, die die Speiche dort umschließen, wo sie in die Felge geschraubt ist.

Bei klassischen Alltagsrädern sind 36 Speichen üblich. Sportliche Fahrräder kommen aus Gewichtsgründen mit weniger Speichen aus, hier können 32 oder gar 28 Speichen genügen. An Rennrädern sind es noch weniger, 16 radiale Speichen am Vorderrad und 24 am Hinterrad sind keine Seltenheit. Wobei dann auf der Antriebsseite die Speichen zur Verbesserung der Stabilität wieder gekreuzt sein können. Die Hersteller übertreffen sich dabei mit immer neuen gewichtssparenden Konstruktionen. Selbst an den Speichen lässt sich Gewicht sparen. So kann eine Titanspeiche etwa 3,8 Gramm, eine Stahlspeiche hingegen etwa 6,8 Gramm wiegen.

Der schwächste Teil einer klassischen Speiche ist jene gebogene Stelle, wo sie durch den Nabenflansch geführt wird. Um für mehr Stabilität zu sorgen, haben die Hersteller deshalb alternative Befestigungsarten an der Nabe erfunden, sodass gerade Speichen eingesetzt werden können. Wie lange Speichen halten, hängt von ihrer Spannung ab. Sie sollten nicht zu fest aber auch nicht zu locker sein, meist ist Letzteres der Fall. Um die korrekte Spannung zu überprüfen, kann man eine „Tonprobe“ machen: Man schlägt mit einem Schraubendreher gegen die Speiche. Sie sollte eher hell als dumpf klingen. Und bei allen Speichen sollte der Klang in etwa gleich sein. Wenn das nicht der Fall ist, sollte man das Rad bei einem Fachmann nachziehen lassen.

Laufräder mit integrierter Nabe zur Leistungsmessung (hinten)

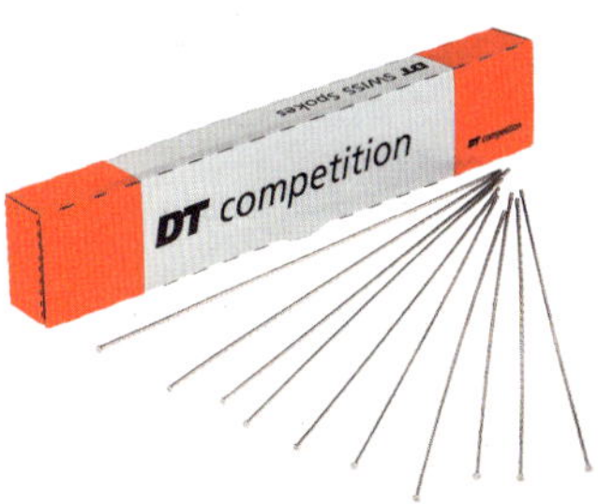

Speichen für Fahrer bis 85 kg – bei Scheibenbremsen ungeeignet

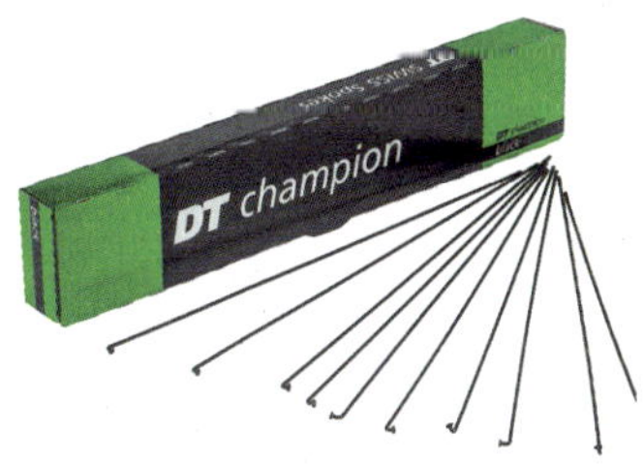

Im Gegensatz dazu: belastbare, robuste Allroundspeichen

DER KAMPF UMS GEWICHT

Sportliche Fahrräder sollen leicht sein. Deshalb achten die Hersteller auf ein möglichst geringes Gewicht der Laufräder. Ein gutes Alltagslaufrad muss nicht mehr als 1 600 bis 1 700 Gramm wiegen und ist dennoch stabil. Beim Fahren bemerken Sie den Unterschied sofort. Billige Laufräder wiegen dagegen gern schon mal 3 Kilogramm oder mehr.

Nachdem Laufräder früher von Hand zusammengesetzt und eingespeicht wurden, setzten sich Mitte der 1990er-Jahre sogenannte Systemlaufräder durch. Nabe, Speichen und Felgen sind aufeinander abgestimmt und kommen von einem Hersteller, werden maschinell eingespeicht und sind oft auf das komplette Fahrradsystem hin entwickelt. Dabei wird auch die Anzahl der Speichen reduziert. Allerdings hat dieser

Wettbewerb um weniger Gewicht auch einen Nachteil: Wenn Ihnen von 36 Speichen am Laufrad eine reißt, können Sie in der Regel noch weiterfahren. Auch bei 32 Speichen ist der Seitenschlag nicht allzu stark. Bei Laufrädern mit weniger Speichen sieht das aber schon anders aus – hier ist wegen des großen Seiten- oder Höhenschlags eine Weiterfahrt oft nicht möglich. Wohl dem, der dann eine Ersatzspeiche dabei hat.

BESONDERE SPEICHENFORMEN UND MAXIMALGEWICHT DES FAHRRADS

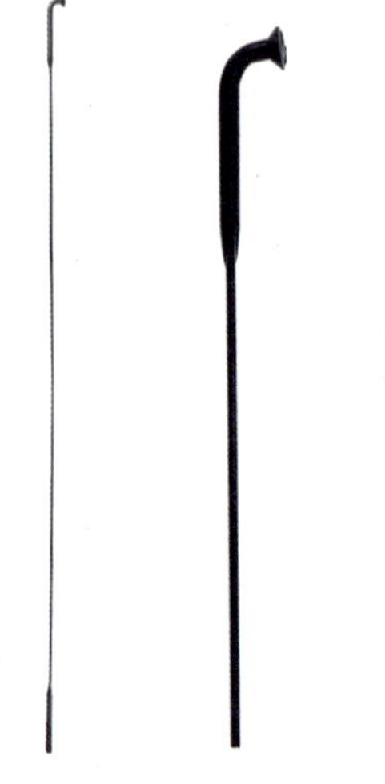

Flach- oder Messerspeiche für Rennräder mit verstärkten Enden

Wenn Ihr neues Fahrrad mit leichten Laufrädern ausgestattet ist, sollten Sie einen Blick auf die Form der Speichen werfen. Es gibt Laufradhersteller, die ganz eigene Speichenformen wählen – etwa aerodynamisch günstig geformte Messerspeichen. Diese sind nicht gleichmäßig rund, sondern flach wie die Schneide eines Messers. Für solche Speichen bekommen Sie im Falle eines Bruchs unter Umständen nicht in jedem Fahrradladen Ersatz. Klassische Rundspeichen kann dagegen jeder Fahrradhändler ersetzen. Aber auch da gibt es Unterschiede – und sei es nur in der Farbe und natürlich in der Länge. Letztere hängt von der Laufradgröße ab (26 Zoll, 28 Zoll). Bei geraden Speichen misst man vom einen Ende der Speiche bis zum anderen, bei gebogenen vom Gewindeende bis unter den Haken. In manchen Laufradsätzen hängen aus ästhetischen Gründen schwarze Speichen, in anderen wiederum nur silberne.

Unabhängig von der Anzahl der Speichen sollte man sich bei allen Laufrädern zudem nach einer Gewichtsbeschränkung erkundigen. Während die Obergrenze bei Rennrädern schon mal 110 Kilogramm für Rad, Fahrer und Gepäck betragen kann, liegt sie bei Alltagsrädern eher bei 130 Kilogramm und bei den besonders stabilen Reiserädern kann sie 160 Kilogramm und mehr betragen.

Reifen und Schlauch

Reifen mit dickem Pannenschutz zwischen Karkasse und Profil

Gute Fahrradreifen sollen möglichst optimal haften, leicht rollen, pannensicher und nicht zu schwer sein. Das stellt die Hersteller vor besondere Herausforderungen. Ein Reifen muss von diesen Kriterien jeweils genügend bieten, aber auch nicht zu viel. Er besteht aus der Karkasse, der Gummimischung und dem Draht bzw. Kevlarstrang beim Faltreifen. Die Karkasse ist ein Gummigewebe, das mit Nylon oder Kevlar verstärkt ist und die tragende Struktur des Reifens bildet. Darauf wird eine Gummimischung aufgebracht, die je nach Reifenart besonders viel (Trekkingreifen) oder wenig Profil (Rennradreifen) aufweist.

Neben dem Rahmen und einer möglicherweise verbauten Federgabel sind die Reifen hauptverantwortlich für das Fahrgefühl auf dem Rad. Die Bandbreite ist dabei sehr groß: Sie kann von angenehm-komfortabel bis hin zu bretthart reichen, was maßgeblich von der Breite der Reifen, ihrem Profil und dem Luftdruck abhängt, mit dem sie gefahren werden. Während 40 Millimeter breite Reifen auf einem Trekkingrad schon mit 3 Bar gefahren werden können, müssen die schmalen Rennradreifen auf 7 oder 8 Bar aufgepumpt werden.

Alle Reifen tragen die Größenbezeichnung auf ihrer Flanke, zudem eine Angabe über den Luftdruck, mit dem sie aufgepumpt werden sollen, und manche Reifen zeigen dort auch einen Pfeil, der die Rotationsrichtung angibt. „700 x 38" bedeutet einen Außendurchmesser von 700 und eine Reifenbreite von 38 Millimetern.

Reifen 

- Größe (Durchmesser, Breite)
- Einsatzzweck
- Pannensicherheit
- Draht- oder Faltreifen

REIFENTYPEN

Im Prinzip unterscheidet man zwei Grundformen von Reifen: Drahtreifen und faltbare Reifen. Neu sind schlauchlose Reifen. Nur an Rennrädern findet man geklebte Schlauchreifen.

Drahtreifen

Dem Drahtreifen geben zwei Drähte seine Form, sie halten ihn auf der Felge. Zum Aufbewahren sollte man sie flach auf den Boden legen, aufgehängt verlieren sie ihre Form. Die Drähte müssen beim Aufziehen des Reifens über die Felge gewuchtet werden, das kann manchmal etwas schwierig werden. Ein Trick: Feuchten Sie den Reifen mit etwas Seifenlauge an.

Auch stark profilierte Reifen profitieren von Pannenschutz.

Faltreifen

Der Faltreifen kann zusammengelegt werden, bei ihm ersetzen besonders zugfeste Kunststoffe wie Aramid oder Kevlar die Drahtringe, was sie meist etwas nachgiebiger als Drahtreifen macht. Im Rennradbereich werden auch Schlauchreifen verwendet. Bei ihnen bilden Reifen und Schlauch eine Einheit, sie müssen auf die Felge geklebt werden.

Faltreifen heißen so, weil man sie zusammenfalten kann. Möglich machen dies Kevlar- statt Drahtfäden im Wulst.

Schlauchlose Reifen

In jüngster Zeit sind schlauchlose Reifen auf den Markt gekommen. Gewichtsfetischisten führen hier natürlich die eingesparten Gramm ins Feld. Auch soll ein schlauchloser Reifen besser rollen, weil der Innenwiderstand durch den Schlauch entfällt. Das dürfte für den normalen Alltagsradler aber keine Rolle spielen. Was allerdings interessant ist: Schlauchlose Reifen sind bei niedrigem Druck nicht so anfällig für einen

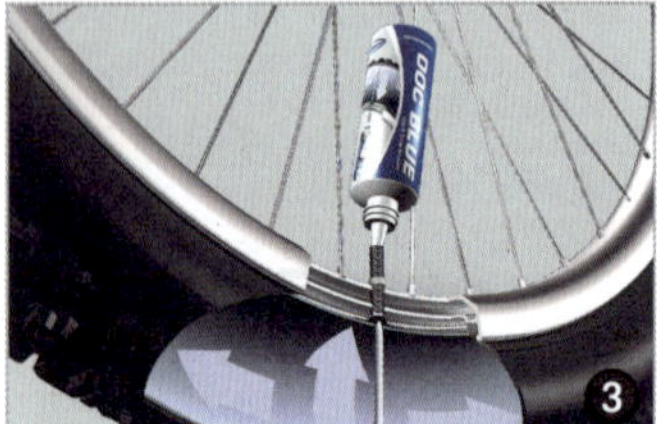

Spart Gewicht: schlauchloser Reifen an einem Rennrad (1); Pannenmilch in schlauchlosen Reifen verschließt kleine Löcher und Risse (2); schematisch dargestellte Wirkungsweise von Pannenmilch (3)

Durchschlag wie Schlauchreifen. Das macht sie fürs Mountainbike attraktiv und pannensicherer, wo oft gerade mit geringem Luftdruck gefahren wird. Zudem sollen sie mehr Pannensicherheit bieten – hier kann kein Schlauch platzen.

Schlauchlose Reifen können nur mit Felgen gefahren werden, die dafür vorgesehen sind. Sie werden als „tubeless ready" (siehe Seite 113) gekennzeichnet. Allerdings müssen schlauchlose Reifen mit einem Dichtmittel gefüllt werden. Diese Dichtmilch ist nötig, um den Reifen zur Felge hin und bei kleinen Rissen oder Durchstichen abzudichten. Die Hersteller machen unterschiedliche Angaben zu ihrer Wirksamkeit. Ihre Fähigkeit zum aktiven Verschließen eines kleinen Loches erlischt aber nach etwa einem halben Jahr, weshalb sie dann erneuert werden sollte. Bei größeren Löchern hilft die Dichtmilch allerdings nicht mehr – dann braucht man doch einen Schlauch oder gar einen neuen Reifen.

Ein definitiver Nachteil: Die Montage von schlauchlosen Reifen ist etwas schwieriger als die von Schlauchreifen, unter Umständen ist ein Kompressor nötig. Auch die Handhabung der Dichtmilch ist nicht jedermanns Sache. Und bei größeren Schäden, wie etwa einem Riss im Reifen, ist die Wirksamkeit des Dichtmittels auch schnell am Ende. Gut beraten ist, wer in so einem Fall unterwegs einen Schlauch einsetzen kann. Durchgesetzt hat sich die Technologie im normalen Radfahreralltag aus den genannten Gründen bislang nicht. Die alte Methode scheint am Markt zuverlässig genug zu sein.

Unser Fazit: Nice to have – aber nicht wirklich notwendig.

Geklebte Schlauchreifen

Im Rennradbereich sind geklebte Schlauchreifen anzutreffen. Hierbei ist der Schlauch direkt am Mantel befestigt, beide werden auf die Felge geklebt, was den Vorteil hat, dass die Felgen etwas einfacher konstruiert sein können und die gesamte Konstruktion ein wenig leichter ist – im Rennsport immer ein Argument. Ein weiteres Plus besteht darin, dass ein geklebter Schlauchreifen im Falle eines Plattfußes nicht von der Felge springen kann; das ist bei hohem Tempo ein Sicherheitsgewinn. Das Aufkleben des Reifens auf die Felge hingegen bedeutet eine umständliche und zeitaufwendige Prozedur, weswegen geklebte Reifen allmählich aussterben.

Spezieller E-Rennradreifen

Reifen für E-Bikes

Manche Hersteller bieten für Pedelecs und S-Bikes speziell entwickelte Reifen an. So brachte Schwalbe im Jahr 2020 zum Beispiel seinen Dauerläufer „Marathon plus" in einer Version mit zwei Pannenschutzschichten und verstärkter Seitenwand auf den Markt. Er heißt nun „Marathon E-Plus" und soll das größere Gewicht von E-Bikes besser aufnehmen als die herkömmlichen Reifen. Continental hat „E 25"- und „E 50"-Reifen im Sortiment, die speziell auf Pedelecs zugeschnitten sind. Andere Hersteller handhaben das ähnlich.

PANNENSICHERHEIT VON REIFEN

Für die meisten Radfahrer, vor allem Vielfahrer und Pendler, steht die Pannensicherheit an oberster Stelle der Kriterien, die sie an Fahrradreifen anlegen. Wer will auf dem Weg zur Arbeit schon dauernd einen Platten haben? Um dies zu verhindern, sind in moderne Fahrradreifen spezielle Gewebegürtel aus synthetischen Fasern, etwa Kevlar, eingearbeitet. Dies dürfte die wichtigste Neuerung im Reifenbau der vergangenen Jahre sein, und so führen alle Hersteller solche „Pannenschutzreifen" im Programm.

Die Spezialeinlagen sorgen dafür, dass Steinchen, Glassplitter und scharfkantige Gegenstände nicht bis auf den Schlauch durchdringen können. Unzerstörbar sind diese Reifen dennoch nicht, denn oft ist die Karkasse an der Seite anfällig für scharfe Kanten oder Stiche.

Auch sportliche, profillose Reifen bieten inzwischen einen ordentlichen Pannenschutz. Auf einer Tour des Autors von Berlin nach Freiburg im Breisgau, die zum Teil über Schotterpisten und schlechte Waldwege führte, schlug sich ein 28 Millimeter breiter Rennradreifen ohne Panne prächtig.

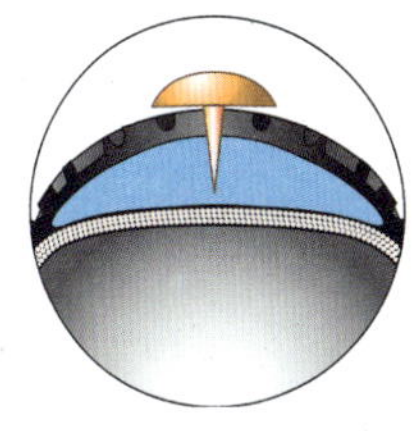

Funktionsweise eines Pannenschutzes gegen Durchstiche

Die Bordsteinkante ...

... ist nicht selten der Übeltäter, wenn es um einen Plattfuß geht. Der Schlauch weist an entsprechender Stelle meist zwei kleine Löcher auf. „Snake bites" nennen die Radler sie, weil sie einem Schlangenbiss ähneln.

DER LUFTDRUCK MUSS STIMMEN

Die unterschiedlichen Reifen müssen mit dem passenden Luftdruck gefahren werden. Generell lässt sich sagen: Je schmaler der Reifen, desto größer der Luftdruck. Bei zu geringem Luftdruck rollt der Reifen nicht nur schlecht, es steigt obendrein das Pannenrisiko. Wer mit einem halb platten Trekkingreifen über eine Bordsteinkante donnert, sollte sich nicht wundern, wenn die Kante durchschlägt und der Reifen die Luft verliert.

Die schmalen Rennreifen erfordern von Haus aus schon einen höheren Luftdruck als Reifen an Alltagsrädern. Ein 23 Millimeter breiter Reifen etwa soll mit 7 bis 7,5 Bar gefahren, bei einem 38 Millimeter breiten Tourenreifen genügen 2,5 bis 3,5 Bar.

Ein Auge haben sollte man allerdings auf die Belastbarkeit der Felge: Nicht jede hält einen hohen Luftdruck aus. Hersteller von Markenprodukten geben deshalb auf ihren Felgen den maximalen Luftdruck an, mit dem sie belastet werden können.

Im Übrigen sollte man den Luftdruck etwa einmal im Monat überprüfen. Es ist ganz normal, dass ein Fahrradreifen etwa 1 Bar verteilt auf vier Wochen verliert – selbst die besten Schläuche sind nicht ganz dicht. Bei Rennradreifen kann man das jede Woche tun.

Durchschlag an einem Reifen wegen zu geringen Luftdrucks – typische Plattfußsituation

Luftdruck 

- von Reifenbreite abhängig
- auf Reifenflanke aufgedruckt
- je größere Reifenbreite, desto geringerer Druck

Reifenbreite und Luftdruck

Reifenbreite in Millimetern	**Körpergewicht ca. 65 kg**	**Körpergewicht ca. 85 kg**	**Körpergewicht ca. 110 kg**
23	7,5	8,0	8,5
25	6,0	7,0	8,0
28	5,5	6,5	7,5
32	4,5	5,5	6,5
37	4,0	5,0	6,0
40	3,5	4,5	6,0
47	3,0	4,0	5,0
50	2,5	4,0	5,0
55	2,0	3,0	4,0
60	2,0	3,0	4,0

Quelle: Schwalbe / Continental

Schwalbes „Jumbo Jim" lässt sich mit wenig Lufdruck auf tiefem, losem Untergrund fahren.

Fatbikes haben besonders breite Reifen, die von 7,5 Zentimeter bis zu 12 Zentimeter Breite reichen. Damit kann man bei niedrigem Luftdruck über nahezu jedes Terrain fahren – Sand, Schnee, Geröllhalden oder Matsch. Die Felgenbreite beträgt bis zu 80 Millimeter. Auf Asphalt hat man mit solchen Ungetümen dann aber seine Mühe – fürs leichte Dahingleiten sind sie nicht geschaffen. Sie können sogar mit weniger als 2 Bar gefahren werden, wie es die Reifenhersteller angeben; auf Schnee reichen 0,8 Bar aus.

GUMMI UND PROFIL SORGEN FÜR GUTE HAFTUNG

Wie gut ein Reifen haftet, hängt bei Fahrten auf Asphalt vor allem von der Gummimischung ab: Je weicher, desto griffiger und desto weniger haltbar; je härter, desto haltbarer und desto weniger griffig ist er. Reifen für sportliche Cityflitzer werden gern ohne nennenswertes Profil hergestellt. Auf urbanem Pflaster sind sie eine gute Wahl.

Wer häufiger auf schlechten Wegstrecken unterwegs ist, ist mit Profilreifen besser bedient. Den größten Einfluss hat ein gutes Profil bei tiefem und weichem Boden. Ein Profil schützt zudem etwas besser vor Steinchen oder Scherben als ein profilloser Reifen. Man muss jedoch aufpassen: Auch dicke Reifen mit Profilnoppen sollten einen Pannenschutz haben. Mancher Billigreifenhersteller meint, ein dickes Noppenpolster würde ausreichend schützen – scharfe Gegenstände bohren sich jedoch leicht durch eine solche Karkasse.

Sicherer Halt im Winter

Für den harten Wintereinsatz sind auch mit Spikes versehene Reifen im Handel erhältlich, die sogar bei vereister Fahrbahn für Griff sorgen.

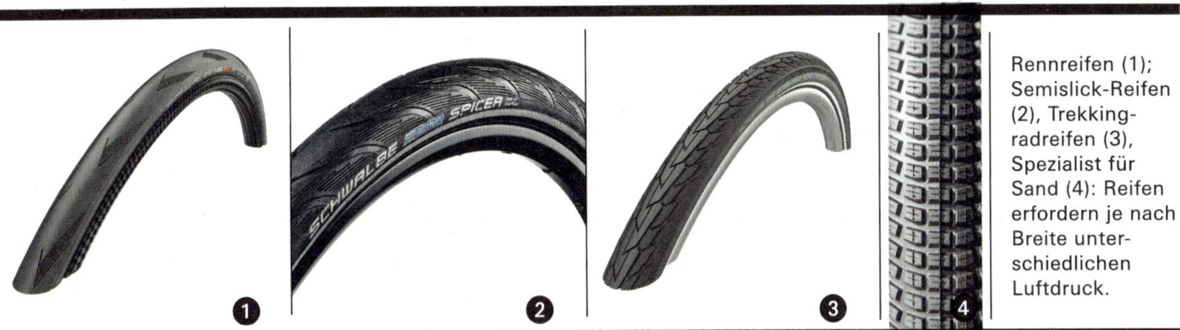

Rennreifen (1); Semislick-Reifen (2), Trekkingradreifen (3), Spezialist für Sand (4): Reifen erfordern je nach Breite unterschiedlichen Luftdruck.

REIFENGRÖßEN

Fahrradreifen gibt es in allen nur denkbaren Größen – doch wie sie gemessen werden, ist sehr verwirrend, da hierfür drei Werte genutzt werden. Zum einen ist da die ETRTO-Norm. Der Begriff steht für „European Tyre and Rim Technical Organisation", Europäische Organisation für Reifen- und Felgentechnik, deren Angabe aus Ziffern besteht. 28–622 zum Beispiel steht für die Reifenbreite von 28 Millimetern und einen Innendurchmesser des Reifens von 622 Millimetern. Klassischerweise bezeichnet diese Angabe ein 28-Zoll-Rad.

In Deutschland ist dann für den 28-Zoll-Reifen auch die Bezeichnung 28 x 1 ⅛ x 1 ¾ üblich. Dabei werden der ungefähre Außendurchmesser des kompletten Rades (28 Zoll) sowie die Reifenhöhe und Reifenbreite in Zoll angegeben. Und dazu kommt dann noch die französische

Reifengröße 

- Beispiel: 28 – 622 = 28 mm Reifenbreite und 622 mm Innendurchmesser

Felgenbreite und passende Reifenbreite

Felgenmaulweite	**Reifenbreite** in Millimetern															
	18	20	23	25	28	32	35	37	40	44	47	50	54	57	60	62
13 C	x	x	x	x												
15 C			x	x	x	x										
17 C				x	x	x	x	x	x	x	x	x	x			
19 C					x	x	x	x	x	x	x	x	x	x	x	x
21 C							x	x	x	x	x	x	x	x	x	x
23 C								x	x	x	x	x	x	x	x	x
25 C										x	x	x	x	x	x	x
27 C											x	x	x	x	x	x
29 C													x	x	x	x

Quelle: Forum Tour-Magazin

Größenbezeichnung 700 x 28 C. Hier steht die erste Zahl für den ungefähren Außendurchmesser des Reifens und die zweite für die Reifenbreite – beides in Millimetern; „C" steht für den Innendurchmesser des Mantels von 622 Millimetern – das entspricht 28 Zoll.

Relativ breite Felge mit 21 mm Innenweite für Scheibenbremsen und Reifen ab 35 mm Breite

REIFEN UND FELGEN

Reifen und Felge sind ein eingespieltes Paar, denn nicht jeder Reifen passt auf jede Felge. Dabei können Sie breitere Reifen auf einer schmalen Felge fahren – besser ist jedoch, das Paar passt gut zusammen. Die Felgen werden dabei auf der Innenseite gemessen, dem sogenannten Felgenmaul. Diese Maulweite korrespondiert mit bestimmten Reifengrößen.

Der passende Schlauch

Die Breite des Schlauchs sollte zu der des Reifens passen.

Zu den allermeisten Reifen gehören heute noch Schläuche. Eins vorneweg: Sie halten die Luft nicht ewig. An Trekkingrädern sollte man etwa einmal im Monat nach dem richtigen Luftdruck schauen, an Rennradreifen einmal die Woche. Am besten schneiden in dieser Disziplin Schläuche aus Butyl ab, einem synthetischen Kautschukmaterial. Es lohnt sich, beim Kauf darauf zu achten, an Billigschläuchen hat man keine Freude. Schläuche aus Polyurethan oder Latex sind leichter beziehungsweise elastischer, halten die Luft aber schlechter.

Fahrradschläuche gibt es in vielen Größen – sie müssen zum Reifen passen, was Sie dem Aufdruck auf der Verpackung entnehmen können. Angegeben ist einmal die Größe in Zoll und dann die gesamte Spanne aller Reifenbreiten, die zu diesem Schlauch passen. Ein Schlauch mit der Angabe 700 x 28 C bis 700 x 45 C passt also zu Reifen auf einer 28-Zoll-Felge, die von 28 bis zu 45 Millimeter breit sind.

Gute Butylschläuche, die mit 28 Millimetern angegeben sind, können aber auch in dickeren Reifen bis zu 47 Millimeter verwendt werden. Umgekehrt funktioniert das allerdings nicht, weil der „fette" Schlauch nicht in einen verhältnismäßig engeren Reifen passt.

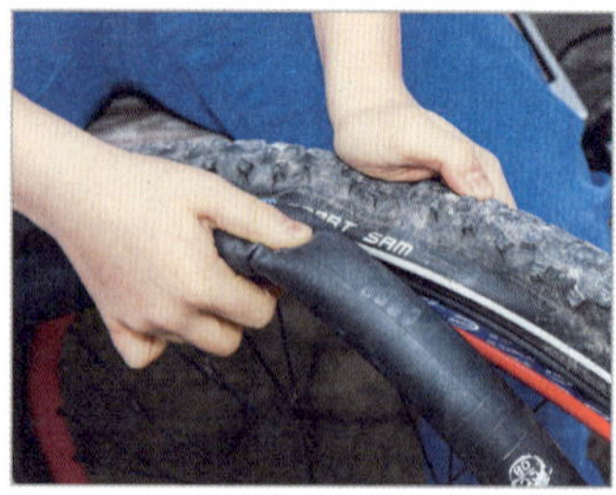

Zum Einsetzen pumpt man einen Schlauch leicht auf.

WELCHES VENTIL DARF ES SEIN?

An Ventilen haben sich das Dunlopventil, das französische Ventil und das Autoventil etabliert. Alle haben Vor- und Nachteile.

Das Standardventil an Fahrradschläuchen ist immer noch das Dunlop- oder Blitzventil. Das Ventil steckt in einem Röhrchen und wird daran mit einer Überwurfmutter fixiert. Zum Aufpumpen setzt man nur die Luftpumpe an – mehr ist nicht zu tun. Den Ventileinsatz kann man leicht auswechseln.

Das französische Ventil, auch Sclaverand- oder Prestaventil genannt, ist etwas schlanker und deshalb besser für schmale Felgen geeignet, wie man sie an Rennrädern findet. Ist die Staubkappe erst entfernt, muss noch eine kleine Rändelmutter gelöst werden, damit der Schlauch aufgepumpt werden kann. Das ist etwas hakelig, man muss aufpassen, dass man das dünne Röhrchen nicht verbiegt. Diese Rändelmutter muss nach dem Aufpumpen wieder zugedreht werden.

Das Autoventil oder Schraderventil hat in der Mitte einen versenkten Stift, der beim Aufpumpen nach innen gedrückt wird. Es kann an jeder Tankstelle aufgepumpt werden, ist allerdings etwas dicker und passt nicht durch jede Felge.

Im Handel sind auch Adapter erhältlich, mit denen man die verschiedenen Ventile verändern kann. So lässt sich zum Beispiel ein französisches Ventil an Luftdruckanlagen an der Tankstelle mit einem Aufsatz anpassen.

Ventiltypen: Dunlop, Schrader- oder Autoventil, Sclaverand-/ französisches Ventil (von links)

Ventil 

- Dunlop
- Sclaverand/Presta
- Autoventil oder Schraderventil
- Ventil muss zur Lochstärke der Felge passen.

UNTERSCHIEDLICHE VENTILLÄNGEN

Die Ventile gibt es in unterschiedlichen Längen, was damit zusammenhängt, dass die Felgen im Lauf der Zeit immer höher wurden. Vor allem bei Aerofelgen. Ein Ventil von zum Beispiel 40 Millimetern Länge wäre an einer solchen Felge so kurz, dass man eine Luftpumpe nicht mehr ansetzen könnte. Üblich sind Längen zwischen 40 und 80 Millimetern. An Alltagsrädern reichen 40 Millimeter Ventillänge.

Größen der geläufigsten Fahrradreifen

Reifengröße (Zoll)	ETRTO (mm)	Zoll (englisch)	Zoll (deutsch)	Millimeter (französisch)	Hinweis
8"	54–110	8 ½ x 2 ⅛	–	–	Für Anhänger und Kinderräder
	32–137	8 x 1 ¼	–	–	
10"	54–152	10 x 2	–	–	
	44–194	10 x ⅝	–	–	
12"	47–203	12 ½ x 1 ¾	12 ½ x 1,75	–	Für Kinder- und Jugendräder, BMX, Falt- und Liegeräder (14 Zoll in I und NL; 18 Zoll vor allem in GB und F); 20 Zoll vor allem bei Falt- und Liegerädern
	57–203	12 ½ x 2 ¼	–	–	
	62–203	12 ½ x 2 ¼	12 ½ x 2 ¼	320 x 57	
	32–239	12 ½ x 1 ⅜ x 1 ¼		300 x 32A	
	57–239	12 ½ x 2 ¼	–	300 x 55A	
14"	47–254	–	14 x 1,75	–	
	57–251	14 ½ x 2 ¼	–	300 x 55A	
	40–279	–	14 x 1 ½	350 x 35B	
	47–288	–	14 x 1,75	–	
16"	40–305	–	16 x 1,5	–	
	47–305	16 x 2 x 1 ¾	16 x 1,75	–	
	57–305	–	16 x 2,125	–	
	40–330	16 x 1 ½	–	400 x 38B	
17"	32–357	17 x 1 ¼	–	–	
	32–369	17 x 1 ¼	–	–	
18"	47–355	–	18 x 1,75	–	
	28–390	18 x 1 ⅜	18 x 1 ⅜	450 x 28A	
20"	32–406	–	20 x 1,25	–	
	42–406	–	20 x 1,6	–	
	47–406	20 x 1 ¾	20 x 1,75⁄2	500 x 45	
	54–406	–	20 x 2,00	–	
	57–406	–	20 x 2,125	–	
24"	40–507	–	24 x 1,5	–	Für Jugendräder und BMX
	54–507	–	24 x 2,1	–	
	57–507	–	24 x 2,125	–	
	37–540	24 x 1 ⅜		600 x 35A	
	40–540	–	24 x 1 ⅜ x 1 ½	600 x 38A	
26"	25–559	26 x 1 ¾	26 x 1	–	Insbesondere 559 mm sehr verbreitet bei MTB- und Trekkingrädern
	32–559	–	26 x 1,25	–	

Größen der geläufigsten Fahrradreifen

Reifengröße (Zoll)	ETRTO (mm)	Zoll (englisch)	Zoll (deutsch)	Millimeter (französisch)	Hinweis
26"	40–559	–	26x1,5	–	Insbesondere 559 mm sehr verbreitet bei MTB- und Trekkingrädern
	44–559	–	26x1,6	–	
	47–559	–	26x1,75	650x45	
	50–559	–	26x1,9	–	
	54–559T	–	26x2,0	650x50	
	57–559	–	26x2,125	–	
	40–571	26 x 1 5/8 x 1 ½	26x1,75x1 ½	650x38/40c	
	20–571	26 x¾	26x1	650x20C	
	28–584	–	26 x 1 ⅛ x 1 ½	650x28B	
	37–584	26 x 1 ½ x 1 3/8	26 x 1 3/8 x 1 ½	650x35B	
	40–584	–	26 x 1 ½	650x38B	
	28–590	26 x 1 ⅛	26 x 1 ⅛ x 1 3/8	650x28a	
	32–597	26 x 1 ¼	–	–	
27"	37–609	–	27x1 3/8 x1 ½	–	
	22–630	–	27 x ⅛	–	Trend bei neuen Mountainbikes
27,5"	55–584	–	27,5 x 2,2	650B	Für MTB-Fahrräder
	60–584	–	27,5 x 2,2	650B	
28"	18–622	–	28 x ¾	700x18C	28 Zoll weit verbreitet bei Trekking- und Reise-, aber auch bei Elektrofahrrädern. Nur in Europa nennt man sie 28 Zoll, in den USA 700C bzw. bei entsprechender Dicke 29er
	20–622	–	28x ¾	700x20C	
	23–622	–	28x1	700x23C	
	25–622	–	28x1	700x25C	
	28–622	28 x 1 5/8 x 1 ¼	28 x 1 ⅛ x 1 ¾	700x28C	
	32–622	28 x 1 5/8 x 1 ¾	28 x 1 ¼ x 1 ¾	700x32C	
	35–622	28 x 1 5/8 x 1 3/8	–	700x35C	
	37–622	28 x 1 5/8 x 1 3/8	28x1,4	700x35C	
	40–622	28 x 1 5/8 x 1 ½	28x1 ½x1,75	700x38C	
	44–622	–	28x1,625	700x42C	
	50–622	–	28x1,90	–	Ab 47 mm oder 1,9 Zoll Gattung „Ballonreifen"
	54–622	–	28x2,10	–	
	54–622	–	29x2,10	–	
29"	57–622	–	29x2,25	–	Von der neuen Gattung 29er-Zoll-Reifen spricht man bei 28-Zoll-Reifen ab etwa 2,0 Zoll Breite.
	60–622	–	28x2,35	–	
	62–622	–	29x2,4	–	

05

ANTRIEB SCHALTUNG PEDALE

„Ich bin der Motor" prangt groß auf einem T-Shirt, das sich bei Fahrradfans großer Beliebtheit erfreut. Der Slogan gibt wieder, worum es beim Radfahren geht: Die Kraft steckt im Fahrer. Doch ohne Kettenblätter, Schaltung und Pedale geht es nicht.

Kette, Riemen und Kettenblätter

Bei der Tour de France wurde erstmals 1937 ein Fahrrad mit Kettenschaltung zugelassen, der „Super Champion". Doch erst seit 1946 gibt es brauchbare Übersetzungen für das Fahrrad (siehe Infokasten Seite 51). Heute können Radfahrer aus einer schier unübersichtlichen Fülle an Gangschaltungen wählen. Es gibt

- Kettenschaltungen, mechanisch, elektromechanisch oder per Funk,
- Nabenschaltungen, mechanisch, elektrisch oder automatisch (mit Ketten- oder Riemenantrieb),
- Tretlagerschaltungen, mechanisch, und
- Kombinationen aus Ketten- und Nabenschaltung, mechanisch.

Die marktbeherrschenden Schaltungstypen sind die als sportlich geltenden Kettenschaltungen, wohingegen Nabenschaltungen weit weniger Wartung benötigen. Schließlich ist deren vollgekapseltes Getriebe gegen Schmutz und Wasser unempfindlich.

Die Pedalkraft des Radfahrers wird über eine Tretkurbel mit Kettenblättern und eine Kette an das Hinterrad übertragen. Die Tretkurbeln sind aus Stahl, Aluminium oder Carbon gefertigt, die Kettenblätter ebenfalls. Meist sind die Zähne noch speziell geformt, um den Schaltvorgang geschmeidig zu machen. Die Kurbeln und Kettenblätter verschiedener Hersteller sind untereinander nicht austauschbar, weil sich der Lochkreis unterscheidet. Hierbei handelt es sich um einen gedachten Kreis, der sich um die Befestigungslöcher der Schrauben dreht, mit denen die abnehmbaren Kettenblätter an den Kurbeln befestigt werden. Den Abstand zwischen zwei Löchern nennt man Lochkreisabstand.

Die Fahrradketten, bestehend aus Gliedern und Rollen, übertragen die Tretkraft ans Hinterrad. Der Abstand zwischen den einzelnen Gliedern ist immer gleich, er beträgt 1,27 Zentimeter oder ½ Zoll. Ketten werden in geöffnetem Zustand meist mit 112 bis 118 Gliedern ausgeliefert und müssen unter Umständen gekürzt werden. Geschlossen werden sie entweder mit Nieten, die mit einem Kettenschließwerkzeug durch die Rollen gedrückt werden, oder mit einem Kettenschloss. Letztere können ohne Werkzeug benutzt werden und sind auch für unterwegs eine feine Sache.

Praktisch – Kettenschlösser sind ohne Werkzeug benutzbar.

Weil die Zahl der Zahnkränze am Hinterrad zusehends wuchs – einst waren es fünf, heute sind es bis zu 12 –, die Einbaubreite des Rades im Rahmen aber nur um knapp einen Zentimeter zunahm, mussten die Ketten und Zahnkränze im Lauf der Jahre schmaler werden. An sportlichen Rädern findet man deshalb schmale Ketten, die nur 5,5 Millimeter breit

Kettenblatt mit Kette (1), 12-fach-Kassette mit Schaltwerk (2), Pinion-Getriebe mit Riemenspanner (3)

sind. An Fahrrädern mit Nabenschaltung, die ja nur einen Zahnkranz am Hinterrad hat, sind Ketten dagegen bis zu 9 Millimeter breit.

RIEMEN ODER KETTE?

Seit gut zehn Jahren sind Antriebsriemen auf dem Markt, die die Kette zum Hinterrad ersetzen. Diese Riemen bestehen aus sehr langlebigem kohlefaserverstärkten Kunststoff und halten deutlich länger als eine Kette. Vielfahrer geben 30 000 Kilometer Laufleistung an. Wer dagegen mit seiner Kettenschaltung auf 10 000 Kilometer kommt, kann sich schon geadelt fühlen. Riemen muss man weder ölen noch putzen – Ketten sehr wohl. Dazu kommt: Riemen werden im Betrieb nicht länger – Ketten hingegen schon. Das führt zu Schaltproblemen und kann im schlimmsten Fall zum Überspringen an der Kassette hinten führen. Im Gegenzug sind Ketten geringfügig energieeffizienter, sie „schlucken" weniger Pedalkraft. Schaltkränze fürs Hinterrad, die mit Riemen angetrieben werden, gibt es nicht. Für Riemen kommen daher nur Nabenschaltungen infrage.

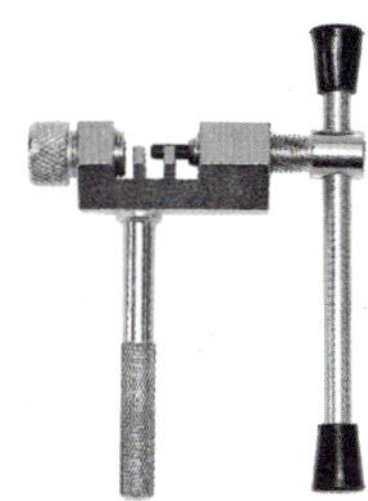

Kettenbolzendrücker zum Öffnen und Verschließen einer Fahrradkette

Riemen haben einen Nachteil: Sie werden in geschlossenem Zustand geliefert und über ein Rahmenschloss am Rad angebracht, das sich zum Anbringen des Zahnriemens öffnen lässt. Erst seit Kurzem ist eine Alternative der amerikanischen Firma Veer auf dem Markt, die einen Endlosriemen anbietet, der mit drei Pins geschlossen wird. Er kann also an bestehenden Rahmen verwendet werden – allerdings ist dazu der Umbau des Kettenblatts in ein Riemenblatt erforderlich. Zahnriemen müssen nachgespannt werden, wozu ein verstellbares Ausfallende dient. Die Alternative ist eine exzentrische Lagerung des Tretlagers.

Elegant prüft man die Spannung beim Gates-Riemen – die mit einer App kontrolliert wird. Dabei misst das Mikrofon des Smartphones die Hertzfrequenz des angetippten Riemens. Eine Tabelle in der App zeigt die korrekte Spannung, die sich entweder über einen Exzenter am Tretlager oder die Ausfallenden nachjustieren lässt.

Kettenschaltung und Getriebeschaltung

1 Hinterrad
2 Ritzel
3 Kette
4 Kettenblatt
5 Pedal

Man sagt aus Erfahrung, ein Radfahrer komme mit 70 bis 90 Pedalumdrehungen pro Minute am besten und angenehmsten voran. Diese Trittfrequenz kann man ohne Gangschaltung bergauf aber auf Dauer nicht halten, der Widerstand für die menschliche Muskelkraft ist zu groß.

Hier hilft eine Gangschaltung. Ein geübter Radfahrer ohne sportliche Ambitionen schafft eine Dauerleistung von ungefähr zwei Watt je Kilogramm Körpergewicht. Bei einem Fahrer von 75 Kilo Körpergewicht, 15 Kilogramm fürs Fahrrad und fünf Kilo für Schuhe und Gepäck reicht das, um eine 5 Prozent steile Steigung mit ungefähr 10 km/h Geschwindigkeit hochzufahren.

Bei einem Trekkingrad ohne Schaltung mit gängiger Kettenblatt/Ritzel-Kombination von 44 zu 18 Zähnen heißt das: 64 Tritte und 32 Kurbelumdrehungen pro Minute. Das ist sehr langsam. Der Fahrer muss einen enorm hohen Pedaldruck erzeugen, um mit derart geringer Trittfrequenz noch die fürs Halten der Geschwindigkeit nötige Leistung zu bringen. Das machen Knie und Oberschenkel nicht lange mit.

Mit einer 3-Gang-Nabenschaltung ist unser Beispielradler im ersten Gang schon mit fast 45 Kurbelumdrehungen entspannter unterwegs. Richtig komfortabel wird es mit einer modernen Kettenschaltung oder einer 8- bis 11-Gang-Nabenschaltung. Beide ermöglichen deutlich über 70 Umdrehungen pro Minute – und damit befinden wir uns wieder im Bereich der für den Körper angenehmsten Trittfrequenz.

DIE KETTENSCHALTUNG

Rennradkurbel mit Zweifach-Kettenblatt von Sram und Funksteuerung des Umwerfers

Am meisten verbreitet ist am Fahrrad immer noch die Kettenschaltung. Sie ist bewährt und hat einen hohen Wirkungsgrad von 95–97 Prozent. Das heißt, so viel der aufgebrachten Muskelkraft kommt am Hinterrad an.

Eine Kettenschaltung besteht aus folgenden Komponenten: An der Tretkurbel befinden sich ein, zwei oder drei Kettenblätter mit unterschiedlicher Zähnezahl, dazu kommt eine Kette zum Hinterrad, wo ein Zahnkranz, auch Kassette genannt, mit unterschiedlicher Anzahl Zähne sitzt. An Mountainbikes findet man seit geraumer Zeit nur Einfachkurbeln. An Rennrädern und Alltagsrädern sind zwei Kettenblätter üblich. Kompaktkurbeln mit 50 und 34 Zähnen haben sich am Rennrad durchgesetzt. An City- und Trekkingrädern findet man meist leichtgängigere Kombinationen von 44 zu 34 Zähnen.

Im Bereich der Tretkurbel vorn gibt es einen Umwerfer, mit dem die Kette auf die unterschiedlich großen Kettenblätter gelegt werden kann. Am Hinterrad befindet sich der Schaltkäfig, der die Kette auf die verschieden großen Ritzel des Zahnkranzes bewegt. Der Schaltkäfig besitzt einen Spannmechanismus und sorgt dafür, dass die Kette immer gespannt ist, unabhängig davon, ob sie nun auf dem größten oder kleinsten Ritzel liegt. Rennräder haben meist einen kurzen Schaltkäfig, weil sie keine so große Zähnezahl auf der Kassette bewältigen müssen, Mountainbikes im Gegensatz einen langen Käfig.

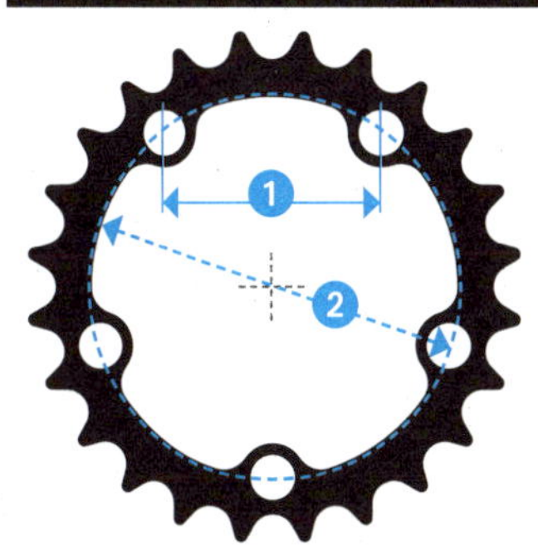

1 Lochabstand (Mitte zu Mitte)
2 Lochkreisdurchmesser

Die Zahl der Kettenblätter und die Anzahl der Ritzel hinten bestimmen, wie viele Gänge die Kettenschaltung bietet. Hat man vorn drei Blätter und hinten zehn Ritzel, so sind das rechnerisch 30 Gänge. Die Höchstzahl an Ritzeln liegt derzeit bei zwölf – das ergäbe bei drei Kettenblättern rein rechnerisch 36 Gänge. Sie sind jedoch nicht alle nutzbar, da es Überschneidungen gibt. Zudem kann man manche Kombinationen nicht nutzen: So funktioniert zum Beispiel die Kombination großes Blatt vorn und größtes Ritzel hinten nicht, weil die Kette dann schräg versetzt liefe und übermäßig verschlisse. Von den 30 Gängen bleiben praktisch 14 oder 15 nutzbare übrig. Im Kommen sind derzeit 12-fach-Schaltungen und nur ein Kettenblatt vorn für Mountainbikes. Sie bieten im Gelände ein gutes Übersetzungsverhältnis, auf der Straße fehlt es aber an kleinen, „schnellen" Gängen.

Die unterschiedlichen Übersetzungsverhältnisse bei einer Kettenschaltung ergeben sich aus der Kombination der Anzahl Zähne vorn und dem Ritzel hinten. An Cityrädern werden gern Dreifach-Kettenblätter mit zum Beispiel 48/36/26 Zähnen verbaut. Hinten findet man dann 8-, 9– oder 10-fache Kassetten mit elf bis 34 Zähnen. Somit liegt ein kommodes Spektrum vor, das leichtes Vorankommen auf ganz unterschiedlichem Terrain ermöglicht.

Übersetzung bei E-Bikes

Auch an E-Bikes spielt die Übersetzung eine Rolle, denn von ihr hängt ab, wie schwer oder leicht man treten muss, um dem Motor die nötige Unterstützung abzufordern.

An Rennrädern finden Sie oft nur zwei Kettenblätter, meist mit einer Kompaktkurbel mit 50/34 Zähnen. Hinten findet sich dann eine Zahnkranzbandbreite von elf bis 28 oder 30 Zähnen. Als Faustregel können Sie sich merken: Je mehr sich die Zähnezahl von kleinstem Kettenblatt und größtem Ritzel annähern, desto leichter tritt man bergauf.

Betätigung einer Kettenschaltung

Betätigt werden Kettenschaltungen mit mechanischen Bowdenzügen zum Schaltkäfig hinten oder zum Umwerfer am Tretlager. Rechts schaltet man die Zahnkränze am Hinterrad, links betätigt man den Umwerfer. Auch die Betätigung per Drehgriff findet sich noch an vielen Fahrrädern, wobei sich deren Kapazität meist auf sieben bis neun Gänge beschränkt. Rennräder integrieren die Schaltung in die Bremsgriffe, seit Shimano in den 1990er-Jahren die STI-Hebel einführte. Früher schaltete man mit zwei Hebeln, die am Unterrohr des Rahmens angebracht waren. Einen

Kettenschaltung 

- Anzahl der Kettenblätter und Zähne
- 2-fach oder 3-fach (50/34 oder 48/36/26 Zähne)
- Zahl der Ritzel (10, 11, 12)
- Größe des Schaltwerks

INFO

Kettenschaltung: Kapazität des Schaltwerks

Wer mit dem Rad in hügeliges Terrain oder in die Berge fährt, ist über eine Schaltung froh, die leichtes Treten ermöglicht. Das ist dann gegeben, wenn sich die Zähnezahl des kleinsten Kettenblatts vorn und des größten Ritzels hinten möglichst weit annähern, sich also ein Verhältnis von 1:1 einstellt. Doch nicht jedes Schaltwerk kann jede beliebige Zähnezahl am Zahnkranz bewältigen. Man errechnet dessen Kapazität, indem man zur Differenz von größtem und kleinstem Kettenblatt vorn die Differenz von größtem und kleinstem Ritzel hinten addiert.

Beispiel:

Kettenblatt vorn 50 – 34 Zähne = 16
Ritzel hinten 30 – 12 Zähne = 18
Kapazität 16 + 18 Zähne = 34

Das heißt, der Schaltkäfig hinten würde eine Kassette bewältigen, deren größtes Ritzel 34 Zähne hat. Kleine Schaltwerke schaffen aber maximal 29 oder 30 Zähne – in diesem Falle müsste man also einen längeren Käfig montieren. Standardmäßig werden an Tourenrädern heute aber meist schon ab Werk längere Schaltkäfige für größere Übersetzungen geliefert.

großen Sprung in Richtung Bedienungsfreundlichkeit und Genauigkeit brachten die elektromechanischen Schaltungen von Shimano und Campagnolo sowie die Funkschaltung von Sram, die ohne Bowdenzüge auskommt.

Schalthebel

Gangschaltungen werden am Fahrrad über Schalthebel betätigt, die am Lenker angebracht sind. Die Kraft wird mit Seilzügen übertragen, die in Bowdenzügen verlaufen. Sie setzen am Kettenblatt einen Umwerfer in Gang, am Hinterrad bewirken sie, dass der Schaltkäfig die Kette auf das nächstkleinere oder -größere Ritzel hebt. Bei Nabenschaltungen im Hinterrad verschiebt man mit dem Schalthebel Zahnräder innerhalb der Nabe. In jüngster Zeit haben auch elektronische Schaltungen Einzug gehalten, die ohne Züge betätigt werden können. Sie leiten Funksignale an den Umwerfer beziehungsweise den Schaltkäfig.

Shimano-Schalthebel für 3-fach-Schaltungen, Felgen- und mechanische Scheibenbremsen

SCHALTERTYPEN

An Schaltertypen haben sich im Lauf der Jahre eine ganze Reihe von unterschiedlichen Modellen herausgebildet. Grundsätzlich kann man sie in

Modelle für Tourenräder, Mountainbikes und Rennräder unterscheiden. Hinzu kommen die relativ neuen elektronischen Schalter.

- Schalter für Tourenräder sind meist als Drehgriffe ausgelegt. Man bewegt sie über eine Rasterung, in einem Sichtfenster ist der eingelegte Gang zu erkennen. Sie werden oft bei Nabenschaltungen verwendet. Drehgriffe sind solide, unempfindlich gegen Schmutz und bei Stürzen weniger gefährdet als andere Schaltertypen.
- Daumenschalter am Lenker geben die etwas sportlichere Variante ab. Sie bestehen an jeder Lenkerseite aus zwei Hebeln und werden mit Daumen und Zeigefinger bedient. Rechts bewegt man die Kette mit dem Daumen auf ein größeres Ritzel, mit dem Zeigefinger auf ein kleineres. Die Hebel links bewegen den Umwerfer. Mit dem Zeigefinger bewegt man ihn auf ein kleineres Kettenblatt, mit dem Daumen wieder zurück auf ein größeres. Diese Schalter sind sehr weit verbreitet und kommen an Tourenrädern und Mountainbikes vor.
- Rennradschaltungen sind in den kombinierten Brems- und Schalthebeln am Lenker untergebracht. Während man zum Bremsen den Hebel Richtung Lenker zieht, schwenkt man ihn zum Schalten zum Steuerrohr hin. Rechts werden die Gänge hoch- und heruntergeschaltet, links wird der Umwerfer umgelegt. Je nach Hersteller gibt es kleine Bedienungsvariationen, das Prinzip ist aber bei allen Schaltern gleich.

Drehschaltgriff für das Tretlagergetriebe von Pinion

Rapidfire-Schaltgriff von Shimano für 8-fach-Schaltungen

Hinsichtlich der Schaltungen findet man ausschließlich Kettenschaltungen. Standard sind heute elf Ritzel bei zwei Kettenblättern vorn. Campagnolo bietet mit seiner „Super Record"-Schaltung auch zwölf Ritzel am Hinterrad, ebenso Sram mit der „eTap AXS". So können 24 Gänge erreicht werden. Konventionell schaltet man mit Seilzügen, ganz modern

INFO

Was ist ein Bowdenzug?

Auch wenn elektronische Schaltungen an konventionellen Rädern und Pedelecs auf dem Vormarsch sind: An den allermeisten Fahrrädern werden Schaltung und oft auch noch Bremsen mit Seilzügen, den sogenannten Bowdenzügen, betätigt.
Ein Bowdenzug überträgt mechanische Druck- oder Zugkräfte. Das Zugseil ist von einer Hülle ummantelt, die gegenüber diesen Kräften in Längsrichtung stabil ist. Das heißt, der Bowdenzug ist beweglich, er kann am Fahrrad in Biegungen verlegt werden, ohne dass die Zugkräfte darunter leiten. In hochwertigen Bowdenzügen verlaufen die Seilzüge für Schaltung und Bremse in Silikon- oder Teflonhüllen. Das verbessert ihre Haltbarkeit.

Vergrößerung eines Bowdenzugs mit Stahldrähten, Teflonschlauch und Zughülle

Kombinierter Brems- und Schalthebel an einem Rennrad

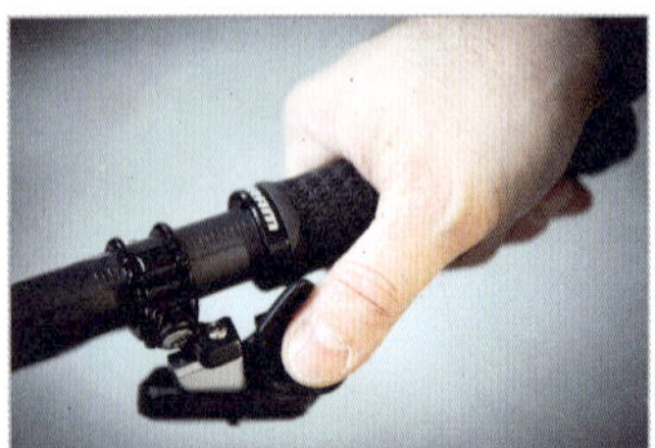

Daumenbetätigter Rapidfire-Schalthebel (8-fach-Schaltung)

Drehgriffschaltung mit Einstellmöglichkeit des Schaltzugs

ist die „eTap AXS" von Sram, eine elektronische Schaltung. Dazu sind in den Bremshebeln Minicomputer integriert, an Umwerfern und Schaltkäfig befinden sich batteriebetriebene Stellmotoren.

Im Rennsportbereich haben elektronische Schaltungen seit 2009 Einzug gehalten. Shimano führte damals die elektrisch betätigte „Di2-Schaltung" für seine Topschaltgruppe „Dura Ace" ein. Die italienische Firma Campagnolo zog nach. Dabei werden die Schaltbefehle elektronisch über ein Kabel an das Kettenblatt und den Zahnkranz übertragen. Das Schalten wird dadurch leichter, ein leichter Druck auf die Hebel genügt, die Räder sehen wegen der entfallenen Schaltzüge aufgeräumter aus, und die Systeme funktionieren auch im harten Einsatz perfekt. Die Hersteller geben Akkuleistungen von etwa 1 500 Kilometern an. Verbaut werden sie an Touren- und Rennrädern, Mountainbikes und Pedelecs. Sram ging noch einen Schritt weiter und überträgt die Schaltbefehle per Funk – Kabel fehlen hier völlig. Sram bietet seine elektronische Schaltung „Eagle AXS" im Mountainbikebereich sogar als Nachrüstsatz an.

Etwas sollte man immer im Auge behalten: Leert sich der Akku unterwegs oder bekommt die Schaltung einen Schlag ab und verweigert den Dienst, kann die Rückfahrt ungemütlich werden. In den meisten Fällen hilft allerdings der Reset-Knopf – oder ein Ersatzakku.

- Rahmenschaltungen mit zwei Justierhebeln am Unterrohr waren bis Ende der 1980er-Jahre Standard an Rennrädern. Zunächst hatten sie keine Rasterung, man schaltete nach Gefühl. Später kamen feste Schaltschritte mit Indexierung hinzu. Für die Freunde von Vintage-Bikes mit Stahlrahmen ist die Ausstattung unabdingbar – gebaut werden sie heute nicht mehr.

UMWERFER

Die meisten Kettenschaltungen sind mit einem Umwerfer ausgestattet. Das ist jenes gebogene Blech über dem Kettenblatt, das die Kette vom einen auf das andere Blatt bewegt. Man bewegt den Umwerfer mit einem Schalthebel – ganz modern auch elektronisch. Klassischerweise wird er jedoch über einen Bowdenzug (siehe Seite 135) angesteuert. Mit zwei oder gar drei Kettenblättern erhöht sich so die Zahl der zur Verfügung stehenden Gänge. Hat man hinten zehn Ritzel auf der Kassette und vorn zwei Kettenblätter, so ergibt das theoretisch 20 Gänge. Sie haben ein breites Übersetzungsspektrum, das zudem fein abgestuft ist.

An Nabenschaltungen braucht man keinen Umwerfer, da der Schaltvorgang in der Nabe stattfindet.

DAS SCHALTWERK

Als Schaltwerk bezeichnet man jenen Käfig mit zwei Röllchen am Hinterrad, der die Kette von einem Zahnkranz auf den nächsten bewegt. Grob

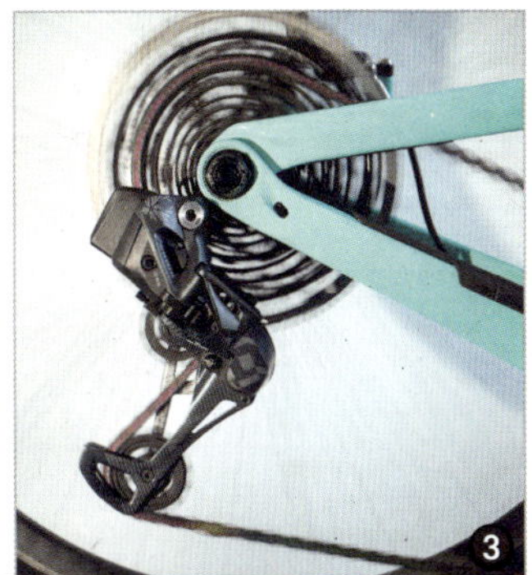

Zeitensprung: seilzugbetätigtes (1) und funkgesteuertes Schaltwerk (3), funkgesteuerter Umwerfer (2). Die Stellmotoren sind untereinander austauschbar.

gesagt, bewirkt ein Druck auf den Schalthebel am Lenker, dass sich der Parallelogrammkäfig am Hinterrad in Richtung des Laufrads bewegt und dabei die Kette mitnimmt. Man schaltet auf einen leichteren Gang. Bei Entspannung rutscht er nach außen vom Laufrad weg. Zum Einstellen besitzt jedes Schaltwerk zwei Schrauben, die mit „H“ und „L“ gekennzeichnet sind. „H“ steht für „high“ und bedeutet den höchsten, also schnellsten Gang. Hiermit wird die Stellung unter dem kleinsten Ritzel begrenzt, sodass die Kette beim Schalten nicht nach außen abfällt. „Low“ steht für niedrig, also den größten Gang – hiermit wird die Stellung des Schaltwerks unter dem größten Ritzel begrenzt. So kann beim Schalten die Kette nicht zur Nabe hin abspringen.

Die Kette läuft s-förmig über zwei kleine Schaltröllchen durch den Schaltkäfig. Die Kunststoffröllchen kann man ersetzen, sie nutzen sich nach längerer Zeit ab. Der Schaltkäfig selbst hat eine unterschiedliche Länge, die darüber entscheidet, wie viele Zähne das Schaltwerk maximal bewältigen kann. Bei kurzen Schaltkäfigen, wie sie an Rennrädern verbaut sind, liegt die Obergrenze bei 30 Zähnen auf dem größten Ritzel (Shimano), lange Schaltkäfige schaffen 34 Zähne.

Das Schaltwerk selbst wird am Schaltauge – einem kleinen Metallblech – am Rahmen angeschraubt. Es kann im Falle eines Bruchs leicht ersetzt werden. Bei alten Stahlrahmen ist das nicht so. Hier war das Schaltauge oft Teil des Rahmens. War es nach einem Sturz verbogen oder abgebrochen, musste der komplette Rahmen ersetzt werden. Das ist bei angeschraubten Schaltaugen nicht mehr der Fall. Bei Nabenschaltungen ist kein Schaltauge am Rahmen nötig.

Was aussieht wie Seepferdchen sind Schaltaugen, an denen das Schaltwerk befestigt wird; bei Bruch leicht zu ersetzen.

EINSATZBEREICH DER KETTENSCHALTUNG

Kettenschaltungen stellen Universalschaltungen dar, die an allen Fahrradtypen zu finden sind – mit Ausnahme vielleicht der Hollandräder. Sie werden an City- und Trekkingrädern verwendet, am Rennrad ist die

Indexschaltung am Unterrohr eines alten Rennrads

Kettenschaltung die Schaltung schlechthin – hier wird um jedes Gramm gerungen. Auch an E-Bikes werden Kettenschaltungen oft benutzt, gern mit nur einem Kettenblatt und acht bis elf Ritzeln auf der Kassette hinten. Sie verkraften das Drehmoment der Elektromotoren gut.

Bei den Nabenschaltungen eignen sich nur die der Firmen Rohloff und Enviolo für den E-Bike-Einsatz. An Mountain-, Cyclocross- und den Gravelbikes sind Kettenschaltungen ebenfalls Standard. Dort werden sie aber häufig mit nur einem Kettenblatt vorn und zwölf Ritzeln hinten kombiniert, wie dies die US-Firma Sram eingeführt hat. Der Vorteil liegt im geringeren Gewicht, allerdings sind die Sprünge zwischen den einzelnen Gängen sehr groß und passen nicht jedem Alltagsfahrer, der auf Asphalt unterwegs ist. Die Schaltungen können auf maximal schnelles Vorankommen oder auf größtmögliche Übersetzung ausgelegt sein. Das geschieht mit der ausgeklügelten Kombination von Kettenblättern mit unterschiedlichen Zähnezahlen und Kassetten mit ebenfalls unterschiedlicher Bestückung an Zähnen.

VERGLEICH: SCHALTUNG AM RENNRAD, MOUNTAINBIKE UND CITYBIKE

Kettenschaltungen haben für unterschiedliche Einsatzbedingungen unterschiedliche Übersetzungen und Entfaltungen. Während bei Rennrädern in erster Linie große Geschwindigkeiten erreicht werden sollen, hat die Schaltung bei Mountainbikes vor allem die Aufgabe, in den kleinen Gängen, also im steilen Gelände, eine bestmögliche Variabilität zu bringen. Am Alltagsrad, das sich an den untrainierten Fahrer richtet, ist dagegen möglichst leichtes Treten in möglichst breitem Drehzahlband das Ziel.

Typische Rennradschaltung

Eine Rennradschaltung hat einen Zahnkranz mit elf bis 30 Zähnen und zwei Kurbeln mit 50 und 34 Zähnen. Es gibt daneben aber auch andere Übersetzungen. 52/36 zum Beispiel, die frühere klassische Kombination 53/39 und zahlreiche andere Varianten. Eine typische Abstufung des Zahnkranzes ist zum Beispiel 11–12–13–14–15–17–19–21–24–27–30 Zähne. Das ergäbe mit einem Blatt von 50/34 Zähnen eine kleinste Entfaltung von 2,44 Metern pro Umdrehung und eine größte von 9,77 Metern. An Geschwindigkeit entspricht das 12,4 bis 48,9 Kilometer pro Stunde bei einer Trittfrequenz von 85.

Profis fahren Kettenblätter mit 52 und 36 Zähnen, auf der Kassette sind elf Ritzel mit elf bis 25 Zähnen üblich. Damit lassen sich hohe Geschwindigkeiten erzielen, für Hobbyradler ist diese Übersetzung allerdings sehr schwer.

INFO

Übersetzung, Entfaltung, Geschwindigkeit

Um die **Entfaltung** eines Laufrads zu berechnen, also die Strecke, die man mit einer Kurbelumdrehung zurücklegt, teilt man die Zahl der Zähne auf dem Kettenblatt durch die Zahl der Zähne auf dem Ritzel. So erhält man die **Übersetzung**. An Alltagsrädern sind Kettenblätter mit 48–36–26 Zähnen üblich. Für den Zahnkranz wird nur die Bandbreite der Zähnezahl angegeben, zum Beispiel 11–32. Das bedeutet, das kleinste Ritzel hat 11 Zähne, das größte 32. Um im Beispiel zu bleiben: Bei einer Kombination größtes Kettenblatt und kleinstes Ritzel wäre die Berechnung der Übersetzung 48:11 = 4,36. Multiplizieren wir nun diese Zahl mit dem Radumfang, der bei einem 28-Zoll-Rad ungefähr 2135 Millimeter beträgt, so kommen wir zur Entfaltung. Das wären 4,36 x 2,135 = 9,30 Meter. Wenn man das kleinste Kettenblatt benutzen würde und ein Ritzel mit zum Beispiel 18 Zähnen, so wäre die Übersetzung 1,44. Hier betrüge die Entfaltung 1,44 x 2,135 = 3,07 Meter.
Für die Berechnung der **Fahrgeschwindigkeit** rechnet man anschließend die Entfaltung pro Sekunde in Kilometer pro Stunde um. Bei einer Umdrehung der Kurbel pro Sekunde ergäbe unser Beispiel im größten Gang eine Fahrtgeschwindigkeit von 9,30 x 3600 sec = 33,48 km/h. Im kleinsten Gang wären es 11,05 km/h. Bei höheren Trittfrequenzen multipliziert man die Fahrtgeschwindigkeit mit dem Quotient aus Trittfrequenz und 60. Bei 80 Umdrehungen pro Minute wären das 80:60 = 1,33. Nun folgt 1,33 x 33,46 km/h = 44,64 km/h. Im kleineren Gang würde man bei einer Trittfrequenz von 80 auf 14,6 km/h kommen.

Typische Cityradschaltung

An einem Cityrad mit 28 Zoll und einer Dreifachkurbel mit 48, 36 und 26 Zähnen und einem Zahnkranz mit elf bis 34 Zähnen ergäbe sich folgende Entfaltung: von 1,64 Meter im kleinsten Berggang bis zu 9,38 Meter im größten Schnellgang. Man sieht hier also, dass die Übersetzung im kleinsten Gang im Vergleich zum Rennrad eine kürzere Strecke bewältigt, sie ist angenehmer zu treten, man braucht weniger Kraft.

Typische Mountainbikeschaltung

An einem Mountainbike mit einer 1 x 12-Schaltung mit elf bis 50 Zähnen hinten ergäbe sich eine kleinste Entfaltung von 1,38 Meter und eine größte von 6,25 Metern. Die Geschwindigkeit würde von 7 Kilometern im kleinsten Gang bis zu 31,9 Kilometer pro Stunde im größten Gang reichen. Das Mountainbike hätte damit die geringste Entfaltung, was für

12-fach-Zahnkranz an einem Mountainbike

ein Geländefahrrad, das in steilem Terrain bewegt wird, sehr gut passt. Trittfrequenz: 85. Zum Schnellfahren auf der Straße wäre diese Übersetzung aber weniger geeignet (Quelle: j-berkemeyer.de/Online-Ritzelrechner). Einen Übersetzungsrechner finden Sie auch auf der Seite des Fahrradhändlers Velophil: velophil.berlin/service/umrechner-schaltungen/.

VOR- UND NACHTEILE EINER KETTENSCHALTUNG

Vorteile

- Die Kettenschaltung hat den besten Wirkungsgrad : 95 bis 97 Prozent der aufgebrachten Kraft kommen am Hinterrad an. Jedenfalls wenn die Kette gut geschmiert ist und in möglichst gerader Linie läuft. Ist sie verschmutzt oder durch Abnutzung gelängt, sinkt der Wirkungsgrad deutlich.
- Ausgereifte Technik, überall Ersatzteile erhältlich. Das Übersetzungsverhältnis von 540 Prozent wird nur vom Pinion-Getriebe übertroffen.
- Im Vergleich zu einer Nabenschaltung ist die Kettenschaltung preiswert. Sie ist ab 100 Euro erhältlich (Kette, Schaltung, Zahnkranz), nach oben reicht die Grenze bis etwa 1 500 Euro im Sportbereich. Dort schlägt vor allem das geringere Gewicht preislich zu Buche.
- Kettenschaltungen arbeiten mit feinerer Abstufung und nur minimalen Reibungsverlusten. Sie sind trotz der zahlreichen Ritzel etwas leichter als Nabenschaltungen.
- Die Einzelteile lassen sich bei Bedarf einfach austauschen. Dadurch lässt sich auch die Abstufung der Gangschaltung problemlos ändern – bei Nabenschaltungen unmöglich.
- Das Hinterrad lässt sich viel einfacher ausbauen als bei einer Nabenschaltung.

Nachteile

- Pflege- und Wartungsbedarf wegen der frei liegenden Teile relativ hoch.
- Staub und Sand können sich zwischen Kette und Ritzel festsetzen und sie Stück für Stück abschleifen.
- Kettenschaltungen schalten nur, während der Fahrer in die Pedale tritt. Das sollte aber nicht unter voller Kraft passieren. Man kann nicht wie bei einer Nabenschaltung im Stand schalten.
- Eine Kette nutzt sich ab, dann ist meist auch ein neuer Zahnkranz hinten fällig. Das kann je nach Fahrweise bei 4 000 bis 5 000 Kilometern der Fall sein. Kosten: etwa 60–80 Euro. Bei Mountainbikes im harten Geländeeinsatz halten die Ketten oft nicht einmal 2 000 Kilometer.
- Das außen liegende Schaltwerk ist bei Stürzen oder Fahrten im Gelände (Äste, Steine) gefährdet.

Historie der Kettenschaltung

Erste Versuche mit Fahrradschaltungen wurden Ende des 19. Jahrhunderts in Frankreich unternommen. 1906 soll dann der französische Fahrradenthusiast Paul de Vivie erstmals zwei Kettenblätter und mehrere Ritzel verwendet haben. Seine Erfindung setzte sich aber nicht durch. 1930 dachte sich der italienische Fahrradpionier Tullio Campagnolo den Schnellspanner aus. Um damals einen leichteren Berggang einzulegen, musste man das Hinterrad ausbauen und umdrehen, weil die beiden unterschiedlich großen Zahnkränze auf den beiden Seiten der Achse angebracht waren. Mit dem Schnellspannmechanismus von Campagnolo konnte das nun ohne Werkzeug geschehen. 1938 kam dann die erste 5-Gang-Schaltung der italienischen Brüder Nieddu auf den Markt. 1946 brachte Campagnolo schließlich die Schaltung „Corsa" heraus, bei der die Kette erstmals während der Fahrt auf verschiedene Zahnkränze gelegt werden konnte.

Ab den 1950er-Jahren dominierten dann italienische Kettenschaltungen von Campagnolo den Markt, bis die japanische Firma Shimano in den 1970er-Jahren zum Angriff ansetzte und heute unangefochtener Marktführer ist.

Die Anzahl der Zahnkränze stieg seit den 1950er-Jahren kontinuierlich. Üblich sind heute bei den einfacheren Schaltungen sieben, acht oder neun Ritzel, Standard zehn oder elf Ritzel. Im Rennsportbereich haben Campagnolo und Sram mit zwölf Ritzeln derzeit die Nase etwas vorn. An Mountainbikes werden traditionell Kassetten mit mehr Ritzeln verbaut, hier gibt es bis zu 51 Zähne auf zwölf Ritzeln.

Mit steigender Zahnkranzzahl wurden die Ketten immer dünner, denn die Einbaubreite für die Ritzelpakete im Fahrradrahmen kann nicht beliebig erweitert werden.

DIE GETRIEBE- BZW. NABENSCHALTUNG

Bei Getriebeschaltungen werden Zahnräder gegeneinander verschoben, sodass unterschiedliche Übersetzungsbereiche entstehen. Sie können von drei Gängen wie bei der klassischen „Torpedo-Nabe" von Fichtel & Sachs über die 14 Gänge in der Rohloff-Nabe bis hin zu stufenlosen Nabenschaltungen der Marke Enviolo (früher Nuvinci) reichen. Die Schaltungen laufen in einem völlig gekapselten Gehäuse im Hinterrad in einem Ölbad, sind dadurch vor Verschleiß bestens geschützt und weitgehend wartungsfrei. Laufleistungen von 50 000 Kilometern sind üblich. Meist sollte das Getriebeöl einmal im Jahr gewechselt werden. Alltagsfahrer, die viele Kilometer hinter sich bringen, und Reiseradler schwören deshalb auf Getriebeschaltungen.

Die Enviolo-Schaltung stellt eine Besonderheit dar: Hier stellt man am Display seine gewünschte Trittfrequenz ein, die Schaltung stellt dann stufenlos die passende Übersetzung dazu bereit. Schalten muss

Zahnriemen zur Schaltung im Hinterrad

Korrekte Einstellung einer Nabenschaltung über die gelben Markierungen

man nicht mehr. Das ist in der Stadt sehr praktisch, auch an E-Bikes wird diese Schaltung gern eingesetzt.

Weil der Schaltvorgang in einem Gehäuse stattfindet, braucht man nur eine Kette oder einen Zahnriemen zu einem Ritzel am Hinterrad. Weitere bekannte Nabenschaltungen sind etwa die 7- oder 8-Gang-Nabe „Nexus" von Shimano oder ihre teurere und aufwendigere 8-Gang- beziehungsweise 11-Gang-Schwester „Alfine". Vor Kurzem brachte Shimano eine 5-Gang-Nabenschaltung auf den Markt, die speziell für das höhere Drehmoment von Pedelecs konzipiert wurde. Es gibt sie auch als elektronische Variante, die nicht mehr per Seilzug angesteuert werden muss.

Nabenschaltungen können wahlweise mechanisch oder elektronisch betätigt werden. Einen Kultstatus genießt die „Speedhub"-Nabenschaltung von Rohloff. Der deutsche Hersteller bewältigt damit eine Übersetzungsbreite von 526 Prozent. Die „Speedhub" hat den Ruf der Unverwüstlichkeit „Made in Germany", gerade bei Reiseradlern, die damit rund um den Globus unterwegs sind. Das jüngste Modell kann elektronisch geschaltet werden und hat als besonderen Clou eine Anfahrteinstellung: Bleibt man an einer Ampel etwa stehen, schaltet die Nabe automatisch in einen vorgewählten angenehmen Anfahrtgang. Die Rohloff-Nabe ist im Vergleich zu einer Kettenschaltung etwa 1 400 Gramm schwerer.

Ähnlich gut ist das ins Tretlager integrierte Pinion-Getriebe. Die 18-Gang-Schaltung hat mit 636 Prozent ein noch größeres Übersetzungsverhältnis als die Rohloff-Nabe – und ist damit Weltmeister. Pinion ist weitere 900 Gramm schwerer als eine Rohloff-Nabe und erfordert spezielle Rahmen. Deshalb findet man sie häufig an teuren Fahrrädern. Es gibt sie mit sechs, neun, zwölf und 18 Gängen.

Nabenschaltung von Sram

Die amerikanische Firma Sram, die 1997 den deutschen Hersteller Fichtel & Sachs übernahm, hat seit 2017 die Herstellung von Nabenschaltungen eingestellt.

Nabenschaltungen bietet darüber hinaus die frühere englische Traditionsmarke Sturmey & Archer an. Nach der Pleite im Jahr 2000 übernahm die taiwanische Firma Sunrace den Hersteller und vermarktet sie unter ebenjenem Namen.

Ein Vorteil für manchen Radfahrer ist der Umstand, dass bei Nabenschaltungen auch Rücktrittbremsen verwendet werden können. So etwa bei der Shimano Nexus mit acht Gängen, was ein besseres Sicherheitsgefühl vermitteln kann. Da jedoch immer häufiger Scheibenbremsen am Fahrrad verbaut werden, findet man Rücktrittbremsen seltener. Sie können jedoch bei verschiedenen Fahrradherstellern auf Wunsch bestellt werden, sofern sie nicht im Programm sind.

RIEMEN STATT KETTE

Wer sich für eine Nabenschaltung oder Getriebeschaltung entscheidet, hat die Wahl: Soll das Hinterrad mit einer Kette oder einem Riemen angetrieben werden? Riemen werden immer populärer, und das hat einige

Ein Mountainbike mit Pinion-Tretlagergetriebe

gewichtige Gründe. Wie die Stiftung Warentest in ihrem großen E-Bike-Test 2017 herausfand, bieten Riemenantriebe folgende **Vorteile**:

- Geräuscharm und fast wartungsfrei
- Halten länger als Ketten
- Müssen nicht geschmiert werden
- Langlebig – bis zu 20 000 Kilometer laut Anbieter

Nachteile:

- Teuer – ein Riemen kostet etwa 80 Euro (eine Kette etwa 20 Euro)
- Nur mit Nabenschaltungen kombinierbar
- Nicht nachrüstbar, da Fahrradrahmen nötig, der an Ketten- oder Sitzstrebe zu öffnen ist; Rad mit Riemenantrieb etwa 200 Euro teurer als eins mit Kettenschaltung
- Angerissene Riemen müssen ausgetauscht werden – bei Ketten lassen sich Glieder entfernen.

DAS PINION-GETRIEBE

Im Jahr 2008 kam die erste Getriebeschaltung des deutschen Unternehmens Pinion auf den Markt. Das Zahnradgetriebe sitzt direkt im Tretlagerbereich, die Topversion „P1.18" hat 18 Gänge mit einem rekordverdächtigen Übersetzungsverhältnis von 636 Prozent. Das heißt, der größte Gang ist 6,36mal so lang übersetzt wie der kleinste Gang. Bei einer Kettenschaltung beträgt dieser Wert maximal 540 Prozent. Das Getriebe läuft in einem Ölbad und ist bis auf den jährlichen Ölwechsel wartungsfrei. Es gilt in der Fachwelt als Krönung des filigranen Getriebebaus unter den Fahrradantrieben. Angeboten werden die Getriebe in zwei Produktlinien: der P- und der C-Linie.

- Die P-Linie gilt als Topversion, das Modell „P1.18" ist das Flaggschiff von Pinion. Es hat 18 echte, fein abgestufte Gänge. Daneben sind die Modelle „P1.12", „P1.9XR" und „P 1.9CR" im Angebot. Sie bieten zwölf beziehungsweise neun echte Gänge und haben kleinere Über-

Detailblick auf das 18-Gang-Pinion-Getriebe im Tretlager. Der Rahmen muss dafür passen.

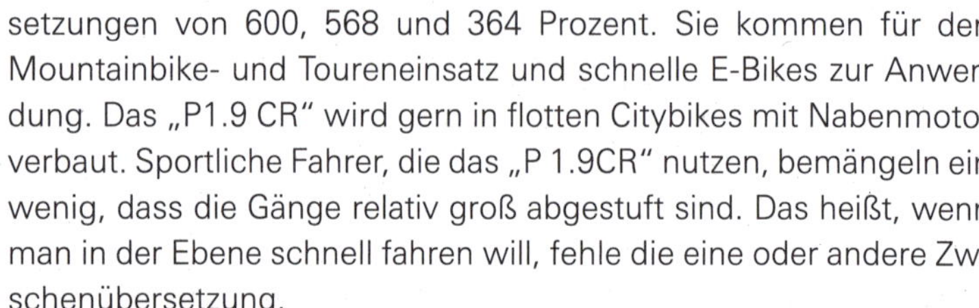

setzungen von 600, 568 und 364 Prozent. Sie kommen für den Mountainbike- und Toureneinsatz und schnelle E-Bikes zur Anwendung. Das „P1.9 CR" wird gern in flotten Citybikes mit Nabenmotor verbaut. Sportliche Fahrer, die das „P 1.9CR" nutzen, bemängeln ein wenig, dass die Gänge relativ groß abgestuft sind. Das heißt, wenn man in der Ebene schnell fahren will, fehle die eine oder andere Zwischenübersetzung.

- Die C-Linie ist insgesamt etwas kleiner und leichter und mit zwölf, neun und sechs Gängen ausgestattet. Sie ist preiswerter als die P-Linie, was durch eine andere Herstellung zustande kommt. Statt eines aufwendig gefrästen Aluminiumgehäuses werden bei der C-Linie im Druckgussverfahren hergestellte Magnesiumgehäuse verwendet.

Nicht jeder Rahmen passt

Der Nachteil der Pinion-Getriebe ist allerdings, dass sie nicht in gängige Fahrradrahmen eingebaut werden können. Sie müssen für das Getriebe, das zudem als das teuerste gilt, leicht modifiziert werden. Die Topversion kostet rund 1 400 Euro. Gute Trekkingräder liegen damit deutlich jenseits der 3 000-Euro-Marke. Mit der günstigeren C-Modellreihe, die 2017 auf den Markt kam, sank der Preis für die damit ausgestatteten Räder auf rund 2 000 Euro.

DAS ENVIOLO-GETRIEBE

Die stufenlose Enviolo-Nabe an einer klassischen Hinterradaufnahme

Als im Jahr 2007 das Nuvinci-Getriebe der Firma Fallbrook (heute zu Enviolo) auf den Markt kam, war es eine echte Neuheit, da es stufenlos funktionierte. Das gilt auch heute noch, nachdem sich die Fahrabteilung von Fallbrook 2018 in Enviolo umbenannt hat. „Nuvinci" war damals übrigens eine Reverenz an Leonardo da Vinci, der das Grunddesign für ein stufenlos verstellbares Getriebe entwickelte.

Zunächst fristete das Nuvinci ein Schattendasein hinter Shimano- und Rohloff-Naben. Doch in jüngster Zeit wird die Schaltung zunehmend häufiger verbaut. Seit der Umbenennung der Firma werden die beiden aktuellen Baureihen unter den Namen „Nfinity" und „Harmony" vermarktet.

Die Idee bei dieser Schaltung: Der Radfahrer tritt am kräftesparendsten, wenn er immer mit der gleichen Trittfrequenz unterwegs ist. Die liegt bei Hobbyradlern zwischen 70 und 90 Umdrehungen pro Minute.

Bei den drei Modellen der Produktgruppe „Nfinity" – „N330", „N380" und „N380 SE" – verstellt man die Übersetzung stufenlos per Handgriff. Bei der Topmodellreihe „Harmony" stellt der Fahrer nur seine bevorzugte Trittfrequenz ein, das Getriebe schaltet dann automatisch je nach Gelände die passende Übersetzung dazu selbst ein. Per Knopfdruck kann man auch wieder in die manuelle Schaltung zurück wechseln.

Historie der Nabenschaltung

Gegen Ende des 19. Jahrhunderts wurden bereits Planetengetriebe an Fahrrädern verwendet. Dabei erzeugen unterschiedlich große Zahnräder verschiedene Übersetzungen. Ab 1898 gab es „The Hub" des Engländers William Reilly. 1902 entwarf Reilly eine 3-Gang-Nabenschaltung, die von Sturmey-Archer produziert wurde.
Die Chemnitzer Firma Wanderer war 1902 der erste Fahrradhersteller, der ein Patent auf eine Hinterradnabe erhielt. 1907 brachte der Schweinfurter Hersteller Fichtel & Sachs seine Torpedo-2-Gang-Nabe auf den Markt. 1924 folgte die Torpedo-3-Gang-Nabe mit Rücktritt. Sie wurde zum Markenzeichen der Firma schlechthin und war bis weit in die 1960er-Jahre im Angebot. Fichtel & Sachs wurde 1997 von der amerikanischen Firma Sram aufgekauft, die die Produktion nach einigen Jahren nach Taiwan verlagerte.
Ein Meilenstein der Nabenschaltungen ist nach wie vor die 1999 von der hessischen Firma Rohloff AG vorgestellte „Speedhub 500/14". Sie gilt als unverwüstlich, bietet 14 Gänge, ein Übersetzungsspektrum von 526 Prozent und wird darin nur vom Pinion-Getriebe mit 636 Prozent übertroffen. Die neueste Version ist elektronisch, sodass Updates aufgespielt und Apps auf das System zugreifen können.
In den 1970er-Jahren drängte die japanische Firma Shimano mit ihren Schaltungen immer stärker auf den europäischen Markt. Bei den Nabenschaltungen ist sie mit der 8-Gang-Nabe „Nexus" und der 11-Gang-Schaltung „Alfine" vertreten.
Die teurere „Alfine" ist das eindeutig bessere Modell und seit Kurzem auch als elektronisch gesteuerte Version erhältlich. Extra für E-Bikes gibt es seit geraumer Zeit eine robuste 5-Gang-Nabenschaltung.

Stufenlose Enviolo-Getriebenabe

Das Funktionsprinzip des Enviolo-Getriebes ist vereinfacht gesagt folgendes: In der Nabe rotieren Kugeln in einem Ölbad, die in der Neigung verstellbar und zwischen zwei Scheiben gelagert sind. Beim stufenlosen Schalten wird die vertikale Achse verschoben und die Scheiben drehen sich unterschiedlich schnell – die Übersetzung ist zustande gekommen. Die Kraftübertragung erfolgt über die Kugeln. Das Übersetzungsverhältnis reicht von sehr alltagstauglichen 310 bis 380 Prozent. Geschaltet werden kann unter Last oder im Stand, und die Nabe ist für Riemenantriebe geeignet. Zudem kann sie in alle gängigen Laufräder und Rahmen eingebaut werden.

Das Enviolo-System ist gekapselt und wartungsfrei wie die anderen Getriebeübersetzungen auch, es kann überdies nachträglich ins Fahrrad eingebaut werden. Es besteht Kompatibilität mit allen Bremssystemen und Elektromotoren für E-Bikes und wird dort sehr gern eingesetzt. Gerade an Lastenfahrrädern findet man es häufig. Kettenschaltungen gegenüber ist es geringfügig schwergängiger.

Die Enviolo-Nabe mit spezieller Aufnahme und Riemenantrieb

Über 50 Jahre lang ein Klassiker: die Torpedo Dreigangschaltung

EINSATZBEREICHE VON NABENSCHALTUNGEN

Nabenschaltungen sind etwas schwerer als Kettenschaltungen und werden deshalb überall dort eingesetzt, wo es auf die letzte Gewichtsersparnis nicht so sehr ankommt, also an Trekking-, City-, Reise-, Lastenrädern und an Modellen für den täglichen Arbeitsweg, sogenannten Commuter Bikes. Aber auch an Mountainbikes findet man sie zusehends, weil sie wegen ihrer Kapselung nicht so gefährdet sind beim Überfahren von Wurzeln und Steinen oder bei Stürzen. Und an E-Bikes sieht man Nabenschaltungen ohnehin immer häufiger, vor allem die stufenlose Enviolo-Nabenschaltung: In Kombination mit Elektroantrieb sorgt sie für ein äußerst geruhsames und angenehmes Fahrgefühl.

Vorteile von Getriebeschaltungen:

- Schaltung gut geschützt in einer Kapsel
- Geringer Verschleiß
- Nahezu wartungsfrei
- Schutz vor Verschmutzung
- Kann im Stand – etwa an Ampeln – geschaltet werden
- Mit Rücktrittbremse erhältlich
- Zahnriemen statt Kette möglich
- Kann gut mit Elektromotoren kombiniert werden
- Kürzere Speichen am Hinterrad: mehr Stabilität und Seitensteifheit

Nachteile von Getriebeschaltungen:

- Schwerer als Kettenschaltungen
- Höhere innere Reibung als bei Kettenschaltungen
- Hochwertige Naben- teurer als Kettenschaltungen
- Wechsel von Schaltzug und Hinterrad bei Reifendefekt umständlicher als an Kettenschaltung
- Bei gravierenden Problemen muss Schaltung zum Hersteller geschickt werden (kommt höchst selten vor)

Pedale

Pedale bringen die Kraft, die der Fahrer aufwendet, auf Tretkurbel und Tretlager und sorgen somit für den Vortrieb. Sie sollen möglichst rutschfest, dabei aber auch leicht und stabil sein. Der Markt bringt ständig neue Variationen hervor. Im Prinzip gibt es zwei Grundformen:

- Plattformpedale ohne feste Verbindung
- Klickpedale mit fester Verbindung, auch Systempedale genannt

PLATTFORMPEDALE

Alltagsradler greifen in der Regel zu Plattformpedalen ohne feste Verbindung zum Schuh. Sie bieten die größtmögliche Flexibilität beim Treten, man kann in Gefahrensituationen rasch absteigen und braucht keine speziellen Schuhe. Die Hersteller bieten die unterschiedlichsten Formen und Farben an, sodass man sich aus einer großen Auswahl bedienen kann. Klassische Hartgummipedale haben Reflektoren auf den Schmalseiten, was nachts ein zusätzliches Sicherheitsdetail ist.

An Mountainbikes haben sich Metallpedale mit zackenförmigen Rändern etabliert, so genannten Pins. Sie werden mit Mountainbikeschuhen gefahren und sollen im unwegsamen Gelände und bei Matsch und Feuchtigkeit einen besseren Halt bieten, indem sich die Pins in die Schuhsohlen drücken. Für Alltagsschuhe sind sie eher ungeeignet.

Leichtes Plattformpedal mit gummierter Kontaktfläche

Stylishe vollflächige Pedale für den trendbewussten Radler

Pedale für spezielle Rennradschuhe

LINKS- UND RECHTSGEWINDE

Pedale haben übrigens unterschiedliche Gewinde. Sie sind deshalb auch mit „R" und „L" gekennzeichnet. Das rechte Pedal hat ein Rechtsgewinde, das linke ein Linksgewinde. Dadurch wird sichergestellt, dass die Kraft, die mit dem Fuß auf das Pedal kommt, immer in die Richtung wirkt, in die das Pedal in die Kurbel eingeschraubt ist. Andernfalls könnte es dazu führen, dass sich das Pedal mit der Zeit lockert und abfällt oder zumindest das Gewinde zerstört würde.

KLICK- UND KOMBIPEDALE

Klickpedale findet man vor allem im sportlichen Bereich an Rennrädern oder Mountainbikes. Sie haben eine kleinere Aufstandsfläche für die speziellen Schuhe, die über einen Klick-Mechanismus mit den Pedalen fest verbunden werden. Diese feste Verbindung ermöglicht eine bessere und gleichmäßigere Kraftübertragung. Man kann zum Beispiel bergauf auch mit dem Bein, das gerade nicht tritt, an der Pedale ziehen. Dafür sind aber spezielle Schuhe erforderlich.

Kombipedale verbinden sozusagen die Vorteile aus beiden Welten und verfügen über zwei unterschiedliche Seiten: auf der einen Seite eine glatte Fläche, die fast genauso groß wie die von Plattformpedalen und mit Alltagsschuhen nutzbar ist. Die andere Seite ist für das Einklicken von Rennrad- oder Mountainbikeschuhen gemacht. Diese Pedale sind somit gut für den täglichen Einsatz mit normalen Schuhen und für Touren geeignet.

Bei den Schuhen mit Klickpedalen gibt es spezielle Rennradschuhe und Modelle aus dem Mountainbikebereich (siehe Seite 229), mit denen man auch ganz gut gehen kann. Das ist praktisch, wenn man etwa unterwegs kleine Besichtigungen unternimmt oder auch mal durch die Gässchen eines Dorfes laufen möchte.

Pedale 

- Klickpedal
- MTB-Pedal
- Kombipedal
- Material
- Griffigkeit
- Preis

E-Bikes und Pedelecs: Antrieb mit Strom

Besonders stabiles Pedelec: das „Upstreet 3“ von Flyer

E-Bikes boomen. Rund ein Viertel aller verkauften Fahrräder 2019 waren mit Akkus ausgestattet. Dabei zeichnen sich deutliche Entwicklungstendenzen ab: Das Design steht im Vordergrund, klobige Akkupakete auf dem Gepäckträger sind out, stattdessen werden die Akkus formschön im Rahmen versteckt. Ihre Kapazität wächst, kleinere Motoren im Tretlager oder Hinterrad machen die Antriebsunterstützung unauffälliger. Magnesium hilft, Gewicht zu reduzieren. „Die Integration von Akku, Motoren in den Rahmen und die Vernetzung des Displays mit Smartphones sind wichtige Elemente, die jeder Hersteller im Auge hat“, sagt etwa Arne Sudhoff, Sprecher des Fahrradherstellers Derby Cycle.

Dabei macht die Elektrifizierung vor keinem Fahrradtyp halt: Alltags-, City-, Falt- und Rennräder, Tandems, Lasten- und sogar Kinderräder sind mit elektrischer Unterstützung erhältlich.

MOTOR, AKKU, STEUERGERÄT UND SENSOREN

Akku, Antrieb und Display eines Brose-Motors

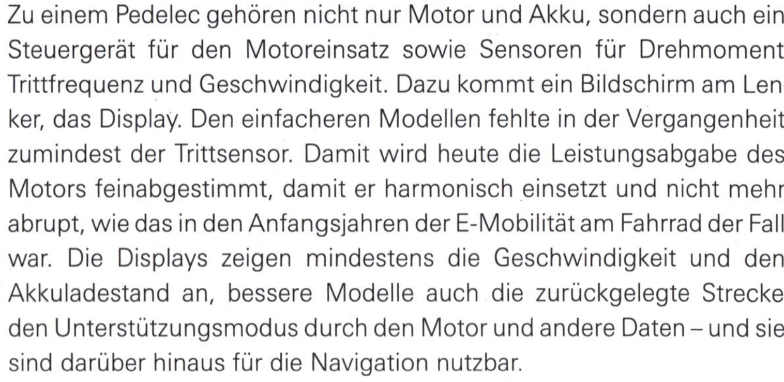

Zu einem Pedelec gehören nicht nur Motor und Akku, sondern auch ein Steuergerät für den Motoreinsatz sowie Sensoren für Drehmoment, Trittfrequenz und Geschwindigkeit. Dazu kommt ein Bildschirm am Lenker, das Display. Den einfacheren Modellen fehlte in der Vergangenheit zumindest der Trittsensor. Damit wird heute die Leistungsabgabe des Motors feinabgestimmt, damit er harmonisch einsetzt und nicht mehr abrupt, wie das in den Anfangsjahren der E-Mobilität am Fahrrad der Fall war. Die Displays zeigen mindestens die Geschwindigkeit und den Akkuladestand an, bessere Modelle auch die zurückgelegte Strecke, den Unterstützungsmodus durch den Motor und andere Daten – und sie sind darüber hinaus für die Navigation nutzbar.

Die Anzeigen auf dem Bildschirm werden je nach Hersteller per „remote controller“, kleinen Knöpfen am Lenker, oder per Tastendruck am Display direkt gesteuert. So können Sie die Unterstützungsarten des Motors einstellen und ablesen, die zurückgelegte Strecke oder wie weit der Akku noch reicht.

Die etwas teureren Modelle bieten zudem die Möglichkeit, das eigene Smartphone als Steuerelement und Display einzusetzen. Neuere E-Bikes verfügen über Neigungssensoren, die im Schiebebetrieb helfen, die Kraft des Motors bis zu 6 km/h fein zu dosieren. Diese „Schiebehilfe“ ist etwa beim Herausschieben aus einer Tiefgarage oder beim Schieben in steilem Terrain sehr angenehm.

Die meisten Pedelec-Motoren bieten unterschiedliche Unterstützungsstufen an, meist drei oder fünf. Mit diesen Fahrmodi lässt sich regeln, wie stark der Motor jeweils eingreift. Das wirkt sich auch direkt auf die Reichweite des Akkus aus: Wer mit einem sparsamen „Eco"-Modus fährt, genießt eine längere und gemäßigtere Stromunterstützung als derjenige, der auf kraftvollen „Boost" setzt und viel Power bekommt. In diesem Fahrmodus ist der Akku schneller leer.

PEDELECS UND SCHALTUNGEN

Die Kraft des Elektromotors wird bei den Pedelecs mit günstigen Kettenoder wartungsarmen Nabenschaltungen an das Hinterrad übertragen. Hier zeichnen sich aber auch Tendenzen zur Automatisierung ab – manche Motorenhersteller führen vollautomatische Nabenschaltungen im Programm. Das ist eine feine Sache, weil man sich beim Fahren kaum mehr ums Schalten kümmern muss. Zumal dann, wenn die Schaltung auch noch elektronisch funktioniert wie bei Shimano-Komponenten oder automatisch wie bei der Enviolo-Nabenschaltung.

INFO

Fahrmodus, Trittfrequenz und Tretwiderstand

Die Elektromotoren am Pedelec kann man in unterschiedlichen Fahrmodi betreiben. Je nach Hersteller heißen sie etwa „Eco", „Normal", „Power", „Boost" oder sonst wie. Sie können über einen kleinen Schalter am Lenker angewählt werden, der **„remote control"** genannt wird, oder über ein größeres Display. Oft schaltet man an der „remote control" und liest am Display die Einstellung ab. Je mehr Fahrmodi zur Verfügung stehen, desto genauer kann die Leistungsabgabe des Motors an die aktuelle Fahrsituation angepasst werden.

Die seit einigen Jahren verbauten Sensoren für Trittfrequenz, Pedalkraft und Geschwindigkeit können feststellen, wie schnell man tritt, wie viel Pedalkraft der Radler aufbringt und wie schnell man fährt. In Abhängigkeit davon geben sie die gerade zur Fortbewegung passende Motorunterstützung frei.

Ein Kriterium für die Benutzerfreundlichkeit eines Pedelec-Motors ist das Thema „Tretwiderstand". Die Motoren beim Pedelec schalten durch gesetzliche Vorschrift jenseits von 25 km/h ab. Bei älteren Motoren muss man jenseits dieses Tempos einen kleinen inneren Tretwiderstand überwinden. Das sollte heute nicht mehr der Fall sein. Eine Nachfrage kann im Verkaufsgespräch aber nie schaden, vor allem, wenn man ein Auslaufmodell im Auge hat.

★★★

Pedelecs 

- Einsatzzweck
- Akkugröße (fest/entnehmbar)
- Gewicht

VOR- UND NACHTEILE VON PEDELECS

Die **Vorteile** der Motorunterstützung liegen auf der Hand:

- Mit E-Bikes können die meisten Menschen weiter fahren als mit Rädern ohne Akkuunterstützung.
- Man kann Steigungen leichter überwinden und fährt angenehmer gegen den Wind.
- E-Bikes sind in den Großstädten zunehmend eine Alternative zum Auto und dem öffentlichen Nahverkehr auf dem täglichen Weg zur Arbeit. Man kommt nicht verschwitzt im Büro an.
- Die Beförderung von Kinderanhängern wird leichter.
- Lastenräder, die im urbanen Bereich zunehmend zum Kinder- oder Warentransport eingesetzt werden, fahren sich mit Elektromotoren viel angenehmer.
- Auch trainierte Radler profitieren von der Beschleunigung der E-Bikes.
- E-Bike-Fahrer sagen, sie seien entspannter unterwegs, weil sie mithilfe der Motorunterstützung schneller auf eine Geschwindigkeit kommen, um gut im Stadtverkehr „mitzuschwimmen".

Allerdings haben die Pedelecs auch **Nachteile**:

- Sie sind deutlich teurer als konventionelle Fahrräder.
- Sie sind viel schwerer als konventionelle Fahrräder – ein E-Bike in den dritten Stock zu tragen, ist kein Vergnügen.
- Wenn der Akku leer ist, muss man wegen des höheren Gewichts schwerer treten.
- Die Motortechnik kann von Laien kaum repariert werden.
- Der Trainingseffekt durch das Radfahren ist auf einem E-Bike kaum vorhanden.
- Die Lebensdauer des Akkus ist begrenzt. Er muss je nach Beanspruchung nach etwa fünf Jahren ersetzt werden und kostet zwischen 150 und mehreren Hundert Euro.

DER AKKU

Elektrofahrräder benötigen einen Akku als Energiespeicher. Solche Akkus gab es schon im 19. Jahrhundert – allerdings als große, schwere Blei- oder später als Nickel-Cadmium-Akkus. Seit ihrem Siegeszug Anfang der 1990er-Jahre sind Lithium-Ionen-Akkus das Mittel der Wahl. Diese Akkus haben die derzeit größte Energiedichte, das heißt, sie speichern bei geringstem Gewicht die größte Energiemenge. Sie haben keinen Memory-Effekt, sodass sie bei Teilentladung keinen Kapazitätsverlust erleiden wie früher die Nickel-Cadmium-Akkus.

Auf die Art des Akkus hat der Käufer meist keinen Einfluss – er bildet mit dem Motor und der Steuerungselektronik eine Einheit. Allerdings stehen meist verschiedene Größen zur Wahl.

Die Akkus werden immer besser in den Rahmen integriert.

INFO

Wie heißt es: E-Bike oder Pedelec?

Die Bezeichnung **E-Bike** hat sich für Fahrräder mit Elektrounterstützung eingebürgert, obwohl sie eigentlich nicht ganz korrekt ist. Denn ein reines E-Bike ist ein Fahrzeug, das ohne Tretbewegung an einer Kurbel elektrisch angetrieben wird. Solche E-Bikes sind ab einer Geschwindigkeit von 6 km/h zulassungspflichtig. Die Pedelecs und S-Pedelecs, um die es hier geht, müssen dagegen mit der Muskelkraft des Radfahrers in Bewegung gesetzt werden. Sie sind so konstruiert, dass nur dann die unterstützende Kraft des Motors einsetzt, wenn man in die Pedale tritt.
In der Fachwelt werden daher die Begriffe Pedelec (für Pedal Electric Cycle) und S-Pedelec (Schnelles Pedelec oder Schweizer Pedelec, weil die Schnellläufer dort sehr verbreitet sind) für Fahrräder mit elektrischer Motorunterstützung verwendet. Als **Pedelec** gelten im Straßenverkehrsgesetz Fahrräder mit einem Elektromotor mit einer maximalen Nenndauerleistung von 250 Watt und einer Höchstgeschwindigkeit von 25 km/h. Jenseits der 25 km/h muss sich die Unterstützung durch den Elektromotor ausschalten, das Fahrrad darf nur noch mit Muskelkraft weiter betrieben werden. Für diese Pedelecs wird weder ein Führerschein noch ein Versicherungskennzeichen benötigt. Sie sind normalen Fahrrädern gleichgestellt. Diese Pedelecs machen nach Erhebungen des Allgemeinen Deutschen Fahrrad Clubs (ADFC) derzeit rund 90 Prozent aller Elektrofahrräder aus.
Die **S-Pedelecs** dagegen sind rechtlich gesehen Kleinkrafträder. Sie funktionieren genauso wie Pedelecs, doch wird ihre Motorunterstützung erst bei 45 km/h abgebrochen. Die maximale Motordauerleistung liegt bei 500 Watt. S-Pedelcs erfordern ein Versicherungskennzeichen und eine Betriebsgenehmigung vom Kraftfahrtbundesamt. Der Fahrer muss mindestens 16 Jahre alt sein und einen Führerschein der Klasse „AM" besitzen.

Akkus sind entweder fest am Rahmen verbaut oder können aus dem Rahmen entnommen werden. Fest verbaute Akkus sind diebstahlsicherer als entnehmbare, haben jedoch den Nachteil, dass man dort, wo man das Fahrrad üblicherweise abstellt, eine Steckdose zum Aufladen haben muss.

Entnehmbare Akkus können leichter gestohlen werden (auch wenn sie abschließbar sind), dafür kann man sie jedoch bequemer aufladen – etwa im Büro – sofern erlaubt – oder auf großer Tour während einer Pause in einer Gaststätte. Mit entnehmbaren Akkus sind Sie flexibler, und gegen Diebstahl können Sie sie auch versichern (siehe in Kapitel 9 „Kauf und Wartung" den Abschnitt „Versicherung, Codierung", ab Seite 243).

INFO

Volt, Ampere und Watt

Manche Akkuhersteller nennen zur Angabe der Kapazität nicht die Wattstunden-Zahl (Wh), sondern die Amperestunden (Ah). Zur Erinnerung: Watt bezeichnet die Einheit elektrischer Leistung. Ein Staubsauger hat zum Beispiel 1 800 Watt. Volt gibt die elektrische Spannung an. In Deutschland haben Steckdosen 230 Volt. Ampere (A) steht für die Stromstärke. In Deutschland sind Haushaltsleitungen in der Regel mit 16 A abgesichert.
Um die Wh-Kapazität eines Akkus zu errechnen, der 11 Ah hat, multipliziert man diese Zahl mit seiner Spannung – meist sind das 36 Volt. Seine Kapazität beträgt demnach 396 Wattstunden (Wh). Normalerweise geben die Hersteller die Spannung des Akkus an. In jüngster Zeit sind einige Hersteller wie Continental dazu übergegangen, die Spannung auf 48 Volt zu erhöhen, was damit zu tun hat, dass dies die übliche Spannung für Elektroteile der Automobilindustrie ist. Man erhofft sich davon möglicherweise Synergieeffekte.

KAPAZITÄT EINES AKKUS

Der Energiegehalt eines Akkus wird in Wattstunden (Wh) angegeben. Um die Steigerung dieser Größe ist ein scharfer Wettbewerb unter den Herstellern im Gange, denn die Reichweite des E-Bikes und die Akkugröße hängen zusammen. Die trendigen Cityfahrräder, deren Akkus und Motoren hübsch in Rahmen und Hinterrad integriert sind, kommen mit 250 Wh aus, bei Modellen mit Mittelmotoren im Tretlager sind 500 Wh inzwischen Standard. Die Hersteller bieten auch noch stärkere Akkus an. Boschs Mittelmotoren etwa beziehen ihre Kraft aus 625-Wattstunden-Akkus. Ähnlich ist es bei Panasonic, Shimano und den anderen Herstellern. Mit Ersatzakkus, die separat auf den Fahrrädern montiert werden können, sind über 1 200 Wh möglich. Das ist für Mountainbikes oder Reiseräder interessant. An Spitzenleistung eines Soloakkus werden derzeit knapp 700 Wh angeboten.

REICHWEITE EINES AKKUS

Akkureichweite

Generell lässt sich sagen, dass bei mäßiger Fahrweise mit 500-Wh-Akkus um die 100 Kilometer drin sind. Der ADFC gibt zurückhaltender bis zu 80 Kilometer an.

Vom Energiegehalt des Akkus hängt am Ende auch die Reichweite ab. Je höher der Energiegehalt, desto größer die Reichweite – umso „fetter", schwerer und teurer ist der Akku aber auch. Bei der Reichweite lassen sich allerdings keine linearen Angaben machen, etwa: „Mit einem 500-Watt-Akku kommen Sie so und so weit." Schließlich hängt der Energieverbrauch auch davon ab, wie stark der Akku beim Fahren eingesetzt wird, welche Beschaffenheit das Gelände hat, wie hoch der Luftdruck in den Reifen ist, wie schwer Fahrer, Rad und etwaiges Gepäck sind und wie hoch oder niedrig die Temperatur ist.

Alle Akkus bieten verschiedene Unterstützungsstufen an. Auch von der Wahl der Stufe hängt letzten Endes die Reichweite ab. Die Hersteller geben gern maximale Reichweiten an, die unter günstigen Bedingungen erzielbar sind. Doch davon sollte man sich nicht blenden lassen.

Es ist offensichtlich, dass die Reichweite bei kleineren Akkus sinkt, was je nach Einsatzart nicht unbedingt ein Nachteil sein muss. So kommen etwa Citybikes mit ihren 250 Wh-Akkus laut Herstellerangaben etwa 70 Kilometer weit. Das niederländische VanMoof hat mit 504 Wh einen größeren Akku, der bis zu 150 Kilometer reichen soll, im stärksten Modus aber wohl auch kaum mehr als 70 Kilometer weit fährt.

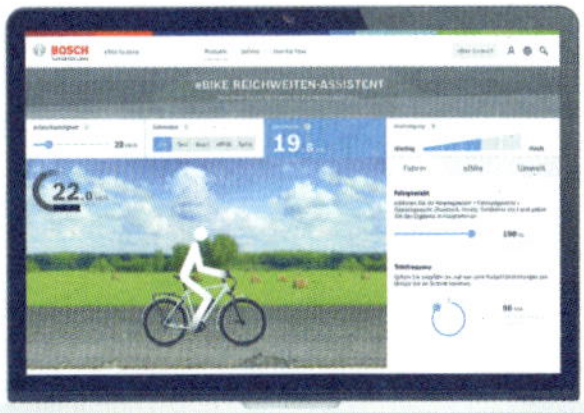
Animierter Reichweiten-Assistent auf der Bosch-Website

AKKUHERSTELLER

Akkus für E-Bikes werden von zahlreichen großen Herstellern wie Bosch, Panasonic, Yamaha, Shimano, Brose, Continental, BMZ, Giant und Specialized hergestellt. Speziell auf den Einbau im Rahmenrohr an Rennrädern oder Fitnessrädern sind die Energiespeicher der Münchner Firma Fazua konzipiert. Sie verfügen über 250 Wh, die im Tretlager versteckten Motoren reichen bis 25 km/h und schalten dann ab – in Tests wird gelobt, dass sie keine Widerstände erzeugen, wenn der Radler ohne Motorunterstützung in die Pedale tritt. Auch der US-Autobauer General Motors bietet Fahrradakkus an, und die Chinesen sind unter anderem mit der Firma Bafang dabei. Marktführer ist Bosch, dessen Kombinationen aus Akku und Motor weltweit am meisten verbaut werden.

Der Trend geht bei allen Herstellern dahin, die Komponenten aus Akku, Motor und Steuerung zu einem immer stärker verbundenen System auszubauen.

INFO

Bosch-Reichweitenrechner

Wer die Reichweite seines E-Bikes berechnen will, kann das ganz bequem mit dem Reichweiten-Assistent von Bosch tun. Er ist über die Webseite-Adresse www.bosch-ebike.com/de/service/reichweiten-assistent erreichbar. Dort kann man nach Eingabe der Motorgröße, der Akkugröße, des eigenen Körpergewichts, des Fahrradtyps und des Reifenprofils ausrechnen lassen, wie weit man mit seinem E-Bike kommt. Für einen Top-Akku wie den Bosch-CX mit 625 Wh Kapazität an einem Trekkingrad und mittlerem Tempo von 22 km/h wirft der Rechner bei leichter Unterstützungsstärke zum Beispiel eine Reichweite von 112 Kilometern aus.

AUFLADEN UND LADEZEITEN VON AKKUS

Für das Aufladen von E-Bike-Akkus werden spezielle Ladegeräte benötigt, die zwischen vier und sechs Ampere liefern. Schnell-Ladegeräte können bis zu zehn Ampere haben. Angeschlossen werden sie an normale Haushaltssteckdosen, die in der Regel mit 10 bis 16 Ampere abgesichert sind, sodass man auf der sicheren Seite ist, weil selbst 48V-Schnell-Ladegeräte an der 230-V-Steckdose unter 3 Ampere benötigen.

Die Aufladezeit eines Akkus hängt von seiner Größe ab. Die Hersteller bieten für die unterschiedlichen Energiespeicher unterschiedliche Ladesysteme an, wobei die Ladezeit an normalen Haushaltssteckdosen schwankt. Bosch gibt zum Beispiel für die 50-Prozent-Aufladung seiner Akkus mit drei unterschiedlichen Ladegeräten Zeiten zwischen einer und knapp vier Stunden an. Bei der Aufladung auf 100 Prozent sind es zwei bis knapp neun Stunden.

Aufladen unterwegs

Im öffentlichen Raum gibt es immer mehr elektrische Ladestationen für E-Bikes, die meist mit Schukosteckdosen funktionieren. Der Anbieter Bike-Energy hingegen hält ein eigenes System vor. Üblicherweise müssen Sie Ihr eigenes Ladegerät mitführen. An manchen Ladestationen kann man abnehmbare Akkus in Schließfächern aufladen, während man etwa eine Pause in einer Gaststätte macht. In manchen Gaststätten gibt es auch Ladegeräte zum Ausleihen.

Einen Überblick über Lademöglichkeiten für E-Bikes bietet zum Beispiel die App „E-Bike Ladestationen". Sie zeigt auf einer Karte den Standort der Lademöglichkeit und die Art des Anschlusses an und bietet eine Routenführung über Google Maps. Man kann den Suchumkreis festlegen und einstellen, ob die App auch Gaststätten in der Nähe anzeigen soll. In einer Liste sind zudem die Ladepunkte in der Umgebung aufgeführt. Auch die spartanischer ausgestattete App „E-Station" enthält eine Liste mit Ladepunkten in der Umgebung.

PFLEGE, LEBENSDAUER UND KOSTEN VON AKKUS

Lithium-Ionen-Akkus unterliegen einer gewissen Abnutzung, stellen also Verschleißteile dar. Mit zunehmendem Alter nimmt ihre Fähigkeit ab, Energie zu speichern. Die Hersteller schweigen sich gern über die Lebensdauer aus. Fachleute gehen von drei bis fünf Jahren aus – je nach Inanspruchnahme der Stromspender. Bosch etwa sagt, dass nach 500 Ladezyklen noch etwa 70 Prozent der ursprünglichen Kapazität übrig sind. Der ADFC schätzt die Haltbarkeit auf 500 bis 1 000 vollständige Ladezyklen. Wobei man unter einem vollständigen Ladezyklus die Aufladung von 0 auf 100 Prozent versteht. Die Aufladung von 50 Prozent auf 100 Prozent wäre demnach ein halber Ladezyklus. Shimano gibt an, dass seine Akkus nach 1 000 Ladezyklen noch eine Mindestkapazität von 60 Prozent haben.

Alle Hersteller setzen Batterie-Management-Systeme ein, die die Akkus vor zu schneller Ladung oder Entladung, vor Hitze und Kälte in einem gewissen Rahmen schützen.

Wie lange ein Akku hält, hängt davon ab, wie stark er genutzt wird: Gemächliche Leistungsabgabe ist für den Akku besser als dauerndes massives, abruptes Beschleunigen und Abbremsen. Die Hersteller empfehlen, man solle Akkus in trockener Umgebung aufbewahren und sie nicht zu starkem Sonnenlicht aussetzen. Zudem sollten sie nie komplett leergefahren und nicht ständig zu 100 Prozent aufgeladen werden. Bosch empfiehlt als idealen Ladezustand 30 bis 60 Prozent. Im Winter sollte man sie über Nacht in der warmen Wohnung aufbewahren und erst kurz vor der Fahrt einzusetzen. Stellen Sie Ihr Rad für längere Zeit ab, sollte der Akku zwischen 60 und 70 Prozent geladen sein.

Akkutest

Bei einem Test im Jahr 2016 stellte die Stiftung Warentest Ladeverluste von bis zu 25 Prozent nach 500 Ladevorgängen fest. Die Kilometerkosten wurden damals bei einer Fahrleistung von 35 000 Kilometern mit einem 500 Euro teuren Akku auf 1,4 Cent pro Kilometer umgerechnet.

Einige Empfehlungen

- Betriebstemperatur: –10 bis 45 °C
- Ladetemperatur: 10 bis 30 °C
- Lagertemperatur: 15 bis 20 °C

Ob ein Akku schließlich an sein Ende gekommen ist, merkt man an stotternder oder reduzierter Leistungsabgabe und daran, dass er sich nicht mehr so vollständig aufladen lässt wie am Anfang. Fahrradhändler können die Akkus auslesen und so deren exakte Kapazität bestimmen. Sie sind übrigens zur Rücknahme alter Akkus verpflichtet.

Ersatzakkus sind nicht günstig. Bei einem Test von zwölf Pedelecs im Jahr 2018 kam die Stiftung Warentest auf einen Preis von 770 Euro für 500-Watt-Akkus. Der teuerste schlug mit 1 170 Euro zu Buche, der günstigste mit 300 Euro. Auf die Anschaffungskosten umgerechnet kam der teuerste Akku im Test auf 3,2 Cent Kosten pro zurückgelegten Kilometer. Wer im Jahr 6 000 Kilometer mit diesem Akku fährt, dürfte danach mit einer Lebenszeit von gut sechs Jahren rechnen.

Ersatzakkus und Entsorgung

Verbrauchte Akkus darf man nicht in den Hausmüll werfen – sie gelten als Sonderabfall. Daher sollten Sie ihn Ihrem Händler zurückgeben. Akkus können zu einem Gutteil wiederverwendet werden, die Technik dazu schreitet voran. Allenfalls kann man sie noch bei lokalen Müllentsorgungsunternehmen abgeben.

Und nach Ersatzakkus sollte man den Händler seines Vertrauens fragen – Billigware aus dem Internet kann vom Laien nicht überprüft werden und ist im Zweifelsfall gefälscht. Freude wird man daran nicht haben.

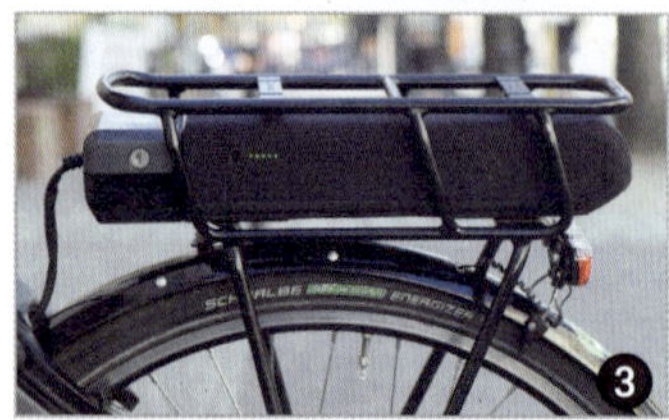

MTB mit Akku im Rahmen und einem Ersatzakku auf dem Unterrohr (1); beim Brompton-Faltrad befinden sich Akku und Steuerung in dieser Fronttasche (2); Hülle für den Akku, die die kostbaren Stromzellen im Winter warm halten soll (3); Praktisch: Verschließbares Akkufach im Unterrohr (4)

DESIGN DER AKKUS

Waren die ersten Akkus für Pedelecs und S-Pedelecs noch mehr oder weniger klobige Kästen, die auf dem Gepäckträger oder hinter dem Sitzrohr befestigt wurden, so hat sich das Design inzwischen sehr verändert. Fahrradhersteller und Akkuproduzenten arbeiten eng zusammen. Das Ziel ist die immer unauffälligere Integration der Energiespender in die Rahmenrohre des Fahrrads. An City- und Trekkingrädern sind sie meist auf dem Unterrohr befestigt oder ins Unterrohr integriert und mit einer Klappe verschlossen. Zum Aufladen kann man sie entnehmen. Das ist praktisch und sicherheitsrelevant: Falls das Pedelec über Nacht im Freien abgestellt wird, kann man den Akku entnehmen und so die Diebstahlgefahr reduzieren. Zudem können Sie den Akku zum Beispiel im Büro während der Arbeitszeit aufladen.

Akkus auf dem Gepäckträger findet man höchstens noch an einfachen Baumarktfahrrädern.

An Mountainbikes und Rennrädern kann man die Akkus heute auf den ersten Blick kaum mehr erkennen, weil sie fest ins Unterrohr integriert sind; zum Aufladen sind sie entnehmbar. Ganz schick verstecken sich die Akkus bei Designrädern wie den Modellen von Van Moof, dem belgischen Cowboy oder BZen – bei ihnen allen stecken sie im Sitzrohr. Aber nur bei Cowboy kann man den Akku auch entnehmen. Auch der Fazua-Akku, der bei Rennrädern verbreitet ist, versteckt sich im Rahmen.

Motoren an E-Bikes

Die Herzstücke eines Pedelcs sind der Akku, Motor und die Kraftübertragung durch die Übersetzung. Erst aus der passenden Abstimmung dieser Komponenten zueinander ergibt sich ein harmonisches Fahrgefühl, das über eine mit Sensoren ausgestattete Steuerelektronik erreicht wird. Daran haben die Hersteller in den vergangenen Jahren sehr gefeilt. Sie messen die Trittfrequenz, die Geschwindigkeit und die Pedalkraft. Die Motoren aller Hersteller geben heute in Abhängigkeit von diesen Parametern je nach Fahrstufe zusehends subtil ihre unterstützende Kraft ab.

Bei der Wahl der Motoren gibt es im Grunde keine „richtige" oder „falsche" Entscheidung, denn zum einen sind die Dauernennleistung und das Höchsttempo bei allen Motoren gesetzlich festgelegt: Bei den Pedelecs sind es 250 Watt und 25 km/h, bei den S-Pedelecs 350 Watt und 45 km/h. Aus dieser Leistung holen die Hersteller allerdings unterschiedlich viel Kraft, das heißt Drehmoment, heraus. Sie reicht von etwa 40 Newtonmetern bei Cityrädern bis zu 90 Newtonmetern für Mountainbikes.

INFO

Gut informiert zu E-Bikes und Pedelecs

Einen umfassenden Überblick über die technische Ausstattung von Pedelecs und die Leistungsdaten von E-Bike-Motoren sowie die Steuer-, Motor- und Akku-Einheiten bietet das Buch „E-Bike & Pedelec" der Stiftung Warentest von Karl-Gerhard Haas von 2018. Einen guten Überblick über den Markt und Erfahrungen mit Pedelecs liefert ebenso die nutzerbasierte Seite https://pedelecmonitor.wordpress.com. Sie umfasst eine Datenbank zu allen gängigen Motoren, in die Pedelecfahrer ihre Probleme und Erfahrungsberichte einstellen. Auch das Pedelecforum www.pedelecforum.de bietet nützliche Hinweise und Foren, in denen Erfahrungen mit Pedelecs diskutiert werden.

WAS MACHT EIGENTLICH EIN PEDELECMOTOR?

Kein Pedelecmotor funktioniert ohne die Muskelkraft des Radfahrers: Das heißt, die E-Motoren unterstützen nur die Pedalierbewegungen des Radfahrers, sie ersetzen sie nicht. Dabei kann die unterstützende Kraft über einen „remote controller", ein Schaltknopf am Lenker, oder ein Display am Cockpit geregelt werden. Alle Hersteller bieten mindestens drei unterschiedliche Stufen an, etwa „Eco", „Tour" und „Turbo". Der Unterstützungsgrad durch den Motor variiert je nach Hersteller und Motorart von ca. 60 bis zu 410 Prozent. Je dynamischer und sanfter – also nicht abrupt – sich die Motorunterstützung der eigenen Pedalkraft anpasst, desto angenehmer.

Die „Perfomance Line" von Bosch, der „Yamaha PW-ST"-Motor, Giants „SyncDrive Sport" oder der „Specialized 1.2 E", ein Motor von Brose, bieten diese dynamische Unterstützung an, ebenso die neuen „Steps"-Motoren von Shimano.

Bei Elektromotoren für E-Bikes herrscht reger Wettbewerb. Die Platzhirsche auf dem Motorenmarkt sind:

- Bosch
- Yamaha
- Shimano
- Brose
- Panasonic

MOTORUNTERSTÜTZUNG FÜR WELCHEN ZWECK?

Man sollte sich vor dem Kauf daher fragen: Wofür brauche ich den Motor? Soll er Anfahrhilfe an der Ampel sein und im flachen Stadtgebiet nur leicht unterstützen? Dann reicht ein eher schwächerer Motor. Brauche ich eine kräftigere Unterstützung für hügeliges Gelände bei längeren Touren oder gar richtig Power auf dem Mountainbike in unwegsamem Gelände und in den Bergen? Dann darf es schon ein Kraftpaket sein.

Ein drehmomentstarker Bosch-Motor der Performance Line CX ist zum Beispiel sehr kraftvoll, bringt Radler aber nicht so weit wie der weniger unterstützende Active-Line-Plus-Motor des gleichen Herstellers.

UNTERSCHIEDE IN DER MOTORCHARAKTERISTIK

Unterschiede gibt es auch in der Motorcharakteristik, das heißt, in der Art und Weise, wie ein Motor seine Schubkraft abgibt. Sie wird über eine ausgeklügelte Leistungselektronik gesteuert. Gelegenheits- oder Hobbyradfahrer treten meist mit einer geringen Trittfrequenz von unter 60, 70 Kurbelumdrehungen in der Minute. Für sie ist ein Motor passend, der seine Kraft schon in diesem Bereich abgibt. Sportliche Fahrer bewegen die Pedale mit höheren Frequenzen. Zu ihrem Profil passt ein Motor besser, der bei höheren Trittfrequenzen einsetzt.

Die Hersteller schneidern ihre Angebote auf diese unterschiedlichen Fahrweisen zu. Bei Bosch heißen die sportlicheren Motoren zum Beispiel „Performance Line", die sanfteren City-Allrounder „Active Line". Der japanische Hersteller Shimano unterteilt seine zwei grundlegenden Motorenvarianten in „City/Trekking" – mit den Modellen „Steps E 6100", „Steps E 5000" und „Steps E 6000" – und „MTB". Dazu gehören die starken Motoren „Steps 8000" und „Steps E 7000".

Der jüngste Schritt der Entwicklung sind Motoren, die ihre Leistungscharakteristik dem unterschiedlichen Pedalierverhalten des Fahrers dynamisch anpassen.

Verbunden mit einer automatischen Schaltung, wie sie zum Beispiel Shimano mit seiner Antriebseinheit „DU-E 6001" oder „DU-E 6010" anbietet, führt das zu richtig großem Fahrkomfort. Der Radler muss sich eigentlich nur noch um den Verkehr kümmern – den Rest erledigen Motor und Schalteinheit von allein.

Nicht ganz unwichtig ist auch das Verhalten des Motors, wenn die Höchstgeschwindigkeit von 25 km/h erreicht ist. Bei diesem Tempo muss der Motor laut gesetzlicher Vorgabe abriegeln, seine Leistungsabgabe einstellen. Manche Motoren weisen dann einen leichten Widerstand auf, der das Treten jenseits der 25 km/h anstrengender machen kann. Andere wiederum laufen völlig belastungsfrei mit, sodass der Radfahrer bei höheren Geschwindigkeiten nicht gebremst wird – bei solchen handelt es sich in der Regel um Nabenmotoren im Hinterrad. Auch Shimanos „Steps E 6100" entkoppelt sich jenseits der 25 km/h, sodass kein Tretwiderstand spürbar ist. Das Gleiche gilt für die Brose- und neueren Boschmotoren.

MITTELMOTOREN, NABENMOTOREN, VORDERRADMOTOREN

Im Laufe der jüngeren Geschichte der Elektromobilität am Fahrrad haben sich folgende drei Motorvarianten durchgesetzt:

- Mittelmotor
- Hinterradmotor
- Vorderradmotor

Der direkt im Tretlagerbereich des Fahrrads angebrachte Mittelmotor dominiert den Markt.

Mittelmotoren

90 Prozent aller E-Bikes haben einen Mittelmotor. Am Tretlager angebracht, bieten sie eine günstige Schwerpunktlage sozusagen im Gravitationszentrum des Fahrrads, das Fahrverhalten kommt einem Fahrrad ohne Motor auf diese Weise am nächsten. Die elektrische Verbindung zum Akku ist kurz, und da der Motor im Rahmen verbaut ist, erfährt er einen guten Schutz vor äußeren Einflüssen. Weil der Mittelmotor an den Pedalantrieb gekoppelt ist, lässt sich die Motorunterstützung recht einfach und gezielt dosieren. Als Übersetzung sind Ketten- oder Nabenschaltungen möglich, und bei Mittelmotoren findet man auch Rücktrittbremsen. Allerdings verschwinden Rücktritte zusehends, da an den Fahrrädern immer häufiger Scheibenbremsen verbaut werden.

Mittelmotoren fügen sich immer unscheinbarer ins Tretlager am Pedelec ein.

Ein kleiner Nachteil ist der im Vergleich zum Hinterradmotor etwas höhere Verschleiß der Kette, über die der Motor seine Kraft abgibt. Die elegantere Lösung sind derzeit direkt auf das Tretlager wirkende Mittelmotoren, wie zum Beispiel bei den „Fazua"-Rennradmotoren der Fall. Mittelmotoren können zudem nicht einfach an ein Fahrrad „drangehängt" werden, da sie in den Tretlagerbereich des Fahrradrahmens integriert sind, der speziell dafür konstruiert werden muss. Viele Fahrradhersteller arbeiten deshalb mit den Motorherstellern zusammen, um früh schon ein gemeinsames Design zu entwickeln.

Ein Problem ist dabei der sogenannte Q-Faktor: Damit wird die Baubreite des Motors und schließlich der Tretkurbel bezeichnet. Sie sollte aus biomechanischen Gründen möglichst klein sein, um der menschlichen Becken- und Kniegeometrie entgegenzukommen. An vielen Mittelmotoren wird daher nur ein Kettenblatt verbaut, damit die Pedale nicht so weit auseinanderstehen. Mit nur einem Kettenblatt ist aber auch die Variationsbreite der Übersetzungsmöglichkeiten nicht ganz so groß. Etwas Abhilfe schaffen die neuen Zahnkränze mit 12 Ritzeln, wie sie Sram im Angebot hat.

Es gibt aber auch Mittelmotoren, die relativ schmal gebaut sind und damit der Beinhaltung wie auf konventionellen Rädern sehr nahekommen. Bei Nabenmotoren stellt sich dieses Problem natürlich nicht.

Vorteile bietet der Mittelmotor beim Reifenwechsel: Er geht leichter vonstatten als beim Front- oder Heckmotor.

Tiefeinsteiger-Pedelec im Profil: ein kaum als solches erkennbares E-Bike

Vorteile der Mittelmotoren

- Tiefer Schwerpunkt
- Kompakt
- Starke Unterstützung am Berg
- Breites Leistungsangebot
- Ausgewogenes Fahrgefühl

Nachteile der Mittelmotoren

- Keine Energierückgewinnung
- Nachrüsten nicht möglich
- Erhöhter Verschleiß an Kette und Zahnkranz

Hinterrad- bzw. Nabenmotor

Dicke Nabe? Nein, hier werkelt ein Hinterradmotor!

Der Nabenmotor läuft in der Hinterradnabe und wird gern bei sportlichen Fahrrädern eingesetzt. Er wirkt ohne Kette oder Riemenantrieb direkt auf das Hinterrad und hat bei höherem Tempo einen besseren Wirkungsgrad als der Mittelmotor. Bei langsamer Fahrt am Berg jedoch schiebt er nicht ganz so gut wie ein Mittelmotor. Das liegt daran, dass ein Nabenmotor bei geringer Drehzahl seinen effektivsten Drehzahlbereich verlässt. Allerdings gibt es auch davon Ausnahmen: Der renommierte Fahrradhersteller Velotraum schwört auf die Hinterradantriebe der schwäbischen Firma Alber mit ihren „Neodrives"-Antrieben. Sie seien „kraftvoll und ungemein harmonisch", heißt es bei Velotraum.

Der Nabenmotor wiegt weniger, belastet die Kette nicht so sehr, ist nahezu geräusch- und völlig widerstandslos jenseits der 25 km/h-Grenze. Der Hinterradmotor kann außerdem beim Bergabfahren Energie zurückgewinnen und ist nachrüstbar.

Sein Nachteil: Bei einer Reifenpanne ist das Hinterrad nicht so leicht auszubauen wie bei Mittelmotoren. Nabenschaltung und Rücktrittbremse findet man beim Heckmotor eher selten.

S-Pedelec mit Nabenmotor im Hinterrad und Riemenantrieb

Vorteile der Hinterrad- bzw. Nabenmotoren

- Energierückgewinnung
- Kein Widerstand jenseits von 25 km/h
- Keine Traktionsprobleme
- Schont Kette und Zahnkranz
- Nachrüstbar und leise

Nachteile der Hinterrad- bzw. Nabenmotoren

- Schwieriger Ausbau des Hinterrads
- Weniger kraftvoll am Berg

Vorderradmotoren

Ein Vorderradmotor ist die einfachste und günstigste Möglichkeit, ein Fahrrad auch nachträglich auf Stromunterstützung umzurüsten. Man hat die größtmögliche Wahlfreiheit bei der Art des Antriebs (Kettenschaltung, Nabenschaltung, Tretlagergetriebe), und die Antriebskräfte verteilen sich: Vorn zieht der Motor, hinten treibt die eigene Muskelkraft an.

Das höhere Gewicht des Motors erfordert eine stabile Gabel und einen stabilen Rahmen. Gewöhnungsbedürftig ist das Fahrverhalten: Der Motor bringt zusätzlich Gewicht aufs Vorderrad und „zieht" daran, was zumindest anfangs zu Unsicherheit beim Fahren führen kann. Auf nassem Boden kann man da schon einmal ins Rutschen kommen. Die Verkabelung vom Akku aus ist wegen der Entfernung zur Vorderradnabe etwas hakelig, zudem sind Vorderradmotoren etwas lauter als Mittelmotoren; diese finden sich seltener als die anderen Motorvarianten.

Vorteile der Vorderradmotoren
- Fast an jedem Rad nachrüstbar
- Alle Schaltungen möglich
- Günstig

Nachteile der Vorderradmotoren
- Beeinflusst Lenkverhalten
- Ruckeliges Fahrgefühl

Trendsetter bei urbanen Pedelecs: das holländische VanMoof

SENSOREN UND STEUERUNGSSYSTEME

Die unterstützende Kraft eines Pedelecmotors schaltet man nicht nur am Cockpit mit den unterschiedlichen Stufen hinzu; gute Pedelecs sind mit Kraft- und Drehmomentsensoren ausgerüstet. Sie erkennen die Trittfrequenz und die Kraft, die der Radler auf die Pedale bringt, und ermitteln aus diesen Daten die passende Leistungsabgabe. Die feinfühligen Sensoren dosieren die sanfte Kraftabgabe des Motors, während ein Geschwindigkeitssensor die Motorunterstützung herunterregelt, wenn die Höchstgeschwindigkeit von 25 km/h erreicht ist.

Die Technik entwickelt sich jedoch weiter. Je nach Hersteller gibt es zum Beispiel auch Lagesensoren, die Bergauffahrten erkennen und die dafür am besten geeignete Schaltstufe automatisch einstellen. Einige Hersteller veranlassen diese Regelung über das Cockpit, und die jüngste Entwicklung geht dahin, sie über das angeschlossene Smartphone stufenlos per App zu steuern. Zudem bieten die meisten Hersteller Schiebehilfen für Situationen an, in denen man das E-Bike bergauf schieben muss – etwa im steilen Gelände.

Die technische Entwicklung geht dahin, Akku, Motor und Steuerungseinheit am Cockpitdisplay zunehmend als ein voll integriertes System zu betrachten – und dieses wird zunehmend digitalisiert.

Entwicklungsschritte bei E-Bike-Motoren

Um 1900 wurde in Deutschland das erste Patent für ein Elektrofahrrad mit Pedalantrieb ausgestellt. Eine größere Produktion fand aber erst seit 1932 statt, als die holländische Philipps-Tochter EMI in einer kleinen Serie das „Simplex-Elektrofahrrad" herstellte. Die sehr großen Akkus mit geringer Reichweite von etwa 20 Kilometern und die fehlende Steuerungsmöglichkeit des Motors stellten auch nach dem Zweiten Weltkrieg die Haupthindernisse für einen Durchbruch des E-Bikes dar.
Einen Meilenstein in der Akkutechnologie bildeten schließlich Lithium-Ionen-Akkus, die Anfang der 1990er-Jahre auf den Markt kamen. Damit wurden Energiespeicher grundsätzlich leistungsfähiger als in herkömmlichen Batterien, die Auflademöglichkeit der Akkus verbesserte sich, und für E-Bikes waren alltags-realistische Reichweiten möglich.
Einen Durchbruch in der Motorentechnologie erreichte Yamaha 1994 mit seinem „Power Assist System", in dem Sensoren erstmals die Muskelkraft messen konnten und die Daten an den Motor weiterleiteten.
1996 stellte der japanische Elektronikkonzern Panasonic als Erster ein Konzept mit einem elektrischen Fahrradmotor vor, der in das Tretlager integriert war. Kooperationspartner als Fahrradhersteller waren die E-Bike-Pioniere der Schweizer Firma Bike Tec AG (heute Flyer).
Der Firmenname Flyer wurde in den 2000er-Jahren in der Schweiz geradezu zum Synonym für Pedelecs. Das Unternehmen gehört seit 2017 zum Imperium des Branchenriesen ZEG, der Zweirad-Einkaufs-Genossenschaft, und zählt auch heute noch zu den großen und innovativen E-Bike-Marken (siehe Kasten „E-Bikes: Am Anfang stand ein Schweizer Tüftler", Seite 29).
Einher damit ging auch eine Designveränderung der E-Bikes. Die Akkupakete auf dem Gepäckträger oder hinter dem Steuerrohr verschwanden und wurden eleganter in das untere Rahmenrohr integriert.

MOTOREN UND STEUERUNGSEINHEITEN

Auf dem Markt tummeln sich Dutzende Hersteller, die Front-, Mittel- und Nabenmotoren anbieten. Und fast täglich kommen neue hinzu. Front- oder Nabenmotoren sind für die Nachrüstung geeignet, die Mittelmotoren weniger.

Weil die Motorenhersteller verschiedene Fahrradhersteller mit ihren Antrieben versorgen, wird es für die Fahrradhersteller immer schwerer, Alleinstellungsmerkmale herauszuarbeiten. Um sich von „Modellen von der Stange" zu unterscheiden, ermöglichen manche Motorenproduzenten daher zumindest eine individuelle Programmierung ihrer Antriebseinheiten. So können Fahrradhersteller das Profil ihrer Räder individueller auf die Bedürfnisse ihrer Kunden abstimmen. Daher kann es durchaus vorkommen, dass ein und derselbe Motor an unterschiedlichen Fahrradmodellen zu einem unterschiedlichen Fahreindruck führen kann.

Bei den Mittelmotoren müssen sich Motor- und Fahrradhersteller aufeinander abstimmen, damit der Motor auch in die Rahmen passt. Bei Front- oder Nabenmotoren ist das nicht der Fall.

WELCHER ANTRIEB SOLL ES DENN NUN SEIN?

Die Antriebe der verschiedenen Hersteller liegen im Grunde alle dicht beieinander, die Unterschiede sind eher nuancenhaft. Generell hat sich durchgesetzt, dass

- der Antrieb „natürlich" einsetzen,
- er die Pedalbewegung des Fahrers harmonisch begleiten und
- jenseits der 25 km/h nicht schwergängig sein soll.

Motor 

- Zweck
- Schaltung (Kette/Nabe/Tretlager-getriebe)
- Markenprodukt

Diese Kriterien erfüllen heute fast alle Motoren. Mal ist einer lauter als der andere, manche sind extrem leicht – und was heute vielleicht noch am Technologieträger Mountainbike ausprobiert wird, findet übermorgen Eingang in die breite Serie. Galt Shimanos „Steps E 6000" vor einigen Jahren noch als Topantrieb, so hat diesen braven Alltagsantrieb inzwischen der zunächst nur an Mountainbikes erhältliche Kraftbolzen „E 8000" abgelöst. Es wird in Zukunft um weniger Gewicht und ein kompaktes System gehen, das sich, ohne groß aufzufallen, in den Rahmen integriert: kleiner Motor, kompaktes Getriebe, wartungsfreier Riemenantrieb und intelligente Steuerungselektronik sind die Parameter, um die es bei Pedelecs geht.

Und eines darf bei E-Bikern dabei nicht zu kurz kommen: der Kundendienst. Nichts ist nerviger als über Wochen ohne Fahrrad dazustehen, weil der Motor eingeschickt werden muss. Uns gegenüber haben mehrere Händler erklärt, ein Grund, aus dem sie Bosch-Motoren empfehlen, sei der gute Service. Mit Diagnosegeräten können die Händler relativ schnell einen Schaden orten, und Bosch-Ersatzteile sind fast in der ganzen Welt verfügbar.

DISPLAYS UND VERNETZUNG MIT DEM SMARTPHONE

Zu jedem E-Bike gehören ein Display und eine Steuereinheit. Das Display ist meist am Vorbau oder am Lenker angebracht, die Steuereinheit rechts oder links außen am Lenker, sodass man sie im Idealfall per Daumendruck steuern kann. Hier werden die Fahrmodi eingestellt. Man sollte beim Kauf darauf achten, dass die Druckknöpfe auch mit Handschuhen gut zu bedienen sind.

Bei manchen Modellen befinden sich diese Schaltknöpfe auch am Display direkt, was den Nachteil hat, dass man zum Bedienen die Hand vom Lenker nehmen muss. Das gleiche gilt, wenn die Steuerelemente ins Oberrohr eingelassen sind, wie etwa bei den holländischen Van-Moof-Modellen. Leuchtdioden zeigen dort dann den Fahrmodus, die

Displays 

- TFT-Display
- Bedienbarkeit
- Übersichtlichkeit

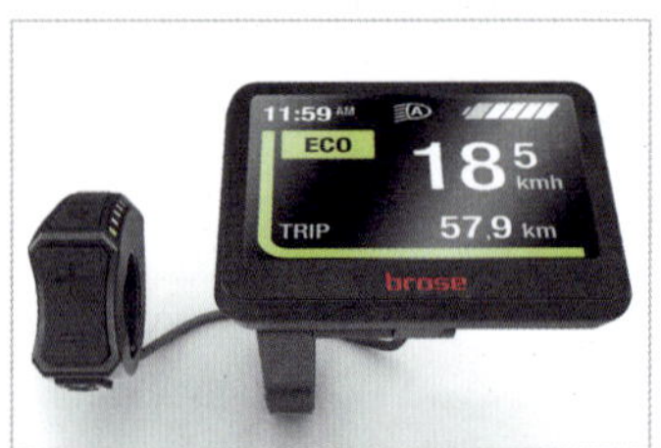

Display und Steuerungsschalter für den Lenker von Brose

Reichweite und weitere Informationen an. Das sieht zwar schick aus, aber auch hier muss man zur Bedienung die Hand vom Lenker nehmen.

Bei den Displays sind die aktiven TFT-Bildschirme (englisch Thin Film Transistor) den LCD-Bildschirmen vorzuziehen. Die TFT-Displays eignen sich ideal für exakt lesbare Informationen oder Kartendarstellungen und lassen sich in der Regel abnehmen – was man auch nutzen sollte, um sie vor Diebstahl zu schützen.

Auch die einfachen Displays zeigen die Geschwindigkeit, den Ladezustand des Akkus, die Unterstützungsstufe und die Restreichweite an. Je teurer die Displaysteuereinheit ist, desto mehr zeigt sie an. Viele Displays lassen sich über Bluetooth mit dem Handy verbinden, manche Displayhalterungen sind so beschaffen, dass das Werksdisplay entnommen und durch ein Smartphone ersetzt werden kann. Über heruntergeladene Apps sind dann zusätzliche Steuerungsoptionen möglich, die das Display zunächst gar nicht bietet. Das kann über die Messung der Trittfrequenz bis zur Herzfrequenz des Fahrers gehen, die mit einer App auf das Smartphone übertragen werden kann. Ob man solche Funktionen tatsächlich benötigt, ist Geschmackssache; vieles ist Spielerei und fürs Fahren überflüssig.

Bei der Verwendung von Smartphones am Fahrrad gilt überdies zu bedenken, dass man mit dem Fahrrad stürzen und das Handy kaputtgehen kann. Will man einen teuren Displayaustausch riskieren? Zudem sind längst nicht alle Smartphones wasserdicht.

Ob man ein solches „Minikino" braucht, wird jeder für sich selbst entscheiden müssen. Man sollte aber im Blick behalten, dass die elektronischen Daten oder eine Navigationssoftware stark am Handyakku saugen, sodass er längere Touren nicht übersteht. Gut ist es daher, wenn das Handy über eine USB-Buchse vom Fahrradakku aus geladen werden kann. Auch hier muss man schauen, ob das jeweilige Lieblingsfahrrad das Feature auch anbietet. Alternativen dazu sind Powerbanks, externe Energiespeicher zum Laden des Smartphones.

Zur Frage, ob das Smartphone ein E-Bike-Display ersetzen kann, muss man auch bedenken: In Deutschland ist rein rechtlich die Benutzung eines Smartphones, also das Hantieren daran, während der Fahrt verboten. Man müsste also streng genommen zu jeder Eingabeänderung anhalten. Das ist unpraktisch. Als alleiniges Steuerungselement sind Handys daher ungeeignet – als zusätzliche Informations- oder Steuerungsquelle (die gut geschützt im Rucksack oder in der Jackentasche platziert ist), sind sie eine Ergänzung.

Eine interessante Neuerung führte die US-Firma Sram 2015 mit ihrer „eTap"-Schaltelektronik mit einem eigenen Funkstandard ein. Kabel sind dafür nicht mehr nötig. 2019 wurde das System in Zusammenarbeit mit RockShox dann für Mountainbikes erweitert. Hier kann man nun auch die Höhenverstellung des Sitzrohrs während der Fahrt vornehmen. Das ist im harten Mountainbike-Einsatz von Vorteil: Abwärts sitzen

„Downhill-Raser" gern tiefer. Über eine Handy-App ist es außerdem möglich, die Schaltung zu individualisieren. So kann man zum Beispiel die Controller rechts und links am Lenker nach eigenen Vorlieben belegen, die App zeichnet die Schaltvorgänge auf oder weist darauf hin, dass die Kette wieder geölt werden müsste.

2020 brachten die Amerikaner das „Eagle AXS Upgrade Kit" auf den Markt, das nachträglich an allen Bikes mit der 12-Gang-Schaltung angebaut werden kann, womit dann per Funk geschaltet wird.

Bei Bosch zeichnet der Fahrradcomputer „Kiox" Fahrdaten auf und schickt sie per Smartphone-App an das Onlineportal eBike Connect, wo die Fahrdaten dann abrufbar sind. In der App kann die Batterienutzung während der Fahrt überwacht werden. „Kiox" funktioniert zudem als Schlüssel – wenn es vom Rad abgezogen wird, ist die Verbindung des Motors zum Fahrrad blockiert. Und „Kiox" ermöglicht stufenloses Schalten in Zusammenarbeit mit den Schaltungen von Rohloff, Enviolo und Shimano.

Der Fahrradhersteller Haibike kam 2019 mit seinem „e-connect"-System auf den Markt, das zum Beispiel auch die Position des Fahrrads lokalisieren kann – was Dieben das Leben schwerer macht.

Auch der Sicherheitsschlosshersteller Abus wartet mit Smartphone-Connection auf. So ist das Bügelschloss „A 770 SmartX", das unter anderem für Lastenräder konzipiert wurde, mit einem Smartphone verbunden. Es kann mit dem Handy geöffnet werden und gibt bei Erschütterungen ein Alarmsignal von sich.

Für wieviel Elektronik am E-Bike man sich auch immer entscheidet: Die Vernetzung von Fahrrad, Steuerungstechnik von Akku, Motor und Display ist ein großes Thema in der Branche und wird weiter voranschreiten.

Kleines Display eines Brose-Systems

Sogar die Höhenverstellung an MTBs kann mittlerweile per Funk vorgenommen werden.

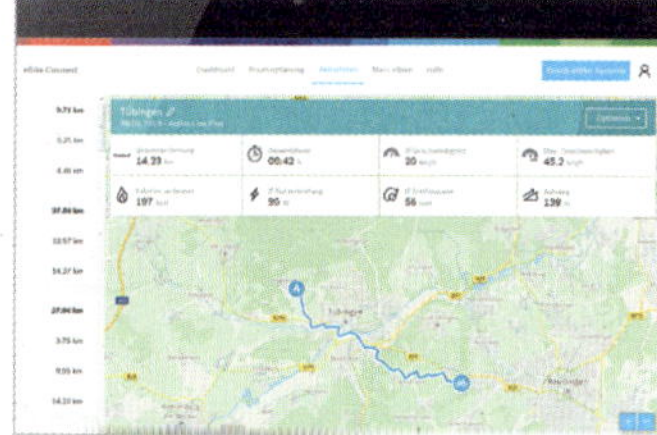
Boschs eBike Connect: alle Streckenparameter im Überblick

Umrüsten zum E-Bike

Auch ein konventionelles Fahrrad kann man in ein E-Bike verwandeln. Das geht nicht mit allen Motoren, und die Sicherheit spielt auch eine Rolle. Aber es ist günstiger als ein Neukauf.

Wer ein gutes Fahrrad besitzt und nicht 3 000 Euro für ein E-Bike ausgeben möchte, für den ist vielleicht die Überlegung sinnvoll, das Fahrrad auf Elektrontrieb umzurüsten. Am häufigsten werden dafür Nabenmotoren am Hinterrad eingesetzt. Es ist möglich, komplette Hinterräder mit Motoren zu kaufen oder die Motoren separat zu beschaffen und sie dann in das vorhandene Laufrad einspeichen zu lassen. Auch Front- und Mittelmotoren kommen dafür infrage. Frontmotoren sind ähnlich einfach

Dieses Schloss öffnet man per App und Bluetooth-Verbindung.

wie Hinterradmotoren nachrüstbar. Bei den Mittelmotoren wird meist das vorhandene Tretlager durch die neue Antriebseinheit ersetzt.

Allerdings gibt es bei der Nachrüstung grundsätzliche Haken:

- Rahmen und Bremsen müssen die stärkere Beanspruchung verkraften.
- Man kann im Prinzip nur bis 25 km/h nachrüsten, denn ein S-Pedelec Marke Eigenbau muss eine Betriebserlaubnis bekommen, was für einen Laien einen unvertretbaren Aufwand bedeutet.

HÄNDLER TRÄGT BEIM UMBAU DAS RISIKO

Was ist die CE-Kennzeichnung?

Mit dem CE-Kennzeichen bestätigt ein Hersteller, dass sein Produkt europäischen Konformitätsregeln entspricht. An E-Bikes müssen die Firmenadresse des Herstellers, Produktname, Baujahr, Abschaltgeschwindigkeit des Motors (25 km/h), Dauerleistung (250 Watt) und Gesamtgewicht angegeben sein. Auch die E-Bike-Prüfnom EN 1594 muss sichtbar sein. (Quelle: Pressedienst-Fahrrad)

Wenn ein Händler den Umbau vornimmt, kommt erschwerend hinzu: Er haftet für das neue Rad. Im Prinzip entsteht bei der Nachrüstung ein neues Produkt, das die Prüfnorm EN 15194 erfüllen muss. Sie umfasst mechanische und elektronische Anforderungen, nach denen das Rad der CE-Kennzeichnung entsprechen muss, die EU-weit Harmonisierungsvorschriften regelt. Das bedeutet in der Regel einen bürokratischen und technischen Aufwand, den kein Händler auf eigene Rechnung durchführen will.

Diese Voraussetzungen entfallen, wenn Sie den Umbau selbst vornehmen – Sie bringen Ihr Fahrrad ja nicht in den Handel. Nehmen Sie den Umbau in eigener Verantwortung vor – verlieren Sie dabei allerdings die Gewährleistung und Produkthaftung des Herstellers. Manche Fahrradhersteller schließen den Umbau ihrer konventionellen Fahrräder in der Betriebsanleitung aus. Andere Hersteller wie der Reiseradspezialist Velotraum sind nicht so streng und ermöglichen Umbauten, wenn ihr Rahmen sowohl konventionell als auch für E-Bikes im Angebot ist.

HÖHERE BELASTUNG

Wichtig für die Nachrüstung ist, dass das vorhandene Fahrrad die höheren Kräfte „verdaut", die ein Elektromotor mit sich bringt. Das heißt, der Rahmen darf keine Risse haben, Schweißstellen sollten fest und stabil sein. Die Bremsen müssen größere Kräfte aufnehmen, weshalb an den meisten E-Bikes Scheibenbremsen verbaut sind. Auch Kette, Speichen und Zahnkränze sind höheren Belastungen ausgesetzt als an konventionellen Fahrrädern, ebenso Vorbau, Steuerrohr und Lenker. Bedenken Sie auch Folgendes: Aluminiumlaufräder verschleißen mit der Zeit – die Bremsflanken werden dünner. Hier sollten vorab prüfen: Ist hier ein Tausch nötig? Manche Experten sagen, wenn ein Rad weniger als 500 Euro gekostet habe und älter als fünf Jahre sei, solle man es nicht nachrüsten.

Zu guter Letzt müssen die Teile passen – Sie sollten sich also vorher genau über die Einbaubreite bei einem Hinterrad mit Nabenmotor oder das Anbringen des Akkus informieren. Möchten Sie Ihr altes Fahrrad

Passende Motoren und Nachrüstsätze – Interview mit **FLORIAN ADLER**, Verkaufsberater bei Emotion Technologies, Berlin

STIFTUNG WARENTEST: **Herr Adler, es gibt die große Frage unter den Elektroradlern, was besser sei: ein Mittelmotor oder ein Nabenmotor. Welchen Motor empfehlen Sie Ihren Kunden?**

FLORIAN ADLER: Wir empfehlen definitiv den Mittelmotor. Er hat verschiedene Vorteile: Es gibt ihn in den unterschiedlichsten Stärken, das Fahrverhalten gleicht dem eines konventionellen Fahrrads, und er ist vor allem reparaturfreundlicher. Am Mittelmotor können Sie Sensoren, Licht- oder Akkukabel separat tauschen. Dazu gibt es Diagnosegeräte, die die Fehler gezielt auslesen können. Wenn an einem Heckmotor etwas kaputt geht, müssen Sie gleich den kompletten Motor ausbauen und in der Regel zum Hersteller einschicken. Denn bei Heckmotoren gibt es so viele individuelle Konzepte, dass kein Händler dafür Ersatzteile parat hat. Der Mittelmotor ist der Antrieb für die breite Masse, der Heckmotor eher etwas für spezielle Anforderungen.

Ist ein Nabenmotor damit völlig out?

Nein. Wir halten ihn für eine überlegenswerte Alternative bei den schnellen S-Pedelecs. Ein Hinterradmotor bringt mehr Kraft auf die Straße als ein Mittelmotor, der einen kleinen Verlust durch das Antriebssystem über die Kette oder den Riemen und die Zahnkränze hat. Ein Heckmotor hat das nicht, zudem ist der Verschleiß geringer – Kette oder Zahnkranz sind nicht so hohen Kräften ausgesetzt.

Welche Stärke empfehlen Sie Ihren Kunden denn bei der Motorisierung?

Das kommt ganz auf das Einsatzgebiet des Pedelecs an. Am Citybike, das für kürzere Strecken im Alltag benutzt wird, reichen Motoren mit einem Drehmoment von 40 bis 50 Newtonmetern völlig aus. Für längere Touren, die auch in hügeliges Gelände führen, würde ich einen 65-Nm-Motor nehmen. Und die Kraftprotze von 75 Newtonmetern und mehr sind etwas für sportliche Mountainbiker, die selbst im steilsten Gelände noch fahren wollen.

Sportliche Fahrer, die die 25 km/h schon mal überschreiten, fragen sich, was es mit dem Tretwiderstand der Motoren auf sich hat, die sich bei dieser Grenze ja durch die gesetzliche Regelung abschalten müssen.

Der Tretwiderstand über 25 km/h war in den Anfangsjahren der Pedelecs ein Problem. Heute ist das bei den großen Herstellern wie Bosch, Shimano, Yamaha, Panasonic oder Brose kein Thema mehr. Die Motoren entkoppeln sich völlig vom Kurbeltrieb.

Wer mit einem Pedelec liebäugelt, fragt sich vielleicht zunächst, ob er sein konventionelles Fahrrad nicht umrüsten kann. Die Masse der angebotenen Hinterradnachrüstsätze ist kaum mehr zu überblicken. Was halten Sie von solchen Lösungen?

Ich würde die Finger davon lassen. Zum einen erlischt die Gewährleistung des Fahrradherstellers für sein Modell – er hat es ja ohne Motor konzipiert. Zum anderen bringt ein Elektroantrieb teils erhebliche Belastungen für alle Komponenten wie Gabel, Rahmen, Bremsen und Laufräder mit sich. Vor allem Gabeln könnten unterdimensioniert sein, und die neuen 48-Volt-Motoren am Vorderrad würden konventionelle Gabeln geradezu zerreißen. Auch alte V-Brakes oder Seitenzugbremsen sind ungeeignet. In meinen Augen ist die Sache auch unwirtschaftlich. Ein guter Nachrüstsatz kostet mindestens 1 000 Euro – von Billigimporten kann ich nur abraten. Dazu kommen die Einbaukosten beim Händler – da können Sie auch gleich ein neues Pedelec mit Gewährleistung und Garantie kaufen.

schon einmal zum E-Bike aufrüsten, sollten Sie sich nur komplette Nachrüstsätze beschaffen – also Akku, Motor und Steuereinheit vom selben Hersteller. Andernfalls müssen Sie die Kompatibilität bei zu vielen Teilen prüfen, was auch den geduldigsten Laienhandwerker nerven dürfte. Wer viel an seinem Fahrrad herumschraubt, kann den Umbau selbst versuchen – ansonsten gilt: einen Fachhändler aufsuchen!

Nachrüstsatz 

- Markenprodukt
- Kompatibilität
- Fachwerkstatt

Immerhin besteht eine relativ problemlose Möglichkeit des Nachrüstens darin, seinem Händler diese Arbeit zu überlassen – sofern er sie denn ausführen will. Die meisten Fahrradhändler raten davon ab, diese Arbeit selbst zu erledigen. Ein Fachhändler ist eher in der Lage, die passenden Komponenten zu finden, möglicherweise gibt er sogar noch eine Garantie auf Motor, Akku und Steuereinheit.

Allerdings müssen Sie hierbei auch mit Kosten von circa 1 500 bis 2 000 Euro rechnen. Insofern lohnt sich der nachträgliche Umbau eigentlich nur bei einem richtig hochwertigen konventionellen Fahrrad.

BREMSEN AM NACHGERÜSTETEN PEDELEC

Die Bremsen an einem nachgerüsteten Pedelec sind höherer Belastung ausgesetzt als an einem konventionellen Fahrrad, da allein das Gewicht um bis zu 10 Kilogramm höher liegt. Deshalb sollte man den Bremsen besondere Aufmerksamkeit widmen.

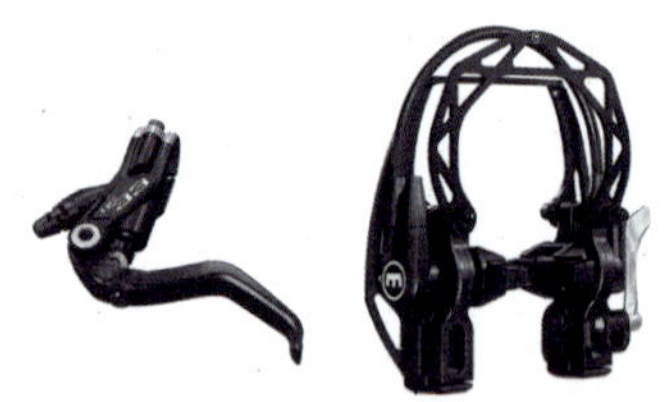

Packt auch beim Pedelec kräftig zu: die hydraulische Felgenbremse „HS 33“ von Magura.

Dabei müssen konventionelle Felgenbremsen nicht von vornherein schlechter sein als Scheibenbremsen. Vor allem die häufig verbauten Cantileverbremsen entwickeln einen hohen Bremsdruck auf die Bremsflanken der Laufräder. Die Firma Magura bietet auch hydraulisch betätigte Felgenbremsen an, mit denen man jedes Pedelec sicher zum Stehen bringt. Dabei werden die Bremsschuhe mit hohem Druck auf die Bremsflanken gedrückt. Zudem ist das System nahezu wartungsfrei. Die Alternative: Scheibenbremsen, wozu man womöglich beide Laufräder umrüsten muss, was die Kosten-Nutzen-Relation ins Wanken bringt.

Bei konventionellen Bremsen sollte man nur erstklassiges Material verwenden, das heißt, Bremsschuhe, deren Material zur Felge passt, Stahlhalterungen für die Bremsgummis statt Kunststoffgehäusen und gut laufende Bowdenzüge.

Bei Frontmotoren kann natürlich auch eine vorhandene Rücktrittbremse weiter verwendet werden, bei Hinterradmotoren ist das seltener der Fall. Hinterradmotoren mit Rücktrittbremse liefern zum Beispiel folgende Firmen:

- Ansmann RM 7.0
- Heinzmann Classic
- TranzX

„Nachrüstsätze sind sicher" – Interview mit THILO GAUCH, Gründer und Geschäftsführer von Ebike-Solutions, Heidelberg

STIFTUNG WARENTEST: **Herr Gauch, in der Branche warnen manche davor, aus konventionellen Fahrrädern Pedelecs zu machen. Sie bieten diese Umrüstung dennoch an. Ist das nicht gefährlich?**

THILO GAUCH: Nein, unter Beachtung einiger wichtiger Punkte sind die meisten Fahrräder für eine Umrüstung problemlos geeignet. Physikalisch betrachtet sind die größten Krafteinwirkungen an Fahrrädern durch die Bremsen und das Fahrergewicht selbst bedingt. Diesen Belastungen muss jedes normale Fahrrad ohnehin gewachsen sein. Sie erhöhen sich durch einen nachträglichen Motoreinbau nicht wesentlich, insbesondere nicht bei Nabenmotoren, da sie ihre Kraft besonders gleichmäßig entfalten. Unsere positiven Erfahrungen mit der Umrüstung von Rädern werden uns durch die Rückmeldung von mittlerweile mehr als 20 000 Kunden regelmäßig bestätigt.

Wie prüfen Sie, ob ein Fahrrad für die Umrüstung geeignet ist?

Wir beurteilen den allgemeinen Wartungs- und Pflegezustand des Fahrrads. Räder, die besonders leicht gebaut sind oder Korrosion aufweisen, sollten nicht umgebaut werden. Auch raten wir vom Einbau eines Frontmotors in Federgabeln ab, da die meisten hierfür nicht geeignet sind. In diesem Fall kommt ein Austausch der Gabel gegen ein geeignetes Modell infrage. Auch die Bremsanlage muss eine hinreichend gute Verzögerungswirkung haben, die der vergrößerten Durchschnittsgeschwindigkeit angepasst ist. Das Alter des Rades selbst schränkt dabei nur selten ein. Es gibt sehr viele hochwertige Räder mit stabilen Stahl- und Aluminiumrahmen, die für eine Umrüstung geradezu prädestiniert sind.

Warum sollte man sein Fahrrad überhaupt nachrüsten? Ist ein neues Pedelec nicht günstiger?

Es ist nachhaltiger, seinem vertrauten Rad ein zweites Leben als E-Bike zu schenken, und auch langfristig günstiger. Dies liegt an der besseren Verfügbarkeit von Ersatzteilen und Akkus, die mit etwas Geschick auch in Eigenregie zur Reparatur genutzt werden können. Die Umrüstung des eigenen Rades bietet dazu die Möglichkeit, seinen Antrieb besonders individuell auf die eigenen Bedürfnisse abzustimmen.

Welchen Motor empfehlen Sie? Vorn, in der Mitte oder hinten?

In den meisten Fällen bietet sich der Einbau eines Hinterradnabenmotors an. Das Fahrverhalten ist etwas sportlicher als mit einem Frontmotor und die Stabilität des Rahmens am hinteren Ausfallende ist besonders hoch. Für Fälle mit Nabenschaltungen bietet sich bei geeigneter Gabel der Einbau eines Vorderradmotors an. In rund 10 Prozent der Fälle ist ein Mittelmotor die beste Wahl.

Und wie kommt das Fahrrad des Kunden zu Ihnen?

Ein Großteil Kunden kauft einen Umbausatz und rüstet sein Fahrrad selbst um. Wer sich das nicht zutraut, kann uns sein Fahrrad vorbeibringen oder durch uns abholen lassen. An manchen Orten haben wir auch Umrüstpartner, die den Einbau übernehmen. Ein guter Startpunkt ist unser Umrüstberater auf unserer Webseite oder ein Anruf bei unseren Beratern. Welcher Umbausatz der richtige ist und wer ihn wo einbaut, kann man doch noch am einfachsten in einem persönlichen Gespräch klären.

Wie teuer darf das E-Bike sein?

Die Preisspanne guter Pedelecs reicht von etwa 1400 Euro bis an die 10000-Euro-Grenze heran. Dabei ist natürlich immer die Frage: Was brauche ich und wie teuer darf das E-Bike sein? Ein solider Motor und ein möglichst großer Akku sind unserer Meinung nach unverzichtbar, sparen kann man jedoch bei der elektronischen Übertragungstechnik oder ABS-Systemen. Zudem sollte man nach Auslaufmodellen des vergangenen Jahres Ausschau halten – sie sind meist günstig zu bekommen.

SONDERANGEBOTE AB 1600 EURO

Sofern Markenantriebe in dieser Preisklasse verbaut sind, kommt der günstige Preis über Sparmaßnahmen an den Anbauteilen des Fahrrads zustande – einfacher Rahmen, billige Anbauteile und Reifen, simple Schaltungen. Die Motoren und Steuerungselektroniken aller Hersteller haben feste Preise – daran kann der Fahrradhersteller nichts ändern. Bei einem Test der Stiftung Warentest im Jahr 2016 von 15 E-Bikes kostete das preiswerteste mit Gut bewertete Rad immerhin nur 1800 Euro. Billige Modelle fielen damals durch. Die Stiftung Warentest empfahl seinerzeit, dass man solide E-Bikes schon in der Preisklasse zwischen 1600 und 2000 Euro finden kann. In dieser Preisklasse kann man Vorjahres- oder Auslaufmodelle kaufen, die vielleicht nicht über die neuesten technischen Features verfügen, aber sehr wohl ein Schnäppchen sein können.

MITTELKLASSE AB 2000 EURO

Experten, die wir im Jahr 2020 befragten, meinten, solide Pedelecs bekomme man ab etwa 2000 bis 2500 Euro.

Hier findet man schon alle Features, die ein solides E-Bike für den Alltagsbetrieb ausmachen. Die Motorauswahl ist groß, die Schaltungsvarianten reichen von Ketten- über Naben- bis hin zu automatischen Schaltungen, an Akkus werden meist die „dicken" Powerpacks mit 500 oder 625 Wh angeboten. Das Controlsystem aus Schalter, Display und Motorsteuerung ist ausgefeilt und eröffnet der persönlichen Gestaltung einige Optionen.

OBERKLASSE AB 3 000 EURO

Ab dieser Preisklasse machen sich teurere Komponenten am Rahmen und Antrieb bemerkbar. So sind die Rahmen in der Regel leichter, die Ausstattung mit Gepäckträger, Lichtanlage, möglicherweise gefederter Gabel qualitativ hochwertiger und die elektronische Steuerungseinheit aufwendiger und variabler. Persönliche Einstellungen können hier vorgenommen und gespeichert werden, das System ist zum Beispiel in der Lage, Tritt- und Herzfrequenz für Trainingszwecke oder zur Gesundheitsüberwachung aufzeichnen. Auch Navigationssysteme sind integriert. Teuer machen die Modelle dieser Preisklasse auch Getriebe wie die Rohloff-Speedhub oder ein Pinion-Getriebe. Hinzu können Scheibenbremsen mit vier Kolben und teure luftgefederte Gabeln kommen. Wer jeden Tag 50 Kilometer ins Büro und zurück nach Hause fährt, sollte sich hier umschauen. Die Modelle von Riese & Müller oder Velotraum zum Beispiel sind jeder Herausforderung gewachsen.

Oberklasse: das „Nevo GT“ von Riese & Müller

Im Rennradbereich nähert man sich schnell gar der 10 000-Euro-Grenze. So kostet etwa das Cube „Agree Hybrid C:62“ mit Carbonrahmen und elektronischer Schaltung von Shimano sowie einem Fazua-Antrieb knapp 8 000 Euro. Specialized liegt mit seinem „Turbo Creo SL Expert“ bei 8 499 Euro, Trek knackt mit seinem „Domane+ LT 9“ mit Fazua-Motor die magische Grenze von 10 000 Euro – es kostet 10 999 Euro.

INFO

ABS bei Pedelecs

2018 hatte Bosch das erste ABS-System für Pedelecs und S-Pedelecs in Erprobung. Es wurde in Zusammenarbeit mit dem schwäbischen Zubehörhersteller Magura entwickelt, der für die Bremsen zuständig war.

Beim ABS-System von Bosch, das in Zusammenarbeit mit Magura entwickelt wurde, erfassen Sensoren an den Bremsscheiben die Raddrehzahl. Wenn das Rad beim Bremsen zu blockieren droht, regelt das System die Bremskraft herunter. Es funktioniert ab 6 km/h und wird über den Akku gespeist. Wenn er leer ist, kann nur konventionell gebremst werden. Andere Hersteller bieten ähnliche Systeme an. Sie dürften vor allem bei den schnellen S-Pedelecs zum Einsatz kommen und die Sicherheit erhöhen.

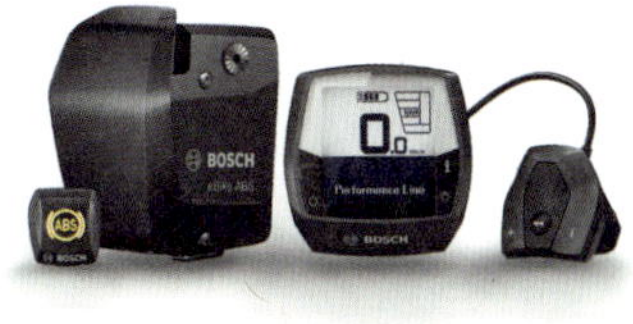

ABS-Kontrolleinheit von Bosch

06
SATTEL
SITZ UND
LICHT

Wie man sitzt, so fährt man, könnte man in Abwandlung eines Sprichworts über das Bett sagen. Der Sattel ist der „Sessel" des Fahrrads, über kaum ein anderes Teil am Fahrrad wird so viel gefachsimpelt wie über dieses. Der Sattel trägt schließlich viel dazu bei, ob man sich beim Fahrradfahren wohl fühlt. Für ausreichend Sicherheit sorgen nicht zuletzt Licht und Reflektoren.

Weiche Polsterung oder harte Schale?

Entlastung im Dammbereich verspricht ein geschlitzter Sattel.

Wer als Hobbyradler den Rennfahrern bei der Tour de France oder dem Giro d'Italia schon einmal zugesehen hat, wunderte sich vielleicht darüber, wie diese es stundenlang auf so einem brettharten Rennradsattel aushalten können. Wäre eine dicke Polsterung nicht viel bequemer? „Ein guter Sattel muss weich sein", mag mancher Radfahrer da sagen. Doch so paradox es klingen mag: Eine dicke Polsterung bietet nicht die Gewähr für einen angenehmen Sattel.

Denn worauf es wirklich ankommt, ist der Abstand der Sitzbeinhöcker zueinander, die wirksam vom Sattel unterstützt werden müssen. Das ist bei einer dünnen Polsterung und passender Sattelbreite eher gegeben, als bei einem Sattel, der nur „weich" ist. Bei einer dicken und weichen Polsterung wird das Gesäß im Bereich der Sitzknochen weit in das Polster hineingedrückt, wodurch gerade im Dammbereich ein unangenehmer Druck entsteht. Denn die Nerven im unteren Beckenbereich verlaufen nicht auf, sondern seitlich an den Sitzbeinhöckern vorbei. Durch einen zu weichen oder zu breiten Sattel werden sie auf längeren Fahrten gequetscht. Sportmediziner und Sattelhersteller haben diese durch die unterschiedliche Sitzhaltung auf verschieden geformten und gepolsterten Sätteln entstehenden Belastungen und Druckspitzen ausgemessen. Das Ergebnis: Weniger Polster bedeutet meist mehr Komfort.

Messung der Druckbelastung auf dem Fahrradsattel

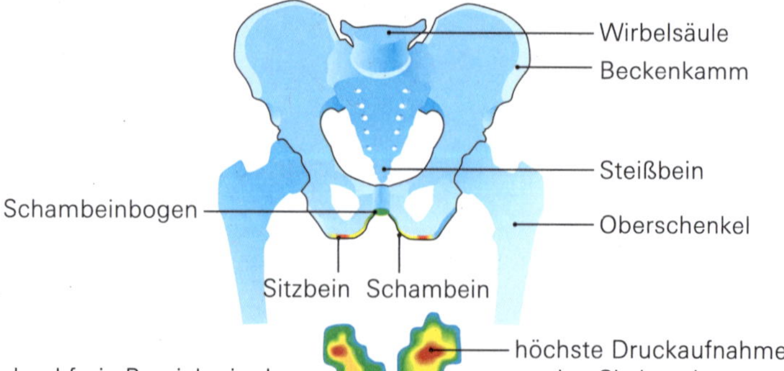

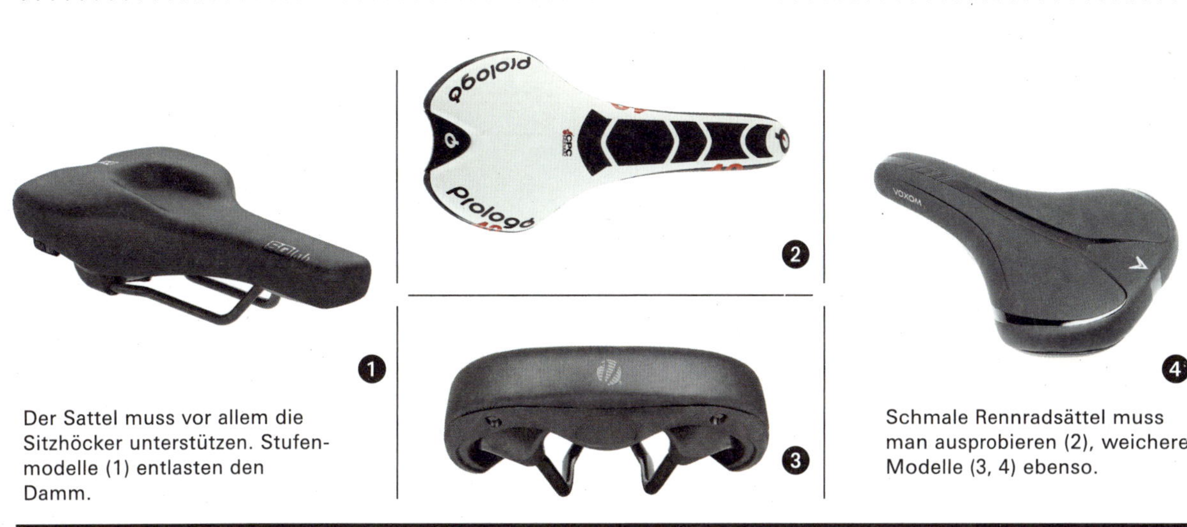

Der Sattel muss vor allem die Sitzhöcker unterstützen. Stufenmodelle (1) entlasten den Damm.

Schmale Rennradsättel muss man ausprobieren (2), weichere Modelle (3, 4) ebenso.

WIE FINDE ICH DEN RICHTIGEN SATTEL?

Doch welcher Sattel unterstützt die Sitzknochen am Gesäß wirksam, nimmt Druck vom Dammbereich? Dazu ermittelt man den passenden Sitzknochenabstand. Firmen wie SQlab, die sich in den vergangenen Jahren mit ergonomischen Produkten hervorgetan habe, verwenden dazu ein Stück Wellpappe. Man legt sie auf einen harten Hocker, setzt sich darauf und misst mit einem mitgelieferten „Sattelrechner" den Abstand von Mitte zu Mitte der eingedellten Beulen. Das ist der Sitzknochenabstand. Gute Händler arbeiten mit solchen Hockern und Pappen in ihrem Laden. Sie können sich die Pappe aber auch nach Hause bestellen, auf einer Tabelle können Sie dann sehen, welcher Sattel zu Ihrem Sitzknochenabstand passt. Die Sattelbreite hängt darüber hinaus aber auch noch davon ab, wie Sie auf dem Fahrrad sitzen: aufrecht, leicht nach vorn oder stark nach vorn gebeugt. Dazu werden auf der Tabelle Zentimeterabstände addiert. Der beträgt bei einer Rennradhaltung zum Beispiel ein Zentimeter, bei ganz aufrechter Haltung können es bis zu vier Zentimeter sein.

Immer häufiger findet man an Sätteln für den Alltagsgebrauch einen Schlitz in der Mitte, wie er ursprünglich aus dem Rennsport kommt. Der Sattel besteht aus nahezu zwei Hälften. Das soll zur Druckentlastung im Schrittbereich beitragen. Auch das kann sinnvoll sein – man muss es ausprobieren.

Damensättel sind generell etwas breiter als Herrensättel, was mit dem breiteren weiblichen Becken zusammenhängt. Auch sind die Sattelnasen etwas kürzer. Wenngleich das Ausmessen des Sitzknochenabstands eine gute Methode ist, um den passenden Sattel zu finden – es geht nichts über eine Sitzprobe auf dem Fahrrad. Gute Händler sollten Ihnen das ermöglichen. Und manche erlauben sogar die Mitnahme eines Sattels für einige Stunden, um ihn auszuprobieren.

Aufrechter Sitz – breiter Sattel

Wer aufrecht auf seinem Fahrrad sitzt, etwa einem Hollandrad oder einem Citybike, braucht einen relativ breiten Sattel, da dieser ja den größten Teil des Fahrergewichts aufnehmen muss. Dieser Sattel kann reichlich gepolstert sein. Wichtig ist nur, dass man mit den Sitzknochen darauf sitzt und der Sattel nicht gegen den Damm drückt.

Leicht gebeugt – schmaler Sattel

Wer leicht nach vorn gebeugt fährt, braucht einen etwas schmaleren Sattel. Er sollte auch nicht zu sehr gepolstert sein – auf Touren zum Beispiel werden härtere Sättel meist als angenehmer empfunden als weiche. Für diesen Einsatzzweck werden Sättel angeboten, die eine stufenförmige Sitzfläche haben, sodass der Druck im Schritt minimiert wird. Auch die Sättel mit einem Schlitz in der Mitte kommen infrage, um Druck vom Schritt zu nehmen. Man sollte beides ausprobieren.

Gestreckte Haltung – ganz schmaler Sattel

Rennräder haben ganz schmale Sättel, die nur minimal gepolstert sind. Das Körpergewicht ruht hier zum größten Teil auf den Pedalen und dem Lenker, sodass eine dicke Polsterung nicht nötig ist. Wichtig ist aber trotzdem, dass auch hier die Sattelbreite zum Abstand der Sitzknochen passt.

Sattel 

- Breite
- Oberflächenhärte
- Versatz +/- 3cm

DER PASSENDE SATTEL – DAS MATERIAL

Fahrradsättel bestehen aus einem Untergestell, das auf der Sattelstütze am Fahrrad verschraubt wird, und der Sitzfläche. Das Untergestell besteht meist aus verchromtem Stahl. Teure Modelle bieten hier Titan, weil es leichter ist als Stahl, oder Carbon. Die Unterseite des Sattels bildet meist eine harte Plastikschale, worauf eine mehr oder weniger dick geschäumte Sitzfläche folgt. Sie kann auch mit Gelkissen unterfüttert sein, manche Sättel haben Geldämpfer an der Sattelunterseite, die die Wirbelsäule beim Fahren aktivieren und dadurch zu entspannterem Fahren beitragen sollen. Auch hier gilt: Man muss es ausprobieren. Kunststoffsättel haben den Vorteil, dass man sie kaum pflegen muss.

Die Alternative stellt ein Ledersattel dar. Er gilt bei vielen Radlern als Nonplusultra des Fahrkomforts. Die englische Firma Brooks genießt dafür praktisch einen Kultstatus: eine über das Stahlgestell gespannte und

Einstellungssache:
Der Sattel sollte waagerecht sein (1), eingestellt mit Schrauben am Untergestell (4). Die Sitzhöhe ist korrekt, wenn die Ferse bei durchgestrecktem Bein gerade so das Pedal berührt (2). Vom Knie zur Pedalachse sollte ein Lot fallen (5). Die Sitzhöhe stellt man am Sitzrohr ein (3).

mit Nieten daran befestigte Lederdecke. Die in Handarbeit hergestellten Sättel passen sich der eigenen Körperform im Lauf der Zeit an, das Leder gibt etwas nach, sodass der Sattel eine gewisse Elastizität erhält. Wenn sich das Leder gelängt hat, kann man das Sattelgestell spannen, sodass die Decke wieder fest ist. Andere Hersteller wie Lepper oder Gusti verwenden ähnliche Herstellungsmethoden.

Ledersättel vertragen kein Wasser, weshalb man immer eine Plastiktüte gegen Regen mit sich führen sollte. Und man muss sie hin und wieder einfetten, am besten von der Unterseite aus. Die neuen „Cambrium"-Modelle von Brooks bestehen aus einer elastischen Kautschukdecke mit Baumwollüberzug, die auch nass werden dürfen, ohne Schaden zu nehmen.

DIE KORREKTE SATTELSTELLUNG

Jeden Sattel kann man etwas verstellen. Zunächst sollten Sie mit einer Wasserwaage dafür sorgen, dass er waagerecht eingestellt ist. Für eine sehr sportliche Sitzhaltung kann er auch zwei bis drei Grad nach vorn geneigt sein. Wer aufrecht sitzt, kann ihn etwas nach hinten kippen. Einstellen kann man diese Neigung mithilfe der Rasterung auf der Unterseite des Sattels, da, wo er auf die Sattelstütze aufgesetzt wird.

Dann stellen Sie die Höhe ein. Setzen Sie sich auf den Sattel, strecken ein Bein aus und berühren in der „5-Uhr-Position" mit der Ferse das

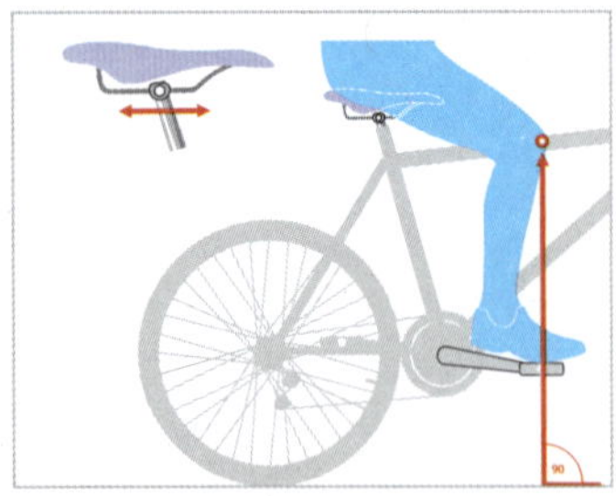
Das Knie sollte lotrecht über der Pedalachse stehen. Wenn nicht, muss der Sattel nach hinten oder vorn verstellt werden.

Pedal. Wenn das Bein gerade mal so durchgestreckt ist, dann ist der Abstand richtig. Und wenn Sie mit dem Fußballen auf dem Pedal stehen, sollte das Knie immer noch einen kleinen Knick haben.

Anschließend heben Sie das Bein an, bis es die „3-Uhr-Position", also einen mehr oder weniger rechten Winkel erreicht hat. In dieser Position berühren Sie das Pedal mit dem Fußballen – das ist die optimale Trittposition beim Fahren. Jetzt sollte sich das Knie direkt über der Pedalachse befinden. Wenn das nicht der Fall ist, können Sie den Sattel etwas nach vorn oder nach hinten verschieben.

Ist ein Sattel zu niedrig eingestellt, muss das Knie beim Fahren zu weit nach oben angehoben werden. Und wer beim Fahren auf seinem Sattel seitlich hin- und herschaukelt, der sitzt auf einem zu hoch eingestellten Sattel.

Ein wichtiger Aspekt bei der korrekten Sattelstellung ist auch der sogenannte „Versatz". Dieser bezeichnet jenen Abstand, um den ein Sattel in der Horizontalen verschoben werden kann. Das ist mit jedem Sattel um einige Zentimeter in Richtung des Lenkers oder aber des hinteren Fahrradendes möglich. Manche Sättel verfügen dazu auch über eine Skala auf dem Sattelgestell. Mit dem Versatz wird nicht nur der Abstand zum Lenker verkürzt oder verlängert, sondern ändert sich hierdurch zudem leicht die Neigung des Beines im Verhältnis zur Pedalachse. Hier bestehen keine festen Regeln, man muss ausprobieren, bei welcher Stellung man am angenehmsten sitzt und radelt.

An sportlichen Fahrrädern spielt auch die sogenannte Sattelüberhöhung eine Rolle (siehe Seite 98). Hier ist die Rahmengeometrie (siehe ab Seite 95) schon darauf ausgelegt, dass der Sattel in der Horizontalen über den Lenker emporragt. Den Abstand zwischen beiden Maßen bezeichnet man als Überhöhung. Je stärker die Überhöhung, desto mehr nach vorn gebeugt und aerodynamisch günstiger sitzt die Person auf dem Fahrrad.

GEFEDERTE SÄTTEL

Alt aber bequem: gefederter Ledersattel

Auch wenn man den passenden Sitzknochenabstand gefunden hat, so mag mancher Radler mit der darauf basierenden Empfehlung für ein Sattelmodell nicht zufrieden sein: Etwas mehr Komfort auf dem Fahrrad kann ja nie schaden. Für diese Zwecke gibt es gefederte Sättel. Manche gehören zu den urtümlichsten Erscheinungen am Fahrrad, wie sie schon Ende des 19. Jahrhunderts in Gebrauch waren. Spiralfedern auf der Rückseite, an manchen Modellen gekoppelt mit einer eingerollten Feder an der Sattelnase, sollen für mehr Komfort sorgen. Es gibt Federn nur an der Rückseite, manche Modelle haben eingebaute Gelkissen oder sind mit einem sitzfreundlichen Schaum ausgestattet. Hier muss jeder selbst herausfinden, was ihm am besten passt.

SATTELSTÜTZEN

Sattelstützen bestehen aus Stahl, Aluminium oder Carbon. Man kann sie aus dem Sitzrohr herausziehen oder weiter hineinschieben, um die Sitzhöhe auf dem Fahrrad zu verändern. Sie dürfen aber nicht über ein Mindestmaß nach oben herausgezogen werden, weil sie dann brechen können – meist haben sie hierfür eine Markierung am Rohr.

Der Sattel wird am oberen Ende der Sattelstütze verschraubt. Dazu gibt es verschiedene Systeme.

- Das älteste System ist der „Kloben", ein Blechring, der auf eine gerade Sattelstütze geschoben und festgeschraubt wird. Diese Stützen nennt man auch „Kerzen", weil sie am oberen Ende eine kleine Verjüngung besitzen.
- Bei neueren Systemen ist die Befestigung für den Sattel in die Stütze integriert. Meist hat die Stütze am oberen Ende eine Rasterung, mit deren Hilfe die Sattelneigung eingestellt werden kann. Der Sattel selbst wird dann mit einer Schraube von unten festgezogen. Besser und stabiler sind Systeme mit zwei Schrauben. Gute Sattelstützen sind übrigens „gekröpft", das heißt sie sind etwas nach hinten gebogen. Auf diesem gebogenen Stück ruht dann der Sattel, wodurch ein Mindestmaß an Elastizität erreicht wird.

Ein guter Sattel kann auch harte Sattelstützen aus Aluminium „entschärfen".

Auch die Sattelstütze kann zum Komfort auf einem Fahrrad beitragen. Ist sie relativ lang, kann sie etwas schwingen oder „flexen" wie die Fachleute sagen. Auch das Material beeinflusst die Härte. Aluminium ist das härteste Material und gibt praktisch nicht nach, folglich federn Alustützen nicht. Bei Stahl ist das schon etwas besser, er ist elastischer. Sattelstützen aus Carbon wiederum federn leichte Stöße und das Rütteln rauer Fahrbahnen spürbar ab – was man nach vielen Kilometern im Sattel deutlich merkt.

Federnde Sattelstützen

Sattelstützen haben unterschiedliche Durchmesser, die zum Durchmesser des Sattelrohrs passen müssen. Die Maße variieren zwischen 25,4 und 31,8 Millimetern.
An Trekkingrädern finden sich häufig federnde Sattelstützen. Sie sollen den Fahrkomfort verbessern. Im Prinzip gibt es zwei Arten:

- Teleskopsattelstützen
- Parallelogrammsattelstützen

Parallelogrammsattelstützen sprechen sensibel an.

Bei Teleskopsattelstützen ist der Federmechanismus innerhalb der Stütze angebracht, die in das Sitzrohr des Fahrrads hineingeschoben wird. Beim Fahren federt die Stütze ein und aus. So erlebt man, dass sich der Abstand zu den Pedalen immer etwas verändert – je nach Beschaffen-

Sattelstützen 

- Durchmesser 25,4–31,6 mm
- Gefedert/ungefedert
- Material
- Auszugslänge (Markierung)

heit des Untergrunds. Die Teleskopstützen sind etwas filigraner und eleganter als die Parallelogrammstützen.

Bei den Parallelogrammstützen verschiebt sich ein Parallelogramm beim Ein- und Ausfedern. Sie sprechen meist sehr gut an. Hier verschiebt sich aber die Sattelneigung beim Einfedern etwas. Das muss man mögen. Auch beim Bergauffahren kann die Nachgiebigkeit der Sattelstütze unter Umständen als unangenehm empfunden werden. Sie bietet nämlich nicht den gerade bergauf oft gewünschten Widerstand und schluckt so etwas von der Energie, die aufs Pedal kommt.

Eine interessante Alternative hat die Firma Canyon im Programm: die „VCLS"-Sattelstütze. Die Carbonstütze spaltet sich am oberen Ende in zwei Blattfedern auf, die bis zu 20 Millimeter Federweg erzeugen. Dadurch werden Fahrbahnstöße deutlich absorbiert. Die Stütze ist allerdings nur für Rahmen mit 27,2 Millimeter Innendurchmesser geeignet.

Für Mountainbiker interessant: elektronisch verstellbare Sattelstütze von Sram

Verstellbare Sattelstützen

Vor allem für Mountainbikes gedacht sind die Sattelstützen, die sich während der Fahrt verschieben lassen. Wenn Mountainbiker „downhill" rasen, setzen sie sich gern tiefer „in das Fahrrad" hinein, da eine tiefe Sattelposition mehr Sicherheit und Kontrolle über das Rad bedeutet.

Bei älteren Modellen wird die Sattelstütze über einen Stellmotor mit Luftdruck verstellt. Neuere Modelle verstellen die Teleskopstütze elektronisch und stufenlos über den Controller am Lenker. Der schwäbische Bremsenspezialist Magura führt ein solches System seit 2016 im Programm, andere Hersteller zogen nach, die US-Firma Sram etwa mit ihrem „Reverb"-System. Die Systeme erlauben eine stufenlose Verstellung und können mit einer App auf dem Smartphone verbunden werden, von wo der Bedienhebel konfiguriert oder Updates eingespielt und der Ladestand des Akkus abgelesen werden können. Das Handy ist allerdings keine Nutzungsvoraussetzung und im Magura-System gar nicht erst vorgesehen.

Der Vorteil der elektronischen Steuerung besteht darin, dass der „Kabelsalat" von früher, der Steuergerät und Stütze verband, passé ist. Nun muss man allerdings den Ladezustand des Akkus für den Stellmotor am Sattel im Auge behalten. Magura gibt 400 Bewegungen als Maximum an, bis er wieder aufgeladen werden muss – dann erlaubt das System noch eine 20-malige, manuelle Verstellung, bevor es den Dienst einstellt.

Im Alltag von Hobbyradlern und Pendlern, die auf Straßen und befestigten Wegen unterwegs sind, ist die Verstellbarkeit der Sattelstütze unwichtig – es sei denn, man ist ein Technikfreak und will andere damit beeindrucken. Für Mountainbiker, zumal wenn sie sportlich ambitioniert sind, bedeuten die Systeme einen echten Mehrwert am Fahrrad und werden demzufolge vor allem von Profis und Semi-Profis eingesetzt.

Es werde Licht – Dynamos

Der Klassiker: ein Seitenläuferdynamo

An der Technik darf ausreichende Beleuchtung am Fahrrad heutzutage nicht mehr scheitern – denn sie hat in den vergangenen Jahren enorme Fortschritte gemacht. Sowohl die Dynamos als auch die Leuchten sind um einiges leistungsfähiger geworden. Die modernen Leuchtdioden sind heller als die alten Glühlampen, Leuchtdioden übertreffen auch Halogenlampen deutlich. Nabendynamos sind zuverlässiger als die einst üblichen Seitenläuferdynamos. Eine Lichtanlage am Fahrrad besteht heute aus einem LED-Scheinwerfer, einer Stromquelle (Dynamo, Batterie oder Akku) und einer LED-Rückleuchte. Scheinwerfer und Rückleuchte haben zudem einen Kondensator, der die Energie für einige Minuten speichert und sie im Stand abgibt – so wird man auch gesehen, wenn man nicht in die Pedale tritt. Auch Tagfahrlichter gibt es an Fahrrädern, und Akkuleuchten lassen sich heute über mehrere Stunden nutzen und strahlen ausreichend hell. An E-Bikes kann zudem der Akku als Stromquelle für das Fahrradlicht genutzt werden.

Die Beleuchtungstechnik für Fahrräder ist fast so vielfältig wie der Fahrradmarkt selbst. In früheren Jahren war der Seitenläuferdynamo das Maß aller Dinge. Er wird hinten oder vorn an die Seitenflanke des Reifens geklappt und liefert Strom, sobald sich das Rad dreht. Er ist zwar preisgünstig und kann leicht nachgerüstet werden, hat aber den Nachteil, dass er wegen seines erforderlichen Anpressdrucks viel Kraft schluckt, bei Nässe oft durchrutscht – dann liefert er keinen Strom mehr und hat nur eine geringe Energieausbeute. Aus diesem Grunde sind Seitenläuferdynamos heute höchstens noch an billigen Baumarktfahrrädern verbaut. An seine Stelle sind Nabendynamos getreten. Eine Nischenposition nehmen Magnetdynamos ein (siehe Seite 182).

Seit Überarbeitung der Straßenverkehrsordnung im Jahr 2017 darf eine Fahrradbeleuchtung auch aus abnehmbaren Akkus bestehen. Zudem ist ein Tagfahrlicht mit einer Lichtstärke von 12 Lux erlaubt.

NABENDYNAMOS

★★☆

Moderner Bestseller: ein Nabendynamo

Sehr verbreitet an konventionellen City- oder Trekkingrädern, bei denen es nicht so sehr aufs Gewicht ankommt, sind Nabendynamos. Sie laufen im Vorderrad fast widerstandsfrei mit, sind effizient und auch bei Regen, Matsch oder Schnee stets einsatzbereit. Sie funktionieren auch bei geringer Geschwindigkeit. Ihr einziger Haken ist manchmal die Befestigung des Kabels, das zu dem Front- und Rücklicht führt. Es gibt Modelle, bei denen diese Steckverbindungen sehr lose sitzen und im Alltag schnell abfallen, zum Beispiel bei unbemerkten Berührungen mit einem Fahrradständer oder an einer Abstellanlage. Sie sind teurer als Seiten-

INFO

Was sagt das Gesetz?

Seit Überarbeitung des § 67 der Straßenverkehrs-Zulassungs-Ordnung im Jahr 2017 müssen Fahrräder mit folgenden Lichtquellen ausgerüstet sein:

- einem weißen Frontscheinwerfer
- einem weißen Reflektor vorn
- einem roten Rücklicht
- einem roten Reflektor hinten
- gelben Reflektoren an den Pedalen, die nach vorne und hinten wirken
- Laufräder müssen zwei gelbe Speichenreflektoren oder reflektierende Speichenclips an jeder Speiche oder Reifen mit einem reflektierenden Ring haben.

Daneben sind jetzt Tagfahrlichter erlaubt. Für die roten Rücklichter bieten viele Hersteller Modelle mit einer Bremslichtfunktion an. Die große Änderung zur bis dahin geltenden Regelung: Akkuleuchten sind erlaubt und dürfen mitgeführt werden. § 67, Absatz 2 der StVZO: „Scheinwerfer, Leuchten und deren Energiequelle dürfen abnehmbar sein, müssen jedoch während der Dämmerung, bei Dunkelheit oder wenn die Sichtverhältnisse es sonst erfordern, angebracht werden." Alle Leuchten müssen vom Kraftfahrtbundesamt zugelassen sein.

Magnetdynamos nutzen eine Wirbelstromtechnik zur Erzeugung von Licht. Sie sind schick, StVO-zugelassen aber nicht.

läuferdynamos und ein Austausch komplizierter: Man muss das ganze Rad ausbauen und zur Reparatur bringen.

Der Wirkungsgrad von Nabendynamos ist sehr gut, sie können allerdings nicht einfach nachgerüstet werden – man müsste sie in das vorhandene Laufrad einspeichen, was meist teurer kommt als ein neues Laufrad mit Nabendynamo. Viele Nabendynamos sind für Scheibenbremsen-Laufräder geeignet. Günstige Modelle kosten etwas 30 Euro, Hightechmodelle bis zu 200 Euro. Je leichter sich der Dynamo dreht, desto teurer ist er in der Regel.

Magnetdynamos

Ganz ohne Reibung funktioniert ein Magnetdynamo. In einem kleinen Gehäuse, das ganz nah an der metallischen Bremsflanke des Laufrads platziert ist, erzeugen starke Magnete einen Wirbelstrom, wenn sich das Rad dreht. Damit wird im Innern des Dynamos eine Spule angetrieben, die Strom erzeugt, dessen Energie LEDs in Form von Licht abgeben. Magnetdynamos sind noch wenig verbreitet und werden eher als stylische Gimmicks denn als alltagstaugliche Stromquellen betrachtet.

Es wichtig, dass man im Straßenverkehr nachts gesehen wird. Und dabei helfen besonders Rücklichter mit Standlichtfunktion.

Beim Tübinger Dynamospezialisten SON hält man die Technik so auch für keinen Gewinn. „Der Wirbelstrom hat mehr Schlupf und Verlust als ein gut eingestellter Reibdynamo. Insgesamt erzielen die bisher angebotenen Modelle nur den Bruchteil der Leistung, den normale Dynamos erzielen", sagt Entwicklungstechniker Andreas Oehler.

Scheinwerfertechnik

Die Scheinwerfergestaltung hat wesentlichen Einfluss auf die Art und Weise, wie das Licht auf die Straße fällt: breit gefächert, gebündelt, mit scharfer Kante zwischen hellem und dunklem Bereich?

Die Firma Busch & Müller läutete 2007 eine kleine Revolution ein, als eine Hochleistungs-LED als indirekte Lichtquelle benutzt wurde. Die Folge: Das Licht konnte zielgerichtet verteilt und doppelt so breit gestreut werden wie zuvor. Somit konnten bestimmte Bereiche, etwa der Nahbereich, besser ausgeleuchtet werden. 2012 wurde das System noch einmal verbessert, indem ein Prisma und mehrere LEDs eingesetzt wurden. Der Bereich bis etwa ein Meter vor dem Rad erschien nicht mehr als „Schwarzes Loch". Scheinwerfer werden zunehmend mit Sensoren ausgestattet, die dem Radler das Ein- und Ausschalten ersparen – sie schalten das Licht automatisch ein, wenn es dunkel wird. Sensoren werden auch für die Steuerung eines Tagfahrlichts eingesetzt: Es soll den Radfahrer für die anderen Verkehrsteilnehmer sichtbarer machen – aus demselben Grund, aus dem es das an Autos schon lange gibt. Besonders gute Tagfahrlichter schalten automatisch um auf den normalen Lichtbetrieb, sobald es dunkel wird oder man eine Unterführung oder einen Tunnel befährt.

Scheinwerfer mit LED-Technik sind heute Standard.

Auch Tagfahrlicht ist üblich – wenngleich es nicht blenden sollte.

Manche Hersteller heben hervor, dass Tagfahrlichter vor allem die Sicherheit der schnellen S-Pedelecs verbesserten, weil sie schneller von Autofahrern gesehen würden.

Allerdings ist der Nutzen von Tagfahrlichtern nicht eindeutig. Positiv wird bemerkt, der Radfahrer werde dadurch besser gesehen – und quasi mit Autos und deren Tagfahrlichtern auf eine Stufe gehoben. Das ist gerade bei den schnellen S-Pedelecs nicht von der Hand zu weisen. Kritisiert wird hingegen, dass Tagfahrlichter im Gegensatz zum normalen Scheinwerfer keine Hell-Dunkel-Grenze haben. Sie strahlen ungerichtet nach vorn ab, müssen nicht etwa fünf Meter vorab auf den Erdboden ausgerichtet werden. Dadurch können entgegenkommende Rad- und Autofahrer (und andere Verkehrsteilnehmer) geblendet werden.

Ob sich aus einem Tagfahrlicht ein Sicherheitsgewinn ergibt, wird kaum messbar sein. Sinnvoller ist es wahrscheinlich noch immer, vorausschauend zu fahren und im Zweifelsfalle bremsbereit zu sein, als darauf zu vertrauen, durch das Tageslicht besser gesehen zu werden.

Akku-Scheinwerfer 

- LED-Technik
- Luxzahl
- StVO-Zulassung

INFO

Lux und Lumen

Die alte Glühbirne in einem Fahrradlicht hatte 2,4 Watt und eine Lichtleistung von etwa 15 Lumen. Moderne LED-Leuchten bringen bis zu 100 Lumen Lichtausbeute – also mehr als sechsmal so viel. Die Frage, welches Licht das bessere ist, ist damit entschieden. Auch Halogenlampen – die man heute immer seltener findet – können da mit etwa 25 Lumen nicht mithalten. Doch was sind Lux und Lumen?

Lux ist eine internationale Maßeinheit für die auf eine Fläche auftreffende Stärke einer Beleuchtung. Sie gibt an, wie viel Licht pro Flächeneinheit auftrifft. Lux beschreibt also, wie hell eine Fläche angeleuchtet wird. Ein Autoscheinwerfer erleuchtet die Straße mit etwa 100 Lux, ein guter Fahrradscheinwerfer mit etwa 70 Lux. Inzwischen gibt es Modelle, die mit Pkw-Scheinwerfern gleichgezogen haben.

Lumen dagegen gibt an, wie viel Licht eine Lampe in einer bestimmten Zeiteinheit abgibt. Eine 60-Watt-Glühlampe gibt etwa 600 Lumen ab.
Eine eindrucksvolle Darstellung der Leuchtkraft unterschiedlicher Scheinwerfer findet man auf der Webseite des Beleuchtungsspezialisten Busch & Müller unter www.bumm.de/Produkte. Dort klickt man einen der Scheinwerfer an und am Fuß der Seite werden Ausleuchtungsbeispiele mit unterschiedlicher Scheinwerferstärke eingeblendet.

Batterie- und Akkuleuchten

Die Alternative zu Dynamos bilden Batterie- oder Akkuleuchten, die schnell am Fahrrad angebracht und wieder abgemacht sind – ganz ohne Verkabelung. Das ist praktisch bei allen Fahrrädern, die ohne feste Beleuchtungsanlage gekauft wurden. Und nebenbei auch haltbarer als viele fest installierte Leuchten, deren Kabelverbindungen sich irgendwann lösen, weil sie sich in Abstellanlagen verheddert haben, jemand mit dem Fuß oder einem Fahrrad daran hängenblieb oder ein Wackelkontakt den Stromfluss unterbrach.

Der Nachteil: Akkuleuchten können leicht geklaut werden, und ihre Leuchtdauer ist begrenzt. Die auf den Verpackungen angegebenen Zeiten werden meist nicht ganz erreicht, vor allem im Winter bei Kälte nicht. Sie sollten zumindest so lange leuchten, dass man damit den täglichen Arbeitsweg hin und zurück schafft.

Gute Alternative zu fest installiertem Licht: Akkuleuchten

Leistungsstark: der „Ixon Space"

AKKULEUCHTEN IM TEST

Was die Lichtausbeute angeht, müssen Akkuleuchten den fest installierten Fahrradlichtern in nichts nachstehen. Das ergab der jüngste Test der Stiftung Warentest (Test 9/2020), in dem 13 Frontscheinwerfer und sechs Rücklichter geprüft wurden, alle abnehmbar und mit Akkubetrieb. Sie sind in Deutschland seit einigen Jahren als Fahrradbeleuchtung zugelassen – sofern sie eine K-Nummer tragen. Mit wenigen Handgriffen lässt sich auf diese Weise an spärlich ausgerüsteten Mountainbikes, Renn- oder Urbanrädern ein Lichtsystem nachrüsten.

Orientierung auf der Suche nach einem passenden Scheinwerfer bietet oft lediglich die Beleuchtungsstärke, angegeben in Lux (siehe Info S. 184). Die Straßenverkehrs-Zulassungs-Ordnung (StVZo) fordert mindestens 10, möglich sind mittlerweile weit mehr als 100 Lux – bei entsprechend steigendem Preis. Im Test traten Frontscheinwerfer mit einer deklarierten maximalen Leuchtstärke von 20 bis 150 Lux gegeneinander an, bei einer Preisspanne von 25 bis 143 Euro. Testsieger und einziger sehr guter Scheinwerfer war ein lOO-Lux-Premiummodell: der „LS 760 I-Go Vision" von Trelock (99 Euro). An zweiter Stelle lag der „Ixon Space" von Busch & Müller (143 Euro). Günstiger und in puncto Licht und Sicht den Premiummodellen ebenbürtig präsentiert sich der gute Cateye „GVolt50" (37 Euro).

Von sechs Rücklichtern schnitten fünf gut ab, ganz vorn lag das „Blaze" (20 Euro) von Sigma. Den günstigsten liefert Axa mit dem „Compactline Rear USB" (12 Euro). Lediglich zwei Rücklichter konnten nicht empfohlen werden.

Akkurückleuchten: mit Bremslichtfunktion (links), einfache Ausführung (rechts)

Mit Batterien oder aufladbaren Akkus zu betreiben

Moderne Akkurückleuchten strahlen auch zur Seite ab. Aufgeladen wird meist per USB.

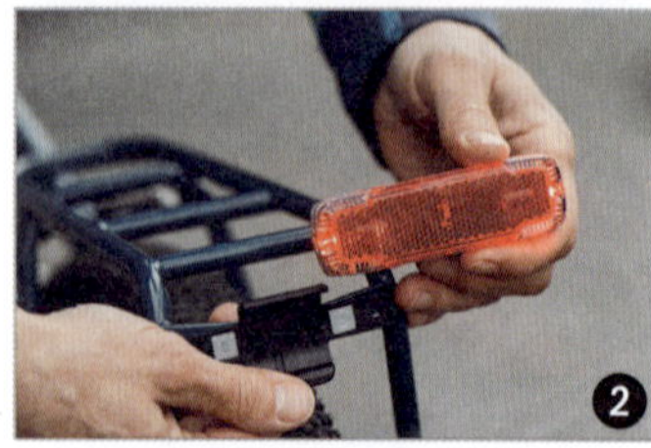

Standleuchte: Fest installierte Fahrradlichter speichern über Kondensatoren den Strom (1); Diebstahlschutz: entnehmbare Akkuleuchte (2); Sigmas „Blaze“ kann als Bremslicht auch am Tag aufleuchten (3).

Helligkeit nicht die Hauptsache

Für ein sicheres Fahrgefühl in der Dunkelheit ist die punktuelle Helligkeit nicht alles. Zentrales Kriterium vielmehr: Welches Leuchtbild erzeugen die Scheinwerfer auf der Straße? Dabei spielt die Bauweise eine große Rolle. Reicht der Lichtkegel weit genug, um auch bei hohem Tempo vorausschauend fahren zu können? Sind Nah- und Randbereiche erhellt? Verteilt sich das Licht so gleichmäßig, dass Unebenheiten und Gegenstände sichtbar sind? Ist es fleckig oder gar blendend hell?

Im Test fiel auf: Selbst mit ähnlichen Lux-Werten erzeugen die Scheinwerfer ganz unterschiedliche Lichtbilder. Für den städtischen Straßenverkehr sind alle hell genug – selbst die lichtschwächeren, günstigen Scheinwerfer. Auf unbeleuchteten Wegen kommen manche jedoch an ihre Grenzen. Schattenseite der guten Sicht: Die Gefahr, den Gegenverkehr zu blenden, steigt. Die Scheinwerfer bündeln das Licht zwar meist so, dass es kaum nach oben strahlt. Doch Radler müssen die Leuchten selbst anbringen. Viele richten das Licht zu hoch aus, um möglichst weit zu leuchten.

Die Alltagstauglichkeit von Akkuleuchten hängt überdies stark von Leucht- und Ladedauer ab. Ein Scheinwerfer hielt vollgeladen nicht einmal dürftige drei Stunden. Dagegen betrug bei zwei Frontlichtern die Ladedauer mehr als elf Stunden – über Nacht aufladen adé. Nur ein einziges Modell bot die Möglichkeit, den Akku selbst zu tauschen – also auch einen Wechselakku zu nutzen. Mit Ausnahme von zwei Leuchten erwiesen sich alle als robust im Haltbarkeits-, Fall- und Spritzwassertest.

MONKEYLINK

Eine flexible Version der Akkuleuchten bietet das System MonkeyLink. Es kann unabhängig vom Erstausrüster an E-Bikes und konventionellen Fahrrädern montiert werden, auch nachträglich. Front- und Rücklicht werden dann an Magnethalterungen befestigt. MonkeyLink verbindet sich elektronisch mit dem E-Bike-Akku und ist mit allen gängigen Antrieben von Bosch, Brose, Shimano und SR Suntour kompatibel.

LEUCHTEN AN E-BIKES

Fein raus sind Besitzer von E-Bikes: Bei den meisten Modellen kann der Akku nämlich die Lichtanlage speisen. In der Regel kann man das Licht mit einem Knopfdruck auf dem Steuerungsdisplay einschalten. Manche Beleuchtungsanlagen sind mit Sensoren ausgestattet und schalten sich in der Dämmerung sogar von selbst ein. Die Akkus müssen übrigens so ausgelegt sein, dass das Fahrradlicht auch noch zwei Stunden lang nach Akkuentleerung in Betrieb sein kann. Die Stromspeicher müssen nach gesetzlicher Vorschrift dafür einen Puffer bereit halten.

Reflektoren

Gesetzlich vorgeschrieben sind am Fahrrad auch Reflektoren. Die Auswahl ist je nach Ort der Anbringung sehr groß.

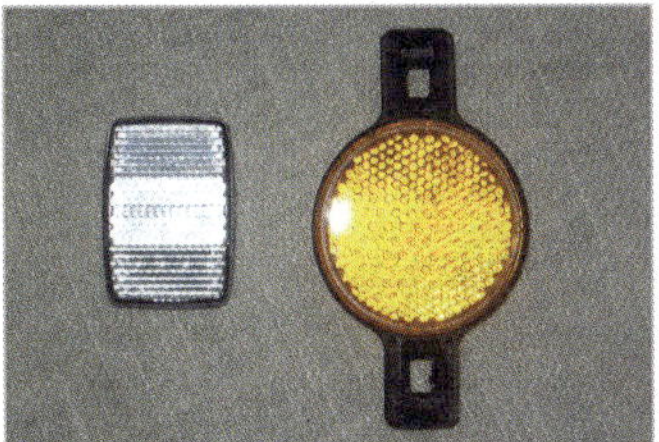

Reflektoren für vorn (weiß) und die Speichen (orange)

- **Vorn:** Die einfachsten Reflektoren bestehen aus geriffeltem Glas und stecken in einer Metallhalterung für eine Schraubverbindung. Alternativ können sie über ein Spannband aus Plastik am Steuerrohr befestigt werden. Die Formen schwanken von rund bis viereckig.
- **Hinten:** Hier dominieren Reflektoren im Querformat, die nachträglich über Schraubverbindungen am Gepäckträger, den Sitzstreben oder am Sitzrohr befestigt werden können. An neuen Gepäckträgern ist das Rücklicht oft in den Träger integriert, ebenso ein roter Reflektor.
- **Seitlich:** Hier gibt es mehrere Möglichkeiten. Gesetzlich vorgeschrieben sind zwei Speichenrückstrahler an jedem Laufrad. Das sind meist gelblich-orange reflektierende Plastikscheiben, die man zwischen zwei Speichen klemmen kann. Sie sind auch als „Katzenaugen" bekannt.
  1 Die Alternative dazu sind Speichenclips: graue, reflektierende Röhrchen, die man über die Speichen schieben kann. Empfohlen werden vier bis acht Stück pro Rad. Ersatz im Rucksack ist immer sinnvoll.
  2 Eine weitere Möglichkeit sind Reifen, die einen umlaufenden, reflektierenden Streifen haben, wie beispielsweise die „Reflex"-Reihe von Continental. Auch manche Schutzbleche besitzen Reflektorstreifen.
  3 Für sportliche Räder hat eine Münchner Firma kleine Fähnchen entwickelt, die man an die Speichen kleben kann. Adresse: www.flectr.bike
- **An den Pedalen:** Hier ist je ein gelber Reflektor vorgesehen, der nach vorn und hinten abstrahlen soll. Zwar gibt es Nachrüstmodelle – aber nicht alle Pedale sind darauf ausgelegt, sie anzubringen. Eine Empfehlung ohne gesetzliche Gewähr unsererseits wären in diesem Fall selbstklebende Reflektoren an den Pedalen.

07

ANBAUTEN: BREMSEN GEPÄCKTRÄGER & CO.

Damit aus einem Fahrrad ein alltagstaugliches Gefährt wird, bedarf es einiger zusätzlicher Dinge wie Schutzbleche, Gepäckträger und Klingeln. Dazu kommen natürlich gute Bremsen – und seit geraumer Zeit auch Bordcomputer.

Bremsen

Wer mit seinem Fahrrad flott unterwegs ist, braucht gute Bremsen. Dazu haben sich im Lauf der Fahrradgeschichte unterschiedliche Systeme entwickelt. Moderne Bremsen sind jedem Tempo gewachsen. Doch das war nicht immer so. Der Erfinder des Fahrrads, Herr von Drais, musste zum Beispiel noch mit seinem Fuß bremsen. Heute setzen alle Bremsen im Grunde auf das gleiche Prinzip: Durch Reibung an einem Widerstand wird die Umdrehungsgeschwindigkeit der Räder verringert. Das kann an den Bremsflanken der Laufräder geschehen, in den Trommeln von Rücktrittbremsen oder neuerdings immer öfter durch Scheibenbremsen.

Wo allerdings Reibung herrscht, entsteht Hitze: Theoretisch können Bremsen ihre Wirkung verlieren, indem sie überhitzen. Felgenbremsen können bei langen steilen Abfahrten und dauerhaftem Bremsen heiß werden – es ist schon vorgekommen, dass Schläuche geplatzt sind. Empfohlen wird daher immer das „Stotterbremsen", wobei man abwechselnd vorn und hinten bremst. Übrigens entfalten auch die Felgenbänder im Laufrad eine wichtige Wirkung, denn sie nehmen ebenso etwas von der Bremswärme auf und leiten sie ab. Gute Felgenbänder sind also kein Luxus, sondern können eine Versicherung gegen einen Sturz sein.

An Scheibenbremsen kann sogenanntes Fading entstehen: Die Bremsscheiben werden so heiß, dass die Wirkung rapide absinkt. Auch in diesem Fall empfiehlt sich als Gegenmittel die Methode des „Stotterbremsens". Und bei Rücktrittbremsen kann es beim Dauerbremsen vorkommen, dass das Öl in der Nabe heiß wird und kocht. Dies alles entsteht nur unter Extrembedingungen, ist dennoch möglich. Dem Autor selbst sind während zahlreicher Alpenfahrten mit Felgen- und Scheibenbremsen allerdings noch nie Probleme entstanden – selbst bei hohen Geschwindigkeiten jenseits der 60 km/h nicht.

Die Vielzahl der Bremsen kann an diese Stelle nicht abgebildet werden – wir konzentrieren uns daher auf die wesentlichen Typen.

FELGENBREMSEN

Felgenbremsen dürften die am meisten verbreiteten Bremsen an Fahrrädern sein: Zwei Bremsgummis üben jeweils Druck auf die Bremsflächen der Laufräder aus. Betätigt werden sie entweder über Seilzüge oder hydraulische Leitungen; die Laufräder geben gewissermaßen also auch die Bremsflächen ab. Das funktioniert bestens mit modernen Bremsen an Aluminiumlaufrädern, auch aus großen Geschwindigkeiten bringt man damit ein Fahrrad auf kürzestem Weg zum Stehen.

Der Nachteil: Die Bremsflächen an den Laufrädern werden in Lauf der Zeit abgenutzt. Das kann nach 20 000 bis 30 000 Kilometern schon einmal passieren. Vielfahrer dürften das Problem kennen. Wenn das der Fall ist, muss man das Laufrad oder die Felge austauschen – ein Riss der Felge und ein Sturz könnten ansonsten die Folge sein.

An Carbonrädern sieht die Sache etwas anders aus, da hier spezielle Bremsgummis erforderlich sind. Tests an Rennrädern haben immer wieder gezeigt, dass die Carbonfelgen sehr heiß werden können und sogar reißen, wenn nicht die passende Kombination aus Felge und Bremsklotz verwendet wird. Die Hersteller schreiben ihre jeweils eigenen Fabrikate vor, sodass man die Bremsklötze nicht so problemlos und nach Belieben wie bei Laufrädern aus Aluminium austauschen kann.

Seitenzugbremse für sportliche und Rennräder

Felgenbremsen erfordern eine möglichst ebene Bremsfläche. Die ist nicht mehr gegeben, wenn das Rad eine „Acht" hat, die Bremswirkung lässt nach, die Bremse „rumpelt". Dann muss das Laufrad zentriert werden.

Verschiedene Felgenbremsen

Felgenbremsen gibt es in unzähligen, unterschiedlichen Versionen, die sich hauptsächlich durch die Form der Bremszangen unterscheiden. Bei der Entwicklung stand stets die Zielvorgabe einer größtmöglichen Bremswirkung mit möglichst wenig Kraftaufwand am Bremshebel im Fokus. Am gebräuchlichsten sind heute die folgenden Modelle:

- Cantileverbremsen
- V-Bremsen
- Hydraulische Felgenbremsen
- Seitenzugbremsen

Cantileverbremsen

Als Cantileverbremsen bezeichnet man Bremsen, deren Arme fest an den beiden Sitzstreben angebracht sind. Hierfür müssen spezielle Sockel am Rahmen angeschweißt sein. Betätigt werden sie durch einen Seilzug, der die beiden Bremsarme miteinander verbindet und wiederum mit dem Bremszug am Rahmen und dem Bremshebel am Lenker verbunden ist.

Cantileverbremsen entfalten eine gute Wirkung. Zunächst nur an Mountainbikes zu sehen, sind sie auch an vielen Trekkingrädern verbaut.

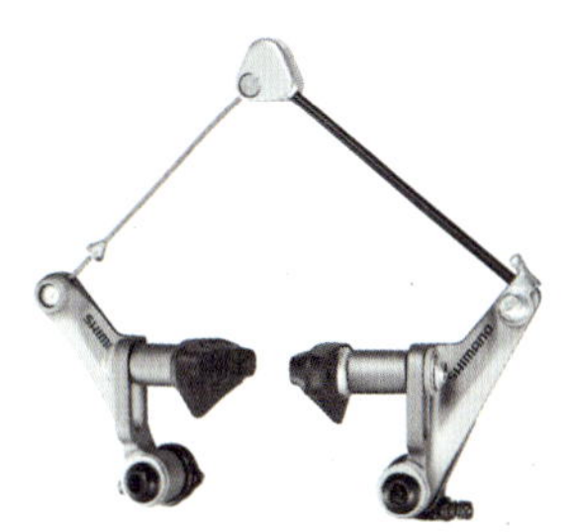

Cantileverbremse für Cyclocrossräder und Mountainbikes

V-Bremsen

V-Bremsen greifen etwas bissiger als Cantileverbremsen, da sie statt des verbindenden Seilzugs ein Stahlröhrchen besitzen. Dieses gibt bei Druck auf die Bremse nicht so nach wie das Seil, wodurch eine bessere Bremswirkung erzielt wird. V-Bremsen findet man häufig an sportlichen Rädern wie Fitnessbikes.

Hydraulische Felgenbremse von Magura

Seitenzugbremse mit Durchmesser bis 32 mm Reifenbreite

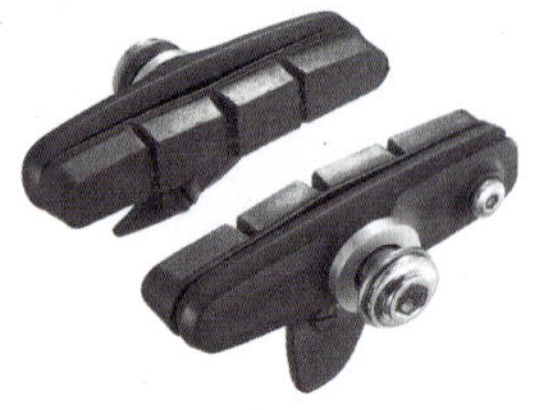

Bremsklötze können an Felgenbremsen getauscht werden, der Bremsschuh lässt sich weiter nutzen.

Hydraulische Felgenbremsen

Bis zum Aufkommen der Scheibenbremsen an Fahrrädern Mitte der 1990er-Jahre galten hydraulische Felgenbremsen als das Nonplusultra unter den Felgenbremsen. Die Bremsarme sind auf festen Sockeln am Rahmen montiert, der Bremsdruck wird vom Bremsgriff aus über eine Ölleitung an die beiden einander gegenüber liegenden Bremsschuhe weitergeleitet. Die so mögliche Bremskraft ist sehr groß, zudem sind die Bremsen sehr gut dosierbar und werden auch heute noch gern verbaut. Die Firma Magura ist ein Experte für solche Bremsen.

Seitenzugbremsen

Seitenzugbremsen sind die typischen Rennradbremsen: Ein Seilzug führt an einen Bremsarm. Bei den Single-Pivot-Bremsen sitzt der Drehpunkt in der Mitte der Bremse, an dem Punkt, wo sie am Rahmen befestigt ist. Heute kann man sie vor allem an älteren Fahrrädern sehen.

Bei den Dual-Pivot-Bremsen befindet sich der Drehpunkt der Bremse seitlich versetzt, meist nach rechts, und der Hebelarm ist verlängert. Das erhöht die Bremswirkung. Bei den „Direct-Mount"-Rennradbremsen sind die Bremsarme jeweils rechts und links auf einem Nocken an der Sitzstrebe befestigt – bedient werden sie ebenfalls über einen Seitenzug.

Vor- und Nachteile von Felgenbremsen

Felgenbremsen sind relativ leicht und Ersatzteile fast überall auf der Welt erhältlich. Das macht sie populär. Auf trockenen Bremsflächen entfalten sie eine Wirkung, die für fast alle Fahrräder ausreicht, auch für Rennräder und E-Bikes. Voraussetzung dafür ist aber, dass die Bremsseile in den Bowdenzügen geschmeidig laufen, die Züge knick- und widerstandsfrei verlegt sind und sich die Gelenke der Bremsarme leicht bewegen lassen.

Bei der Gummimischung der Bremsklötzchen bestehen Unterschiede. In der Regel sind teurere Exemplare immer besser als günstige. An Seitenzugbremsen sollten die Bremsgummis zudem in Schuhen aus Metall angebracht sein, nicht in solchen aus Plastik, da dieses sich verbiegt und etwas Bremswirkung schluckt. Die teureren Bremsgummis kann man übrigens aus den Metallschuhen herausschrauben und durch neue Gummis ersetzen – eine komplett neue Halterung ist nicht nötig.

Einen Nachteil haben Felgenbremsen bei Nässe: Bevor sie ihre Wirkung auf der Bremsfläche entfalten können, muss zunächst das Wasser heruntergebremst werden. Das kann ein, zwei Sekunden dauern, weshalb sie bei Nässe etwas schlechter ansprechen als Scheiben- oder Trommelbremsen.

Manche Laufräder haben Verschleißanzeigen in die Bremsfläche eingefräst, wodurch man die Abnutzung überprüfen kann. Felgenbremsen sind relativ einfach aufgebaut, und mit etwas Geschick kann ein jeder Seilzüge nachziehen oder Bremsgummis austauschen.

Hydraulische Felgenbremsen benötigen in der Regel kaum Wartung, es sei denn, der Druckpunkt hat nachgelassen. Dann kann es sein, dass Luft in die Leitung gekommen ist. Die Bremse muss entlüftet werden. Manche Hersteller bieten dazu spezielle Entlüfterkits an – die Arbeit an sich ist eher etwas für begabte Bastler als für den Laien.

Bremsen 

- Einsatzzweck
- Reifenbreite
- Bremsbeläge

SCHEIBENBREMSEN

Zur Verzögerung an Fahrrädern sind mittlerweile Scheibenbremsen nahezu Standard geworden. Nachdem es bei der Einführung dieser Technologie anfangs Probleme mit den Bremsen gab, da sie unter Maximalbeanspruchung versagten, ist die Technik heute zuverlässig. Der Durchmesser der Scheiben muss aber mindestens 160 Millimeter betragen. Discounter verkaufen gern noch Modelle mit 140 Millimetern – davon sollten Sie die Finger lassen. Ihre Leistung reicht zwar im Flachland gerade so aus, wenn es jedoch in die Berge geht, sind sie zu schwach und werden möglicherweise schnell heiß.

Extra für Scheibenbremsen gestaltete Ausfallenden

Scheibenbremsen bestehen aus einer Bremsscheibe, die auf der Radachse, und einem Bremssattel, der an der Gabel oder den Kettenstreben befestigt ist. In ihm bewegen sich die Bremskolben. Man unterscheidet bei der Anbringungsart zwischen „Post Mount" und „Flat Mount". Beim „Post Mount" sind in den Rahmen und die Gabel zwei kleine Pfosten („posts") eingelassen, auf denen der Bremssattel sitzt. Beim „Flat Mount"-System wird der Bremssattel direkt auf die Gabel oder Kettenstrebe geschraubt. Es ist etwas leichter und kleiner als „Post Mount" und für Rennräder erfunden worden.

Scheibenbremse am Vorderrad eines Reiserads

Bei den Scheibenbremsen drücken zwei Bremskolben die Bremsbeläge auf die Scheibe. Das geschieht bei den einfacheren Lösungen mechanisch über einen Seilzug wie bei den Felgenbremsen. Mechanische Scheibenbremsen sprechen etwas schlechter an als die teureren hydraulischen Scheibenbremsen, reichen aber für die allermeisten Einsatzzwecke im Alltag aus.

Die etwas aufwendigere Variante stellen hydraulische Scheibenbremsen dar. Die Bremskraft wird hier mittels einer Öldruckleitung übertragen, die die Kolben gleichmäßig auf die Bremsscheibe drückt. Für besonders harte Einsätze gibt es auch Bremsscheiben mit vier Kolben – zwei pro Seite. Damit kann eine höhere Bremskraft aufgebaut werden.

Bei Scheibenbremsen nutzen sich zuerst die Bremsbeläge ab, die je nach Hersteller aus verschiedenen Materialien hergestellt sind und untereinander nicht getauscht werden können – zumal auch die Formen variieren.

Man unterscheidet grundsätzlich organische und Metallbeläge:

- **Organische Bremsbeläge** bestehen aus verschiedenen Harzen, ihnen wird nachgesagt, dass sie „weicher" bremsen.
- **Metallbeläge** sind entsprechend härter, halten länger als organische Beläge, greifen die Bremsscheibe dafür allerdings stärker an.

Die Vier-Kolben-Bremsen kommen gern an S-Pedelecs zum Einsatz, um das größere Gewicht und die höhere Geschwindigkeit besser in den Griff zu bekommen. An Alltagsrädern, auch Mountainbikes, ist ihr Einsatz unnötig. Scheibenbremsen sprechen feinfühliger an als Felgenbremsen, zudem entfalten sie im Trockenen ihre Wirkung etwas besser, bei Regen ist sie deutlich besser als die von Felgenbremsen. Allerdings ist ihre Wartung ein wenig aufwendiger – eine Scheibenbremsanlage zu entlüften erfordert schon einiges an Wissen und handwerklichem Geschick. Das Auswechseln der Bremsbacken hingegen ist relativ einfach.

Bremssattel einer mechanischen Scheibenbremse

Bremsbeläge haben je nach Hersteller unterschiedliche Größen.

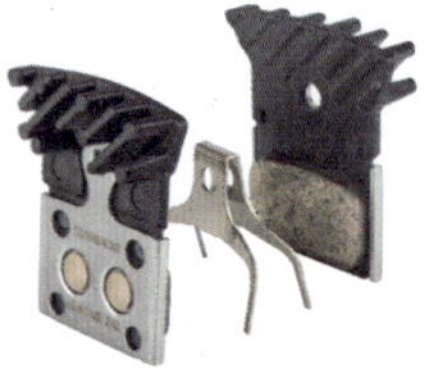

Metallbremsbeläge mit Kühlrippen und Distanzfeder von Shimano

ABS UND SCHEIBENBREMSEN

Es scheint, als wandere die komplette Bremstechnik vom Auto allmählich auch an das Fahrrad. Denn verschiedene Anbieter, darunter Bosch und die Tübinger Firma Brakeforceone, bieten mittlerweile auch ein An-

INFO

Fading bei Scheibenbremsen

Unter „Fading" versteht man das langsame Verschwinden der Bremswirkung. Es kann entstehen, wenn durch große Hitze die Reibung des Bremsbelags auf der Bremsscheibe sinkt. Fading gibt es an Autobremsen und eben auch an Fahrradbremsen.
Bei der Einführung von Scheibenbremsen an Rennrädern testete ein Rennrad-Magazin im Jahr 2015 die neue Technik. Das Rennrad wurde mit einem Zusatzgewicht auf rund 100 Kilogramm Gesamtgewicht gebracht und bergab auf 80 km/h beschleunigt. Nach mehreren Bremsversuchen versagten bei einigen Modellen die Bremsen. Auch durch noch so kräftiges Ziehen am Bremshebel war keine Bremswirkung mehr zu spüren. Die Scheiben waren heiß geworden, die Bremsbeläge fanden keinen Widerstand mehr – den Testern blieb nicht anderes, als Bremsversagen festzustellen.
Die Hersteller reagierten, indem sie den Durchmesser der Bremsscheiben auf heute übliche 160 Millimeter vergrößerten. Seitdem ist das Problem nicht mehr aufgetreten. An E-Bikes werden wegen ihres größeren Gewichts gar Scheiben mit 180 oder 200 Millimeter Durchmesser verwendet. Mountainbikes haben Scheiben um die 200 Millimeter oder mehr.

tiblockiersystem (ABS) für Fahrräder an. Es soll ein Blockieren des Vorderrads bei starkem Bremsen und das Abheben des Hinterrads verhindern, wodurch wiederum die Sturzgefahr verringert wird – denn Zweiräder, die beim Bremsen in der Spur bleiben, sind sicherer zu steuern als solche, die ins Rutschen geraten.

Das Bosch-System besteht aus einer Steuereinheit, zwei Sensoren am Vorder- und Hinterrad sowie einer von Magura entwickelten CMe-ABS-Bremse. Wenn das Vorderrad zu blockieren droht, regelt das ABS die Bremskraft herunter, das gleiche geschieht, wenn das Hinterrad abzuheben droht.

Ähnlich funktioniert das Breakforceone-System. Das Herzstück ist dabei ein „ABS Aktuator", der den hydraulischen Bremsdruck unterbindet, sobald er erkennt, dass das Rad blockieren will. Tests des österreichischen Automobil-, Motorrad- und Touring Clubs (ÖAMTC) haben gezeigt, dass die Systeme wirkungsvoll arbeiten, gerade Bremsen auf losem Untergrund und Schotter wird dadurch viel sicherer.

Für S-Pedelecs mit einer Geschwindigkeit bis zu 45 km/h scheint das System ein sinnvoller Zusatz zu sein. Ob man es am konventionellen Fahrrad auch braucht, muss man selbst entscheiden – Stürze wegen abrupten Bremsens dürften damit jedenfalls der Vergangenheit angehören.

Vor- und Nachteile von Scheibenbremsen

Vorteile

- Besser dosierbar als Felgenbremsen
- Besseres Ansprechen bei Nässe
- Bessere Bremswirkung (gerade bei Pedelecs)
- Verschiedene Laufradgrößen an ein und demselben Rahmen möglich
- Keine Begrenzung der Reifenbreite durch Breite der Felgenbremse
- Unempfindlich bei verzogener Felge

Bremsscheiben gibt es in unterschiedlichsten Formen – empfohlener Mindestdurchmesser: 160 mm

Nachteile

- Etwas aufwendigere Wartung hydraulischer Scheibenbremsen
- Entlüftung ist ein Fall für den Fachmann
- Höheres Gewicht (ca. 500 Gramm); zum Teil dadurch aufgewogen, dass den Laufrädern Bremsflächen aus Aluminium fehlen

Steckachsen statt Schnellspanner

An Rädern mit Scheibenbremsen haben sich Steckachsen anstelle der Schnellspanner durchgesetzt. Die Räder werden mit Achsen befestigt, die einen etwas größeren Durchmesser haben. An Rennrädern, E-Bikes und Alltagsrädern sind 12 Millimeter Durchmesser üblich, an Mountainbikes beträgt die Dicke der Achsen gar 15 Millimeter. Sie verfügen auf

Die stabilen Steckachsen haben an Rädern mit Scheibenbremsen die Schnellspanner ersetzt.

INFO

Vom Umgang mit Scheibenbremsen

Neue Bremsbeläge muss man einbremsen. Etwa 20mal sollte man ein Bremsmanöver aus normalem Tempo hinlegen, damit sich Belag und Scheibe optimal aneinander anpassen. Schleifbremsen bei langen Bergabfahrten sollte man vermeiden. Dadurch erhitzen sich die Bremsscheiben stark, Bremsversagen könnte die Folge sein. Besser ist „Stotterbremsen", wobei man zwischen Vorder- und Hinterradbremse abwechselt. Die Bremsscheiben sollten zudem immer sauber sein, Öl oder Bremsflüssigkeit haben dort nichts verloren. Beim Hydrauliköl gibt es zwei unterschiedliche Sorten: Mineralöl für hydraulische Bremsleitungen und Öl nach der US-Klassifizierung DOT. Beide Sorten sind nicht untereinander austauschbar.
Als Faustregel für die Abnutzung von Bremsbelägen empfiehlt der ADFC, dass die Trägerplatte und das Bremsmaterial mindestens drei Millimeter dick sein sollten. Weniger heißt: tauschen. In Technikerkreisen wird von einer Mindestdicke der Bremsbeläge von 0,5 Millimetern gesprochen.
Bremsscheiben sind im Alltag empfindlicher als Felgenbremsen. Sie können durch einen Sturz oder beim Abstellen in Fahrradabstellanlagen verbogen werden. Es empfiehlt sich, vorsichtig zu sein.

Geöffnete Trommelbremse ohne Bremsbacken

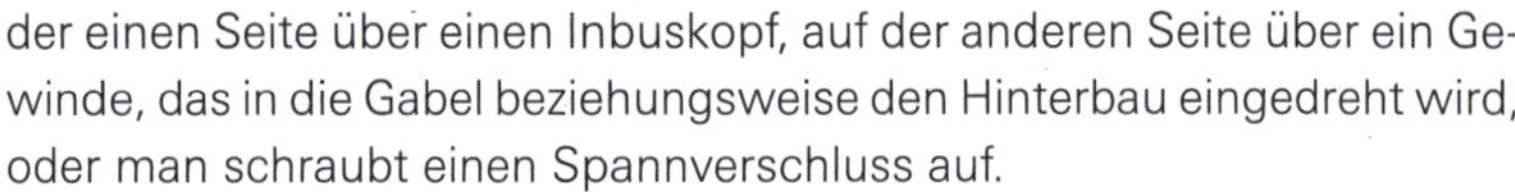

der einen Seite über einen Inbuskopf, auf der anderen Seite über ein Gewinde, das in die Gabel beziehungsweise den Hinterbau eingedreht wird, oder man schraubt einen Spannverschluss auf.

Der Grund für die Einführung der Steckachsen sind die größeren Kräfte, die bei E-Bikes und konventionellen Fahrrädern mit Scheibenbremsen an den Achsen auftreten. Die Änderung der Achsen wiederum bedeutete, dass die Gabeln anders konstruiert werden mussten. Sie sind nun nach unten nicht mehr offen, zum Radwechsel muss die Achse herausgeschraubt werden.

NABENBREMSEN

Nabe mit Rücktrittbremse

Jahrzehntelang waren an deutschen Fahrrädern Rücktrittbremsen üblich – vor allem in Verbindung mit den weit verbreiteten 3-Gang-Naben von Fichtel & Sachs. Beim Bremsen wird eine Reibefläche gegen die Innenwand der Nabe gedrückt. Rücktrittbremsen sind verschleiß- und wartungsarm und gegen Witterungsverhältnisse unempfindlich. Mit dem Aufkommen der Kettenschaltungen verschwanden sie jedoch mehr und mehr, da sie damit nicht kompatibel sind. Beim herausfordernden Einsatz sind sie Felgenbremsen zudem unterlegen. Sie können nur betätigt werden, wenn ein Bein in der „3-Uhr-Position" auf dem Pedal steht. Die

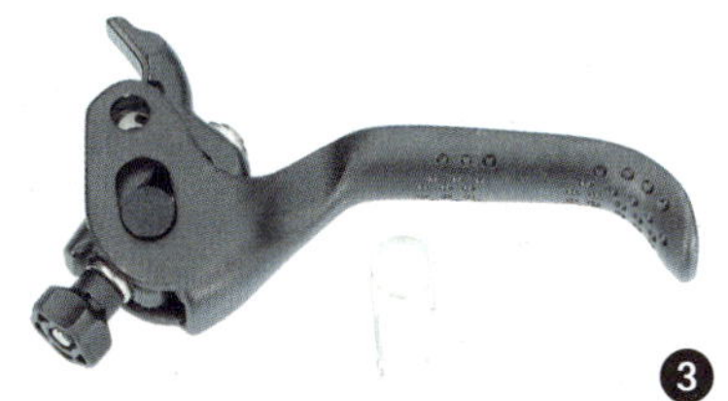

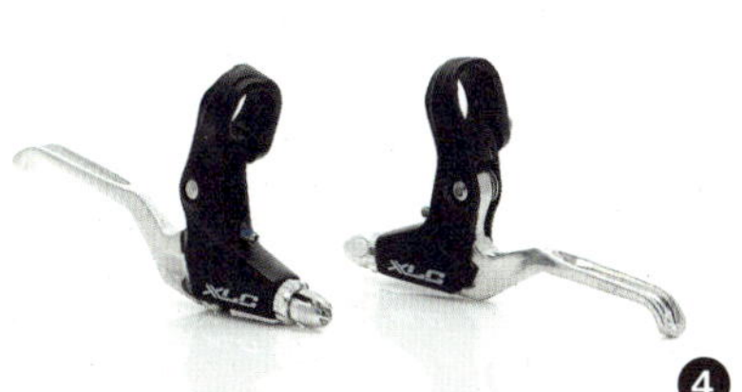

Bremshebel für verschiedene Bremstypen: klassischer Brems- und Schalthebel am Rennrad (1), daneben Schalthebel mit Funksteuerung (2), Bremshebel für hydraulische Felgenbremse (3), für Cantileverbremse (4) und für hydraulische 4-Kolben-Scheibenbremsen von Magura (5)

Wirkung ist nur schlecht zu dosieren – oft passiert gar nichts oder das Rad blockiert sofort.

Im Prinzip genauso funktionieren Trommelbremsen. Man findet sie heute noch am Vorderrad von Hollandrädern, an denen zusätzlich Rücktrittbremsen verbaut werden. Im urbanen Bereich sind sie vertretbar, auf einer längeren Gebirgsabfahrt nicht. Dem Autor selbst ist es schon passiert, dass er auf einer Passabfahrt das Fett der Rücktrittbremse zum Verdampfen brachte und die Bremse dann blockierte.

BREMSHEBEL

Nicht alle Bremshebel sind untereinander austauschbar. Hydraulische Scheibenbremsen erfordern spezielle Hebel, die Druck auf einen Ölbehälter ausüben, der direkt in der Hebelarmatur sitzt, auch bei den Rennradbremsen. Mechanische Scheibenbremsen werden dagegen über normale Seilzüge angesteuert.

Bei diesen mechanischen Bremshebeln unterscheidet man solche, die für V-Brakes benutzt, und solche, die an Cantilever- oder Seitenzugbremsen eingesetzt werden. Die Cantileverbremsen haben meist einen etwas längeren Hebelarm, womit die Bremswirkung etwas feiner dosiert werden kann als bei Seitenzugbremsen. Der Hebelweg bei Cantileverbremsen ist deshalb etwas länger – dafür benutzt man spezielle Bremshebel.

Da die Seitenzugbremsen über kürzere Hebelarme verfügen, muss bei ihnen während der Bremsgriffbewegung kein so langer Hebelweg zurückgelegt werden – was Bremshebel mit kürzerer Hebelbewegung bedeutet. An guten Bremshebeln lässt sich die Griffbreite verstellen, sodass man sie unterschiedlich großen Händen anpassen kann.

Bremshebel 

- Kompatibilität
- Material
- Hebelweg

Gepäckträger

Für die allermeisten Radfahrer gehört ein Gepäckträger zum Fahrrad. Sie kaufen ihr Rad „mit", nicht „ohne". Doch im sportlichen Segment werden auch viele Fahrräder ohne Gepäckträger angeboten. Irgendwann kommt dann vielleicht einmal der Punkt, wo man einen Träger nachrüsten möchte. Welcher soll es dann sein?

Das Angebot ist so vielfältig wie die Fahrräder selbst.

MITBESTELLEN ODER SPÄTER ANBAUEN?

Wenn es bei Gepäckträgern auf Solidität ankommt, dann geht nichts über fest mit dem Rahmen verschweißte oder verlötete Gepäckträger. Das Gesamtpaket Fahrrad–Fahrer–Gepäckträger neigt so am wenigsten zu Schwingungen bei Belastung mit viel Gepäck. Die Fahrradhersteller bieten bei fest verschweißten Gepäckträgern viele schicke Lösungen an, die zum Beispiel auch das Rücklicht geschützt in den Gepäckträgerrahmen integrieren. Das bietet den Designern den Vorteil, die Träger der Linie des Fahrrads im Finish anzupassen – das Rad wirkt mit solchen Gepäckträgern wie aus einem Guss. Für Touren mit Gepäck ist es gut, wenn das Gepäck so tief wie möglich angebracht werden kann. Dafür sind viele Gepäckträger mit einer zweiten, tiefer angebrachten Haltestange im Handel, an die dann die Gepäcktaschen gehängt werden.

Die zweitbeste Lösung sind Gepäckträger, die an dafür vorgesehene Ösen am Rahmen verschraubt werden. Vier Befestigungspunkte, zum Beispiel zwei an der Achse und zwei an den Sitzstreben, sind besser als drei. Es ist empfehlenswert, beim Kauf eines Fahrrads darauf zu achten, ob diese Gewindeösen vorhanden sind. Zum Befestigen von Lasten gibt es bei allen Trägern Federklappen, elastische Spannriemen oder Gurte. Gute Gepäckträger stellen unter anderem die Firmen Tubus, Pletscher, Topeak, Atranvelo, Hebie und Racktime her.

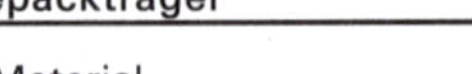

Gepäckträger

- Material
- Befestigungsart
- Belastbarkeit (durchschnittlich 25 kg)

Doch auch wenn das Fahrrad nun gar keine Befestigungspunkte für einen Träger bereit stellt, muss man nicht verzweifeln. Mehrere Hersteller haben Gepäckträger im Programm, die sich mit Schellen oder einem Ratschenverschluss an den Sitzstreben befestigen lassen. Das ist vielleicht für den interessant, der sein sportliches Fahrrad zu einem Reiserad umrüsten möchte.

Auch für vorn gibt es viele Gepäckträgermodelle. Hier gilt genauso: Fest mit dem Rahmen verschweißte Lösungen sind besser als angeschraubte, da sie stabiler mit dem Rahmen verbunden sind. Vorn sollten sie sich so nah an der Lenkachse befinden wie möglich, weil sie beladen dann nicht flattern können. Befestigen kann man sie am Gabelende, den Bremsnocken oder auch am Lenker.

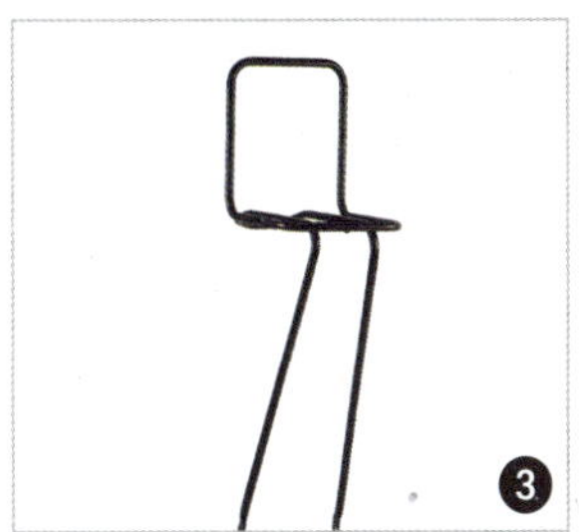

Gepäckträger mit Zusatzstreben für Packtaschen (1); Heckträger an einem Reiserad (2); Frontgepäckträger (3); Lowrider (4); Satteltaschen am Heckgepäckträger (5); für Rennräder (6); Frontträger für große Lasten (7).

An Reiserädern findet sich sehr oft ein „Lowrider". Das ist eine Halterung, die rechts und links an der Gabel befestigt wird und Packtaschen tragen kann. Dafür müssen in der Gabel und an den Ausfallenden Gewinde vorgesehen sein. Ösen an den Ausfallenden sind zwingend, auf halber Gabelhöhe kann man Lowrider auch mit allerlei Hilfskonstruktionen, die es im Zubehörhandel gibt, sicher befestigen. Ein Lowrider hängt in etwa auf Höhe der Vorderradachse und damit sehr tief. Das Rad ist dadurch sehr gut zu fahren. Auch für Federgabeln gibt es Lowrider verschiedener Anbieter, zum Beispiel Tubus, Faiv, XLC oder Thule.

An Mountainbikes finden sich häufig an der Sitzstrebe zu befestigende Gepäckträger, die allerdings selten mehr als fünf bis sieben Kilogramm Gewicht vertragen.

Bei allen Nachrüstvarianten muss man jedoch auf die Größe des eigenen Rades achten. Hat es 26-Zoll- oder 28-Zoll-Räder? Davon hängt zum Beispiel die Länge der Längsstreben eines Hinterradgepäckträgers ab.

Wofür auch immer man sich entscheidet: Man sollte stets beachten, dass sich voll beladene Fahrräder anders fahren als unbeladene. Sie sind nicht so manövrierfähig, und das höhere Gewicht belastet die Bremsen stärker.

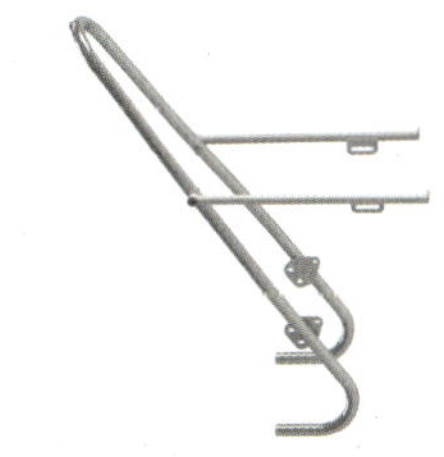

Edelstahl-Lowrider zur Fronttaschenbefestigung

DAS GEPÄCKTRÄGERMATERIAL

Was das Material von Gepäckträgern anbelangt, so bestehen diese am häufigsten aus Aluminium, da es leicht ist und gute Belastbarkeit bietet. Eine Klasse besser und auch teurer rangieren Träger aus Chrom-Molybdän-Stahl, der weltweit preiswert verfügbar und hoch belastbar ist und

Leichter Edelstahlträger für hinten

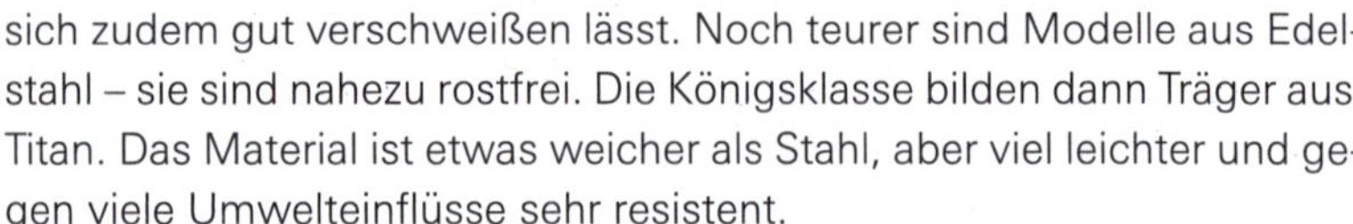

sich zudem gut verschweißen lässt. Noch teurer sind Modelle aus Edelstahl – sie sind nahezu rostfrei. Die Königsklasse bilden dann Träger aus Titan. Das Material ist etwas weicher als Stahl, aber viel leichter und gegen viele Umwelteinflüsse sehr resistent.

Gepäckträger müssen einiges aushalten, deshalb sollte man auf hohe Belastbarkeit achten – und darauf, das Gesamtgewicht des Fahrrads auch mit beladenem Gepäckträger nicht zu überschreiten. Das Gewicht, das sie tragen können, schwankt zwischen zehn und 30 Kilogramm, wird von den Herstellern in der Regel aber auch angegeben. Am Lowrider vorn wird normalerweise eine maximale Belastung zwischen 10 und 18 Kilogramm empfohlen.

Zubehör

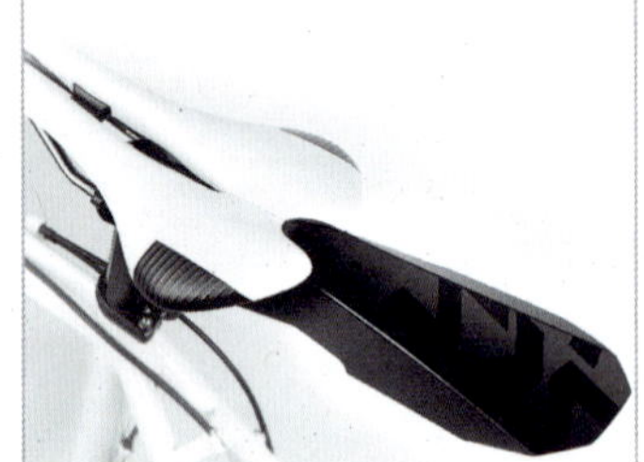

Ein „Ass-Saver": ansteckbarer Minimalschutz vor Spritzwasser

Gerade an sportlichen Fahrrädern fehlen die allermeisten der folgenden Utensilien, für Alltagsradler sind sie jedoch unverzichtbar, gerade im Stadtverkehr. Manch ein sportlicher Radler stattet sein Gefährt dann aber doch mit dem einen oder anderen Detail aus – der Einsatz bestimmt, welche das sind.

SCHUTZBLECHE

Sie werden sich vielleicht fragen: Schutzbleche – aber die sind doch an jedem Fahrrad beim Kauf dran? Ja, das kann so sein, ist aber heute nicht mehr die Regel. Denn seit unsere Fahrräder immer sportlicher geworden sind, werden sie immer häufiger ohne Schutzbleche angeboten. Bei vielen Fitness- und Crossrädern ist das der Fall. Auch die meisten Mountainbikes kommen ohne Schutzbleche auf den Markt, Rennräder traditionell sowieso.

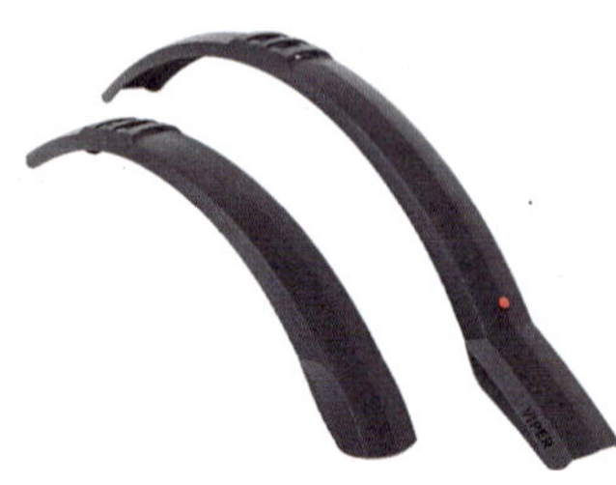

Deutlich mehr Schutz bieten ansteckbare Schutzbleche.

Schutzbleche zum Nachrüsten: Größe und Material

Wer tagtäglich mit dem Fahrrad unterwegs ist, wird auf Schutzbleche nicht verzichten wollen, denn sie bieten Schutz vor Wasser und Schmutz, man kommt sauberer an. Beim Fahren werfen die Reifenprofile das Wasser nämlich nach oben – ohne Schutzbleche ist bei Regen nicht nur das Gesäß, sondern auch der Rücken schnell nass. Fest montierte Schutzbleche, die sich um den Reifen schmiegen, verhindern das. Wichtig ist, dass sie weit nach unten gezogen sind und am Vorderrad deutlich über das Steuerrohr hinausragen. Kurze Schutzbleche sehen zwar schicker aus, verteilen das Wasser jedoch meist nur da, wo man es

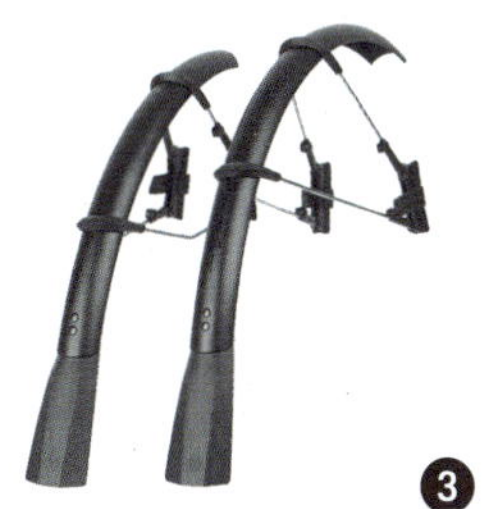

Spritzschutz: breite ansteckbare Schutzbleche für MTBs – zur Montage am Hinterrad (1) und zum Anstecken am Steuerrohr (2); zwei fest verschraubte Versionen, einmal für Rennräder (3), einmal klassisch (4)

nicht haben will: auf Schuhe und Waden. Und kurze Schützer vorn verhindern nicht, dass das Wasser gegen die Fahrtrichtung auf den Fahrer spritzt.

Die Schutzbleche bestehen heute übrigens meist aus Plastik, nur an Fahrrädern, die klassische Eleganz ausstrahlen, sind sie aus Blech.

Feste Schutzbleche an City- und Trekkingrädern

Stadträder, aber auch viele Fitnessbikes oder Crossräder sind meist mit Ösen am Rahmen ausgestattet, an denen man Schutzbleche zum nachträglichen Anbau befestigen kann. Sie sind fast immer mit Sicherheitsbefestigungen erhältlich. Hierunter versteht man Auslöseclips, die man in die Ösen schraubt und in die die Röhrchen der Schutzbleche dann hineingesteckt werden. Die Clips sorgen dafür, dass sich das Schutzblech vom Rad lösen kann, falls ein größerer Gegenstand zwischen Reifen und Spritzschutz gerät; das Schutzblech kann sich so nicht auffalten und das Rad blockieren oder den Reifen beschädigen. Hinten werden die Schutzbleche dann an einem Steg am Tretlager und an den Sattelstreben festgeschraubt. Vorn sitzen sie meist am Steuerrohr am unteren Ende der Gabel. Einmal befestigt, halten diese Schutzbleche und fallen auch auf holprigen Strecken nicht ab.

Schutzbleche 

- Breite
- Befestigungsart
- Radabdeckung

Schutzbleche an Mountainbikes

An Mountainbikes müssen etwas andere Schutzbleche als an Stadträdern zum Einsatz kommen: Der Abstand zwischen Reifen und Schutz muss größer sein, damit Steinchen, Schmutz und auch mal eine Wurzel nicht zwischen Reifen und Schutzblechen steckenbleiben, weshalb sich hier Schutzbleche zum Feststecken etabliert haben.

Ihre Befestigung fällt unterschiedlich aus: Sie können um das Steuerrohr und das Sitzrohr geklemmt werden, manche befestigt man vorn an den Gabelholmen, andere wiederum lassen sich vorn an der Gabelbrücke festschrauben, hinten jedoch nur zwischen die Sitzstreben stecken. Ganz rudimentär sind die sogenannten Ass Saver – in Form eines

Steckschutzbleche gibt es auch mit integriertem Rücklicht.

Reifens vorgefaltete Plastiktäfelchen, die man unter den Sattel klemmt und das Spritzwasser abhalten sollen. Für Federgabeln gibt es eigene Lösungen, die zum Teil mit Kabelbindern zu befestigen sind.

Der Zulieferer SKS bietet für Mountainbikes ein „Nightblade" an, ein Steckschutzblech mit einem integrierten LED-Rücklicht. Es ist für 26- und 27,5-Zoll-Laufräder sowie B-plus bzw. 29-Zöller erhältlich.

DIE KLINGEL

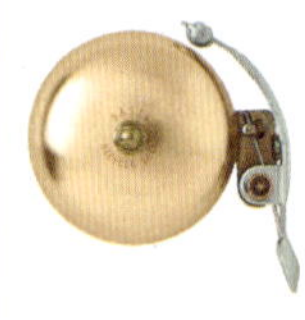

Eine Klingel gehört eigentlich an jedes Fahrrad, damit man auf sich aufmerksam machen kann. Die Modellvielfalt ist wirklich riesig.

Radfahren macht keinen Lärm – und so kann es manchmal nötig sein, dass man sich Gehör verschaffen muss. Dafür hat die Industrie die Fahrradklingel erfunden. Und laut Straßenverkehrsordnung muss ein Fahrrad mit einer hell tönenden Glocke ausgestattet sein. Sie sollte eine Lautstärke von wenigstens 75 Dezibel erzeugen. Zum Vergleich: Eine Nähmaschine erzeugt 65 Dezibel, an einer Hauptverkehrsstraße herrschen 85 Dezibel.

Der Fantasie sind beim Erwerb dieser akustischen Quellen am Fahrrad keine Grenzen gesetzt. Die klassischen Klingeln bestehen aus einer Schale, in der sich der Klingelmechanismus dreht, dem Glockendeckel und einem Betätigungsgriff. Moderne Formen sind die Miniglocken: Ein Hämmerchen, das auf einer Feder sitzt, schnellt beim Betätigen gegen die Glockenschale. Stylisch sind die Klingeln von Knog, deren Klangschale sich um den Lenker schmiegt. Verboten sind leider die Radlaufglocken, mit denen man sich einst ordentlich Respekt verschaffen konnte. Wer es heute exklusiv mag, wählt vielleicht ein Modell mit Kompass oder Temperaturanzeige.

FAHRRADSTÜTZEN

Ein Fahrrad fährt man nicht nur, sondern man stellt es gelegentlich auch ab. Dazu ist eine Stütze ganz praktisch, denn nicht überall findet man Abstellanlagen oder Laternen, an die man sein Fahrrad anlehnen kann. Die meisten Fahrräder werden mit Stütze verkauft, sportliche Modelle aber ohne. Es gibt zwei Varianten:

- Seitenstütze
- Hinterbaustütze

Die Seitenstütze wird hinter dem Tretlager angebracht. Die Stützen können entweder auf die passende Länge abgesägt werden oder haben einen Schraubfuß, den man eindrehen oder herausschrauben kann, je nach gewünschtem Winkel.

Die Hinterbaustütze wird an der Kettenstrebe und der Sitzstrebe befestigt. Die besseren Fahrräder haben dafür angelötete Schraubpunkte. Wenn es sie nicht gibt, dann befestigt man die Stütze mit einem Klemmverschluss an der Kettenstrebe und der Sitzstrebe.

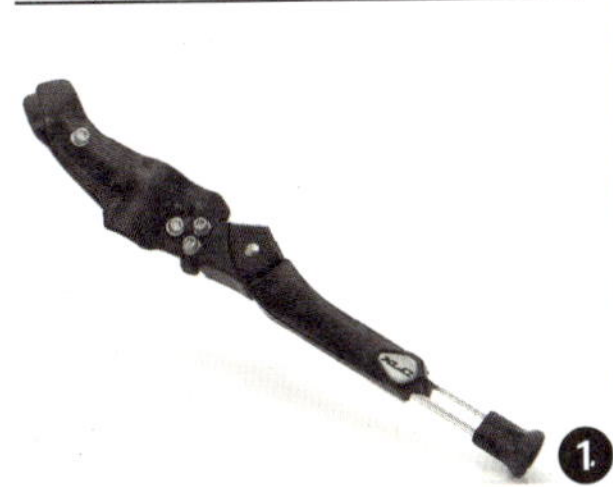

Ein Hinterbauständer wird am hinteren Rahmendreieck befestigt (1, 4); Zweibeinständer baut man im Tretlagerbereich an (2, 3). Letztere lassen das Fahrrad sehr stabil stehen.

Gehen Sie auf große Tour und haben am Vorderrad noch einen Lowrider für Packtaschen befestigt, dann ist eine kleine Stütze fürs Vorderrad vielleicht überlegenswert. Denn die Seiten- oder Hinterbaustützen sind nicht allein in der Lage, ein voll bepacktes Fahrrad zu halten – es kippt um. Die kleine Stütze vorn, die man am Lowrider befestigen kann, verhindert das. Mit beiden Stützen zusammen steht auch ein schwer bepacktes Fahrrad sicher.

Lastenräder oder schwere Fahrräder werden mit Zweibeinständern ausgeliefert. Sie sind unter dem Tretlager angebracht und sorgen für einen stabilen Stand. Auch bei Rädern mit montierten Kindersitzen ist ein Zweibeinständer sehr praktisch beim Ein- und Herausheben des Kindes. Und sie lassen sich gut bei Reparaturen am Fahrrad nutzen.

GETRÄNKEHALTER

Tourenfahrer wissen Getränkehalter an ihrem Fahrrad zu schätzen. Und es gibt nur wenige Fahrradmodelle, die keine Vorrichtungen dafür haben, Trinkflaschen am Rad zu befestigen. Angebracht sind meist je zwei Schrauben am Sitzrohr und zwei am Unterrohr, darauf sollten Sie beim Kauf achten. Zum Befestigen der Trinkflaschenhalter selbst benötigt man einen Innensechskant- oder Inbusschlüssel.

Material und Form der Halterungen kommen so vielfältig daher wie die Fahrräder selbst. Worauf es allein ankommt, ist, dass Halterung und Flasche zusammenpassen, man sollte die Flasche also leicht entnehmen können – bei gleichzeitig festem Halt, damit sie nicht bei der erstbesten Bodenwelle herausgeschleudert wird.

An Gravelbikes, jenen geländetauglichen Rennrädern, die immer stärker in Mode kommen, sind wegen des voraussichtlich größeren Bedarfs an Flüssigkeitszufuhr sogar drei Halterungen vorgesehen. Die dritte befindet sich an der dem Boden zugewandten Seite des Unterrohrs.

Falls im Rahmen keine Bohrungen für Flaschenhalter vorgesehen sind, haben die Hersteller auch dafür Lösungen parat. Der Zulieferer SKS bietet zum Beispiel eine Option mit Klettbandverschluss für die Halterung an.

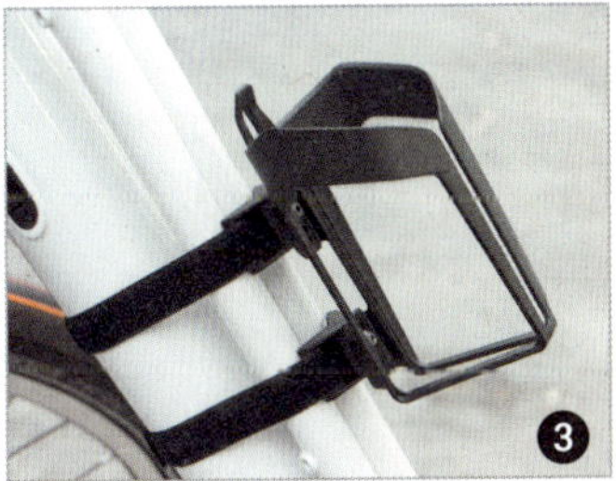

Variantenreiche Flaschenhalter: aus Aluminium (1), Carbon (2) und zum Festzurren (3)

Anhänger: Befestigung über eine seitliche Deichsel am Hinterrad

Am Rad oder beim Joggen nutzbar

Auch ein Vierbeiner findet Platz.

Fahrradanhänger im Test

Im Jahr 2019 hat die Stiftung Warentest einige Fahrradanhänger einer ausgiebigen Prüfung unterzogen – mit äußerst gemischtem Ergebnis. Wer hier kauft, sollte sich vorher gründlich informieren!

Fahrradanhänger

Sei es zum Transport der lieben Kleinen, zum Einkaufen oder gar für die Urlaubstour: Über die Anschaffung eines Fahrradanhängers denken passionierte Radler früher oder später fast unweigerlich einmal nach. Die Kernfrage dabei stets: Wofür werde ich den Anhänger brauchen?

KINDERANHÄNGER

Für den Transport von Kindern sind Fahrradanhänger eine gute Alternative zum Kindersitz – vor allem, wenn es einmal eine längere Strecke sein soll. Und für den Fall, dass mehr als ein Kind transportiert werden soll. Im Anhänger sitzt man bequemer, auch Babys können darin transportiert werden, und das Fahrrad ist nicht so instabil wie mit einem Kindersitz hinter dem Rücken des Fahrers überm Gepäckträger. Der Markt ist übervoll von Angeboten, und die meisten Fahrradanhänger zum Transport von Kindern lassen sich auch als Kinderwagen oder sportlicher Buggy beim Joggen nutzen. Diese Flexibilität macht sie sehr attraktiv. Kinderanhänger sollten grundsätzlich einen stabilen Stahl- oder Aluminiumrahmen, einen Überrollschutz, ergonomische Sitze und eine robuste Kunststoffwanne haben.

An gesetzlichen Regelungen besteht nur die Vorschrift, dass der Fahrer des ziehenden Rades älter als 16 Jahre sein muss und die Kinder im Anhänger nicht älter als sieben Jahre sein dürfen.

Die Stiftung Warentest hat im Heft 7/2019 in einer großen Untersuchung zwölf Fahrradanhänger für Kinder getestet und kam zu einem ernüchternden Ergebnis: Nur vier Modelle waren empfehlenswert, von fünf Modellen riet die Stiftung ab, und eines war in ihren Augen gar gefährlich.

Am besten schnitten die Modelle „Chariot Cross 1" und „Chariot Cross 2" von Thule, von Hamax der „Outback" sowie der „Vento R Sail Family" von Leggero ab. Die Modelle von Thule und Hamax eignen sich auch als Buggy, der Leggero weniger. Als gerade noch akzeptabel wurden der „D'Lite X" von Burley sowie die Modelle „Croozer 1" und „Croozer 2" gewertet. Sie sind zwar als Buggy praktisch (Burley) beziehungsweise in der Handhabung sehr gut, haben aber zu kurze und zu schmale Sitze, die schon für Vierjährige nicht mehr ausreichen. Der größere Croozer ist für zwei Kinder zu eng. Am meisten Platz boten Hamax und Leggero.

Generell sollten Sie darauf achten, dass die Anhänger genügend Kopffreiheit bieten. Wenn nicht, könnte das bei einem Überschlag zum Problem werden. Zudem sollte man bei den Kinderanhängern die Sitze einer genauen Prüfung unterziehen: Unterstützen sie den Rücken gut, sind die Gurte passend – oder gibt es nur lose Sitznetze, in denen die kleinen Passagiere bald herumpurzeln? Und die Anhänger sollten natürlich gefedert sein, was den Fahrkomfort deutlich erhöht.

Fünf Modelle waren nach Ansicht der Tester nicht brauchbar, weil sie entweder gefährliche Stoffe enthielten – wie polyzyklische aromatische Kohlenwasserstoffe und verbotene Flammschutzmittel – oder weil im Buggy-Dauertest Schrauben oder Federungen brachen.

Universalkupplung von Croozer für die Achse am Zugfahrrad

Befestigung von Kinderanhängern am Zugfahrrad

Die Anhänger werden an der Radachse hinten befestigt, meist gibt es dafür spezielle Schnellkupplungen. Die Kupplung verbleibt am Fahrrad, sodass es solo wieder rasch benutzt werden kann. Als zweite Sicherung dienen Haltebänder oder kurze Stahlseile, die um den Hinterbau gewickelt werden.

Kupplung von Weber für den Anschluss am Hinterbau

Ist das Fahrrad geeignet?

Eine Probefahrt vor dem Kauf eines Fahrradanhängers empfiehlt sich sehr, und zwar mit „Ballast", denn die meisten Anhänger haben keine Bremsen, das Fahrrad muss also den voll beladenen Anhänger mit Passagier(en) auch sicher zum Stehen bringen. Im Anhänger können schon einmal 50 Kilogramm zusammenkommen. Bei scharfem Abbremsen kann der eine oder andere Anhänger mit seinem Gewicht das Fahrrad aus der Spur schieben. Unabhängig vom Test der Stiftung Warentest gibt es auch weitere Modelle auf dem Markt, von denen manche auch mit einem eigenen Bremssystem ausgestattet sind.

Im Übrigen sollte man bedenken: Wer regelmäßig zwei Kinder transportieren muss, der ist mit einem Anhänger besser dran als mit zwei Kindersitzen auf einem Fahrrad. Zwei beladene Kindersitze machen ein Fahrrad zu einer ziemlich wackeligen Angelegenheit – ganz abgesehen davon, dass man mit so einem Transport schnell an die Grenze des zulässigen Gesamtgewichts der meisten Fahrräder kommt.

Bei manchen Kupplungen extra: ein Sicherungsseil

Fertiger Anschluss des Weber-Modells

INFO

Fahrradanhänger im Straßenverkehr

Laut Straßenverkehrs-Zulassungs-Ordnung dürfen in einem Fahrradanhänger maximal zwei Kinder unter sieben Jahren transportiert werden und ihre Beine dürfen nicht in die Speichen geraten können. Die Person auf dem Fahrrad muss mindestens 16 Jahre alt sein. An der Vorderseite müssen zwei weiße Reflektoren, an der Rückseite zwei rote sowie eine rote Schlussleuchte angebracht sein.

Tandemstangen

Interessante Lösung: Einspuriger Anhänger von Tout Terrain

Irgendwann wollen Kinder auch mit dem eigenen Fahrrad fahren. Doch für längere Touren sind sie oft noch zu klein. Da hilft dann eine feste Verbindung mit dem Kinderfahrrad: ein Fahrradtrailer.

Die bekanntesten Fahrradtrailer stellen feste Verbindungen mit einer Stange dar. Am ziehenden Fahrrad wird sie über eine Kupplung am Sitzrohr befestigt, am Kinderrad über eine Kupplung am Steuerrohr. Die Stangen können oft ohne Werkzeug an- und abgebaut werden. Teleskopstangen kann man einklappen und auf den Gepäckträger packen, wenn das Kind allein fahren möchte. Zudem kann es mittreten, wenn es vom Zugfahrrad gezogen wird – das erhöht den Fahrspaß.

Die Stangen haben jedoch den Nachteil, dass das gezogene Fahrrad meist ziemlich stark angehoben wird, der Sattel des Kinderfahrrads also nach hinten kippt und so eine unangenehme Sitzposition für das Kind entsteht. Um dem abzuhelfen, muss man den Sattel meist lockern und entsprechend in die Horizontale bringen. Zudem müssen die Verbindungen richtig fest sein – ansonsten kann das gezogene Fahrrad kippeln. Darüber hinaus sind die Stangen grundsätzlich eine wackelige Angelegenheit, die Befestigungen an beiden Fahrrädern meist nicht die allerbesten, und wackelt das Kind auf seinem Rad, überträgt sich dieses auf das Zugrad.

Eine ergonomisch bessere, aber auch teurere Version sind „halbe Fahrräder", die man ans Zugfahrrad hängen kann. Sie bestehen aus einer Verbindungsstange und einem Hinterrad mit Sitz, Sattel und Gepäckträger. Hierauf sitzt das Kind in der Regel besser – allerdings kann es damit nicht allein fahren. Ein Luxusmodell gibt es zum Beispiel vom Hersteller Tout Terrain. Sein „Streamliner" für Kinder von vier bis sieben Jahre bietet sogar eine einstellbare Luftfederung.

Einfache Lösung: Befestigung des Kinderrads an einer Tandemstange

FOLLOWME

Stabil: das Schweizer FollowMe

Eine gute Empfehlung für einen Trailer ist das der Schweizer Firma FollowMe. Es besteht aus einer soliden Rohrkonstruktion, die in die Achse des Zugrades eingehängt wird, und einem kleinen Rahmen, in dem das Vorderrad des Kinderfahrrads mit Klammern fixiert wird. Die Verbindung ist äußerst stabil, kippeln ist nicht möglich, weil sich der Rahmen fürs Kinderrad um eine senkrechte Achse drehen kann. Und das gezogene Fahrrad hängt nicht so sehr in der Luft, sodass der Sattel nicht nach hinten kippt. Überdies lässt sich das System einklappen, sodass man mit dem Zugrad auch schnell wieder solo unterwegs sein kann. Das System ist fest und stabil.

Einzig eins sollte man beachten: Es ist für das Vorankommen günstiger, wenn das Kinderrad keine Rücktrittbremse hat – so können die Eltern nicht so schnell ausgebremst werden …

Kindersitze

Solide Sache: Kindersitz von Hamax für die Montage hinten

Wie die Stiftung Warentest schreibt, sind gute Kindersitze eine empfehlenswerte Alternative zu Trailern – ausschlaggebend sind ein geringerer Preis und oft einfache Montage. In der Ausgabe 3/2018 wurden 17 Kindersitze fürs Fahrrad getestet, wovon neun mit Gut beurteilt wurden, vier mit Mangelhaft. Erfreulich dabei: Günstige Kindersitze befanden sich ebenfalls unter den „guten".

KINDERSITZE AM FAHRRAD MÜSSEN NICHT TEUER SEIN

Die Preisspanne der Sitze im Test reichte von 30 bis 150 Euro, schon ab 60 Euro war ein guter Kindersitz fürs Fahrrad zu haben. Hierbei handelt es sich um den „Bilby Maxi FF" von Polisport. Dennoch gilt auch hier: Die teureren Sitze waren im Schnitt doch besser als die günstigen. Getestet wurden die Sitze auf folgende Kriterien:

- Fahren
- Eignung für das Kind
- Handhabung
- Sicherheit
- Haltbarkeit
- Schadstoffe

Unter den vier mangelhaften Sitzen waren übrigens zwei einer weit verbreiteten Firma – ihre Gurte ließen sich nach Ansicht der Tester zu leicht öffnen.

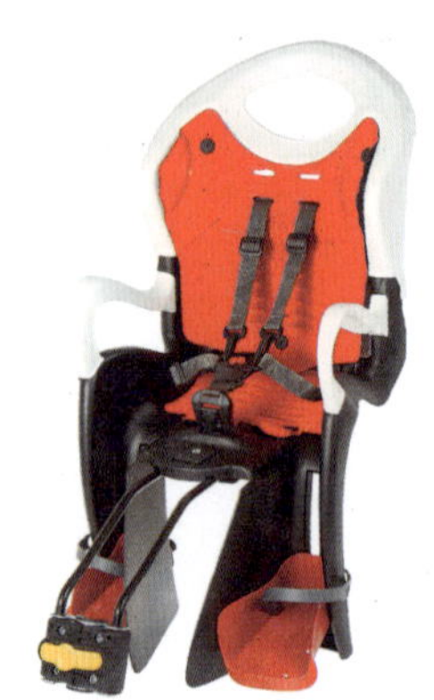

Kindersitze für hinten werden mit Schnellkupplungen am Sitzrohr befestigt und haben Maximalgewichte. Außerdem verfügen sie über Dreipunkt-Gurte.

Kindersitze 

- Dreipunktgurt
- Fußfixierung
- Einstellbarkeit
- Kindersicherheit

KINDERSITZE FÜR VORN UND HINTEN

Fünf Modelle aus dem Test sind für die Montage vorn geeignet, zwölf für hinten. Unter den „guten" lagen folgende Sitze:

- „Yepp Nexxt Mini", „Yepp Maxi Seatpost" und „Ride Along" von Thule
- „Observer" und „Caress C 2" von Hamax,
- „Orion" von OK Baby
- „One Max 1P & E-PD" von bobike
- „Bilby Maxi FF" und „Guppy Maxi + FF" von Polisport

Generell lässt sich sagen, dass Sitze vorn für kleinere Kinder besser geeignet sind. Sobald Kinder selbstständig sitzen können – das dürfte so ab zehn Lebensmonaten der Fall sein –, kann man sie auf einem Kindersitz auf dem Fahrrad transportieren. Der Sitz vorn bietet den Vorteil, das Kind besser im Auge zu haben. Überdies verschiebt sich das Gewicht auf dem Fahrrad nicht so stark wie bei einem Sitz hinten, das Fahrgefühl bleibt im gewohnten Bereich. Die Frontsitze werden meist am Steuerrohr des Fahrrads befestigt. Auch zum Schieben mit Kind sind die Frontsitze angenehmer, weil man den Schwerpunkt des Fahrrads immer sicher im Griff hat.

Die Tester empfehlen spätestens für Kinder ab 15 Kilogramm dann den Sitz hinter dem Fahrer. Die Hecksitze werden am Sitzrohr befestigt und schwingen auf einem langen Bügel über dem Gepäckträger. Dadurch federn sie zwar ein bisschen – was allerdings auch zu einem unruhigeren Fahrgefühl als bei Frontsitzen beitragen kann. Auf welligem Untergrund können sich manche Sitze auch aufschaukeln.

Zwei „Britax"-Modelle der Firma Römer wertete die Stiftung Warentest mit mangelhaft, weil sich die Gurte auch von kleinen Kindern zu einfach öffnen ließen.

Ein Helm sollte von den Kindern in jedem Fall getragen werden – er erhöht die Sicherheit im Falle eines Sturzes.

Eine gute Alternative zu Kindersitzen sind übrigens Lastenräder (siehe in Kapitel 2 „Fahrradtypologie“ den Abschnitt „Lastenräder“, ab Seite 61), mit denen man auch Kinder transportieren kann.

Das Fahrrad als digitales System

Früher war alles ganz einfach: Wer wissen wollte, wie schnell er fuhr, schraubte sich einen VDO-Tacho an den Lenker, verband ihn mittels einer Welle mit der Vorderradnabe – fertig war das Anzeigesystem. Heute reicht die Palette der Datenerfassung von der Fahrgeschwindigkeit, der zurückgelegten Strecke, der verbleibenden Batteriereichweite über die elektronische Steuerung von Schaltung, Federung und Sattelstütze bis hin zur Navigation und Aufzeichnung der Herzfrequenz. Aus dem Fahrrad ist ein Hightechprodukt mit Anleihen aus der Computerwelt geworden.

FAHRRADCOMPUTER – KLEIN UND PRAKTISCH

Was einst als schlichter Tachometer mit einer Geschwindigkeitsnadel und einem Zählwerk für die zurückgelegten Kilometer begann, ist heute zu einem Computer geworden, der mehr als ein Dutzend verschiedene Werte festhalten kann. Die kleinen digitalen Geräte werden an der Lenkerstange befestigt. In einer Speiche sitzt ein Magnet, der wiederum einem Sensor an der Vorderradgabel bei jeder Radumdrehung einen Impuls gibt. Den Computer speist eine Knopfzelle, im Sensor an der Gabel sitzt ebenfalls eine Knopfzelle oder eine kleine Batterie. Sensor und Computer werden entweder mit einem Kabel oder kabellos per Funk miteinander verbunden. Nachdem der Radumfang im Computer eingegeben wurde, können damit zahlreiche Messwerte gespeichert werden, wie zum Beispiel:

- Geschwindigkeit
- Durchschnittsgeschwindigkeit
- Maximale Geschwindigkeit
- Tagesstrecke
- Tagesfahrzeit
- Gesamtstrecke

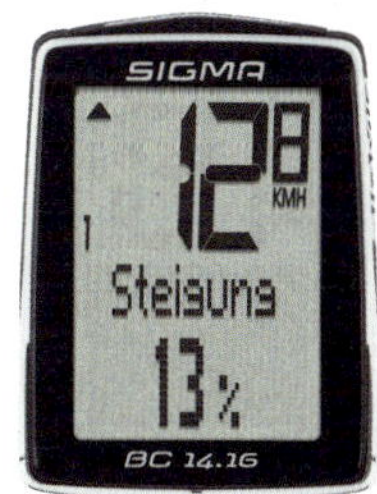

Kabelloser Fahrradcomputer, der unter anderem Steigungsprozente anzeigt.

- Gesamtfahrzeit
- Temperatur
- Uhrzeit
- Aktuelle Höhe
- Maximale Höhe
- Steigung in Prozent
- Höhenprofil
- Pulsfrequenz
- Trittfrequenz

Hightech-Variante mit Smartphonekopplung und zahlreichen Anzeigen

Leistungsdaten wie die Pulsfrequenz oder der Herzrhythmus können auf Wunsch über ein angeschlossenes Brustband aufgezeichnet werden. Über spezielle Softwareprogramme können die Daten auf den PC geladen und dort ausgewertet werden – für Trainingszwecke sehr praktisch. Sie können auch auf Social-Media-Plattformen zum Austausch mit anderen hochgeladen werden.

Dank eingebauter GPS-Module können die Fahrradcomputer auch immer häufiger als Navigationsgeräte dienen. Manche Anbieter haben Karten vorinstalliert, bei anderen kann man sie dazukaufen; so lässt sich zumindest eine Ortung vornehmen. Auch die Routenaufzeichnung klappt – für die Routenplanung sind Handy-Apps oder echte GPS-Geräte nötig. Sigmasport bietet aber immerhin schon ein Gerät an, auf dessen Karte man mit dem Finger eine Route einzeichnen kann, aus der der Rechner dann einen Streckenvorschlag macht.

Navigationsfunktion

Man sollte sich überlegen, wozu man den Computer braucht: Reicht ein Tachometer mit Angaben zur zurückgelegten Wegstrecke und der Zeit oder soll es mehr sein? Einfache, kabellose Geräte, die die zurückgelegte Strecke, die Fahrzeit, die Durchschnittsgeschwindigkeit und die Uhrzeit angeben, gibt es schon ab rund 22 Euro. Ausgefeiltere Geräte, die darüber hinaus eine Navigation oder die Aufzeichnung von Routen ermöglichen, die Trittfrequenzen, Höhenmeter, Kalorienverbrauch, den Herzrhythmus und Puls und andere Parameter aufzeichnen und sich mit einem Smartphone verbinden können, kosten ab 250 Euro.

Die digitalen Einstellungen sind zum Teil etwas kompliziert – bei allen Geräten muss man zum Beispiel den Radumfang einstellen –, die Anbringung am Fahrrad dagegen gestaltet sich meist einfach.

Smartphones mit Apps der Motorenhersteller dienen als Steuerungszentralen.

Bevor es die Fahrradcomputer mit Kartenmaterial gab, waren GPS-Geräte auf dem Markt. Anhand von vorinstallierten Karten konnte man stets den eigenen Standort im Gelände verfolgen und Strecken abfahren. Die Systeme sind per GPS-Signal mit Satelliten im Weltall verbunden und bieten je nach Preisklasse auch die Sprachausgabe und zahlreiche weitere Features wie Streckenaufzeichnung, Tempoangaben, Fahrzeit und vieles mehr. Die Geräte sind sehr robust, wasserdicht und liefern je nach Anbieter auch interessante Informationen am Rande der Strecke, etwa sogenannte Points of Interest.

DAS SMARTPHONE ALS STEUERZENTRALE

Mit dem Aufkommen der Smartphones haben die GPS-Geräte allerdings ernsthafte Konkurrenz bekommen. Denn einen GPS-Empfänger haben auch Handys verbaut, und zusammen mit einer effizienten Navigationssoftware sind die Smartphones mindestens ebenbürtig, wenn nicht gar überlegen. Apps wie Google Maps, Komoot, Maps, Naviki oder viele andere ermöglichen eine sehr bequeme und zuverlässige Navigation.

Der Autor favorisiert Komoot. Das weltweite Kartenangebot kostet zwar einmalig knapp 30 Euro, die App funktioniert aber bestens zur Routenplanung, man kann gar den Fahrradtyp eingeben. Es gibt eine Profilanzeige der Wegstrecke mit Oberflächenbeschaffenheit und Steigungsangaben, man kann die Route umplanen und hat stets den eigenen Standort im Blick. Auch zum Wandern ist die Software gut geeignet.

Manche E-Bikes kann man nur noch in Verbindung mit einem Handy betreiben, wie etwa das belgische Cowboy. Eine App auf dem Handy verbindet sich mit dem Fahrrad, womit man es öffnet und schließt. Auf dem Handy können Sie verschiedene Parameter wie den Akkustand oder die Restreichweite ablesen und das Licht ein- und ausschalten. Der Haken: Sie benötigen immer genügend Akkukapazität im Handy, sonst geht hier nichts.

Auch das niederländische VanMoof setzt auf eine Smartphoneverbindung, mit der man das E-Bike sperrt und entsperrt. Zusätzlich gibt es aber auch noch einen Chip dafür. Beide Fahrräder enthalten integrierte Simkarten, worüber sie im Falle eines Diebstahls aufgespürt werden können.

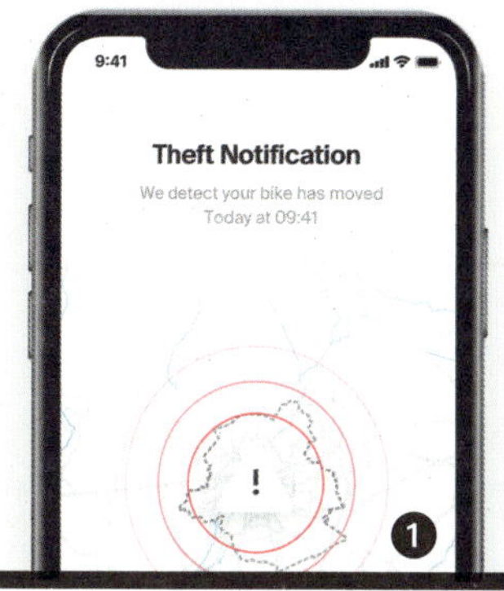

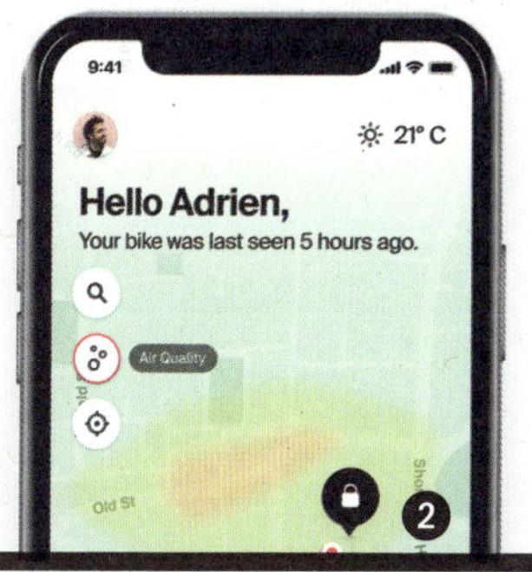

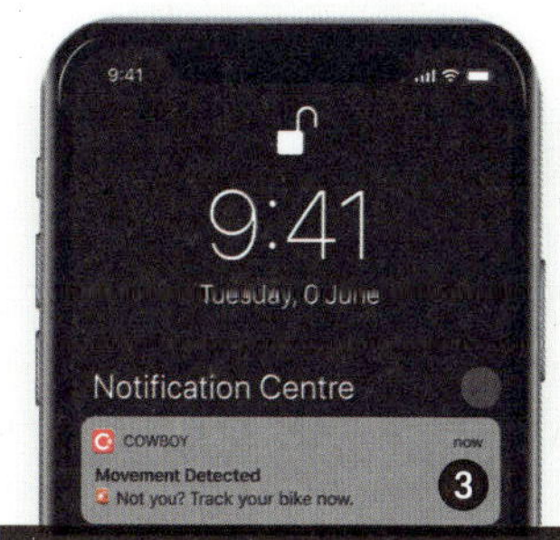

App-Ansicht des „Cowboy“: Diebstahlanzeige (1), Standortangabe (2), Bewegungsmeldung (3)

SMARTPHONE UNTERWEGS AUFLADEN

Der einzige Haken bei der Nutzung des Smartphones als Navigationsgerät ist der Akkuverbrauch. Einen ganzen Tag hält ein Smartphoneakku nicht durch, weswegen man ihn unterwegs aufladen muss – sei es in einer Pause oder mit einem mitgeführten Zusatzakku. Ganz schick natürlich an einem E-Bike: Viele Modelle verfügen über USB-Anschlüsse unter anderem zum Aufladen von Smartphones. Zudem gibt es Ladegeräte auf dem Markt, die man am Nabendynamo anschließen kann – etwa das „E-Werk“ von Busch & Müller. Und Solarpanels stellen womöglich eine Alternative zur Powerbank auf langen Touren dar. Sie funktionieren folgendermaßen: Ein Panel sammelt die Sonnenenergie ein und gibt sie an einen Akku weiter. Mit ihm kann dann ein Stromverbraucher wieder aufgeladen werden. Auf den Gepäckträger gespannt, können die Solarzellen zum Beispiel während der Fahrt den Akku aufladen, an den man dann das Mobiltelefon anschließen kann. Je größer die Panels, desto mehr Sonnenenergie können sie aufnehmen. Sogenannte Solar-Powerbanks kommen leistungsmäßig wegen der kleineren Oberfläche nicht an die Panels heran und sind keine Empfehlung.

Display eines Pedelecs von Flyer

DER KONTROLLBILDSCHIRM: BORDCOMPUTER AM E-BIKE

Wenn es einen eindeutigen Trend in der an Herstellern und Zulieferern kaum überschaubaren Fahrradindustrie gibt, dann ist es die Vernetzung der Fahrräder mit dem Internet. Das wird besonders bei den E-Bikes deutlich. Ihre Kontrollbildschirme, von den Herstellern gern „Display" genannt, sind kleine Bordcomputer. Wer ein E-Bike kauft, hat in aller Regel auch Zugang zu dieser vernetzten, neuen Welt.

Bei der Bedienung unterscheiden sich die Hersteller: Manche bevorzugen handliche Bedienungsknöpfe am Lenker, die mit dem Daumen bewegt werden können, worauf auf den Displays die gewählten Optionen angezeigt werden. Diese externen Bedienungsknöpfe heißen „remote control". Sie haben in der Praxis einen leichten Vorteil, vor allem an Mountainbikes, wo man im Gelände gern beide Hände am Lenker hat.

Bei anderen Displays sitzen die Bedienungstasten direkt am Gehäuse. Manche Hersteller bieten beide Varianten an – je nachdem, ob es sich eher um eine Display-Motor-Einheit für urbane, asphaltierte Straßen oder um ein Modell fürs grobe Gelände handelt.

Die Displays zeigen alle etwa folgende Angaben an:

- Geschwindigkeit
- Durchschnittsgeschwindigkeit
- Maximale Geschwindigkeit
- Reichweite
- Akkustand
- Unterstützungsmodus durch den Motor
- Uhrzeit
- Temperatur
- Licht an/aus

Manche Hersteller haben ihrem Bordcomputer auch Navigationsfunktionen per GPS spendiert. Alle ermöglichen zumindest mit ihrem Spitzenmodell die Verbindung zu einem Smartphone. Mit Apps, die auf dem Handy gespeichert sind, kann dann etwa eine weitere Feinabstimmung des Motors erfolgen – beispielsweise die Konfigurierung persönlicher Vorlieben im Fahrbetrieb – oder das Handy kann als Routenplaner dienen. Die Daten lassen sich auf den PC und soziale Plattformen hochladen.

Das Kiox-System von Bosch dient mit einem Brustgurt gleichzeitig als Fitnesstracker, der den Puls aufzeichnet, und zugleich als elektronische Wegfahrsperre für das E-Bike: Sobald der Computer vom Fahrrad abgenommen wird, ist der Motor blockiert. Die Sperre kostet allerdings einen einmaligen Aufpreis von zehn Euro. Das System kann auch elektronische Federgabeln von Fox steuern, zudem zeigt es die Antiblockier-Einstellung (ABS) des Fahrrads an, die Bosch im Programm hat.

Im Fahrrad verbaute Chips dienen als Ortungshilfe im Falle eines Diebstahls. Der GPS-Sender teilt mit, wo sich das Rad gerade befindet.

Auch der Fahrradhersteller Riese & Müller hat so ein System im Programm. Er nennt es „Connect Care Programm". Zu dem Chip, der einmalig 99 Euro kostet, werden drei Servicepakete angeboten. Sie umfassen im Basic-Paket die Ortung und Wiederbeschaffung im Falle eines Diebstahls. Im Smart-Paket kommen eine Versicherung gegen Teilediebstahl, Übernahme von Sturz- und Witterungsschäden sowie der Ersatz von Verschleißteilen hinzu (Reifen und Bremsen sind ausgenommen). Das Comfort-Paket umfasst zusätzlich einen Mobilitätsschutz inklusive Hotelübernachtung und Rücktransport; dieser Connect-Care-Service kostet allerdings 139 Euro pro Jahr.

Zieht man die hochpreisigen Räder von Riese & Müller in Betracht, kann sich die Investition lohnen. Allerdings: Man sollte sie mit den Kosten für seine Hausratversicherung vergleichen. Die zahlt nämlich in der Regel auch den Diebstahl eines teuren Fahrrads, sofern es hoch genug mitversichert war (siehe in Kapitel 9 „Kauf und Wartung" den Abschnitt „Versicherung, Codierung", ab Seite 243).

08

ZUBEHOR:
HELME
SCHLOSSER
TASCHEN
KLEIDUNG

Auch wenn man sich gern flott und ohne weitere Vorbereitung aufs Fahrrad schwingt – ein bisschen Ausrüstung muss schon sein. Ein Helm gehört dazu, ein gutes Schloss auch, und nützliche Taschen oder Trikots machen die Fahrt zu einem gelungenen Rundumereignis.

Fahrradhelme

Leicht und luftig soll er sein und crashfest: der Fahrradhelm.

Ein Helm ist in Deutschland zum Radfahren nicht vorgeschrieben, macht es aber eindeutig sicherer, weil er vor schweren Kopfverletzungen schützt. Das haben Untersuchungen von Unfallmedizinern immer wieder ergeben. Daten aus Baden-Württemberg aus dem Jahr 2015 zeigen: Von 14 230 schwer verletzten Radfahrern erlitten 70 Prozent Kopfverletzungen. Vier von fünf hätten durch einen Helm verhindert werden können. Andere Untersuchungen bestätigen das Ergebnis: Nach einer Erhebung der Unfallforschung der Versicherer starben zwischen 2012 und 2013 etwas mehr als 50 Prozent der getöteten Radfahrer an einem Schädel-Hirn-Trauma (Quelle: udv.de, Suchbereich „Medien", Stichwort „Fahrradhelme"). Für das Tragen eines Helms spricht also sehr viel.

Die Stiftung Warentest hat bei ihrem Helmtest 2017 darauf hingewiesen, dass bei Menschen über 75 Jahren die Verletzungsgefahr bei Fahrradunfällen überproportional groß ist. Das liege daran, so die Tester, dass der Mensch im höheren Alter langsamer reagiere, der Körper einen Sturz nicht mehr so gut abfangen könne und Nervenfasern nicht länger so strapazierfähig seien wie bei jüngeren Menschen. Helme schützen also – das gilt insbesondere auch beim Benutzen von E-Bikes, mit denen viele Senioren fahrdynamisch schneller unterwegs sind, als sie es mit konventionellen Fahrrädern wären.

Die Auswahl an Helmen ist groß, die Modelle unterscheiden sich in Details, und die Marketingabteilungen der Hersteller werfen immer neue Varianten auf den Markt, die dann für bestimmte Einsätze beson-

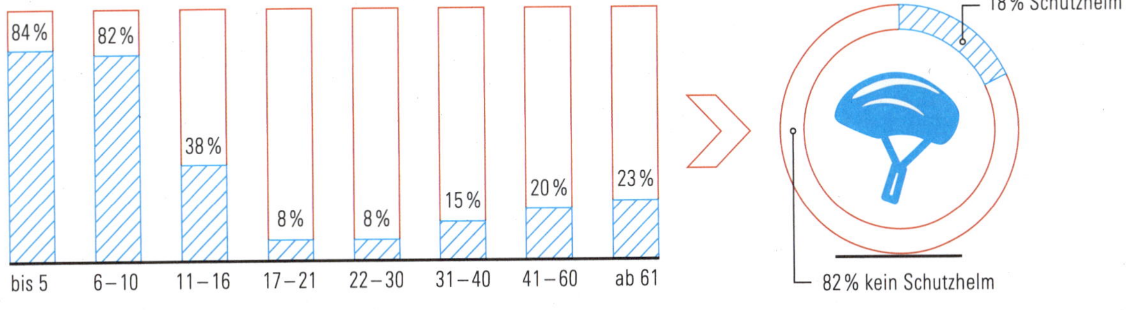

ders geeignet sein sollen. So findet man prinzipiell folgende unterschiedliche Formen:

- Cityhelme
- Fullface-Helme
- BMX-Helme
- Rennradhelme

Die beiden am häufigsten anzutreffenden Helmformen sind Rennradhelme und Cityhelme. Letztere sind von ihrer Form weiter nach vorn gezogen, manchmal findet sich sogar noch ein kleiner verstellbarer Sonnenschirm, was zur eher aufrechten Sitzhaltung auf einem City- oder Trekkingrad passt. Auch umgeben Cityhelme den Kopf etwas umfassender, sie sind auch weiter in den Nacken gezogen als Rennradhelme. Helme für Rennradler weisen dagegen an der Front einen kürzeren Schnitt auf und verfügen über viele Belüftungsöffnungen. Einen kleinen Schirm nach vorn haben sie nicht, weil er bei der meist geduckten Haltung auf dem Rennrad die Sicht nach vorn versperren würde.

Fahrradhelme 

- Gewicht
- Fester Sitz
- Schutzwirkung (auch seitlich)
- Bolüftung

Die Fullface-Helme sehen Vollvisierhelmen ähnlich, wie sie Motorradfahrer benutzen, es fehlt ihnen lediglich ein Visier. Diese Helme schützen auch das Kinn vor Sturzfolgen – was bei den oft waghalsigen Abfahrten der Downhill-Fahrer im Mountainbikesegment auch sinnvoll ist.

Die BMX-Helme sind Schalenhelme ohne Stirnschirm. Sie sehen schick aus, haben aber keine so gute Belüftung wie City- oder Rennradhelme.

Daneben macht auch das Modedesign vor Fahrradhelmen nicht halt. Stoffbezogene Helme, etwa im Tweed-Muster, sind genauso auf dem Markt wie faltbare Helme oder Schirmmützen mit harter Kopfschale. Bei

Zusammenklappbares Modell

Modischer Tweed-Style

Helme mit Frontvisier für S-Pedelecx

Bei Jugendlichen hoch im Kurs: Hartschalenhelme

all diesen Angeboten ist es nicht ganz leicht, dass passende Modell zu finden. Zunächst einmal muss ein Fahrradhelm gut passen. Er muss gut sitzen, nicht wackeln und einfach an die Kopfgröße anpassbar sein. Das ist auf jeden Fall einen Test wert. Bei den Stellrädchen am Kopfring, mit denen der Helm angepasst werden kann, gibt es Unterschiede; manche sind sehr klein, und ob man damit zurechtkommt, sollte man genau prüfen.

Die Stiftung Warentest hat bei ihrem letzten großen Helmtest 2017 folgende Empfehlungen für einen Helmkauf gegeben:

- Haltbarkeit: Jeder Helm altert und verliert seine Schutzwirkung. Oft liegen alte Helme in den Läden. Anbieter müssen ein Verfalls- oder Herstellungsdatum angeben. Man sollte nur Helme kaufen, bei denen der Hersteller klare Angaben dazu macht.
- Risse: Spätestens nach einem Sturz, bei dem der Helm auf dem Boden aufschlug, sollte sich jeder Radfahrer einen neuen kaufen. Denn dabei können auch nicht sichtbare Risse im Material entstehen, und der Helm schützt eventuell weniger gut.
- Einstellung: Der Helm passt, wenn der Kopf nach dem Spannen des Kopfrings nur an gepolsterten Stellen mit der Helmschale Kontakt hat. Mitgelieferte Wechselpolster schützen vor Druckstellen. Er sollte fest sitzen, aber nicht drücken. Die Seitenriemen sollten knapp unterhalb des Ohrläppchens zusammengeführt werden.
- Kinnriemen: Er sollte zwar locker am Kinn anliegen und nicht drücken. Er muss im Sturzfall den Helm sichern und sollte deshalb nicht zu lose sein.
- Lüftung: Je mehr Luft unter dem Helm an die Kopfhaut gelangt, desto kühler bleibt der Kopf. Manche Cityhelme verfügen nur über kleine Lüftungslöcher. Nur Modelle mit großflächigen Belüftungsöffnungen bewahren ambitionierte Fahrradfahrer vor dem Hitzestau.
- Insekten: Netze hinter den Lüftungslöchern schützen davor, dass Insekten in den Helm fliegen. Vor allem bei Wespen könnte das sonst gefährlich werden.
- Rücklicht: Viele Helme leuchten bei Nacht, wenn Autofahrer sie anstrahlen. Große Reflektoren machen sie sichtbar. Manche Modelle haben ein integriertes Rücklicht. Das erhöht zwar auch die Sichtbarkeit von hinten, ersetzt allerdings nicht die vorgeschriebene Beleuchtung am Fahrrad.
- Sonnenblende: Modelle mit Sonnenblende bewahren nicht nur vor dem Sonnenbrand um die Augenpartie herum, sondern bieten auch ungeblendete Sicht auf die Straße.

Beim Material, aus dem die Helme gefertigt sind, herrschen kaum Unterschiede. Das stoßabsorbierende Material ist in fast allen Fällen eine Styroporschale, die außen mit einer besonders harten Schutzschicht überzogen ist. Diese besteht meist aus Plastik, bei teuren Modellen aus Carbon. Schutzhelme sollten innen die DIN-Norm EN 1078 oder EN 1080 für Kinderhelme tragen. Viele Helme sind zusätzlich vom TÜV geprüft, sie tragen dann das Zeichen „GS" (für „geprüfte Sicherheit"). Da das Material altert, wird empfohlen, Helme nach etwa fünf Jahren auszutauschen – egal, wie oft man sie benutzt hat.

Die Stiftung Warentest hat in ihrem Helmtest insgesamt 15 Helme getestet und dabei sieben für gut befunden. Die Tester hatten zwei Jahre zuvor das Spektrum des Tests erweitert und erstmals auch den seitlichen Schutz an der Schläfe bewertet. Die Helme waren bei diesem Parameter seinerzeit reihenweise durchgefallen. 2017 sah das Ergebnis nun wesentlich besser aus. Der seitliche Schutz eines Helms ist deshalb so wichtig, weil die Stürze auf die Stirn und die Schläfe bei einem Fahrradunfall besonders gefährlich sind.

Fahrradhelme im Test

Im Jahr 2017 hat die Stiftung Warentest einen großen Helmtest durchgeführt und dabei teils deutliche Verbesserungen im Vergleich zum vorigen Test festgestellt.

GUTE HELME MÜSSEN NICHT TEUER SEIN

Der Test 2017 zeigte auch, dass gute Helme nicht teuer sein müssen. So war ein als gut getestetes Modell von Lazer darunter, das nur 55 Euro kostete. Manche deutlich teureren Helme boten nur Mittelmaß. Und von dem faltbaren Helm rieten die Tester gar ab – er tauge nichts, weil er sich auf dem Kopf nicht festziehen lasse. Generell kann man sagen, dass der Alltagsradler mit Helmen in der Preisklasse zwischen etwa 60 und 150 Euro solide Ware findet, die ordentlich schützt. Die Klasse darüber ist Profis eher vorbehalten und bietet zum Teil eine besondere Aerodynamik oder einen Vollvisierschutz.

Manche Helme sind mit einem roten Licht auf der Rückseite ausgestattet. Das kann ein zusätzliches Erkennungsmerkmal im Dunkeln sein, ersetzt aber das Rücklicht am Fahrrad nicht.

HÖVDING – DER AIRBAG FÜR DEN KOPF

Manchen Radfahrern sind Helme aus ästhetischen Gründen ein Gräuel. Für sie kommt vielleicht der schwedische Airbag „Hövding" infrage. Der „Hövding" ist ein etwas großer Kragen, den man um den Hals trägt und der sich im Falle eines Sturzes in 0,1 Sekunden zu einer Art Fönhaube aufbläht. Im aktivierten Modus registrieren Algorithmen 200 mal pro Sekunde die Bewegungen des Radfahrers und erkennen Abweichungen davon. Sind sie groß genug, löst der „Hövding" aus. Das funktioniert in Tests gut – allerdings hat der „Hövding" zwei kleine Nachteile: Manche Nutzer klagen darüber, es werde unter dem Airbag-Kragen im Sommer zu heiß. Und wenn der Airbag nach dem Auslösen nachgeladen werden muss, so kostet dies über das „Crash Replacement" 200 Euro innerhalb der ersten drei Jahre seit Kauf. Dafür kann man mindestens zwei neue konventionelle Helme kaufen.

★★★

Der Hövding trägt sich wie ein Schalkragen ... und bläst sich beim Sturz wie ein Airbag auf.

Fahrradschlösser

„Jedes Fahrrad ist nur so gut wie sein Schloss" – an diesen Spruch wird sich jeder schmerzlich erinnern, dessen Fahrrad schon einmal gestohlen wurde. Ein gutes Schloss ist deshalb wichtig, doch den absoluten Schutz gibt es bei Fahrradschlössern kaum. Wenn es ein Dieb darauf anlegt, kann er mit entsprechenden Werkzeugen jedes Schloss knacken. Dieben kann man es jedoch schwer machen.

In ihrem Test vom Mai 2019 hat die Stiftung Warentest 20 Schlösser getestet – Bügelschlösser, Faltschlösser und Kettenschlösser. Ihr Preis lag zwischen 18 und 128 Euro. Jedes war dabei zu knacken – es dauerte nur unterschiedlich lang. Zum Aufbrechen der Schlösser hatten die Tester im Labor drei Minuten Zeit. Sie bearbeiteten die Schlösser mit Säge, Zange, Bolzenscheider, Akkuflex und Picking-Werkzeug – Stifte, mit denen man direkt in den Schlüsselkanal eines Schlosses eindringen kann.

Dabei schnitten nur fünf der 20 Schlösser gut ab. Ein Bügelschloss und ein Faltschloss schieden wegen Schadstoffbelastung und leichter Zerstörbarkeit beziehungsweise zu wenig Widerstand gegen den Bolzenschneider aus.

Kaum zu knacken: das Bügelschloss

Die Bügelschlösser waren die robustesten: Dem Testsieger, „Granit Xplus" von Abus, konnten Säge, Bolzenschneider und feine Werkzeuge nichts anhaben. Gut schnitt auch das preiswerte Schloss „B'Twin 940" von Decathlon ab. Bei den Faltschlössern lag das „Bordo Granit Xplus 6500/110" von Abus vorn. Allerdings hatte von den acht Bügelschlössern nur eins eine gute Halterung für das Rad. Das Kryptonite „New York Lock" schnitt zwar beim Aufbruchversuch sehr gut ab, enthielt aber den Weichmacher DEHP in einer Konzentration, die seit Mitte 2020 verboten ist.

Auch andere Tests haben bestätigt, dass Bügelschlösser den besten Schutz vor Diebstahl bieten. So schnitt das „New-U Evolution Mini-7" von Kryptonite in einem Test der US-Website Wirecutter (sie gehört zur New-York-Times-Gruppe) ebenfalls sehr gut ab. Der gehärtete 13 Millimeter dicke Bügel ließ sich von Bolzenschneidern nicht beeindrucken und wich lediglich dem längeren Traktieren mit elektrischen Schneidegeräten.

Eingeklappt wie ein Zollstock: ein Faltschloss

Faltschlösser kann man nach Art eines Zollstocks zusammenfalten. Sie lassen sich meist gut am Rahmen unterbringen, boten im Test aber weniger Schutz als die Bügelschlösser. Nur ein schweres Abus-Schloss schützte zuverlässig: das „Bordo Granit Xplus" von Abus.

Auch zwei Kettenschlösser waren im Test gut – an ihnen bissen sich die Werkzeuge der Tester die Zähne aus. Es waren das „City Chain 1010" von Abus und das „Kryptolok 990 Combo" von Kryptonite.

Das Kryptonite „New York“ und das Contec „Powerlock“ wurden trotz guter Sicherheit wegen Schadstoffen an der Ummantelung abgewertet. Das betraf auch das Kryptonite „Kryptolok Series 2 995“.

Schlösser müssen auch transportiert werden. Dazu eignen sich Bügelschlösser natürlich gut – man kann sie in einer Halterung am Sitzrohr des Fahrrads unterbringen. Viele Fahrräder haben ab Werk auch Haltevorrichtungen für Bügelschlösser. Faltschlösser lassen sich ebenfalls gut unterbringen – zum Beispiel an den Ösen des Sitzrohrs, die für eine Trinkflasche vorgesehen sind. Kettenschlösser müssen irgendwo um ein Rahmenteil gewickelt werden. Hier muss man aufpassen, dass sie nicht den Lack angreifen. Eventuell hilft eine Ummantelung mit Gewebeband.

Fahrradschlösser im Test

Im Mai 2019 hat die Stiftung Warentest 20 Fahrradschlösser getestet und musste dabei feststellen: Die absolute Sicherheit gibt es nicht. Doch kann man es den potenziellen Dieben schwermachen.

STOFFSCHLÖSSER

Schwere Kettenschlösser können bis zu 2,5 Kilogramm wiegen – Gewicht, das der Radler an seinem Bike mitschleppen muss. Weniger Gewicht versprechen da die in jüngster Zeit auf den Markt gekommenen Schlösser mit Textilfasern. Sie wiegen mit durchschnittlich 1,1 Kilogramm doch etwas weniger und schonen den Lack des Rahmens – der schützende Stoff scheuert nicht am Metall. Letzteres ist allerdings sehr wohl in diesen Schlössern verbaut – allerdings gut versteckt unter der Stoffummantelung. Unter dieser findet sich Draht oder eine Eisenkette. Die Stiftung Warentest hat 2018 zwei dieser Exemplare getestet: zum einen von der Firma Tex Lock, zum anderen von Lite Lock.

Das „Tex Lock“ enttäuschte die Tester. Mit einer Baumarktsäge für elf Euro war es in 30 Sekunden geknackt. Besser machte es das „Lite Lock“. Die kunststoffummantelten Drahtseile im Innern hielten den Aufbrechversuchen genauso robust stand wie gute Metallschlösser.

Fahrradschloss 

- Sicherheit
- Transportierbarkeit
- Gewicht

INFO

So schützen Sie Ihr Fahrrad vor Diebstahl

Kaufen Sie sich ein gutes, schweres Schloss – leichte Modelle bringen kaum etwas. Sie schrecken höchstens vor der raschen „Mitnahme“ des Fahrrads beim Abstellen vor einem Geschäft ab. Wenn man sein Fahrrad länger abstellt, sollte man es an einem Fahrradständer, einem Laternenmast oder Ähnlichem anschließen. Bringt man das Schloss hoch über dem Boden an, kann bei einem Bolzenschneider die Hebelwirkung der Werkzeugarme nur schwer eingesetzt werden – das erschwert Dieben ihr Handwerk. Zwei Schlösser sind besser als eins.

Und: Versichern Sie Ihr Fahrrad (mehr dazu in Kapitel 9 „Kauf und Wartung“ im Abschnitt „Versicherung, Codierung“, ab Seite 243).

Taschen und Rucksäcke

Für den Transport von Kleidung, Laptops, Einkäufen und die große Reise sind Fahrradtaschen unentbehrlich geworden. Sie hängen sicher und verhältnismäßig tief am Gepäckträger, was dem Fahrverhalten bei voller Beladung zugutekommt, sie sind wasserdicht und können schnell abgenommen und als Umhängetasche benutzt werden. Gängige Produkte fassen zwischen 20 und 25 Liter Inhalt.

Der Fahrradtaschenmarkt hat sich in den vergangenen Jahren massiv erweitert. Waren lange Zeit die robusten Modelle von Ortlieb unangefochten Marktführer bei Tourenradlern und Weltenbummlern, so sind inzwischen viele andere Hersteller hinzugekommen. Zudem hat sich das Design modisch etwas gewandelt. Seitdem auch Pendler ins Visier der Marketing- und Produktstrategen geraten sind, sind die Taschen innen flexibler und äußerlich schicker geworden. Sie haben Tragegurte und können flugs in einen Rucksack verwandelt werden, ansehnliche Stoffe statt des rustikalen Plastikmaterials sind hinzugekommen. Und es gibt Modelle, die speziell auf den Bürobedarf mit Fächern für Laptop, Ladekabel und Akten ausgelegt oder mit zusätzlichen Außentaschen versehen sind wie bei Brooks oder Thule, die mehr Variabilität für die Mitnahme von Kleinigkeiten bieten.

Hinzu kommen viele Spezialtaschen für Falträder, Lastenräder oder E-Bikes. Auf dem Faltradsektor hat die Kultmarke Brompton ein breites Angebot an Taschen, die man am Lenker befestigen oder über der Schulter tragen kann. Es gibt spezielle Taschen, die an die verschiedenen Lastenradmodelle passen, etwa vom Ausrüster www.fahrer-berlin.de, der zum Beispiel für die Bullit-Räder Packtaschen anbietet, die an der Rückseite der Ladefläche montiert werden.

Die Modelle „E-Glow" und „E-Mate" von Ortlieb wurden speziell für Ersatzakkus an E-Bikes entwickelt. Bei der „E-Glow" handelt es sich um eine wasserdichte Lenkertasche mit Innenbeleuchtung, die übers E-Bike-Display gesteuert wird. Die „E-Mate" stellt eine Gepäckträgertasche mit Extrafach für den abnehmbaren Akku dar, der so unauffällig mit ins Büro genommen werden kann.

SCHON FÜR 26 EURO GUT UNTERWEGS

Die Änderung in Design und Funktion der Fahrradtaschen schlug sich im Check der Stiftung Warentest vom Mai 2019 nieder. Er unterteilte die Taschen in zehn Tourentaschen und zehn Citytaschen. Als Tourentaschen wurden all jene Gepäcksysteme bezeichnet, die relativ unspezifisch aufgebaut sind: Man füllt die Gegenstände wie in einen Sack. Citytaschen haben dagegen gepolsterte Fächer für einen Laptop und Unter-

Die Auswahl an Fahrradtaschen ist schier unüberschaubar: Es scheint, als kämen jede Woche neue Modelle hinzu. Sie reicht von den Klassikern von Ortlieb und Vaude (1, 2, 8, 9) über flexible Taschen für den Bürogebrauch (5–7, 10) bis hin zu Spezialisten für den Akkutransport (3) oder Taschen, die sich zudem als Rucksäcke präsentieren (4).

teilungen für Papiere oder Akten. Die Tourentaschen kamen von Herstellern wie Ortlieb, Vaude, Decathlon B'Twin, Thule, Norco, Messingschlager, Prophete, ConTec und Haberland. Die Citytaschen stammten von Ortlieb, Vaude, Norco, Decathlon B'Twin, Gusti, Brooks, Fahrer Berlin, Basil, New Looxs und Haberland.

Testsieger bei den Tourentaschen mit einem Sehr gut war die Ortlieb „Back-Roller High Visibility" (110 Euro). Bei den Punkten Haltbarkeit und Wasserdichtheit, Sicherheit und Schadstoffe schnitt sie sehr gut, bei der Handhabung gut ab. Die „Trekkingbike-Bag 500" von Decathlon B'Twin für 26 Euro dahinter wurde ebenfalls mit einem Gut bewertet. Sie rangierte in der Handhabung, bei der Sicherheit und den Schadstoffen nur knapp hinter dem Testsieger. Daneben gab es drei weitere gute Taschen: die „Back-Roller Classic" von Ortlieb, die „Aqua Back" von Vaude und die Norco „Nr. 0281 GS". Die Tasche von ConTec war nicht wasserdicht, die „HaZwoO" von Haberland enthielt kritische Weichmacher und andere Schadstoffe.

Unter den Citytaschen stellte die „Augsburg III" von Vaude mit einem Gut den Testsieger. Ihre Haltbarkeit und Wasserdichtheit wurden mit Sehr Gut bewertet, die Handhabung mit Gut und die Sicherheit mit Befriedigend. Die Ortlieb „Downtown Two", die es auch aus Cordura-Gewebe gibt, lag knapp dahinter.

Taschen und Rucksäcke 

- Einsatzzweck
- Befestigung am Gepäckträger
- Material
- Größe

Die Geschichte der Ortlieb-Taschen

Anfang der 1980er-Jahre revolutionierte Hartmut Ortlieb die Qualität von Fahrradtaschen. Auf einer Englandreise war der junge Mann mit dem vorhandenen Material höchst unzufrieden: Die damals üblichen, beschichteten Nylontaschen waren nicht wasserdicht. Zu Hause stellte er aus Lkw-Plane und mit Mutters Nähmaschine seine erste wasserdichte Reisetasche her. Deren Qualität sprach sich zunächst im kleinen Kreisen bei Outdoor-Sportlern herum – eine Geschäftsidee war geboren.
Mit den Packtaschen aus beidseitig beschichtetem Polyestergewebe veränderte Hartmut Ortlieb den Markt. 1982 gründete er in Nürnberg seine Firma Ortlieb. Bald musste die Firma wegen starker Nachfrage in größere Räume umziehen – Heilsbronn zwischen Nürnberg und Ansbach ist heute der Firmensitz. Die Ortlieb „Backroller" wurde bald zum unersetzbaren Ausrüstungsgegenstand jedes Tourenfahrers und Weltenbummlers. Charakteristisch für die Produkte sind das wasserdichte Material, der Rollverschluss und die innen liegende Dichtlippe. Auch das Befestigungssystem – für alle Gepäckträgerarten geeignet – setzte von Beginn an Maßstäbe. Am verwendeten Material ist inzwischen das abriebfeste Cordura-Gewebe hinzugekommen.
Über 220 Mitarbeiter stellen heute rund 500 Artikel her, wobei sich von der Idee übers Design, die Produktion, bis hin zum Marketing und Vertrieb alles unter einem Dach befindet.

Fahrradtaschen im Test

Wer auf dem Fahrrad etwas in einer Tasche transportieren möchte, hat unterschiedliche Ansprüche an das Behältnis. Die Stiftung Warentest hat im Mai 2019 zahlreiche Modell auf Herz und Nieren geprüft.

Wasserdichte Lenkertasche mit Magnetverschluss und breitem Tragegurt

Darauf sollte man achten

Bei der Beurteilung sollte man darauf achten, ob die Tasche ihren Zweck erfüllt: Hat sie gepolsterte Innentaschen für einen Laptop, wenn sie dafür gedacht ist? Gibt es bei den „Sacktaschen" auch kleine Fächer für das schnelle Auffinden von Dingen wie Geldbeutel, Handy oder Schlüsselbund? Wie leicht lässt sich die Tasche verschließen? Ist das Obermaterial wirklich wasserdicht?

In der Handhabung sollte die Tasche leicht am Gepäckträger anzubringen sein, auch mit einer Hand. Am besten probieren Sie die Tasche am eigenen Fahrrad aus. Dann sehen Sie sofort, ob die Befestigungsbügel an den Durchmesser der Gepäckträgerrohre passen oder ob sie angepasst werden müssen. Bei den meisten Taschen funktioniert das über mitgelieferte Plastikteile, die den Radius der Halterungen verkleinern. Zudem sollte die Tasche leicht an unterschiedliche Gepäckträger angepasst werden können, indem man die tragenden Haken verstellen kann.

Des Weiteren sollten Sie darauf achten, dass die Tasche auf dem Gepäckträger weit genug hinten sitzt, sodass Sie beim Pedalieren nicht mit den Fersen daran stoßen. Auch für diesen Zweck muss das Befestigungssystem der Tasche leicht veränderbar sein.

Zur Verbesserung der eigenen Sicherheit muss die Tasche Reflektoren haben. Damit wird man nachts erheblich besser wahrgenommen –

Gut bepackt: Auf Touren bieten Lowrider am Vorderrad zusätzlichen Stauraum.

auch für den Fall, dass das Rücklicht einmal ausfällt. Der Reflektor muss nicht besonders groß, sondern wirkungsvoll sein. Im Test war der Tourensieger von Ortlieb darin einsame Spitze.

VORDERRADTASCHEN

Tourenradlern und Weltenbummlern reichen die Taschen für den Gepäckträger natürlich nicht; sie benötigen auch Vorderradtaschen, die am sogenannten Lowrider angebracht werden, einem an der Gabel befestigten Gepäckträgergestänge. Sie sind meist etwas kleiner als die Taschen für den Gepäckträger. Doch hier gilt ebenfalls, dass sie leicht anzubringen und abzunehmen sowie wasserdicht sein müssen.

Lenkertäschchen für Kleinkram

LENKERTASCHEN, OBERROHRTASCHEN

Auch am Lenker lassen sich Taschen befestigen: Hier bringt man unter, was schnell zur Hand sein muss – Smartphone, Geldbeutel, Müsliriegel. Befestigt werden sie mit speziellen Adaptern, die man am Lenker verschraubt – die Taschen können einfach daran eingeclipst werden.

Daneben machen kleine Helferlein das Radlerleben mit kleinem oder großem Gepäck leichter: Kleine Taschen auf dem Oberrohr können fürs Handy benutzt werden, das sich durch eine Klarsichtfolie auch bedienen lässt. Dann wiederum gibt es Modelle, die man per Klettverschluss am Sitzrohr oder Lenker befestigen kann – etwa fürs Werkzeug. Auch Lenkertaschen für ganz bestimmte Zwecke sind erhältlich – etwa den Transport der Fotoausrüstung. Dafür findet man im Zubehörhandel stabile Taschen aus Hartplastik, die man abschließen und mit einem Tragegurt umhängen kann. Und natürlich der Klassiker, die kleine Satteltasche unterm Sattel, die Platz für Schlauch, Montierhebel und Flickzeug bietet. Und selbstverständlich hat der Handel auch auf spezielle Taschen für Liegeräder entwickelt.

Lenkertasche für die Trinkflasche und eine fürs Oberrohr

Lenkertasche in klassischem Design

Die Satteltasche: befestigt an Gestell und Sitzrohr

Oberrohrtasche mit Klettverschlüssen

Lenkertasche

Kleine Tasche fürs Oberrohr

Bikepacking

Seit geraumer Zeit sind Taschenvarianten auf dem Markt, die aus dem „Bikepacking" stammen. Hierbei dreht es sich um eine Art, das Fahrrad – meist handelt es sich um Mountain- oder Gravelbikes – dadurch reisefertig zu machen, dass man am Sitzrohr, dem Oberrohr und dem Lenker Taschen mit Klettverschlüssen befestigt. Dadurch müssen am Rad keine speziellen Träger angebaut werden, die Taschen schmiegen sich zudem an die Silhouette des Fahrrads und beeinflussen das Fahrverhalten weniger als Gepäckträgertaschen. Das Material ist hier meist PVC. Man unterscheidet:

- Sitzrohrtaschen (Seat-Packs)
- Rahmentaschen fürs Rahmendreieck und das Oberrohr (Frame-Packs und Frame-Pack Toptubes)
- Lenkertaschen (Handlebar-Packs)
- Kleine Lenkertaschen (Cockpit-Bags)

Die Sitzrohrtaschen werden mit einem breiten Klettverschluss um das Sitzrohr und mit Bändern unter dem Sattelgestell befestigt. Man muss darauf achten, dass das Sitzrohr weit genug aus dem Rahmen herausreicht, um dem Klettverschluss genügend Platz zu bieten. Optional bieten die meisten Hersteller einen Zuggurt an, den man am Sitzrohr und an der hinteren Öffnung des Seat-Packs befestigt, um das Päckchen etwas zusammenzuzurren.

Die Frame-Packs hängen unter dem Oberrohr oder werden oben darauf befestigt, die Handlebar-Packs über mitgelieferte Distanzstücke und Klettverschlüsse am Lenker. Kleine Cockpit-Taschen bieten Platz für Schlüssel, Handy, Karte, Mini-Tools und andere Kleinigkeiten.

In ein Seat-Pack passen zwischen 16 und 20 Liter Gepäck, das zudem sehr stark komprimiert wird, wofür es extra Entlüftungslöcher gibt. Wenn man in diesem Sack allerdings einmal nach etwas sucht, ist das meist nervig. Deshalb empfiehlt es sich, die Gegenstände, die man häufiger braucht, in einen separaten Innensack zu stecken.

Bekleidung und Schuhe

Braucht man zum Fahrradfahren spezielle Kleidung? Abgesehen von einem Helm, den man tragen sollte, eigentlich nicht. Den Reiz des Fahrrads macht es ja gerade aus, dass man sich daraufsetzen und losfahren

Bikepacking an einem Mountainbike mit Lenkertasche, Oberrohrtasche und Satteltasche

kann. Aber es gibt doch Umstände, unter denen man sich mit spezieller Fahrradkleidung wohler fühlt. Das ist vor allem bei Regen und auf Touren der Fall.

ÜBER FUNKTIONSKLEIDUNG

Zu den wichtigen Bekleidungsstücken für Radfahrer gehören eine Hose und eine Jacke. Und beides sollte aus atmungsaktivem Gewebe bestehen. Die vom Körper erzeugte Flüssigkeit sollte nach außen abgegeben werden, ohne dass man dabei auskühlt. Da ist klassische Baumwolle nicht der beste Stoff. Baumwolle absorbiert die Körperfeuchtigkeit, es bildet sich ein Schweißfilm auf der Haut – und wenn die Anstrengung vorüber ist, fängt man an zu frösteln.

Hier setzt Funktionskleidung an. Sie nimmt die Körperfeuchtigkeit auf und gibt sie durch spezielle Membranen nach außen ab, wo sie viel leichter verdampfen kann als auf der Innenseite des Kleidungsstücks. Dies führt zu einem angenehmen Tragegefühl. Der Schweißfilm, der zum Frösteln führt, entsteht erst gar nicht. Und Funktionskleidung riecht kaum nach Schweiß.

Man bezeichnet diese Feuchtigkeit abgebende Eigenschaft als „Atmungsaktivität" eines Bekleidungsstücks. Sie kann in Gramm Wasserdampf pro Quadratmeter über 24 Stunden gemessen werden. Ein sehr guter Wert sind zum Beispiel 10 000 g/m^2. Zur guten Leitfähigkeit von Feuchtigkeit kommt der Trocknungseffekt – Funktionskleidung trocknet viel schneller als Baumwolle. Man kann sie abends waschen, über Nacht trocknen lassen und morgens wieder anziehen. Das reduziert auf Touren den Umfang des Gepäcks. Auch für den täglichen Weg ins Büro und zurück ist sie zu empfehlen – man kann zum Umziehen im Büro zum Beispiel normale Unterwäsche mitnehmen.

Neben Kunstfasern setzt sich in jüngster Zeit immer stärker Merinowolle bei atmungsaktiver Unterwäsche durch. Sie ist sehr fein, weich, kratzt nicht und kann daher sehr gut auf der Haut getragen werden. Hinzu kommt: Sie transportiert Feuchtigkeit gut ab und sie müffelt nicht.

Fahrradkleidung 

- Zweck
- Material
- Preis

DAS ZWIEBELPRINZIP

Was als Hausrezept für konventionelle Kleidung bei großer Kälte gilt, können Sie auf Funktionskleidung übertragen: das „Zwiebelprinzip". Das heißt, mehrere Lagen dünner Kleidung übereinander sind besser als ein dicker Pullover allein. Auf die Funktionskleidung übertragen bedeutet dies Lagen einer

- Basisschicht
- Isolationsschicht
- Wetterschicht

Die Basisschicht besteht aus atmungsaktiver Unterwäsche. Das können synthetische Stoffe wie Polyester oder Polyamid sein. Auch Merinowolle ist sehr gut geeignet, allerdings teurer.

Als Isolationsschicht kommen Fleecestoffe infrage, wie sie bei vielen dünnen Sportpullovern verwendet werden. Auch sie sind atmungsaktiver als Baumwolle.

Darüber tragen Sie dann eine Wetterschicht. Das sind je nach Jahreszeit unterschiedlich dicke Jacken aus Goretex, Sympatex oder atmungsaktive Regenjacken. Beide Materialien ermöglichen den Abtransport von Feuchtigkeit nach außen und verhindern gleichzeitig das Eindringen von Regenwasser.

Das Ganze funktioniert allerdings nur, wenn jede Schicht aus Funktionswäsche besteht. Wer zum Beispiel Unterwäsche aus Baumwolle trägt und darüber eine Wetterschicht, sollte sich nicht wundern, wenn er unter der Außenjacke nass wird. Geht es nur um Kälteschutz, sind so genannte Windstopper empfehlenswert – atmungsaktive Jacken mit einer aufgerauten Innenseite und einer winddichten Außenseite, meist aus Goretex oder Sympatex. Sie halten kühle Witterung gut ab und regulieren das Körperklima auf angenehme Weise.

Modische Rennradhosen

Wer klassische Radhosen in ästhetischer Hinsicht als Schlag ins Gesicht empfindet, der kann sich vielleicht mit jenen Modellen anfreunden, die die Sitzpolster im Design gewöhnlicher Shorts oder Dreiviertelhosen verstecken. Sie sehen normaler und unverfänglicher aus. Man sollte nur beachten, dass das Polster auch richtig eingenäht ist und nicht nur lose an vier Ecken befestigt wurde. Sonst schlabbert es bald in der Hose umher. Auch die etwas weiter geschnittenen Hosen für Mountainbiker sind eine gute Wahl. Sie sitzen lockerer als klassische Rennradhosen, und mancher Radler lässt sich damit auch lieber in der Öffentlichkeit sehen.

HOSEN, TRIKOTS

Profis und Hobbyradler nutzen natürlich Radhosen und Trikots für ihren Sport. Fahrradhosen stellen aber auch eine Alternative für Amateurradler auf längeren Touren dar. Sie sitzen besser am Körper als Shorts, sind atmungsaktiv, und der dämpfende Einsatz des Sitzpolsters macht das Fahren auf langen Strecken angenehmer. Auch Radtrikots sind atmungsaktiver als die T-Shirts, die man im Alltag trägt. Die Trikots und Hosen bestehen aus synthetischen Stoffen, die den Schweiß schneller nach außen transportieren als Baumwolle, sie schützen gut vor Fahrtwind, und das Material trocknet schnell. Über Nacht trocknet jede Radhose bis zum nächsten Morgen.

Bei den Radhosen sollte man darauf achten, dass der Bund am Bein gut schließt, selbiges gilt für Langarmtrikots an den Händen. Für die Übergangszeit haben sich Beinlinge oder Armlinge bewährt. Und wenn

Für jedes Wetter findet man passende Bekleidung. Sei es eine warme Jacke aus Merinowolle (1), eine Thermojacke (2), ein leichter Windbreaker mit dazu passender Hose und Strümpfen (3), Lederhandschuhe im Vintage-Stil (4) oder auch ein Schal gegen Zugluft (5).

es im Herbst schon etwas kühler ist, kommt vielleicht eine lange Fahrradhose in Betracht. Generell sind die Stoffe bei teureren Produkten besser, die Hosen leiern nicht so schnell aus. Schnäppchen kann man oft am Saisonende oder in der Winterzeit machen. Eine Streitfrage unter Radlern: Was trägt man unter der Radhose? Die Antwort ist meist: nichts. Denn jede Naht kann irgendwann anfangen zu zwicken und zu reiben. Wem diese Lösung unhygienisch erscheint, der kann sich nach besonders dünnen Unterwäschestoffen umsehen. Auch hier sind synthetische Stoffe Baumwolle vorzuziehen.

FAHRRADSCHUHE

Braucht man zum Fahrradfahren besondere Schuhe? Nein, braucht man nicht, aber sie machen das Radeln angenehmer. Unsere üblichen Alltagsschuhe haben eher weiche Sohlen – und die schlucken Kraft, die sonst aufs Pedal käme.

Fahrradschuhe mit ihren harten Sohlen stellen sicher, dass die Muskelkraft auch dort ankommt. Die Profis nutzen Schuhe mit speziellen Platten auf der Unterseite, mit denen man sich in den Pedalen einhakt. Der Tritt wird runder, bergauf kann man zudem mit dem Bein, auf dem gerade nicht die Hauptkraft liegt, am Pedal ziehen. Wer sonst in Alltagsschuhen mit der Ferse oder dem Fußgewölbe auf dem Pedal steht, wird mit Fahrradschuhen automatisch in die optimale Position gedrängt und tritt mit dem Fußballen. Man sollte es ausprobieren.

Der Nachteil dieser Rennradschuhe ist, dass man damit kaum laufen kann. Besser geeignet für den Alltagsradler sind daher Mountainbike-

Rennradschuhe erfordern Klickpedale

MTB-Schuhe ohne Klicksystem für normale Pedale

Set zur ergonomischen Anpassung des Fahrrads

MTB-Schuh: irgendwo zwischen Rennrad- und Wanderschuh

Bieten Halt und sind gangbar; auf der Unterseite Cleats zum Einklicken am Pedal

In die Sohle eingeschraubte Cleats klicken am Rennpedal ein.

schuhe mit einem Klick-Mechanismus. Bei ihnen setzt man sogenannte Cleats, kleine Metallplatten, in die Sohle ein. Sie sind so weit in den Schuh eingelassen, dass man damit gut gehen kann. Diese „Cleats" wiederum werden in passende Klicksysteme am Pedal – wie zum Beispiel das SPD-System von Shimano – eingeklickt. Diese Klickpedale können auf der einen Seite flach sein, sodass man sie mit normalen Alltagsschuhen benutzen kann, auf der anderen Seite tragen sie einen Mechanismus zum Einrasten.

Beim Anbringen der „Cleats" ist etwas Fingerspitzengefühl nötig. Sie müssen so positioniert werden, dass sie die Beine nicht in einen unnatürlichen Bewegungsablauf zwingen, was auf Dauer Schmerzen verursachen würde. Dazu sind die „Cleats" verstellbar, man muss etwas herumprobieren, bis sie genau passen. Vom Ergonomiespezialisten Ergon gibt es dafür auch eine spezielle Schablone zur Anpassung der korrekten Fußstellung.

Solchen Mountainbikeschuhen sieht man auf den ersten Blick oft nicht an, dass sie fürs Radfahren gemacht sind. Giro hat zum Beispiel schicke Modelle im Programm, die man auf jeden Fall auch im Alltag tragen kann.

Wer solche Schuhe gar nicht mag, für den gibt es natürlich auch feste Schuhe mit widerstandsfähigen Gummi- oder Plastiksohlen ohne die Einsätze fürs Einklicken am Pedal. Vibram ist ein Material, das oft verwendet wird. Im Fachhandel sind zusätzlich Einlegesohlen erhältlich, die sowohl die Kraftübertragung als auch das Fußklima verbessern können.

REGENSCHUTZ

Die Regenjacke eines Radfahrers sollte atmungsaktiv, wasserdicht und nicht nur wasserabweisend sein – das reicht auf Dauer nicht, um einen trocken zu halten. Regenjacken sind aus dünnerem Material als Goretex, Sympatex oder ähnlichen Kunststoffen hergestellt. Das Prinzip ist überall das Gleiche: Körperfeuchtigkeit soll nach außen abgeleitet werden, Wasser aber nicht von außen nach innen dringen. In der Regel muss man den Feuchtigkeitsschutz nach einer gewissen Zeit erneuern, was mit einem besonderen Waschmittel geschieht. Manche Hersteller empfehlen in einem solchen Fall, die Jacke im Trockner oder bei geringer Temperatur zu trocknen. Die klassischen, nylonbeschichteten Regenjacken sind nicht empfehlenswert, da man darin ins Schwitzen kommt.

Für Regenhosen gilt das gleiche Prinzip – Sie sollten atmungsaktive wählen. Nylonbeschichtete Regenhosen sind zwar dicht, erzeugen aber schnell ein unangenehmes „Treibhausklima". Die Hosen dürfen ruhig etwas größer sein, schließlich ziehen Sie sie ja über eine Alltagshose oder eine Radhose. Gut ist es, wenn der Beinabschluss regulierbar ist – so kann man sie leichter über die Schuhe ziehen. Für die Sommerzeit gibt es auch kurze Regenhosen.

Eine empfehlenswerte Alternative zu Regenhosen geben die „Rainlegs“ ab. Sie ähneln den „Chaps“, den Oberschenkelschützern der Cowboys im nordamerikanischen Westen: kurzen Hosen ohne Rückteil. Man schnallt sich die „Rainlegs“ um die Hüfte und befestigt den Beinschutz mit Klettverschlüssen um die Oberschenkel. Die Rückseite am Gesäß und an den Oberschenkeln bleibt frei. Für die meisten Regensituationen, gerade auf kürzeren Strecken in der Stadt, reicht der Schutz völlig aus – auch wenn darunter eine lange Alltagshose getragen werden sollte.

Ponchos sind etwas aus der Mode gekommen. Sie bieten zwar guten Schutz gegen Wasser von oben und von vorn – Beine und Füße sind darunter aber nicht gut geschützt. Dagegen helfen Gamaschen. Der Vorteil: Unter einem Poncho wird es nicht warm. Für kurze Strecken sind sie empfehlenswert, da sie wenig Platz wegnehmen und schnell aus- und eingepackt sind. Auf langen Strecken und bei etwas Wind kommen dagegen ihre Nachteile zur Geltung.

Wer länger im Regen fährt, sollte wasserdichte Überzüge für die Schuhe dabei haben, denn die Füße werden bei heftigem Regen am schnellsten nass. Das ist auf Dauer sehr lästig. Im Zubehörhandel gibt es verschiedene Modelle, bei denen Sie darauf achten sollten, dass sich die Überzüge gut über die Schuhe ziehen lassen und dicht an den Beinen anliegen. Und wenn man Klickpedale verwendet, muss die Sohle frei bleiben.

Für den Winter kann man sich übrigens auch spezielle Überschuhe anschaffen, die zum einen wärmen, zum anderen gegen Spritzwasser

Für den Fall der Fälle ist Regenbekleidung keine schlechte Sache. Ponchos (1) sind nur etwas für kurze Strecken, Dreiviertelhosen (2) oder lange Hosen (5) schon eher für Touren geeignet. Auch eine wasserdichte, atmungsaktive Regenjacke (4) sollte man haben, den Kopf unterm Helm schirmt ein Schutzüberzug vor Regen ab (3).

Regenschutz 

- Kurzstrecke/Langstrecke
- atmungsaktiv
- Material
- Gewicht

Schicke Strumpfhosen und …

… ein roas Shirt für die modewusste Radlerin

Je nach Geschmack: eine eng anliegende Radhose …

… oder ein winddichter, wasserabweisender Rock

und Schneematsch schützen. Und wer in einen Landregen gerät, freut sich vielleicht über einen wasserdichten Überzug für den Fahrradhelm.

FAHRRADHANDSCHUHE

Auf längeren Fahrten und Touren sind Fahrradhandschuhe eine empfehlenswerte Sache. Sie sind an den Handballen etwas gepolstert, die Fingerspitzen abgeschnitten, das Material ist atmungsaktiv. Damit hat man ein angenehmeres Gefühl am Lenker, die kleinen Polster verhindern Blasen oder Scheuerstellen. Und wer schon einmal gestürzt ist und sich die Handballen aufgeschürft hat, wird wahrscheinlich nie mehr ohne Fahrradhandschuhe Rad fahren.

Im Winter sind Handschuhe natürlich unabdingbar. Auch wenn jeder hier sein eigenes Modell favorisiert – es gibt doch einige Empfehlungen für Radler. Zum einen sollen sie das natürliche Griffgefühl unterstützen. Bei dicken Winterhandschuhen, gar Skihandschuhen, ist das nicht der Fall. Dann sollen sie wasser- und winddicht sein. Normale Baumwollhandschuhe sind das nicht. Überdies sollten Sie darauf achten, dass der Bund nicht zu kurz ist – sonst wird es einem am Handgelenk kalt. Und gerade für dunkle Winternächte empfehlen sich reflektierende Handschuhe. Ihr grelles Gelb bietet zusätzlichen Schutz. Schick sind Handschuhe, die am Zeigefinger einen speziellen Einsatz haben, mit dem ein Smartphone bedient werden kann.

MODISCHE FAHRRADBEKLEIDUNG

Spezialisierte Fahrradbekleidung ist zwar funktional, ästhetisch aber nicht jedermanns Sache. Und normale Alltagskleidung zwickt beim Fahren mal im Bund oder den Kniekehlen, ein Jackett ist nicht immer die passende Oberbekleidung. Die Hersteller von Fahrradbekleidung bemühen sich daher seit einiger Zeit, Funktionalität und das Bedürfnis nach einem gewissen Schick miteinander zu verbinden. Heraus kommt dabei Fahrradbekleidung, der man nicht mehr so stark ansieht, dass sie eigentlich Fahrradbekleidung ist. So hat Vaude zum Beispiel in der Damenkollektion 2020 „Cyclist Tights" modisch bedruckte Leggings mit herausnehmbarem Sitzpolster im Angebot. Wenn es nicht mehr gebraucht wird, lässt sich das Polster in einer Tasche verstauen. Als Oberbekleidung wird dazu ein legeres, atmungsaktives Sommerkleid getragen, wahlweise ein atmungsaktives T-Shirt.

Der Münchner Hersteller von Fahrradbekleidung Triple2 führt Jacken und Hosen aus Mischmaterialien (Kunststoff und Merinowolle) im Programm, die funktional und schick zugleich sind. Die Hosen verfügen über einen elastischen Bund, breite Nähte, sind durch Cordura-Gewebe verstärkt und mit reflektierenden Einsätzen versehen. Maloja oder Löffler vertreiben Shorts, die als Freizeitkleidung durchgehen könnten,

Der braune Lederhandschuh passt zum Retro-Bike (1); wasserdichter Handschuh (2) und Sommerhandschuh aus recyceltem Polyamid (3); ein gut sichtbares Modell besonders für die dunkle Jahresphase (4) und ein dicker Winterhandschuh, der trotzdem die Bedienung von Touchscreens zulässt (5)

wenn sie nicht fürs Radfahren gemacht wären. Dreiviertelhosen von Gonso oder die Shorts von Maloja lassen sich im Sommer problemlos auch im Büro tragen. Jeans von Bicicletta und selbst von Levi's gibt es mit Stretcheinsätzen, Verstärkungen und reflektierendem Material. Man sollte sich umschauen, was einem gefällt und passt. Denn an unpassender Bekleidung muss das Radfahren heutzutage nicht mehr scheitern.

Sonstige Accessoires

Zu einem Radfahrerleben gehören ja nicht nur das passende Fahrrad und die Bekleidung, sondern auch allerlei Kleinigkeiten, die im Alltag nötig werden können oder ihn erleichtern. Darunter zum Beispiel:

- Taschen
- Luftpumpen
- Mini-Tools
- Körbe

Zu den praktisch-sportlichen Packtaschen, die wir zuvor schon genannt haben, gibt es in der weiten Welt des Fahrradzubehörs sehr wohl auch schicke Alternativen. Wer also den eher sportlichen Look auf seinem Fahrrad durch einen stilvolleren Auftritt ersetzen möchte, der könnte

Das Maß aller Dinge: eine Standluftpumpe

Pumpen sollten über eine Druckanzeige verfügen.

Miniluftpumpe mit Kartusche für unterwegs

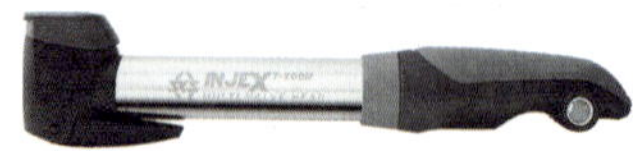

Konventionelle Minipumpe

sich zum Beispiel auf der Seite stilrad.com umsehen. Das Münchner Geschäft hat sich auf stylische Räder und Zubehör spezialisiert. Man findet Taschen aus hübschem Stoff oder Leder, Satteltaschen oder Rucksäcke, die sich vom Design-Einerlei angenehm abheben. Auch Körbe aus Holz oder Metall und Handgriffe gibt es dort. Das Kieler Geschäft Velostyle (velostyle.de) hat neben Fahrrädern auch die Ribcap-Mützen im Sortiment: Stoffmützen mit eingenähten Protektoren. Sie können zwar einen Helm nicht ersetzen, aber eine Alternative für absolute Helm-Muffel sein.

LUFTPUMPEN

Luftpumpen braucht man am Fahrrad auch – und zwar nicht nur, wenn man einen Plattfuß hat. Bei Rennradreifen, die mit 8 Bar aufgepumpt sind, kann man davon ausgehen, dass man im Monat 1 Bar an Druck verliert. Bei Rädern, die nur mit 4 Bar aufgepumpt sind, ist das deutlich weniger, aber im Lauf der Zeit durchaus spürbar. Eine gute Luftpumpe gehört also zu jedem Fahrrad dazu. Am besten schnitten in Tests immer wieder Standluftpumpen ab, die zur Stabilisierung zwei Klappfüße aufweisen, auf die man sich stellt; gepumpt wird, indem man mit beiden Händen den Druckzylinder auf und ab bewegt.

Standpumpen haben meist Anschlüsse für die drei verschiedenen Ventile, die es auf dem Markt gibt (Dunlop-, Schrader-/Auto- und Sclaverand-/Prestaventile) und ein Manometer, um den Druck zu messen. Gute Modelle liefern bis zu 16 Bar – weit mehr, als am Fahrrad nötig. Ein Klassiker seit vielen Jahren ist der „Rennkompressor" von SKS. Auch Toepeak oder Lezyne haben gute Pumpen im Programm. Den Preisunterschied bedingt meist die unterschiedlich gute Bedienbarkeit.

Handpumpen machen etwas mehr Mühe, mit ihnen kann man aber genauso gut ausreichend Druck aufbauen. Einfach zu bedienen sind Fußpumpen wie der „Airstep" von SKS, der mit einem kurzen Hub bis zu 7 Bar ermöglicht.

Ganz bequem ist das Aufpumpen eines Reifens natürlich mit einer Automatikpumpe. Die „Elumatik USB" liefert ihren Luftdruck elektrisch über einen wiederaufladbaren Akku ab. Sie ist etwa so groß wie eine Powerbank zum Aufladen eines Smartphones und wird auch genauso wieder geladen. Bis zu 7 Bar sind damit möglich. Eine Akkuladung soll für vier bis fünf Ladevorgänge reichen. Und dann gibt es auch noch die mit Kartuschen gefüllten Handluftpumpen: Eine Kartusche sollte für den Notfall unterwegs reichen; es schadet aber nie, Ersatz dabei zu haben.

Das ist mit den Miniluftpumpen nicht ganz so einfach. Man kann sie zwar platzsparend an den Flaschenhalter klemmen oder in der Fahrradtasche unterbringen, doch nicht alle Modelle können einen hohen Druck von etwa 8 Bar aufbauen, wie ihn Rennräder brauchen. Als gute Pumpen für diesen Zweck gelten unter anderen die „Velocity Road" von Birz-

Luftpumpe 

- Zweck
- Gewicht
- Max. Druckaufbau
- Preis

So geht es am besten: Standluftpumpen erleichtern das Aufpumpen eines Fahrradreifens. Man kann damit mehr Druck aufbauen als mit Handpumpen.

man, die „Performance HP" vom Hersteller Pro, die „Harpoon S" von Toepeak oder die „Wese" von SKS. Man muss aber Ausdauer mitbringen. Um ordentlich Druck zu erzeugen, können bis zu hundert Pumpstöße nötig sein. Wenn man weniger als 8 Bar benötigt, reichen auch viele andere Minipumpen aus. Man sollte sich aber vor dem Kauf über ihr Leistungsvermögen vergewissern.

WERK- UND FLICKZEUG

Für den Fall einer Panne haben sich Mini-Tools als nützlich erwiesen. Das sind jene kleinen Werkzeuge, die je nach Ausführung Inbusschlüssel unterschiedlicher Größe, Schraubendreher, Reifenheber, Speichenschlüssel, Kettennieter und andere Werkzeuge umfassen.

Was im Satteltäschchen an einem Fahrrad nicht fehlen sollte, sind Reifenheber und ein Speichenspanner. Bei den Reifenhebern sollte man Modelle aus hartem Plastik nehmen, da sie die Felgen besser schonen als Metallreifenheber. Zum Nachziehen loser Speichen oder Justieren des Rades bei einem Schlag braucht man den Speichenspanner. Hier sollte man auf ein Modell achten, das auf unterschiedliche Nippeldicken passt.

Statt Flickzeug empfiehlt sich ein Ersatzschlauch – der ist in der Regel bei einem Plattfuß schneller eingesetzt, als man ein Loch gefunden und mit Vulkanisierer und Flicken abgedichtet hat. Wie man es auch macht: Es lohnt sich auf jeden Fall, die defekte Stelle genau anzusehen. Manchmal steckt ein Dorn oder ein spitzes Steinchen im Reifen, das einen neuen Schlauch auch wieder zerstören würde. Es kann auch vorkommen, dass sich auf der Innenseite der Felge ein Grat gebildet hat, etwa durch das Überfahren eines Bordsteins mit wenig Luftdruck, und der Schlauch dadurch nach einer gewissen Zeit durchbohrt wurde.

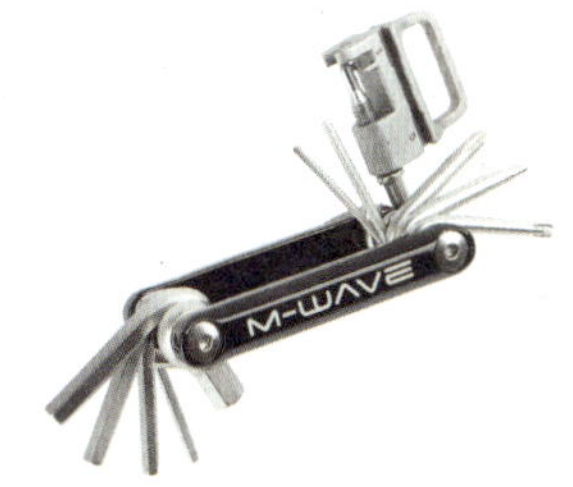

Mini-Tool mit Inbusschlüssel und Kettennieter

Täschchen mit Ersatzschlauch

Speichenspanner

09

KAUF UND WARTUNG

Fahrräder werden meist noch im Fachhandel verkauft, doch der Onlinevertrieb hat in den vergangenen Jahren zugenommen. Er stieg zwischen 2008 und 2018 von 6 auf 23 Prozent. Für viele ist der Fahrradkauf aber eine Vertrauensfrage und der Händler dafür immer noch die richtige Adresse. Mit telefonischer Beratung und Informations-Chats versuchen die Versender dieses Manko auszugleichen.

Wo kaufe ich ein?

Für viele Interessenten ist der erste Schritt immer noch der Gang zum Fahrradhändler. Das Geschäft liegt vielleicht in der Nachbarschaft, man folgt der Empfehlung eines Bekannten oder hat ein Modell im Schaufenster gesehen, das einem gefällt. Für das Fachgeschäft spricht, dass Sie beraten werden und Ihr Rad dort auch reparieren lassen können. Zudem lassen sich beim Kauf Teile ändern, etwa der Lenker, der Sattel oder gar die Reifen. Und Sie können, ganz wichtig, vor dem Kauf eine Probefahrt machen.

FAHRRÄDER ONLINE KAUFEN

Bei der Beratung im Fachgeschäft muss der Käufer allerdings bedenken: Der Händler wird auf die Räder hinweisen, die er in seinem Laden hat. Und das ist immer nur eine Auswahl eines viel größeren Sortiments der Hersteller. Kein Fahrradhändler hat die finanziellen Mittel, das komplette Sortiment eines Herstellers vorzufinanzieren und bei sich auszustellen. Natürlich kann der Händler auch ein ähnliches Rad mit größerem Rahmen, einer anderen Farbe oder anderem Antrieb bestellen als das Modell, das der Interessent im Schaufenster gesehen hat. Doch sollten Käufer vorher verabreden, was geschieht, wenn sie es dann doch nicht kaufen wollen. Der Händler will natürlich nicht auf dem Modell sitzen bleiben.

Telefonische Beratung

Um Streit um ein bestelltes, dann aber doch nicht gekauftes Rad zu vermeiden, ist es angebracht, beim Hersteller anzurufen und eine telefonische Beratung zu nutzen. Die wird von vielen Produzenten angeboten. Danach kann man den Händler seines Vertrauens bitten, das passende Fahrrad zu bestellen.

Beim Onlinekauf besteht die Beschränkung in der Auswahl nicht. Zudem kann man die bestellte Ware innerhalb von 14 Tagen ohne Angabe von Gründen zurückgeben. Das ist durch das gesetzliche Widerrufsrecht gewährleistet. Manche Versender bieten sogar längere Fristen an. Und viele Versandhändler übernehmen die Kosten für den Rückversand und haben obendrein eine Onlinekonfiguration im Angebot, mit der man sich sein Lieblingsrad selbst zusammenstellen kann. Dabei handelt es sich dann noch nicht um eine Sonderanfertigung, bei der das Widerrufsrecht entfiele. Allerdings entfällt bei der Onlinebestellung die persönliche Beratung vor Ort, was aber noch kein wirklicher Nachteil sein muss. Und reparieren lassen kann man sein Rad bei den allermeisten Fachgeschäften, selbst wenn man es online gekauft hat.

Händler 

- Beratung
- Komponentenanpassung
- Service

Für die Ermittlung der passenden Fahrradgröße halten Onlineanbieter Größenrechner auf ihren Webseiten bereit, die sehr treffsicher funktionieren. Manche Versender wie Fahrrad-XXL oder fahrrad.de stellen zudem ausführliche Beratungstools zur Verfügung, die Antworten auf viele Fragen rund um den Kauf geben. Und wenn gar nichts mehr hilft, rufen Sie eben an. Gute Onlineshops wie Rosebikes oder Canyon haben telefonische Kaufberater – die man im Übrigen auch dann kontaktieren kann, wenn man aus anderen Gründen beim Kauf unsicher ist. Nach Erfahrung des Autors ist die Onlineberatung in der Regel besser als manches Gespräch mit Aushilfskräften im Fachhandel.

Wer sein Fahrrad bei einem Versender kauft, bekommt es vormontiert im Karton zugeschickt. Die Montage ist weniger aufwendig, als man vielleicht vermutet. Meist müssen nur die Pedale angeschraubt und der Lenker gerade gerichtet werden. Sie sollten allerdings darauf achten, das schützende Verpackungsmaterial nicht zu zerstören, damit sich das Rad bei Nichtgefallen bequemer zurücksenden lässt. Es empfiehlt sich auch, die erste Sitzprobe, ob das Rad überhaupt passt, in der Wohnung zu machen – das verringert Gebrauchsspuren.

Und was den Kundendienst oder Reparaturen anbelangt, hat der Autor mit Rädern vom Versender bisher nur gute Erfahrungen gemacht und noch keinen Fahrradhändler gefunden, der die Reparatur eines konventionellen Fahrrads verweigerte, nur weil es vom Direktversand stammte. Das mag bei E-Bikes allerdings anders sein.

Online kaufen 

- Richtige Größe
- Umtauschmöglichkeit
- Keine Probefahrt
- Beratung

E-BIKES ONLINE KAUFEN

Wer sein E-Bike online kaufen will, hat grundsätzlich den gleichen Rückgabeanspruch wie der Käufer eines konventionellen Fahrrads. Bei Nichtgefallen kann man das Fahrrad innerhalb von zwei Wochen an den Anbieter zurückschicken. Die Stiftung Warentest hat jedoch herausgefunden, dass viele Onlinehändler dieses Recht für Pedelecs einschränken. Manche Händler verweigern die Rücknahme der Ware, sobald man Probe gefahren ist, andere beschränken die Probefahrt auf eine kurze Strecke, auch wenn sie beides rein rechtlich gar nicht dürfen. Pocht man

Darauf legen die Deutschen beim Fahrradkauf Wert
Was ist Ihnen beim Kauf eines Fahrrads wichtig?

Eine Probefahrt	73,2 %
Eine Kaufberatung	61,9 %
Ein günstiger Preis	40,3 %
Regelmäßige Wartung	30,7 %
Eine lange Garantie	30,1 %

Wo würden Sie ein neues Fahrrad kaufen?

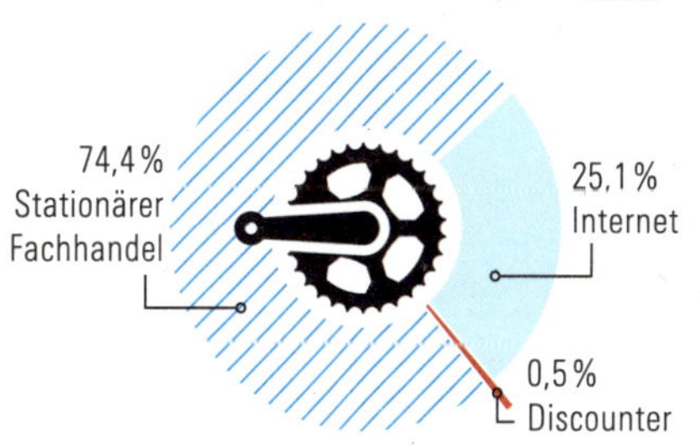

Quelle: Fahrrad.de

jedoch auf seinem Recht, ist ein Streit vorprogrammiert und auf jeden Fall lästig. Manche Händler stellen mitunter die Reinigung des verschmutzten Rades in Rechnung. Der Teufel steckt im Detail und verbirgt sich oft im Kleingedruckten – das man gründlich lesen sollte. Ein Telefonat vor Bestellung des Rades hilft, Missverständnisse auszuräumen.

Eine angenehme Möglichkeit, ein E-Bike vor dem Kauf auszuprobieren, sind Fachmessen. Diese stellten zu Zeiten der Corona-Pandemie keine Option dar, dürften aber bald wieder eine reguläre Möglichkeit sein.

Ein Problem bleibt jedoch – der Kundendienst bei kleineren Problemchen, gerade wenn sie unter die Gewährleistung fallen. Dann kann der Käufer nicht schnell beim Händler seines Vertrauens um eine Reparatur bitten, sondern muss das E-Bike zum Versender schicken. Zudem weigern sich viele Fahrradhändler, E-Bikes zu reparieren, die nicht bei ihnen erstanden wurden – auch das hat oft mit der Gewährleistung zu tun, neben der Versorgung mit Ersatzteilen. Vor allem, wenn es um die elektronischen Elemente geht, neigen Händler vor Ort dazu, Reparaturen abzulehnen.

Adressen der wichtigsten Onlineversender finden Sie in Kapitel 10 „Service“, siehe Seite 263.

GEBRAUCHTE E-BIKES KAUFEN

Angesichts der Neupreise für Pedelecs wird sich mancher fragen, ob es nicht sinnvoller ist, ein gebrauchtes E-Bike zu kaufen. Ähnlich wie neue Pkw verlieren Pedelecs schnell an Wert – man geht von 30 Prozent nach dem ersten Jahr aus. Das kann sich am Ende des zweiten Jahres bis zur Hälfte des ursprünglichen Preises gesteigert haben. 1 700 statt 3 500 Euro? So wird die Wahl zwischen neu und gebraucht schnell zu einer schwierigen Abwägung.

In aller Regel haben die mechanischen Teile an einem Pedelec ein langes Leben. Das Nadelöhr bei einem gebrauchten E-Bike sind Akku und Motor. Wie stark der Akku beansprucht wurde, ob er immer im stärksten Modus oder eher behutsam gefahren wurde, wie schonend er aufgeladen wurde – all das sieht man ihm nicht an. Beim Kauf von privat sind Sie daher auf die Aussagen des Verkäufers angewiesen. Man kann davon ausgehen, dass ein Akku mindestens 500 Ladezyklen hält – als Faustregel nimmt man fünf Jahre an. Steht zu befürchten, dass der Akku veraltet ist, sollte eine Neuanschaffung in die Verhandlung mit einbezogen werden. Fehlende Rahmennummern deuten übrigens zumindest auf eine zweifelhafte Herkunft des Pedelecs hin.

Doch es gibt auch Möglichkeiten, Akku und Motor zu checken. Sie können in Fachwerkstätten ausgelesen und ihr Zustand beurteilt werden. So der Privatverkäufer erlaubt, ist also eine Fahrt zur Diagnose sinnvoll.

Diagnosewerkstatt

Erkundigen Sie sich im Fall der Fälle vorab nach einer Werkstatt, die in der Lage und bereit dazu ist, die genaue Analyse des infrage kommenden Pedelecs zu übernehmen.

Daneben gibt es mittlerweile einen wachsenden Onlinemarkt für gebrauchte Pedelcs. Onlineshops wie Rebike, Handelsplattformen wie Speiche 24, Greenstorm oder BikeExchange haben sich auf diesem Feld etabliert. Deren Service für den Kunden fällt allerdings unterschiedlich aus. Rebike gibt zum Beispiel eine Garantie von zwei Jahren auf Akku und Motor der bei ihm gekauften, gebrauchten Pedelecs.

Auf den reinen Handelsplattformen bieten professionelle Wettbewerber neben neuen, oft preisreduzierten E-Bikes auch gebrauchte Ware an. Hier unterscheiden sich Gewährleistung oder Garantieangaben oft voneinander.

Wie steht es bei gebrauchten Rädern generell um die Gewährleistung? Grundsätzlich muss man sich informieren, ob und welche Leistung ein Händler für den Fall anbietet, dass das Pedelec bald nach Kauf Schäden aufweist. Bei der Garantie ist es grundsätzlich so, dass sie eine freiwillige Zusatzleistung darstellt, die vom Hersteller, nicht vom Händler gegeben wird. Eine Gewährleistung gilt bei Neuware zwei Jahre. Innerhalb der ersten sechs Monate nach Kauf muss der Händler nachweisen, dass der reklamierte Mangel nicht schon vor dem Kauf existierte, das heißt, der Händler ist in der Pflicht. Danach muss der Käufer belegen, dass der Mangel schon im Ansatz nach dem Kauf bestand. Bei gebrauchter Ware kann die Gewährleistungsfrist vom Händler auf ein Jahr herabgesetzt werden.

Garantie: Übergang der Beweispflicht

Die ersten sechs Monate nach Kauf Ihres Rades sind entscheidend: Hegen Sie hier den Verdacht, ein Mangel könnte vorliegen, zögern Sie den Kontakt zum Händler nicht hinaus. Nach dieser Frist müssen Sie die Beweise vorlegen.

Bikefitting

Fahrradrahmen sind in ihren unterschiedlichen Größen immer auf den Durchschnittsmenschen ausgelegt. In diese Kategorie passt aber nicht jeder: Mancher hat einen kürzeren Oberkörper als der Durchschnitt, ein anderer kürzere Beine oder längere Arme. Was dann?

Die Lösung: eine individuelle Vermessung. Eine solche bildet gewissermaßen den Königsweg zum passenden Fahrrad – es wird auf den eigenen Körper zugeschnitten. Einige Hersteller wie Velotraum bieten diesen Service an. Er ist aber auch empfehlenswert, wenn man sein Fahrrad „von der Stange" kauft. Mit den ermittelten Daten kann der Interessent im Verkaufsgespräch konkrete Angaben zur passenden Rahmengröße, Oberrohrlänge, Vorbaulänge oder Lenkerbreite machen. Manche Bikefitting-Anbieter arbeiten mit Herstellern zusammen, die das Fahrrad dann genau nach den ermittelten Daten herstellen.

Die Vermessungsmethoden der Bikefitter ähneln sich. Sie messen meist zuerst den Körper – Schulterbreite, Rumpf, Arme, Beine, Beckenbreite – und geben diese Daten dann in einen Rechner ein, der je nach

Die Verbindung von Mensch und Fahrrad findet an drei Stellen statt: dem Sattel, dem Lenker und den Pedalen. Schon kleine Änderungen an einem Element, etwa eine Lenkererhöhung, können größere Auswirkungen auf die Sitzhaltung haben.

Das Dreieck beschreibt die Veränderung in der Sitzhaltung ganz gut, ob sie nun etwas nach vorn geneigt oder aufrecht ist.

Radtyp die dafür passende optimale Fahrradgeometrie ausspuckt. Diese wird fürs Probesitzen auf ein Testrad übertragen, das einem Hometrainer ähnelt. Man nimmt auf dem Testrad Platz, per Videoaufnahme wird anschließend die Sitzhaltung überprüft.

Eine interessante Variante, das maßgeschneiderte Fahrrad zu finden, hat die Firma Patria mit ihrem „Velochecker" entwickelt, eine gewissermaßen analoge Form der Körpervermessung: Der Nutzer sitzt auf einem Fahrradtorso, dessen wesentliche Elemente verstellbar sind. Sitzhöhe, Oberrohrlänge, Sitzwinkel, Vorbau, Pedallänge, Lenkerform können alle nach individuellen Wünschen gewählt und eingestellt werden. Herauskommt dabei ein Fahrrad, das wie angegossen sitzt – egal, ob Anzug oder Kleid. Velotraum verkauft zum Beispiel nur maßgeschneiderte Fahrräder – auch hier wird mit einem eigens entwickelten Größenmodell gearbeitet.

Adressen der wichtigsten Bikefitting-Anbieter finden Sie in Kapitel 10 „Service", siehe Seite 264.

DAS EIGENE FAHRRAD VERMESSEN LASSEN

Die meisten Bikefitter bieten die Option, mit dem eigenen Fahrrad zu kommen und prüfen zu lassen, ob vielleicht Verbesserungen möglich sind, was vor allem bei Rücken-, Knie- oder Nackenproblemen empfehlenswert ist. Oft genügen nämlich schon kleine Korrekturen am Vorbau, der Sitzhöhe oder den Tretkurbeln, um Erleichterung zu bringen.

DIE METHODE SITZPROBE

Eine Sitzprobe ist die einfachste Methode, um die richtige Rahmengröße zu finden. Schnell merkt man, ob das Rad „passt". Eine Faustregel dabei: Wenn der Radler auf dem Sattel sitzt und mit dem Vorderfuß (Fußballen) auf der Pedale steht, sollte sein Knie noch eine leichte Beugung haben. Dann hat er jedenfalls die passende Sitzhöhe. Und bei waagerechter Oberschenkelhaltung soll sein Knie direkt über der Pedalachse stehen.

Versicherung, Codierung

Sein Fahrrad zu versichern, muss nicht teuer sein, denn der Schutz lässt sich in die Hausratversicherung integrieren. Unter Umständen ist das Fahrrad sogar schon in einer bestehenden Hausratversicherung inbegriffen. In alten Versicherungen war das so – schauen Sie einfach einmal in Ihrem Vertrag nach. Oftmals ist der Schutz im alten Vertrag allerdings wertmäßig stark begrenzt. Außerdem ist ein Diebstahl oft in den Nachtstunden nicht versichert. Wer in seiner Hausratversicherung noch keinen Fahrradschutz hat, kann ihn dazu buchen. Ansonsten wäre das Rad in der Hausratversicherung nur versichert, wenn es aus einem abgeschlossenen Bereich wie der Wohnung oder dem eigenen Keller durch Einbruch entwendet wird.

Diebstahlversicherung fürs Rad

Prüfen Sie Ihre bestehende Hausratversicherung, inwiefern das Fahrrad womöglich schon gegen Diebstahl mitversichert ist. Wenn nicht, lässt sich diese Leistung meist relativ kostengünstig hinzubuchen.

Wird ein separater Fahrradschutz vereinbart, ist das Rad auch außerhalb der Wohnung oder des Kellers bei Diebstahl versichert, sofern es angeschlossen war, und bei den meisten Anbietern auch 24 Stunden lang. Der Umfang der Ersatzleistung hängt von der jeweiligen Vereinbarung und der Versicherungssumme insgesamt ab. Sind Fahrräder bis zu 1 Prozent des versicherten Hausrats mitversichert und beläuft sich die Versicherungssumme auf 50 000 Euro, würde der Versicherer für den Diebstahl eines Fahrrads maximal 500 Euro erstatten. Besitzt eine Familie mehrere Fahrräder und alle werden gleichzeitig entwendet, dürfte die Ersatzleistung kaum reichen. Aber auch für ein einzelnes Fahrrad sind 500 Euro zu wenig, um für einen gleichwertigen Ersatz sorgen zu können. Der Schutz kann jedoch angepasst werden. Um im Beispiel zu bleiben: Vereinbart der Kunde 2 Prozent Erstattung in der Fahrradklausel, wären schon 1 000 Euro Ersatzleistung gegeben, bei 3 Prozent wären es 1 500 Euro. Das kostet etwas mehr, im Fall des Falles reicht die Summe aus der Versicherung dann allerdings wahrscheinlich aus, um sich ein gleichwertiges Fahrrad wiederzubeschaffen. Wer ein sehr teures Rad hat, beispielsweise ein E-Bike oder Lastenfahrrad, sollte den Fahrradschutz in seiner Hausratversicherung noch stärker erweitern.

TEURE FAHRRÄDER VERSICHERN

Nicht jeder hat eine Hausratversicherung. Und mancher möchte vielleicht auch Teilediebstahl oder Vandalismus versichern. Infrage kommt dann auch eine spezielle Fahrradversicherung – die allerdings ziemlich teuer werden kann. So hat die Stiftung Warentest im Juli 2017 ermittelt, dass die Versicherung eines Rades im Wert von 1 500 Euro bis zu 200 Euro im Jahr kosten kann. Darüber hinaus wurde in dieser Untersuchung festgestellt, dass Besitzer von sehr teuren Rädern mit speziellen Fahrradversicherungen in Einzelfällen besser dran sind als mit dem Fahrradschutz in der Hausratversicherung. Wie fast alle Spezialversicherungen in jenem Test kommen zwar auch Hausratversicherungen nicht nur für Diebstahl auf, sondern ebenfalls für Raub – also wenn der Dieb dem Besitzer das Rad aus der Hand reißt und flüchtet. Die Fahrradversicherer zahlen in der Regel zusätzlich für Reparaturen nach Vandalismus oder Unfall.

Fahrradversicherungen im Vergleich

Schauen Sie sich den Test der Stiftung Warentest aus dem Jahr 2017 an: test.de/Vergleich-Fahrradversicherungen-5205101–0/

Trotz des höheren Leistungsumfangs müssen die Spezialpolicen nicht unbedingt teurer sein als der Zusatzbeitrag der Hausratversicherung, können je nach Wohnort des Versicherten sogar günstiger sein. Im Test wurden die Städte Münster (teure Versicherung, weil hohes Diebstahlrisiko) und Wuppertal (günstige Versicherung, weil geringeres Diebstahlrisiko) miteinander verglichen. In einer 90 Quadratmeter großen Wohnung in Münster kostete der Radschutz über die Hausratversicherung für ein 2 500 Euro teures E-Bike je nach Versicherer zwischen 20 und 350 Euro, in Wuppertal dagegen nur zwischen 14 Euro und 146 Euro. Mit einer Fahrradversicherung lässt sich dasselbe Rad in Münster günstigstenfalls für 88 Euro schützen. Nachteil vieler Spezialpolicen: Sie erstatten nur den Zeitwert eines Rades, und der sinkt kontinuierlich. Hausratversicherer erstatten hingegen bis zum vereinbarten Umfang den Neuwert des gestohlenen Rades.

DAS FAHRRAD CODIEREN

Zu den rund 280 000 Fahrrädern, die 2019 in Deutschland gestohlen wurden, kommt nach Schätzungen des ADFC noch einmal eine halb so große Dunkelziffer. Und die Aufklärungsquote liegt bei rund 10 Prozent niedrig – viele Geschädigte versprechen sich deshalb nur wenig von einem Gang zur Polizei oder einer Internetanzeige. Wer sein Fahrrad versichert hat – das waren 2018 laut Aussage des Zentralverbands der Deutschen Versicherungswirtschaft immerhin 160 000 Geschädigte –, kann auf Entschädigung hoffen.

Neben der Versicherung des Rades bietet die Codierung bei der örtlichen Polizei einen gewissen Schutz vor einem Diebstahl. Das Fahrrad erhält damit eine Nummer auf dem Rahmen, ähnlich der eines Kfz-Kennzeichens, und hat dadurch einen geringeren Wiederverkaufswert. Für die Codierung benötigt man:

Ranking der Großstädte in Deutschland mit den meisten Fahrradiebstählen
je 100 000 Einwohner im Jahr 2019

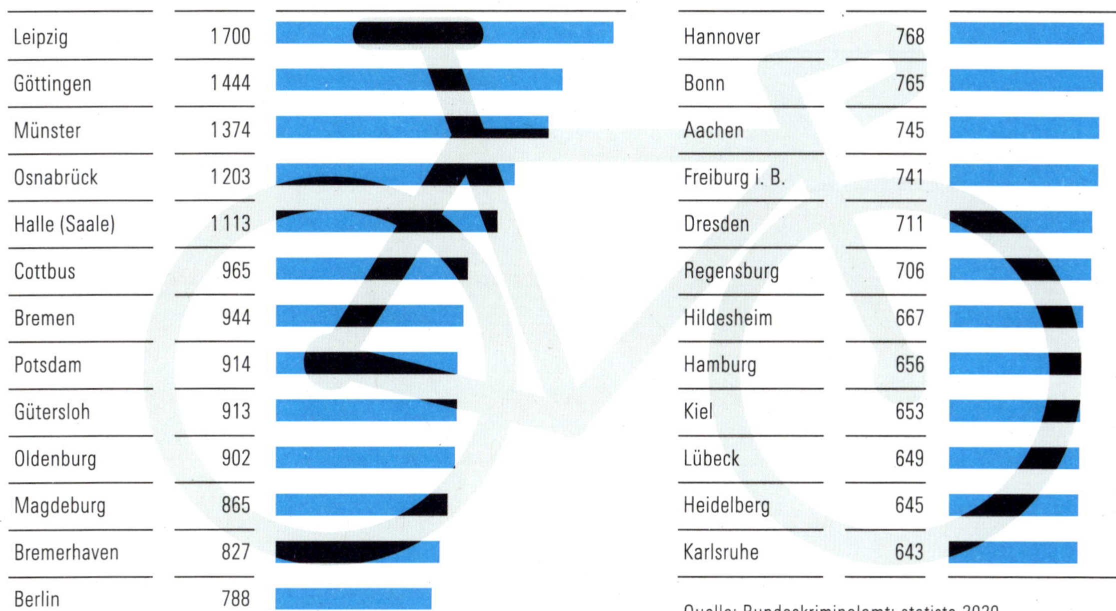

- Personalausweis oder Reisepass
- Das Fahrrad
- Kaufbeleg des Fahrrads
- Formulare zur Registrierung (können sich von Bundesland zu Bundesland unterscheiden)

Die lokalen Polizeibehörden geben auf ihren Webseiten an, wann und wo Codierungen stattfinden und was man mitbringen muss. Am Servicetag wird das Fahrrad dann mit einem Code versehen, der entweder als Aufkleber oder als Gravur am Fahrrad angebracht und in eine polizeiliche Datenbank eingetragen wird. Das verbessert die Identifizierungsmöglichkeit im Falle eines Diebstahls und mindert für einen Dieb den Wert des Fahrrads – es ist beim Verkauf als gestohlen erkennbar, denn der Dieb wird den Codierungsbeleg kaum vorlegen können.

Auch private Anbieter führen Codierungen durch. Eine Übersicht bietet der ADFC unter diesem Link: fa-technik.adfc.de/code/anbieter . Man kann auf der Website die Postleitzahl seines Wohnorts eingeben und dann Termine finden.

Die Alarmbox von Abus gibt einen lauten Ton von sich, sobald das Fahrrad bewegt wird.

Dienstfahrrad und Leasing

Wer täglich mit dem Fahrrad oder dem E-Bike zur Arbeit fährt, schont nicht nur seine Nerven und die Umwelt – er kann auch noch Steuern und Sozialabgaben sparen. Nämlich dann, wenn der Chef das Dienstrad stellt. Ein Fahrrad zu leasen, ist gerade bei E-Bikes beliebt, wie uns mehrere Händler bestätigt haben.

Dabei kann der Arbeitnehmer zum Beispiel auf eine Gehaltserhöhung verzichten und sie stattdessen in eine Leasingrate umwandeln. Oder Arbeitnehmer verzichten freiwillig auf einen Teil des Gehalts und lassen das Rad mit dem gesparten Geld vom Chef finanzieren. Wie die Stiftung Warentest im Juni 2018 ermittelte, fallen bei beiden Verfahren weniger Sozialabgaben und Steuern an.

Aber aufgepasst – es gibt auch Steuerfallen. Denn wer sein geleastes Dienstfahrrad auch für private Zwecke nutzt, zieht nach Ansicht des Finanzamts daraus einen steuerlichen Vorteil. Die Tester schreiben: „Nutzen Mitarbeiter ihr Dienstrad nur für den Weg von zu Hause ins Büro und wieder zurück sowie für berufliche Fahrten, entstehen keine steuerlichen Konsequenzen. Radeln sie damit jedoch auch am Wochenende für private Ausflüge ins Grüne, gilt das steuerlich als geldwerter Vorteil – und sie müssen die Steuerersparnis aus der Gehaltsumwandlung teilweise zurückgeben."

Diesen Vorteil muss der Radler versteuern. Nach einer Neuregelung müssen die Arbeitnehmer aber nur noch den halben Listenpreis versteuern. Der Arbeitgeber berechnet diesen „geldwerten Vorteil" nach der 1-Prozent-Methode: Zunächst rundet er den halben Bruttolistenpreis des Zweirads auf volle 100 Euro ab. Anschließend addiert er rein rechnerisch 1 Prozent dieses Preises zum restlichen Lohn hinzu und führt für den Gesamtbetrag die entsprechenden Steuern und Sozialabgaben ab.

Ein Fahrrad mieten

Wer nur vorübergehend ein Fahrrad nutzen will, aber gern ein anspruchsvolleres Modell hätte als die 08/15-Räder, die von den diversen Bike-Sharing-Diensten angeboten werden, für den könnte das Mieten eines Fahrrads eine Alternative sein. Verschiedene Anbieter tummeln sich auf diesem Markt. Dazu zählen:

- Swapfiets
- VanMoof

- Swafo
- eBike Abo

Die Preise variieren. Für ein konventionelles Fahrrad verlangt Swapfiets 17,50 Euro im Monat, die Pedelecs bei eBike Abo sind mit 99 Euro im Monat aber schon teuer.

Auch über die Webseite listnride.de kann man Fahrräder mieten. Man gibt seinen Wohnort ein, woraufhin angezeigt wird, welche Fahrräder es dort zu mieten gibt. Ein E-Bike von BZen steht da zum Beispiel mit 19 Euro pro Tag im Angebot.

Auch Lastenräder kann man natürlich mieten. In Berlin bietet fLotte (flotte-berlin.de) den Service sogar kostenlos an. Am besten informiert man sich im Internet über die örtlichen Anbieter.

INFO

Steuersparmodell Dienstrad

Wie es sich für Sie rechnet, wenn Ihr Chef für Sie ein Elektrorad zum Neupreis von 2 999 Euro least:
Steuervorteil. Die Leasingraten von 75 Euro im Monat zieht der Chef vom Lohn ab. Die private Nutzung des Rades müssen Sie aber versteuern. Dafür schlägt der Chef rein rechnerisch monatlich 1 Prozent vom abgerundeten Listenpreis (2 900 Euro) auf Ihr Gehalt auf, also 29 Euro. Sie versteuern monatlich 46 Euro weniger als ohne Dienstrad und sparen je nach Steuersatz 6 bis 21 Euro.
Lohnsteuer und Soli. Weitere Steuerersparnis bringt die Pendlerpauschale, die Sie mit 30 Cent pro Kilometer und Arbeitstag ansetzen. **Günstig kaufen.** Am Ende der dreijährigen Leasingzeit kaufen Sie das Rad für 300 Euro. Das Finanzamt setzt als Restwert 40 Prozent des Neupreises an, also 1 200 Euro. Die Differenz von 900 Euro müssen Sie versteuern. Das übernimmt oft der Leasinganbieter zum pauschalen Steuersatz von 30 Prozent sozialabgabenfrei. S-Pedelecs, die schneller als 25 km/h fahren, werden vom Finanzamt anders behandelt als Pedelecs. Besitzer von S-Pedelecs müssen die Fahrt vom Büro zur Arbeit mit 0,03 Prozent des Listenpreises vom Fahrrad versteuern.
Vorsicht geboten ist beim **Leasingvertrag**. Wenn hier der Name des Arbeitnehmers steht, betrachtet das Finanzamt ihn als Leasingnehmer an – sein Fahrrad wird nicht als Dienstrad bewertet, Steuern und Sozialabgaben müssen dann nachgezahlt werden.
Unter Begriffen wie **„Jobrad"** oder Ähnlichem bieten manche Fahrradhersteller und -versender auch Onlineberechnungs- und Antragshilfen an. Der Versender Canyon verlinkt zum Beispiel auf die Website jobrad.org, die ausführlich über das Prozedere informiert.
(Quelle: Stiftung Warentest 27.6.2018)

Fahrradpflege

Für die Reinigung des Fahrrads braucht man einen Eimer mit lauwarmem Wasser, einen Schwamm, ein trockenes Tuch oder einen Lappen. Wenn das Fahrrad richtig dick verdreckt ist, säubert man es zunächst mit einem nassen Schwamm. Für hartnäckigen Schmutz oder ölige Stellen lässt sich auch ein spezieller Fahrradreiniger – idealerweise biologisch abbaubar – verwenden, der einige Minuten einwirkt. Ansonsten reicht ein trockenes Tuch, um Staub und kleinere Flecken zu entfernen.

Wer seinem Bike zu neuem Glanz verhelfen will, kann sich eines Lackauffrischers aus dem Fahrradhandel bedienen. Hier sind Flüssigkeiten zum Auftragen und Nachtrocknen im Angebot, die auch alten Lack wieder glänzen lassen.

Schmutz am Sitzrohr ...

Kette und Kettenschaltung verschmutzen am schnellsten. Dabei ist eine saubere Kette wichtig – sie überträgt rund 98 Prozent der Kraft des Pedals auf das Hinterrad. Wenn sie verdreckt oder rostig ist, sinkt diese Fähigkeit rapide ab. Man nimmt dazu am besten ein trockenes Tuch und reibt damit den Schmutz von der Kette. Im Anschluss zieht man es durch die Ritzel des Zahnkranzes, um auch dort den Schmutz zu entfernen. Für diesen Zweck gibt es im Handel auch halbkreisförmige Ritzelreiniger, die man zwischen dei Zahnkränzen durchziehen kann.

... und an Kette oder Riemen beeinträchtigt auf Dauer die Funktionsfähigkeit eines Rades.

Kettenreinigungsgeräte sind weniger zu empfehlen. Ihre Flüssigkeit dringt in die Kettenrollen ein und entfernt auch dort noch die letzten Reste an Schmieröl, was der Kette mehr schadet als es nützt. Hartnäckigen Rost kann man mit einer Drahtbürste entfernen – eine verrostete Kette ist aber in der Regel ein Fall für die Mülltonne. Nach dem Säubern sollte man die Kette sparsam ölen. Denn zu viel Öl zieht nur Schmutz an. Lassen Sie das Öl etwas einwirken und fahren dann einmal um den Block oder drehen die Pedale eine Weile. Überschüssiges Öl nehmen Sie mit dem trockenen Tuch wieder auf.

Im Handel sind Kettenöl und Trockenschmierstoff erhältlich, Letzterer für die Kette ist etwas dünnflüssiger als Öl und hat den Vorteil, dass er Schmutz nicht so anzieht wie ein Kettenöl; dafür hält er nicht so lange.

Alle beweglichen Teile am Fahrrad – also Schaltung, Bowdenzüge, Schalt- und Bremsgriffe sowie die Lagerbolzen und Gelenke der Bremsen – sollte man ebenfalls hin und wieder reinigen und einfetten.

Sind Bremsen schwergängig geworden, liegt das oft an den Bowdenzügen. Gerade wenn Fahrräder jahrein, jahraus im Freien stehen, kriecht dort die Nässe hinein und führt zu Korrosion der Züge.

Neuere Bremszüge tragen innen eine Teflonschicht, da passiert das nicht so leicht. Bei älteren Modellen läuft der Seilzug aber meist offen im Bowdenzug. Dann wird Rost zu einem Problem. Hier hilft es, wenn man die Züge hin und wieder aushängt und ein paar Tropfen Fahrradöl hin-

Etwas Öl auf die Kette muss gelegentlich schon sein (1) – davor wischt man sie mit einem trockenen Lappen ab (3). Mit einem Zahnkranzreiniger (2) bekommt man den Schmutz zwischen den Ritzeln weg.

einträufelt. Hilft gar nichts mehr, sollte ein Tausch der Züge in Betracht kommen.

Bei Felgenbremsen reibt man die Bremsflächen sauber. Es lohnt sich auch, die Bremsgummis zu prüfen und abzuwischen – manchmal setzen sich darin Steinchen fest und kratzen unschön. Scheibenbremsen sollte man nur mit warmem Wasser reinigen – Lackpolitur, Fett und Öl sollte man von den Scheiben fernhalten. Sie beeinträchtigen die Bremswirkung massiv.

Zu welchem Zeitpunkt man die Bremsbeläge von Scheibenbremsen austauschen muss, hängt sehr stark von der Fahrweise und Beanspruchung ab. Bis zu 5000 Kilometer sollten sie schon halten. Spätestens wenn man ein Schleifgeräusch hört, ist ein Austausch fällig. Besser ist es allerdings, man schaut vorher mal nach. Die Belagdicke sollte mindestens 0,5 Millimeter betragen.

Auch Federgabeln sollte man etwas Aufmerksamkeit schenken. Schmutz von den Holmen zu entfernen, kann nie schaden. Bei Luftfederungen sollten Sie den Luftdruck prüfen, bei ölgedämpften Gabeln die Serviceintervalle beachten.

INFO

Hochdruckreiniger

Eine Warnung sei vor der Verwendung von Hochdruckreinigern ausgesprochen – und sei die Kette mit Salz und Schneematsch im Winter auch noch so verdreckt. Unter dem hohen Druck der Geräte kann das Wasser in das Tretlager oder den Lenkkopf eindringen und zu Korrosion führen – im schlimmsten Fall rosten Lager und Steuerrohr fest.

Die wichtigsten Verkehrsregeln für Radfahrer

Fahrräder sind Fahrzeuge und dürfen grundsätzlich wie alle anderen Fahrzeuge auch eine Fahrbahn benutzen, falls dies nicht durch Verkehrszeichen anders geregelt ist. Eine prinzipielle Pflicht, Radwege zu benutzen, gibt es seit 1998 nicht mehr – es sei denn, das ist durch besondere Verkehrszeichen vorgeschrieben. Das sind die Verkehrszeichen Nummer 237 (Radweg), 240 (gemeinsamer Fuß- und Radweg) und 241 (getrennter Fuß- und Radweg). Nur da, wo diese Schilder aufgestellt sind, besteht die Benutzungspflicht eines Radwegs. Die Anordnung der Benutzungspflicht muss an jeder Einmündung oder Querstraße wiederholt werden. Wenn dies nicht der Fall ist, endet sie dort. Ist ein Radweg nicht nutzbar, zum Beispiel durch Schnee oder herabgefallene Äste, muss er nicht befahren werden. Auf Wegen, die sich Radfahrer mit Fußgängern teilen müssen, gilt natürlich, dass der Radfahrer Vorsicht walten lässt und rücksichtsvoll fährt.

Wann „benutzungspflichtige Radwege" angeordnet werden können, definiert die Straßenverkehrsordnung übrigens genau: „Benutzungspflichtige Radwege dürfen nur angeordnet werden, wenn ausreichende Flächen für den Fußgängerverkehr zur Verfügung stehen. Sie dürfen nur dort angeordnet werden, wo es die Verkehrssicherheit oder der Verkehrsablauf erfordern. Innerorts kann dies insbesondere für Vorfahrtstraßen mit starkem Kraftfahrzeugverkehr gelten" (StVO, § 2, Absatz 4, Satz 2).

Auf Gehwegen mit dem Zusatzschild „Radfahrer frei" ist das Radfahren erlaubt, aber nicht vorgeschrieben. Man kann sich also entscheiden, ob man die Fahrbahn oder den Radweg benutzen will. Wenn man auf dem Gehweg fährt, muss man sich aber mit Schrittgeschwindigkeit bewegen – was bei 4–7 km/h schon schwerfällt.

Auf der Fahrbahn müssen sich Radler rechts halten. Einen Abstand von 0,80 Meter darf man halten, um sich vor sich öffnenden Autotüren zu schützen. Dieses Rechtsfahrgebot gilt auch auf Radwegen, Schutzstreifen, freigegebenen Gehwegen und Fahrradstraßen. Linke Radwege ohne die Zeichen 237, 240 oder 241 dürfen nur benutzt werden, wenn dies durch das allein stehende Zusatzzeichen „Radverkehr frei" angezeigt ist. Gefährlich wird das Falschfahren zum Beispiel auch an Einmündungen, Kreuzungen und Ausfahrten, denn dort rechnen Autofahrer nicht mit Radverkehr von rechts.

Gehwege dürfen Radfahrer nicht benutzen. Allerdings müssen Kinder bis acht Jahren auf dem Fahrrad den Gehweg benutzen, Kinder bis zehn Jahren dürfen das – dann darf sie ein erwachsener Radfahrer auf dem Gehweg fahrend begleiten. Eine komplette Familie darf das aber nicht. Wer regelwidrig auf einem Gehweg fährt, muss seit 2020 mit einem Bußgeld zwischen 55 und 100 Euro rechnen. „Rollern", also auf einer Pedale zu stehen und das Fahrrad anzuschubsen, ist übrigens erlaubt.

Sonderweg für Radfahrer

Gemeinsamer Fuß- und Radweg

Getrennter Rad- und Fußweg

Nebeneinander dürfen Radler fahren, sofern sie den Verkehr nicht behindern. Das gilt auch für Gruppen ab 16 Radfahrern, die als „geschlossener Verband" betrachtet werden.

Der Schutzstreifen ist als Teil der Fahrbahn mit einer unterbrochenen Linie abgeteilt, mit Fahrradpiktogrammen gekennzeichnet und für Radfahrende bestimmt. Er ist schmaler als eine Fahrbahn und darf nur bei Bedarf von anderen Fahrzeugen mitbenutzt werden (z. B. wenn die Fahrbahn für die Begegnung von zwei Lkw nicht ausreicht). Radfahrende dürfen in solch einem Fall aber nicht gefährdet werden. Parken ist auf Schutzstreifen verboten.

Rechts vorbeifahren dürfen Fahrradfahrer an Autoschlangen. Dieses Rechtsüberholen ist aber nur zwischen Fahrzeugschlange und Bordstein erlaubt.

Wenn Einbahnstraßen mit einem Zusatzschild für Radfahrer freigegeben sind, dürfen sie auch in die dem Verkehr entgegensetzte Richtung fahren.

Alkohol verträgt sich generell nicht mit dem Straßenverkehr. Aufgrund des stetig wachsenden Aufkommens an Pedelecs stellt sich womöglich die Frage, welche speziellen Regeln hier womöglich gelten. Räder, die mit elektrischem Antrieb bis zu einer Geschwindigkeit von 25 km/h unterstützt werden, sind auch unter diesem Aspekt Fahrrädern gleichgestellt, daher gilt bei Pedelec- wie bei konventionellen Radfahrern die 1,6-Promillegrenze. Wie hoch der Promillewert im Blut ausfällt, wirkt sich letztlich auch auf das Strafmaß aus. Allerdings kann die Alkoholfahrt laut § 316 (StGB) schon ab 0,3 Promille als Straftat gelten – wenn der Alkohol eindeutig verantwortlich für auffälliges Fahrverhalten ist.

Diese Folgen kann eine Fahrt unter Alkoholeinfluss auf dem Fahrrad haben:

- Bis zu drei Punkte im Fahreignungsregister des Kraftfahrt-Bundesamts in Flensburg
- Bußgeld
- Anordnung einer MPU (Medizinisch-Psychhologische Untersuchung)
- Verlust des Autoführerscheins
- Radfahrverbot

Mit dem Handy am Ohr darf man während der Fahrt nicht telefonieren, mit einer Freisprechanlage hingegen ist es erlaubt. Man muss jedoch immer in der Lage sein, Warnzeichen oder eine Klingel zu hören.

Abstand: Für Autofahrer gilt übrigens seit 2020 beim Überholen eines Radfahrers ein Abstandsgebot von 1,5 Metern.

In einem Lastenrad dürfen seit 2020 auch Jugendliche und Erwachsene mitfahren, nicht mehr nur Kinder.

Ein „Zebrastreifen" – korrekt Fußgängerüberweg – ist eben für Fußgänger und Rollstuhlfahrer gedacht. Radfahrer müssen absteigen, wenn sie auf ihm die Straße überqueren wollen.

REGELN FÜR PEDELECS

Seit März 2017 gelten Pedelecs laut Straßenverkehrsordnung als Fahrrad, wenn sie mit Muskelkraft und einem unterstützenden Elektromotor mit maximal 250 Watt betrieben werden. Die Geschwindigkeit muss zudem auf 25 km/h begrenzt sein. Eine Anfahrhilfe ist zulässig. Schnellere Pedelecs – die sogenannten S-Pedelecs – und E-Bikes, die ohne eigenen Pedaldruck fahren, fallen dagegen rechtlich unter die Kraftfahrzeuge.

Mit einem Pedelec darf man Radwege benutzen. Wenn ein Verkehrszeichen es gebietet, muss man dies sogar. S-Pedelecs müssen auf der Straße fahren.

BELEUCHTUNG – VORSCHRIFTEN FÜRS FAHRRAD

Am Fahrrad ist folgende Beleuchtung vorgeschrieben:

- Weißer Frontscheinwerfer mit weißem Reflektor
- Rotes Rücklicht und kleiner roter Reflektor
- Je zwei gelbe Speichenreflektoren pro Rad oder Reflektorstreifen
- Pedale mit gelben Rückstrahlern, die nach vorn und hinten reflektieren
- Akku-Leuchten sind seit 2020 erlaubt

Fahrradtransport

Für den Fahrradtransport am Auto gibt es drei Möglichkeiten:

- die Anhängerkupplung mit Fahrradträger,
- den Träger für die Heckklappe und
- den Dachträger.

Im Mai 2017 veröffentlichte die Stiftung Warentest einen Test von Fahrradträgern. Durchgeführt hatten die Untersuchung eine tschechische und eine Schweizer Verbraucherschutzorganisation. Die tschechischen Verbraucherschützer stellten große Unterschiede bei den 17 geprüften

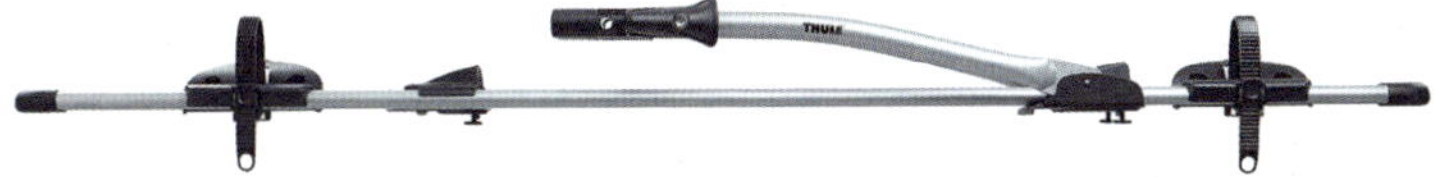

Fahrradtransport: auf dem Dach (1), mit einem Träger für die Dachreling (4) oder am Heck (2, 3) mit bis zu vier Rädern gleichzeitig

Dachfahrradträgern fest. Einige konnten das Rad beschädigen oder das Auto zerkratzen, andere ließen sich nur mit Mühe montieren.

Leicht zu handhaben war der Testsieger „ProRide" von Thule, der zudem sicheren Halt und hohen Korrosionsschutz bot. Auch der „Free Ride 532" desselben Herstellers ließ sich einfach und schnell anbringen und erwies sich bei den Testfahrten als stabil.

Sollen Räder spritsparend am Fahrzeugheck mitfahren, gibt es je nach Auto zwei Optionen:

- Modelle, die man an der Heckklappe montiert und
- Modelle, die auf die Anhängerkupplung gesteckt werden.

Die Schweizer Tester von K-Tipp prüften insgesamt zwölf Modelle beider Varianten. Die Träger für die Kupplung erwiesen sich im Test als sicherer und stabiler als jene für die Heckklappe. Mit ihnen lassen sich auch schwere E-Bikes transportieren. Am besten schnitt der Träger „Easy Fold" ebenfalls aus dem Hause Thule ab, gefolgt vom „Velo Space 917" derselben Marke. Der „Alu Atlas Evolution" von Unitec überzeugte ebenfalls, besaß jedoch keinen Diebstahlschutz. Die Modelle fassen jeweils zwei Räder, wobei sich die meisten Typen auch auf drei Fahrräder erweitern lassen.

Der ADAC testete 2019 elf Heckträger für die Anhängerkupplung mit Platz für drei Räder, die auch für E-Bikes zugelassen sind. Der Testsieger war der „i31" der Firma Uebler. Der ADAC empfiehlt vor allem, auf das tatsächlich erlaubte Gesamtgewicht zu achten. So gab es Träger, die pro Fahrrad nur 15 Kilogramm zuließen – welche Grenze das Gewicht der getesteten Trekkingräder mit 16 Kilogramm bereits überschritt.

Fahrradträger 

- Dach- oder Heckträger
- Anzahl Fahrräder
- Gewicht
- Preis

HECKKLAPPENTRÄGER SCHLECHTER ALS KUPPLUNGSTRÄGER

Heckklappenträger sind meist günstiger, schnitten insgesamt aber schlechter ab als Kupplungsträger. Noch okay eingestuft wurde der „Grizzly" von Eckla. Er war leicht, stabil und ließ sich schnell montieren. Das Modell bot jedoch keinen Diebstahlschutz, und seine Felgenhalteriemen konnten Kratzer verursachen.

DACHTRÄGER ERHÖHEN DEN SPRITVERBRAUCH

Die Befestigungssysteme haben Vor- und Nachteile. Träger fürs Dach sind in der Regel günstiger als solche fürs Heck. Sie lassen sich meist schnell montieren. Auf dem Dach sind die Fahrräder zudem recht sicher vor Dieben. Nachteil: Die Räder müssen aufs Dach gewuchtet werden – was gerade bei E-Bikes schwierig ist – und erhöhen den Benzinverbrauch. Durchschnittlich zwei Liter mehr pro 100 Kilometer verbraucht ein Auto, wenn es Fahrräder auf dem Dach transportiert. Das hat der Schweizer Automobilclub TCS mit einem VW Golf bei einer Geschwindigkeit von 100 km/h gemessen. Zum Vergleich: Stehen die Räder auf einem Heckträger, steigt der Verbrauch nur um rund einen halben Liter.

MAXIMALGEWICHT NICHT ÜBERSCHREITEN

Aufpassen muss man beim Maximalgewicht, das der jeweilige Träger verkraftet. Dachgepäckträger vertragen in der Regel 50 Kilogramm. Die sind bei vier konventionellen Fahrrädern schnell erreicht. Anhängerkupplungen haben meist eine Stützlast von 50 oder 75 Kilogramm – je nach Gewicht des Fahrzeugs. Von dieser Maximallast muss man das Eigengewicht des Trägers abziehen. Bei einem Gewicht von 10 Kilogramm und einer Stützlast von 50 Kilogramm bleiben so für zwei Fahrräder noch 40 Kilogramm übrig. Zwei E-Bikes dürften diese Schwelle überschreiten.

FAHRRADKOFFER UND -TASCHEN

Nicht nur für die beliebten Radreisen zum Frühjahrstraining auf Mallorca oder in sonstige südliche Gefilde werden Fahrradkoffer gern benutzt. Mancher Radler transportiert sein Fahrrad darin auf einer Zugreise, andere verstauen es darin für die Reise im Auto.

Die unterschiedlichen Koffer bestehen entweder aus strapazierfähigen Plastikhüllen und Einsätzen, die das Fahrrad halten sollen, oder aus Hartschalen. Die Laufräder des Fahrrads müssen in der Regel ausgebaut werden, finden jedoch ebenfalls im Koffer Platz. Die Qualität der Koffer entscheidet sich an den angebotenen Abstützungshilfen für das Fahrrad. So gibt es Modelle, bei denen das Fahrrad auf einem gepolsterten

Kupplungsträger sind für schwere E-Bikes am besten.

und verschiebbaren Tretlagerbock lagert. Manche Versionen bieten Adapter, in die Achsen eingespannt werden, andere eine interne Tasche, in die die Achse gesteckt und per Klettverschluss festgezurrt wird. Bei wiederum anderen Varianten zurrt man den Rahmen mit Klettverschlüssen an der Schalte fest. Innentaschen für Kleinigkeiten bieten alle Modelle.

Zu beachten: Für welche Radgrößen ist die Tasche beziehungsweise der Koffer geeignet? Hier gibt es Unterschiede – nicht alle Modelle am Markt eignen sich für die ganze Bandbreite von 26- bis 29-Zoll-Laufrädern, wie Reiseräder oder Mountainbikes sie haben können.

Die Polsterung rundherum sollte nicht zu gering sein, vor allem am Schaltwerk hinten ist sie wertvoll. Hartschalenkoffer bieten diesen Schutz schon aufgrund ihres Materials. Das ist besser als eine Tasche aus dünnem Kunststoff, erhöht gleichzeitig aber das Gewicht.

Der Fahrradkoffer sollte schließlich ähnlich wie ein Gepäcktrolley über Rollen verfügen, damit man ihn ziehen kann.

10
SERVICE

Hier finden Sie in einem Glossar die wichtigsten Begriffe erklärt und darüber hinaus Adressen von Spezialisten für Liegeräder, Stahl- und Titanrahmen und Links zu Onlineversendern.

Glossar

ABS
Ein Antiblockiersystem verhindert, dass die Räder beim Bremsen blockieren und das Fahrzeug dadurch nicht mehr lenkbar ist. Sensoren überwachen die Räder und dosieren den Bremsdruck. Das Bosch-System ist seit 2019 erhältlich.

AHEADSET
Eine Vorbauart, bei der der Vorbau über das Gabelrohr gestülpt und mit einer Kralle fixiert wird (siehe auch „Vorbau“, Seite 262, und „Steuersatz“, ebenfalls Seite 262). Moderne Art der Vorbaubefestigung.

AMPERESTUNDEN
Manche Hersteller geben die Kapazität ihrer Akkus in Amperestunden (Ah) an. Um die Angabe in Wattstunden (Wh) zu erhalten, multipliziert man die Amperestunden mit der Spannung. 10 Ah ergäben bei einer 36-Volt-Spannung also 360 Wattstunden.

AUSFALLENDE
Hinten: am Ende der Kettenstreben die Aufnahme für die Radachse und Schaltung. Vorn: Öffnung der Gabel zur Aufnahme der Vorderradachse.

BAR END
Englischer Begriff für Lenkerhörnchen oder Lenkerabschluss.

BIKEPACKING
Ein Trend, Packtaschen direkt an den Rahmen statt an den Gepäckträger zu hängen.

BOWDENZUG
Schaltzug, der in einer Hülle verläuft und die Übertragung von Zugkräften auf die Schaltung oder Bremse ermöglicht.

BREMSSOCKEL
An der Gabel oder den Sattelstreben angelötete oder angeschweißte Halterungen zur Montage von Felgenbremsen.

CARBON
Ein Faserverbundwerkstoff, der aus zwei Elementen besteht, etwa einem Epoxydharz und Kohlenstoff. Carbon verbindet hohe Steifigkeit und Festigkeit mit geringem Gewicht.

CYCLOCROSSRÄDER
Rennräder mit breiteren Reifen und Cantileverbremsen für Querfeldeinfahrten.

DOWNHILL
Vollgefedertes Mountainbike mit großem Radstand und hecklastiger Sitzposition, das fast ausschließlich für rasante Abfahrten genutzt wird.

DREHMOMENT
Beschreibt die Drehwirkung einer Kraft auf einen Körper, zum Beispiel eine Tretlagerwelle am Fahrrad.
Mit dem Begriff wird auch die Kraft eines Elektromotors am Pedelec angegeben.

DUAL-PIVOT-BREMSE
Felgenbremsen an Rennrädern, die über einen Seitenzug bedient werden. Ein Bremsarm ist mittig gelagert, der zweite außerhalb der Mitte. Das sorgt für hohe Bremskraft. Die Einschränkung: Seitenzugbremsen passen in der Regel nur zu Reifen von maximal 28 Millimetern Breite.

ERGONOMIE
Generell das harmonische Zusammenspiel von Mensch und Maschine. Am Fahrrad die Abstimmung von Rahmengröße, Sitzhaltung, Sattel, Lenker und Vorbaulänge auf die individuellen Körpermaße, um ein möglichst angenehmes Fahrgefühl zu erzielen.

ETRTO
Europäische Reifen- und Felgennorm (European Tire and Rim Technical Organization), die für die Angabe der Reifengrößen maßgeblich ist. 37–622 besagt zum Beispiel, dass die Reifenbreite 37 Millimeter und der Innendurchmesser des Reifens 622 Millimeter beträgt. Das entspricht einem 28-Zoll-Reifen.

EXZENTER
Generell in der Mechanik ein außerhalb der Mitte einer Welle gelagerte Scheibe. Am Fahrrad findet sich ein Exzenter zum Beispiel im Tretlager von einigen Modellen der Firma Velotraum. Damit kann die Kettenspannung eingestellt werden. Gilt handwerklich als gehobener Standard.

FAHRRADKOMPONENTEN
Insbesondere Schaltung und Bremsen an einem Fahrrad. Da die Hersteller beides aufeinander abgestimmt anbieten, bezeichnet man dies auch als „Gruppe“.

FATBIKE
Meist ungefederte Mountainbikes mit besonders breiten, dicken Reifen von bis zu fünf Zoll. Sand und Schnee zu durchfahren ist damit kein Problem. Auch das Tretlager ist mit 100 Millimetern breiter als an normalen Fahrrädern (um 70 mm).

FAZUA
Bayerischer Hersteller von E-Motoren für Rennräder, die direkt im Tretlager sitzen. Abkürzung für „Fahr zu!“

FELGENBREMSEN
Felgenbremsen nutzen die seitlichen Fläche der Felge als Bremsfläche. Bremsgummis mit unterschiedlichen Mischungen werden auf die Bremsflächen gedrückt. Das geschieht mechanisch per Seilzug oder hydraulisch (Magura-Bremsen). Felgenbremsen sind einfacher aufgebaut und leichter als Scheibenbremsen, wirken bei Nässe aber nicht so gut.

FLAT MOUNT
Anbringung des Bremssattels direkt auf Rahmen und Gabel. Kleinere Bremssättel als beim Post-Mount-System.

FULLY
Vollgefedertes Mountainbike.

GANGSCHALTUNG
Die Gangschaltung an einem Fahrrad besteht aus einem Getriebe (Nabenschaltung) bzw. unterschiedlichen Zahnrädchen (Kettenschaltung) am Hinterrad sowie Bedienelementen am Lenker, meist Seilzüge. Mit der unterschiedlichen Übersetzung der Gänge lassen sich Erhebungen im Terrain in einer für den Fahrer angenehmen Trittfrequenz bewältigen.

GARANTIE
Garantien sind – anders als die gesetzliche Gewährleistung – freiwillige Zusatzleistungen, die meist vom Hersteller, nicht vom Händler, gegeben werden. Haben Sie Ware mit einer Herstellergarantie gekauft, können Sie bei Produktmängeln wählen, ob Sie die Garantie vom Hersteller in Anspruch nehmen oder ihre gesetzlichen Mängelansprüche dem Hersteller gegenüber geltend machen. Wenn Sie vom Händler etwa die Reparatur des Mangels verlangen, darf er Sie nicht auf die Garantie des Herstellers verweisen. Zumindest im ersten halben Jahr ab Kauf haben Verbraucher es generell bequem: Der Verkäufer haftet, wenn er nicht beweisen kann, dass eine Ware bei Übergabe in Ordnung war. Ab dem siebten Monat liegt die Beweislast aber beim Kunden. Im Markt für Pedelecs sind neben den gesetzlichen Pflichten auch freiwillige Leistungen üblich – etwa auf die Haltbarkeit des Akkus oder mehrjährige Garantien für den Rahmen.

GEWÄHRLEISTUNG
Wenn Sie etwas kaufen, haben Sie kraft des Gesetzes Mängelansprüche gegen den Händler, bei dem Sie die Ware gekauft haben. Von ihm können Sie Nacherfüllung in Form von Reparatur oder Lieferung einwandfreier Neuware verlangen, wenn die gelieferte Ware defekt ist. Klappt das nicht, können Sie den Preis mindern, vom Vertrag zurücktreten und mitunter sogar Schadenersatz verlangen. Weitere Informationen finden Sie hier: www.test.de, Stichworte „Gewährleistung und Garantie"

GPS-TRACKER
Mithilfe des Global Positioning Systems kann der Standort eines Pedelecs ermittelt werden. Je nach Typ benötigt der Sender im Fahrrad eine SIM-Karte, damit eine Verbindung aufgenommen werden kann. Die Datenübertragung verursacht allerdings Mobilfunkkosten. GPS-Tracker am Fahrrad mit SIM-Karten sind vielfältig nutzbar, zum Beispiel auch zum Navigieren. Zudem können sie als Diebstahlschutz verwendet werden. Bemerkt das Fahrrad einen Diebstahlversuch, sendet es eine Nachricht aufs Handy. Eingebaute GPS-Tracker sind sicherer als nachträglich angebrachte.

GRAVELBIKE
Geländegängige Rennräder mit breiten Reifen (35–47 Millimeter), gemäßigter Renngeometrie und nach außen gebogenem Rennlenker. Geeignet zum Befahren von Feld-, Wald- und Schotterwegen. Großer Nachlauf für ruhiges Fahrverhalten, oft mit einer 1 x 11– oder 1 x 12-Schaltung.

HARDTAIL
Montainbike, das nur eine Gabelfederung hat und einen ungefederten Hinterbau.

HINTERBAU
Das hintere Dreieck eines Fahrradrahmens, das aus dem Sitzrohr, den Sitz- und den Kettenstreben gebildet wird.

HINTERBAULÄNGE
(auch Kettenstrebenlänge)
Der Abstand zwischen der Tretlagermitte und der Mitte der hinteren Ausfallenden. Er hat Einfluss auf die Gewichtsverteilung auf dem Rad. Je kürzer das Maß, desto größer das Gewicht auf dem Hinterrad. Bei Rennrädern ist dieses Maß kürzer (ca. 410–430 Millimeter), bei Trekkingrädern eher länger (ca. 440–460 Millimeter).

HYDROFORMING
Herstellungsmethode für Rahmenrohre, bei der die Rohre unter hohem Druck eines Wasser-Öl-Gemischs verformt werden. Damit werden Rohre unterschiedlicher Durchmesser und Formen (oval, kantig) hergestellt.

ISO SPEED
Federungssystem der Firma Trek, das hinten die Verbindung von Oberrohr und Sitzrohr entkoppelt und am Vorbau eine kleine vertikale Bewegung ermöglicht. Beides dient der Abmilderung von Fahrbahnstößen.

KAPITÄN UND HEIZER (STOKER)
Der Vordermann auf einem Tandem wird „Kapitän" genannt, der Hintermann „Heizer", englisch „stoker".

KETTENBLATT
Am Tretlager befestigte Scheibe mit Zähnen, über die die Kette zum Hinterrad des Fahrrads läuft. Die meisten Fahrräder haben zwei oder drei Kettenblätter mit unterschiedlicher Zähnezahl. An Citybikes sind zum Beispiel 48/36/26 Zähne sehr oft anzutreffen.

KETTENSCHALTUNG
Ermöglicht die variable Kraftübertragung aufs Hinterrad. Am Hinterrad gibt es bis zu zwölf Zahnkränze, am Tretlager bis zu drei Kettenblätter. Per Seilzug oder elektronischer Schaltung

wird die Kette auf das jeweilige Kettenblatt und Ritzel gelegt. Ein großes Ritzel am Hinterrad braucht weniger Kraft, man kommt mit einer Umdrehung allerdings auch nicht so weit voran; das ist ein Berggang. Genauso wird der Krafteinsatz vorn geringer, wenn man ein kleines Kettenblatt wählt. Aus der Kombination beider Variablen kann man die für die jeweilige Fahrsituation günstigste Übersetzung wählen.

KONIFIZIERUNG
Herstellung von unterschiedlichen Wandstärken im Produktionsprozess von Rahmenrohren. Dient der Gewichtsersparnis bzw. der Verstärkung an kritischen Stellen.

LENKKOPFWINKEL
(auch Steuerrohrwinkel genannt)
Der Winkel des Lenkkopfrohres zur Waagrechten. Ein flacher Winkel (bei Hollandrädern zum Beispiel 67 Grad) sorgt für sehr ruhiges Fahrverhalten, ein steiler Winkel (bei Rennrädern etwa 72–75 Grad) für sehr direktes, eher kippeliges Lenkverhalten.

LEGIERUNG
Beifügung von Metallen wie Silizium, Mangan oder Magnesium zu Rahmenwerkstoffen (Stahl, Aluminium), um zum Beispiel die Zug- und Druckfestigkeit zu erhöhen.

LONG JOHN
Bezeichnung für ein einspuriges Lastenrad mit tiefer gelegtem Lastbereich zwischen Steuerrohr und Vorderrad. Hat seinen Ursprung in Dänemark in den 1920er-Jahren und gilt als Urform des Lastenrads.

LOWRIDER
Gepäckträger an der Gabel zur Aufnahme von Packtaschen. Beliebt bei Reiseradlern.

LUMEN
Ist eine Maßeinheit für die Stärke einer Lichtquelle. Sie gibt an, wie viel Licht eine Lampe in einer bestimmten Zeiteinheit abgibt.

LUX
Ist eine elektrische Messeinheit. Sie gibt an, wie viel Licht pro Flächeneinheit auftritt.

MAXIMALGEWICHT
Die Höchstbelastbarkeit eines Fahrrads inklusive Eigengewicht, Fahrer und Gepäck. Sie liegt zwischen etwa 110 Kilogramm bei Rennrädern und bis zu 200 Kilogramm und mehr bei Lastenrädern.

MUFFE
Verbindungsstück für Rahmenrohre an Stahlrahmen.

NABE
Metallzylinder, bestehend aus Achse, Lager und Nabengehäuse, der sich im Laufrad dreht. Hinten kann sie auch ein Getiebe oder einen Hinterradmotor umfassen. Am Nabengehäuse sind die Speichen befestigt. Die Nabe kann zudem mit dem Freilaufkörper einen Zahnkranz aufnehmen.

NABENSCHALTUNG
Schaltung mittels Zahnrädern in der Hinterradnabe. Schaltungen mit 5, 7, 8, 9, 11 14 und 18 Gängen. Wartungsarm aber teurer als Kettenschaltungen.

NACHLAUF
Abstand zwischen dem Punkt, an dem das Vorderrad den Boden berührt, und der gedachten Verlängerung der Lenkachse bis zum Boden. Je größer diese Entfernung, desto ruhiger das Lenkverhalten – je kürzer, umso kippeliger.

NIPPEL
Spezielle Überwurfmutter, mit der eine Speiche in der Felge fixiert wird.

NIPPELSPANNER
Werkzeug, mit dem man die Speichen mittels einer kleinen Überwurfmutter (Nippel) zwischen Naben und Felge festziehen oder lösen kann.

PEDELEC / E-BIKE
Ein Pedal Electric Cycle ist ein Fahrrad mit elektrischem Hilfsmotor, der durch die Pedalbewegung in Gang gesetzt wird. In Deutschland ist die Motorunterstützung auf 250 Watt Dauerleistung und maximal 25 km/h Höchstgeschwindigkeit begrenzt.
Ab 6 km/h darf der Motor nur funktionieren, wenn die Pedale bewegt werden. Beim S-Pedelec beträgt die Höchstgeschwindigkeit 45 km/h. Dazu ist ein Versicherungskennzeichen erforderlich.

PINION-GETRIEBE
Das Pinion-Getriebe ist ein Fahrradgetriebe, das im Tretlager sitzt.
Es besteht aus zwei Teilgetrieben mit Zahnrädern, die gegeneinander verschoben werden. Das Getriebe ist vollständig gekapselt und wird mit sechs bis 18 Gängen angeboten.

POST MOUNT
Anbringung des Bremssattels auf einem kleinen Sockel (Englisch „post") an Rahmen und Gabel, Verschraubung in Fahrtrichtung.

Q-FAKTOR
Der waagerechte Abstand von der linken zur rechten Tretkurbelaußenseite. Er ist mit der Verwendung von drei Kettenblättern und dem Einbau von Mittelmotoren leicht angewachsen und größer als an einem konventionellen Fahrrad. Er beeinflusst das Pedalieren. Bei Rennrädern kann dieser Abstand zwischen 130 und 160 Millimeter betragen, an Mountainbikes 160 bis 200 Millimeter.

RADSTAND
Der Abstand zwischen den Aufstandspunkten der Laufräder auf dem Boden. Gemessen wird er jeweils von der Mitte des vorderen zum hinteren Ausfallende. Ein langer Radstand bewirkt einen ruhigen Geradeauslauf, ein kurzer ein wendiges Fahrverhalten.

RAHMENHÖHE
Dazu gibt es verschiedene Messmethoden. Üblicherweise wird der

Abstand zwischen der Mitte des Tretlagers bis zur Oberkante des Oberrohres angegeben. Daneben gibt es auch den Abstand Mitte Tretlager bis Oberkante Sitzmuffe und den Abstand zwischen der Mitte des Tretlagers und der Mitte des Oberrohrs (italienische Methode).

RAPID FIRE
Deutsch: Schnellfeuer. Schalthilfe für den Lenker, bei der mittels Daumenschalter die Gangschaltung betätigt werden kann.

RIEMENANTRIEB
Antrieb des Hinterrads über einen Riemen aus Carbonfasern anstelle einer Metallkette. Erfordert einen Rahmen, der an der Sattelstrebe geöffnet werden kann. Alternativ ist seit Kurzem ein Endloszahnriemen der Firma Veer auf dem Markt, der mit Pins verschlossen wird. Er kann auch nachträglich angebracht werden. Der Einbau erfordert auch den Austausch der Kettenblätter am Tretlager.

RITZEL/ZAHNKRANZ
Zahnrad am Hinterrad, das die Kraft der Kette auf die Nabe überträgt. Üblich sind elf, im MTB-Bereich auch zwölf Zahnkränze bei dann nur noch einem Kettenblatt.

ROHLOFF-NABE
Hinterradnabe der hessischen Firma Rohloff mit 14 Gängen. Das Getriebe läuft im Ölbad und ist nahezu wartungsfrei. Sehr beliebt bei Reiseradlern.

SATTELSTÜTZE
Jenes Rohr im Sitzrohr, das den Sattel trägt. Es wird mit einer Sattelklemme am Sitzrohr verspannt. Dazu dienen Inbusschrauben oder auch Schnellspanner. Der Durchmesser der Sattelstützen schwankt je nach Rahmenmaterial zwischen 25,4 und 31,6 Millimetern. Carbonsattelstützen haben in der Regel einen Durchmesser von 27,2 und federn ein wenig. Üblich sind Patentsattelstützen. An deren oberem Ende ist die Sattelbefestigung fix integriert. Das gewährleistet besseren Halt. Sattelkerzen mit einem separaten Kolben zur Sattelbefestigung findet man nur noch selten. Es gibt gefederte und ungefederte Sattelstützen. Bei den gefederten Modellen unterscheidet man Parallelogramm- und Teleskopfederungen.

SCHALTAUGE
Kleine, austauschbare Metallplatte am hinteren Ausfallende rechts zur Befestigung der Schaltung. An alten Stahlrahmen fester Bestandteil des Rahmens, an modernen Rahmen angeschraubt.

SCHALTWERK
Käfig am Schaltauge, der die Kette beim Schalten auf die verschiedenen Zahnkränze bewegt.

SCHEIBENBREMSEN
Bremssystem mit einer Bremsscheibe, die an der Nabe befestigt ist, und einer Bremseinheit, die am Rahmen oder der Gabel sitzt. Bei Bremsen werden die Bremsbeläge von zwei Seiten auf die Bremsscheibe gedrückt. Das geschieht entweder mit Öldruck (hydraulisch) oder per Seilzug (mechanisch). Scheibenbremsen sind kräftiger als Felgenbremsen, wirken bei Nässe besser, wiegen aber etwas mehr als Felgenbremsen. Der Durchmesser der Bremsscheibe beträgt an Alltagsrädern 160 Millimeter, an Lastenrädern und Mountainbikes über 200 Millimeter.

SCHNELLSPANNHEBEL
Stahlstangen von 5 Millimeter Durchmesser, die durch die Nabe verlaufen und mit denen die Achse von Vorder- und Hinterrad an der Gabel bzw. dem Ausfallende befestigt wird. Dazu wird ein exzentrisch gelagerter Hebel so weit gedreht, bis er genügend Spannung erzeugt hat.

SCHRADERVENTIL
Nach August Schrader benanntes Reifenventil, vereinfacht auch Autoventil genannt.

SCHRITTLÄNGE
Abstand zwischen Boden und Schritt (gemessen an der Oberkante eines zwischen die Beine geklemmten Buchs oder Lineals). Dient zur Abmessung der passenden Rahmengröße.

SCLAVERANDVENTIL
Ventiltyp, der auch oft „französisches Ventil" genannt wird. Da die Ventile schmaler als üblich sind, wurden sie früher bei Rennrädern eingesetzt, heute sind sie auch bei anderen Fahrradtypen zu finden. Vor dem Aufpumpen muss es aufgedreht werden.

SENSOREN
An modernen Pedelecs messen Drehmomentsensoren die Kraft und die Trittfrequenz, die aufs Pedal kommt. Sie helfen, die Abgabe der Motorkraft feinfühlig zu dosieren. Geschwindigkeitssensoren schließlich regeln den Kraftfluss bei 25 km/h ab.

SINGLE SPEED/FIXIE
Fahrrad ohne Gangschaltung. Ist zudem kein Freilauf vorhanden, so spricht man von einem Fixie (engl. „fixed gear").

SITZROHR
Das Rohr des Rahmens, auf dem der Sattel mit der Sattelstütze befestigt ist.

SITZROHRWINKEL
Der Winkel zwischen Sitzrohr und der Waagrechten. Er beeinflusst die Sitzhaltung auf dem Fahrrad und die Weiterleitung der Kraft. Bei einem steilen Sitzrohrwinkel wird mehr Körperkraft auf die Pedale gegeben, ein flacher Sitzrohrwinkel bewirkt eine eher „gemütliche" Haltung.

S-PEDELEC
siehe Pedelec

SPACER
Distanzringe auf dem Gabelrohr, mit denen die Vorbauhöhe leicht variiert werden kann.

SLOPING-FORM
Die leicht zum Sitzrohr hin abfallende Form des Oberrohrs an einem Fahrrad. Ermöglicht längere Sattelstreben, die dadurch etwas federn und Komfort geben können.

SNAKEBITE
Deutsch: Schlangenbiss. Reifenpanne, verursacht durch eine Quetschung des Fahrradschlauchs zwischen Felgenflanke und Untergrund. Typisch nach dem Überfahren eines Bordsteins. Tritt vor allem auf, wenn der Reifen zu wenig Luft aufweist.

SPD
Abkürzung für „Shimano Pedaling Dynamics", spezielles System zum Einrasten von Radschuhen in die Pedale.

STACK/REACH
Zwei Maße zur Ermittlung der Sportlichkeit eines Fahrradrahmens. Als Stack wird die Distanz von der Tretlagermitte bis zu einer gedachten Horizontalen vom Lenker zum Sattelrohr genommen. Der Reach ist jene Entfernung vom Lenker bis dorthin, wo sich die beiden Linien treffen. Ein Quotient von unter 1,45 aus beiden Zahlen steht für einen sportlichen Rahmen, darüber gilt der Rahmen als bequemer.

STEUERSATZ
Als Steuersatz bezeichnet man das Lenkkopflager, in dem die Fahrradgabel gelagert ist. Es gibt Steuersätze mit und ohne Gewinde. Beim Gewindesteuersatz wird eine Kontermutter auf den Gabelschaft geschraubt, der oben und unten in einem Lager ruht. Der Schaft, der den Vorbau trägt, wird in den Gabelschaft eingeführt und mit einem Klemm- oder Spreizkonus festgezogen. Beim gewindelosem Steuersatz (Ahead-System) wird der Gabelschaft mit einer Kralle und einer Schraube im Steuerrohr festgezogen. Der Vorbau wird danach von außen über den Gabelschaft gestülpt und mit zwei Schrauben angezogen. Das System ist etwas stabiler als das Gewindesystem – allerdings ist die Höhenverstellung begrenzt und nur über Abstandsringe (Spacer) möglich.

TRETLAGER
Lager im Verbindungspunkt von Sitzrohr und Unterrohr, in dem die Tretkurbel eines Fahrrads läuft. Verschiedene konkurrierende Größen, die nicht miteinander kompatibel sind.

TRIKE
Liegerad mit entweder zwei Rädern vorn oder zwei Rädern hinten. Die Konstruktion mit der Achse vorn bietet eine bessere Übersicht im Stadtverkehr. Die sportlicheren Modelle haben die Achse mit zwei Rädern hinten. Trikes gibt es auch mit Neigetechnik.

TUBELESS READY
Spezielle Felge, die für die Aufnahme eines schlauchlosen Reifens geeignet ist.

ÜBERSTANDSHÖHE
Der Abstand zwischen der Mitte des Oberrohres und dem Boden. Er ist maßgeblich für die Schrittfreiheit, wenn der Fahrer über dem Oberrohr mit beiden Beinen auf dem Boden steht. Die Rahmenhöhe sollte kleiner sein als die Schrittlänge des Fahrers. Drei bis fünf Zentimeter sollte die Schrittfreiheit betragen.

UMWERFER
Leitblech am Sitzrohr nahe des Tretlagers, das die Kette vom großen auf das kleinere Kettenblatt und umgekehrt lenkt.

UNISEXRAHMEN
Fahrräder, die mit nur einer Rahmenform, meist als modifizierter Trapezrahmen, für Männer und Frauen hergestellt werden.

UNTERROHR
Das Rohr eines Fahrradrahmens, das vom Lenkkopf zum Tretlager verläuft. An Aluminiumrahmen meist charakteristisch dick.

ÜBERSETZUNG
Bei einem Fahrrad ist das vordere Kettenblatt immer größer als das hintere Ritzel. Wird die Pedale eine Umdrehung bewegt, dreht sich das Ritzel hinten mehrmals. Dieses Verhältnis der Drehzahl von Kettenblatt und Ritzel nennt man Übersetzung. Diese lässt sich mit einer Gangschaltung beeinflussen.

UMWERFER
Leitblech am Sitzrohr, das die Kette von einem Kettenblatt auf ein anderes befördert.

V-BRAKE
Felgenbremse, hat heute die Cantileverbremse als Felgenbremse fast vollständig verdrängt. Wird aber selbst immer öfter durch Scheibenbremsen ersetzt.

VORBAU
Verbindungsstück zwischen Gabelrohr und Lenker; Position und Länge beeinflussen Sitzhaltung auf dem Fahrrad. Es gibt winkelverstellbare Vorbauten und solche, die sich auch in der Höhe anpassen lassen.

VORDERBAULÄNGE
Der Abstand zwischen der Mitte des Tretlagers und der Mitte der vorderen Ausfallenden. Die Vorderbaulänge beeinflusst die Fußfreiheit und die Gewichtsverteilung auf dem Fahrrad.

Onlineshops/-versender

Bei den Onlineshops lässt sich in den letzten Jahren eine Überkreuzentwicklung beobachten: Einstige reine Versender wie Rosebikes haben inzwischen bundesweit auch Showrooms für Probefahrten errichtet, andererseits versenden Hersteller, die früher nur in Fachhandelsgeschäften präsent waren, ihre Räder auch über das Onlinemarketing. Das muss man jeweils händlerbezogen herausfinden. Internetsuchmaschinen helfen weiter. Im Onlineversand sind die Räder in der Regel etwas günstiger als im Fachhandelsgeschäft.

- **bike-discount.de:** Unter diesem Namen vertreibt ein Fachhändler mit Sitz im rheinland-pfälzischen Grafschaft seine Fahrräder online, darunter auch die sportliche Eigenmarke Radon.
- **boc.de:** Umfangreiches Angebot sowohl online als auch in ausgewählten Städten in Fachgeschäften.
- **bruegelmann.de:** Supermarkt mit 85-jähriger Tradition, verkauft alles, was zwei Räder hat, darunter oft Schnäppchen von seltenen Marken, auch aus den USA.
- **canyon.de:** Spezialist für Rennräder und Mountainbikes aus Koblenz, top Qualität der Eigenmarke, ein Tipp für sportlich interessierte Käufer.
- **fahrrad.de:** Onlineshop mit umfassendem Angebot aller Fahrradtypen und zahlreicher Marken. Dazu fünf Auslieferungsstandorte in Stuttgart, Berlin, Düsseldorf, Hamburg und Dortmund sowie Servicepartner vor Ort, die das verschickte Fahrrad auch zusammenbauen.
- **fahrrad-xxl.de:** Der Shop bezeichnet sich selbst als Deutschlands größter Verbund an Fahrradfachmärkten. Sehr breites Angebot verschiedenster Hersteller, 15 angeschlossene Standorte (2019), meist Familienbetriebe, in denen Probefahrten möglich sind. Der Onlineshop befindet sich in Frankfurt am Main.
- **hibike.de:** Anbieter mit Ladengeschäft in Kronberg (Taunus), großes Onlineangebot.
- **liquid-life.de:** Familienbetrieb aus Brilon im Sauerland, ursprünglich im Mountainbikebereich aktiv, nun aber mit umfassendem Angebot an Fahrradtypen und -marken.
- **lucky-bike.de:** Fachgeschäft mit Ursprung in Leipzig, seit 2006 Onlinevertrieb. Breite Auswahl und 27 Filialen in Deutschland.
- **rosebikes.de:** Einer der größten europäischen Versender, riesiges und breites Angebot an Eigenmarken und Zubehör mit durchgängig top Ergebnissen bei Vergleichstests, Sitz seit über 100 Jahren in Bocholt, Nordrhein-Westfalen, hat inzwischen aber in neun Städten Deutschlands Showrooms für Testfahrten und Reparaturen.
- **zweirad-stadler.de:** Die Firma ist an mehreren Standorten in Deutschland mit meist riesigen Verkaufsflächen vertreten und bietet alles rund ums Fahrrad, auch Bekleidung.

Adressen

Nachfolgend haben wir zu zentralen Themen rund ums Fahrrad einige der wichtigsten Anlaufstellen und Adressen für Sie zusammengetragen.

BIKEFITTING

- **bikefitting.com/de/:** Die niederländische Firma arbeitet mit deutschen Partnergeschäften zusammen. Man kann sie mit der Postleitzahl auf der Website finden.
- **bodyscanningcrm.de:** Universalist, vermisst auch Autos und Kleidung.
- **gesundheitszentrum-feldberg.de:** Professionelle Radpositions- und Sitzanalyse einschließlich Satteldruckvermessung.
- **radlabor.de:** Firma mit Sitz in Freiburg, München und Frankfurt am Main, bietet auch Beratung vor dem Kauf an.
- **synergy-protraining.de:** Synergie bietet Beratung vor dem Kauf und Optimierung am vorhandenen Rad.
- **specialized.com:** Geschulte Specialized-Händler nehmen Anpassung vor Ort vor.
- **velotraum.de/system/anpassung/:** arbeitet mit eigens entwickelter Messmaschine.

MASSANFERTIGUNG VON RAHMEN

- Nicolai: **nicolai.de**
- Norwid: **norwid.de**
- Pasculli: **pasculli.de**
- Rennstahl: **rennstahl-bikes.de**
- Velotraum: **velotraum.de**

HERSTELLER VON LASTENRÄDERN

- Babboe: **babboe.de**
- Bakfiets: **bakfiets.de**
- BBF: **bbf.bike**
- Bergamont: **bergamont.de**
- Bullit: **bullitt-bike.de**
- Butchers & Bicycles: **butchersandbicycles.com**
- Douze: **douze-cycles.com**
- Nihola: **nihola-de.com**
- Pfau Tec: **pfiff-vertrieb.de**
- Radkutsche: **radkutsche.de**
- Triobike: **triobike.com**
- Urban Arrow: **urbanarrow.com**
- Xcyc Pickup: **xcyc.de**
- Yuba: **yubaeurope.com**

HERSTELLER VON STAHLRAHMEN

- Boettcher: **boettcher-fahrraeder.de**
- Bigforest : **bigforestframeworks.com**
- Bombtrack: **bombtrack.com**
- Cinelli: **cinelli.it**
- Fahrradmanufaktur: **fahrradmanufaktur.de**
- Fern: **fern-fahrraeder.de**
- Fratelli: **fratelli-cycle.de**
- Guylaine: **guylaine.de**
- Idworx: **idworx-bikes.de**
- Koga: **koga.com**
- Kona: **konaworld.com**
- Krabo: **krabo.de**
- Krautscheid: **rahmenbau-krautscheid.de**
- Maxx: **maxx.de**
- Marin: **marinbikes.com**
- Mawis: **mawis-bikes.de**
- Meerglas: **meerglas.org**
- Mika Amaro: **mika-amaro.com**
- Nicolai: **nicolai-bicacles.com**
- Norwid: **norwid.de**
- Patria: **patria.net**
- Rahmenbau Berlin: **rahmenbau-berlin.de**
- Raketerad: **raketerad.de**
- Rennstahl: **rennstahl-bikes.de/de/**
- Tout Terrain: **tout-terrain.de**
- Utopia: **utopia-velo.de**
- Veloheld: **veloheld.de**
- Velotraum: **velotraum.de**

HERSTELLER VON TITANRAHMEN

- Falkenjagd: **falkenjagd-bikes.de**
- Highendcycling: **highendcycling.de**

- Kocmo: **kocmo.de**
- Vpace: **vpace.de**
- Velocipedo: **velocipedo.de**
- Vigmos: **vigmos.de**
- Wheeldan: **wheeldan.de**
- Punchcycles: **punchcycles.com**

FAHRRÄDER FÜR MENSCHEN MIT BEHINDERUNG

- Draisin: **draisin.de**
- Dreiradzentrum: **dreiradzentrum.de**
- HP Velotechnik: **hpvelotechnik.com/de/**
- Sopur: **sunrisemedical.de/rollstuehle/sopur/handbikes**
- VanRaam: **vanraam.com**

LIEGERÄDER

- Azub: **azub.eu**
- Flux: **flux-fahrraeder.de**
- Hase Bikes: **hasebikes.com**
- HP Velotechnik: **hpvelotechnik.com**
- ICE Adventure: **icletta.com**
- Nazca: **nazca-ligfietsen.nl**
- Toxy: **toxy.de**
- Zox: **zoxbikes.com**

KLAPPRÄDER

- Brompton: **brompton.com**
- Dahon: **dahon.eu**
- Elby: **elby.de**
- Gocycle: **gocycle.com**
- Moulton: **alexmoulton.com**
- Riese & Müller: **r-m.de**
- Strida: **strida.de**
- Tern: **ternbycicles.com**
- Vello: **vello.bike**
- Victoria: **victoria-fahrrad.de**

NACHRÜSTSÄTZE FÜR E-BIKES

- Add-e: **add-e.at**
- Anjoni: **anjoni.de**
- Ansmann: **ansmann.de**
- Bafang: **bafang-e.com**
- Binova: **binova-flow.de**
- E-BikeSolutions: **ebike-solutions.com**
- Elfei: **elfei.de**
- Heinzmann: **heinzmann-electric-motors.com**
- Pendix: **pendix.de**
- TranzX: **tranzX.com**

Einen Überblick über die Nachrüstsätze verschiedener Anbieter bietet auch die Seite **e-bike-umbausatz-test.de**

BESCHICHTUNG VON FAHRRADRAHMEN

- Bikecolours: **bike-colours.de**
- Brandes Pulverbeschichtung: **brandes-gmbh.de**
- Diener & Rapp: **dienerrapp.de**
- EasyElox: **easyelox.de**
- Eloxal München **eloxal-muenchen.de**
- EtoE: **etoe.de**
- Götz Pulverbeschichtung: **goetz-pulverbeschichtung.de**
- Heuser Design: **heuser-design.de**

Register

§

§ 67 Straßenverkehrs-Zulassungs-Ordnung (StVZO) 182

A

Ahead-Set-Steuersatz, siehe Ahead-Vorbauten 100
Ahead-Vorbauten 99, 100
Akku, am E-Bike 148, 150
–, aufladen 154
–, Design 156
–, entnehmbar 151, 156
–, Entsorgung 155
–, im Rahmen verbaut 151
–, Kapazität 152
–, Kosten 154
–, Ladezeiten 154
–, Ladezyklen 154
–, längere Inaktivität 155
–, Lebensdauer 154
–, Pflege 154
–, Reichweite 152
Akkuhersteller 153
Akkuleuchten 181, 185
–, im Test 185
–, Alltagstauglichkeit 186
–, Ladedauer 186
–, Leuchtdauer 186
Alkoholeinfluss, beim Fahrradfahren 251
Allgemeiner Deutscher Fahrrad Club (ADFC) 151
Aluminium, Eigenschaften 89
Aluminiumrahmen, siehe Rahmen, aus Aluminium 89
Anglaise-Rahmen 87
Antrieb, bei E-Bikes und Pedelecs 148
–, Charakteristik 163

B

Bar Ends, siehe Lenkerhörnchen 103
Batterieleuchten 185
Batterie-Management-Systeme 155
Bekleidung 226
–, Hosen 228
–, Trikots 228
–, Zwiebelprinzip 228
Beleuchtungsvorschriften, fürs Fahrrad 252
Berceau-Rahmen 87
Bikefitting 241
Bikepacking 226
–, Lenkertaschen 226
–, Rahmentaschen 226
–, Sitzrohrtaschen 226
Bordcomputer 212
–, Messparameter 212
Bowdenzug 133, 135, 136
Bremsen 190
–, Beläge 194
–, Hitzeentwicklung 110
Bremshebel 197
Bügelschlösser, siehe Fahrradschlösser 220

C

Cantileverbremsen 197
Carbon 93
–, Eigenschaften 93
–, Fahrradtteile aus 93
–, Materialschäden 94
Carbonfelgen 110, 114
Carbonlaufräder, mit Felgenbremsen 114
CE-Kennzeichen 166
Chips, verbaute, als Diebstahlsicherung 213
Cityrad 29
–, Schaltungen 30
–, Tiefeinsteiger-E-Bikes im Test 30
–, typische Schaltung 139
Cleats 230
CO_2-Emissionen 13
Cockpitdisplay, siehe Display 161
Codierung 243
Corona-Krise, Fahrradmarkt in der 12
Crossrad 34
Cyclocross-Rad 52

D

Damenrahmen, siehe Trapezrahmen 85
Daumenschalter 135
Diamantrahmen 84, 85
Diebstahlschutz 221
–, Codierung 244
–, im E-Bike integrierter 33
Diebstahlversicherung 213, 243
Dienstfahrrad, Leasing 246
–, Steuerfallen 246
Display 163, 164
–, am E-Bike 148
–, Verbindung über Bluetooth 164
Drahtreifen 119
Drehschaltgriff 135
Dreirad 75
Druckbelastung, auf dem Fahrrad 174
Dynamo 181
–, Nabendynamo 181

E

E-Bike Ladestationen, App 154
E-Bike, als Reiserad 46
–, das erste 29
–, Definition 151
–, Preiskategorien 170
E-Bike-Motoren, Entwicklung 162
E-Bikes, gebrauchte vorab checken 240
Elektromotoren, Hersteller 157
Eloxieren 95
Entfaltung 51, 139
Enviolo-Getriebe 141, 144, 145
Ersatzakku 155
E-Station, App 154
European Tyre and Rim Technical Organisation (ETRTO) 110, 123, 126

F

Fading 194
Fahrkomfort 17
–, Griffe 17
–, Lenkerformen 17
–, Sattel 17
–, Vorbau 17
Fahrmodi 157
Fahrradanhänger 204
–, im Straßenverkehr 205
Fahrradcomputer 165, 209
–, GPS 210
–, Messparameter 209
–, Navigation 210
–, Preis 210
Fahrraddiebstahlversicherung, Konditionen 243
–, separate 244
Fahrräder, für Menschen mit Behinderung 78

Fahrradgabel 104
Fahrradgeometrie, optimale 242
Fahrradhandschuhe 232
Fahrradhelme 216
–, BMX-Helme 217
–, Cityhelme 217
–, Einstellung 218
–, Fullface-Helme 217
–, Haltbarkeit 218
–, Hövding (Airbag) 219
–, im Test 216, 218
–, Insekten 218
–, Kinnriemen 218
–, Lüftung 218
–, Material 218
–, Preis 219
–, Rennradhelme 217
–, Risse 218
–, Rücklicht 218
–, Schutzkriterien 216
Fahrradkauf, beim Fahrradhändler 238
–, Kernfragen 23, 81
–, online 238
–, online, Nachteile 238
Fahrradkoffer 254
Fahrradpflege 248
–, Bremsen 248
–, Federgabeln 249
–, Felgenbremsen 249
–, Hochdruckreiniger 249
–, Kette 248
–, Kettenschaltung 248
–, Scheibenbremsen 249
Fahrradrahmen, Vermessung 241
Fahrradschlösser 220
–, Bügelschlösser 220
–, Faltschlösser 220
–, Kettenschlösser 220
–, Stoffschlösser 221
–, Transport 221
Fahrradschuhe 229
–, Mountainbikeschuhe 229
–, Sohlen 229
Fahrradstützen 202
Fahrradtaschen 222, 254
–, Citytaschen 223
–, Handhabung 224
–, Lenkertaschen 225
–, Oberrohrtaschen 225
–, Preis 222
–, Satteltaschen 225
–, Tourentaschen 223
–, Vorderradtaschen 225
Fahrradträger 252
–, für das Dach 252, 254
–, für die Anhängerkupplung 252
–, für die Heckklappe 252, 254
–, im Test 252
–, Maximalgewicht 254
Fahrradtransport 252
Fahrradtyp 14
Fahrradtypologie 26
Fahrradvermietung 246
Faltrad 55
–, Entwicklung 59
–, Exoten 57
–, in öffentlichen Verkehrsmitteln 56
–, individuelle Körpergröße 56
–, Klappmechanismus 55
–, mit Elektroantrieb 58
–, Schaltungen 56
–, Tandemfaltrad 58
Faltreifen 119
Faltschlösser, siehe Fahrradschlösser 220
Federelemente, 15
–, am Rennrad 16
–, elektronisch steuerbare 106
Federgabel 104
–, Einstellung von 105
–, Lockout-System 105
–, nachrüsten 107
–, verschiedene Typen 104
–, Wartung von 105
Federgabel vs. Starrgabel 106
Felgen 110, 112
–, mit Ösen 113, 117
–, schlauchlose 114
Felgenband 113, 114
Felgenbremsen 110, 190
–, Cantileverbremsen 191
–, hydraulische 192
–, Nachteile 190, 192
–, Seitenzugbremsen 192
–, V-Bremsen 191
–, Verschleißindikator 112
–, Vorteile 192
Felgenmaterial 112
Fitnessrad 53
Flat Mount 193
Flickzeug 235
FollowMe 207
Fully 86
Funktionskleidung 227
–, atmungsaktive 227
–, Material 227
–, Trocknungseffekt 227

G

Gabel 84
–, elektronisch steuerbare 106
–, starre 104
Gabelschaftverlängerung 100
Gates-Riemen 131
Gepäckträger 198
–, Belastbarkeit 200
–, Material 199
–, nachrüsten 198
Geschwindigkeit 139
Getränkehalter 203
Getriebeschaltung 132, 141
–, Nachteile 146
–, Vorteile 146
Gewährleistung, gebrauchte E-Bikes 241
Gewicht 19
–, nach Fahrradtypen 20
Gewindelose Steuersätze, siehe Ahead-System 99
Gewindesteuersatz, klassischer 99
Gravelbike 50
–, Elektromotor 52
–, Rahmenmaterial 52
–, Übersetzung 51
–, Vielseitigkeit 50
Größenbezeichnungen 13

H

Handbike 78
Handgriffe, ergonomische 103
Hardtail 86
Hausratversicherung, eingeschlossene Fahrraddiebstahlversicherung 243
Hinterradmotor, siehe Nabenmotor 160
Hochrad 98
Höchstgeschwindigkeit 158
Hohlkammerfelgen 112, 113
Hollandrad 54
Hydroforming 90

I/J

Infas-Institut 13
James Starley 98
John Dunlop 113
John Kemp Starley 98

K

Kastenfelgen 112, 113
Kauf von E-Bikes, gebrauchten 240
–, online 239
Kette 130, 131
–, Aufbau 130
Kettenblatt 130, 132
–, Anzahl 133
Kettenbolzerdrücker 131
Kettenschaltung 130, 132, 135
–, am E-Bike 138
–, Bestandteile 132

–, Betätigung 133
–, Einsatzbereiche 137
–, Entwicklung 141
–, in Kombination mit Nabenschaltung 130
–, Kapazität des Schaltwerks 134
–, Nachteile 140
–, Übersetzungsverhältnisse 133
–, Vorteile 140
Kettenschlösser, siehe Fahrradschlösser 220
Kettenstreben 84
Kilometerleistung, durchschnittliche 13
Kinder- und Jugendrad 80
Kinderanhänger 204
–, als Buggy 204
–, als Kinderwagen 204
–, einspuriger 206
–, im Test 204
–, Kupplung 205
Kindersitze 207
–, für hinten 208
–, für vorn 208
–, im Test 207
–, Preis 207
Kiox-System 212
Klickpedale 146, 147
Klingel 202
Kombipedale 147
Komfort und Ergonomie 13
Kompaktbike 60
Komponenten, Auswirkung auf den Gesamtpreis 18
Konifizierung 26, 90
Kurbellänge 97
Kurbelumdrehung 51

L

Lastenanhänger 70
–, einspurige 70
–, zweispurige 70
Lastenrad 61
–, einspuriges 64
–, Erfahrungsbericht 63
–, Familienkutsche 61, 67
–, Frontmotor 69
–, Gewicht 68
–, Hersteller 65
–, Hinterradmotor 69
–, Kernfragen 62
–, Laufräder 64
–, Lenkung 64
–, Long John 61, 65
–, mit Elektromotor 69
–, mit langem Hinterbau 68
–, Mittelmotor 69
–, zweispuriges 64
Laufräder 110
–, Abrolleigenschaften 111
–, Eigenschaften 110
–, Gewicht 110, 117
–, Größen 110
–, Seitensteifigkeit 110
–, Sondergrößen 111
–, Spurtreue 110
Laufradgrößen, Fatbikes 112
LCD-Bildschirmen 164
LED-Rückleuchte 181
LED-Scheinwerfer 181
Lenker 97, 99, 101
–, Butterfly-Form 101
–, gekröpfte 101, 102
–, gerade 102
–, Handgriffe 102
–, Material 101
–, Rennlenker 102
–, Sitzhaltung 101
–, unterschiedliche Griffposition 103
Lenkerhörnchen 103
Lenkertaschen, siehe Fahrradtaschen 225, 226
Licht 181
–, an S-Pedelecs 184
–, an E-Bikes 186
–, Rückleuchte 181
Liegerad 75
–, Kurzlieger 76
–, Langlieger 77
–, Trike 77
Liegerad-Pedelecs 78
Lowrider 199
Luftpumpen 233, 234
Lumen 184
Lux 184

M

Magnetdynamo 181, 182
Männerrahmen, siehe Diamantrahmen 85
Maximalgewicht des Fahrrads 118
–, zulässiges 20
Mini-Tools 233, 235
Mittelmotoren 159
–, Nachteile 160
–, Vorteile 160
Mixte-Rahmen 87
Mobilität in Deutschland, Studie 13
MonkeyLink 186
Motor 148
Motorcharakteristik, verschiedene 158
Motoren, an E-Bikes 156
Motorunterstützung, verschiedene Zwecke 157
Mountainbike (MTB) 35
–, 29er- oder 27,5er-Reifen 39
–, Allround- oder All-Mountainbike 37
–, als Reiserad 46
–, Downhills 37, 39
–, Eingelenk-Hinterbauten 36
–, Elektromotoren 40
–, elektronisch steuerbare Sattelstütze 37
–, elektronische Federgabeln 37
–, Enduro-Mountainbike 37, 40
–, Erfindung 36
–, Fatbikes 40
–, Federgabeln und Dämpfer 38
–, Federungssysteme 36
–, Fully 16, 36
–, Hardtail 35
–, Mehrgelenk-Hinterbauten 37
–, Rahmenmaterial 37
–, Tour- und Cross-Country-MTB 37, 39
–, Typen 37
–, Viergelenk-Hinterbauten 37
–, VPP-System (Virtual Pivot Point) 37
Mountainbikeschaltung, typische 139
Multiplikationsfaktoren, Rahmengröße 14

N

Nabe 110, 115
Nabenbremsen 196
Nabendynamo 182
Nabenflansch 115, 117
Nabenmotoren 159
–, Nachteile 160
–, Vorteile 160
Nabenschaltung 130, 131, 141, 142
–, Einsatzbereiche 146
–, Entwicklung 145
–, Enviolo 141
–, in Kombination mit Kettenschaltung 130
Nabenschaltungen 138
Navigationssoftware 211
Neigungssensoren 148
Nuvinci-Getriebe, siehe Enviolo-Getriebe

O

Oberrohr 84, 96
Oberrohrtaschen, siehe Fahrradtaschen 225
Oberschenkelschützer 231
Ortlieb-Taschen, Entwicklung 224
Ösen 110
Österreichischer Automobil-, Motorrad- und Touring Club (ÖAMTC) 195

P

Pannenmilch 120
Pannenschutz 120, 121, 122
Parallelogrammkäfig 137
Parallelogrammsattelstützen 179
Pedal Electric Cycle, siehe Pedelec 151
Pedale 146
Pedelec 148
–, ABS-System 171
–, Definition 151
–, Nachteile 150
–, Vorteile 150
Pedelecmotor, Funktionsweise 157
–, Fahrmodi 149
Pierre Michaux 98
Pinion-Getriebe 131, 142, 143, 144
Plattformpedale 146, 147
Ponchos 231
Post Mount 193
Preisklassen 21
–, konventioneller Fahrräder 21
–, Pedelecs 22
Preis-Leistungs-Verhältnis 17
–, Pedelecs 18
Pulverbeschichtung 95

Q/R

Q-Faktor 159
Querfeldeinrennen, Cyclocross-Rad 52
Radachse 110
Radwege, Verkehrszeichen 250
Rahmen 84
–, aus Aluminium 88
–, aus Aluminium, Herstellung 90
–, aus Aluminium, Nachteile 89
–, aus Carbon 92
–, aus Carbon, Herstellung 93
–, aus Edelstahl und Titan 91
–, aus Stahl 90
–, aus Stahl, Herstellung 91
–, aus Stahl, Muffenverbindung 92
–, Bestandteile 84
Rahmenbau, Entwicklung 98
Rahmenfarbe, Pulverbeschichtung 94
Rahmenformen 84
–, besondere 86
Rahmengeometrie 16, 95, 178
Rahmenlänge 96
Rahmenmaterial 16, 26, 88
Rahmenschaltungen 136
Rahmenschloss 131
Rahmentaschen, siehe Bikepacking 226
Randonneur 42, 44
–, Gepäckträger 45
Reach 97, 102
Reflektoren 187
Regenhosen 230
Regenjacke 230
Regenschutz 230
Reichweitenrechner 153
Reifen 118
Reifen, an Fatbikes 122
–, Aufbau 118
–, Breite 119
–, Eigenschaften 118
–, Größenbezeichnung 119
–, Gummi 122
–, Luftdruck 121
–, Pannenschutz 118
–, Profil 122
–, schlauchlose 113, 119
Reifen und Felge 124
Reifengrößen 123
Reifentypen 119
Reiserad 42
–, Bremsen 44
–, Federungen 42
–, Getriebe 45
–, klassisches 45
–, Laufradgröße 43
–, Reifen 43
Rennrad 47
–, Bremsen 49
–, Dual-Pivot-Rennbremsen 48
–, Elektromotor 52
–, Endurance-Rennrad 98
–, Gewicht 47
–, Laufräder 49
–, Marthonrennrad 98
–, Rahmen 48
–, Rahmengeometrie 48
–, Reifen 48
–, Schaltung 49, 135, 138
Rennradrahmen für Damen 87
Rennradschuhe, Klickpedale 229
Reparaturen, online gekaufter E-Bikes 240
Riemen 130, 131, 142
–, Nachteile 143
–, Vorteile 143
Riemenantrieb 130
Ritzel 133
–, Anzahl 133
Rohloff-Nabe 141, 142
Rollstuhlfahrräder 78
Rucksäcke 222
Rücktrittbremsen, siehe Nabenbremsen 196

S

Sattel 175
–, Breite 175
–, breiter 176
–, Damensattel 175
–, der richtige 175
–, gefederter 178
–, Herrensattel 175
–, Höhe 97
–, Leder 177
–, Material 176
–, schmaler 176
–, sehr schmaler 176
Sattelposition über dem Tretlager 97
Sattelstellung, korrekte 177
–, Versatz 178
Sattelstützen 179
–, elektronisch verstellbare 180
–, federnde 179
–, Material 179
–, verstellbare 180
Satteltaschentasche, siehe Fahrradtaschen 225
Sattelüberhöhung 98, 178
Schaltauge 137
Schaltertypen 134
Schalthebel 134
Schaltkäfig 133, 137
Schaltungen, an Pedelecs 149
–, elektrische 136
Schaltwerk 136
Scheibenbremsen 193
–, ABS 194
–, Fading 194
–, Nachteile 195
–, Umgang mit 196
–, Vorteile 195
Scheinwerfer 181, 183
Schiebehilfe 148
Schlauch 118, 124
Schlauch, Größe 124
–, Material 124
Schlauchreifen, geklebte 120
Schnelles Pedelec, siehe S-Pedelec 151
Schnellspanner 115, 116, 195
Schrittfreiheit 96
Schrittlänge ermitteln 14
Schuhe 226
Schutzbleche 200
–, an City- und Trekkingrädern 201
–, an Mountainbikes und Rennrädern 201
–, Ass Saver 38, 201
–, nachrüsten 200
Schwanenhalsrahmen 86
Schweizer Pedelec, siehe S-Pedelec 151

Seitenläuferdynamo 181
Seitenzugbremsen 197
Sensoren 148, 156, 161
–, Drehmomentsensoren 161
–, Geschwindigkeitssensor 161
–, Lagesensoren 161
Shimano Nexus 142
Single Speed / Fixies 54
Sitzbeinhöcker 174
Sitzdreieck 13
Sitzhaltung 13, 14, 97, 175, 177
–, Cityrad 97
–, Rennrad 98
–, Trekkingrad 97
Sitzknochenabstand 175, 178
Sitzprobe 243
Sitzrohr 84
–, elektrische Höhenverstellung 164
Sitzrohrlänge 13
Sitzrohrtaschen, siehe Bikepacking 226
Sitzrohrwinkel 95
Sitzstreben 84
Sloping-Formen 96
Smartphone, als alleiniges Steuerungselement 164
–, als Steuerelement 148, 164, 211
–, Diebstahlsicherung 211
–, Ladegeräte fürs Fahrrad 211
–, unterwegs aufladen 211
–, Vernetzung mit dem 163
Sonderangebote, Pedelecs 18
Spacer 99
SPD-System 230
S-Pedelecs, Definition 151
Speichen 110, 115, 116
–, am Hinterrad 117
–, Anzahl 116, 117
–, Belastung 115
–, Dicke 115
–, konifizierte 115
–, Kreuzungsart 116
–, Spannung 115
–, Zugbelastung 116
Speichenclips, siehe Reflektoren 187
Speichenflansch 115
Speichenformen 118
Speichennippel 113, 115
Speichenspanner 235
Speichenspannung, mangelnde 110
–, Tonprobe 117
Spezialräder 75
Stack 97
Stack-Reach-Quotient 97
Stahl, Eigenschaften 92
Stahlrahmen, siehe Rahmen, aus Stahl 90
Ständer, siehe Fahrradstützen 202
Steckachsen 115, 195
Steuereinheit 163
Steuerelektronik 156
Steuergerät 148
Steuerrohr 84, 96
Steuerrohrwinkel 96
Steuersatz 99
Steuerungseinheiten 162
Steuerungssysteme 161
Stoffschlösser, siehe Fahrradschlösser 221
Systempedale 146

T

Tagfahrlicht 181, 183
–, Nutzen 184
Tandem 72
–, als Pedelec 75
–, Gesamtgewicht 74
–, Laufräde 73
–, Rahmen 72
–, Schaltung und Übersetzung 74
–, Sitzhaltung 73
–, Touren-Tandem 73
Tandemstangen 206
Teleskopsattelstützen 179
TFT-Bildschirme 164
Thomas Humber 85, 98
Tiefeinsteiger 29, 86
Titan, Eigenschaften 91
Torpedo Dreigangschaltung 146
Trapezrahmen 84, 85
Trekkingrad 26
–, als E-Bike im Test 28
–, Bremsen 27
–, Qualität eines Rahmens 28
–, Schaltungen 27
Tretkurbel 132, 133
Tretlager 84
Tretlagerschaltung 130
Tretwiderstand 149
Trike, Erfahrungsbericht 79
Trike, siehe Liegerad
Trittfrequenz 132, 149
Trittposition, optimale 178
Trittsensor 148
Tubeless ready 120
Tubeless-Felgen 113
Tullio Campagnolo 116

U

Übersetzung 51, 139
–, an E-Bikes 133
Überstandshöhe 96
Überzug, wasserdichter für den Helm 232
Überzüge, wasserdichte für die Füße (Gamaschen) 231
Umrüsten zum E-Bike 165
–, Bremsen 168
Umwerfer 133, 136
Union Cycliste Internationale (UCI) 19
Unterrohr 84
Urban Bike 31
–, Akku im Rahmen 33
–, als E-Bike 32
–, Steuerung über Smartphone-App 33

V

V-Brakes 197
Ventil 124
–, Adapter 125
–, Autoventil 125
–, Dunlpventil 124
–, französisches 125
–, Prestaventil 125
–, Schraderventil 125
–, Sclaverandventil 125
Ventillängen, unterschiedliche 125
Verkehrsregeln, Alkohol 251
–, für Pedelecs 252
–, wichtigste 250
Vermessung, des eigenen Fahrrads 242
Versicherung 243
Vorbau 97, 99
Vorbauadapter 100
Vorbauten, gefederte am Rennrad 100
–, höhenverstellbare 100
Vorderradmotoren 159, 161
–, Nachteile 161
Vorderradmotoren, Vorteile 161

W

Wandstärke der Rohre, siehe Konifizierung 20
Wave-Rahmen 86
Wegstrecke pro Kurbelumdrehung, siehe Entfaltung 51
Werk- und Flickzeug 235

Z

Zahnkränze 130
Zahnkranzreiniger 249
Zahnriemen, siehe Riemen 131
Zubehör 200
Zweirad-Einkaufs-Genossenschaft (ZEG) 12

Bildnachweis

Titel: Getty Images; **Illustrationen:** Michael Römer (S. 6, 7, 174, 178), Annett Hansen (S. 26, 84, 132, 133, 217, 239, 245); **Bilder Innenteil:** Abus.de / pd-f (S. 54, 115, 179, 216, 218, 220, 231, 245); Atera (S. 253); Attaphog (S. 10, 11); Babboe (S. 11, 62, 68); Basil (S. 202); Bernds (S. 56, 58); Bikeboard.at (S. 49); Böttcher Fahrräder GmbH (S. 87); Bosch (S. 153, 165, 171); Brompton.de / pd-f (S. 101, 223, 233); Brose-ebike.com / pd-f (S. 102, 148, 164); Bumm.de / pd-f (S. 185, 186); Cannondale.com / pd-f (S. 30, 48, 53, 89, 98, 101); Corratec (S. 61); Closca.co / pd-f (S. 218); Cosmicsports.de / pd-f (S. 40, 110, 147, 179, 202, 230); Cowboy (S. 33, 211); Croozer (S. 205); Croozer.de / pd-f (S. 71, 72, 204); Decathlon_Van Rysel (88, 104); Douze Cycles (11, 64, 67); DT Swiss (S. 113, 117); Eightshot.com / pd-f (S. 35, 80, 87); Endura (S. 231); Enviolo (S. 144, 145); Ergon (S. 230); Ergonbike.com / Tino Pohlmann / pd-f (S. 103, 174); Ergotec (S. 100, 242); Fahrer-berlin.de / pd-f (S. 4, 156, 199, 210, 225); Flat-Enot (S. 132); Flyer-bikes.com / pd-f (S. 29, 97, 148, 160); Gettyimages: Westend61, Alexander Spatan (S. 24, 25); Giant (S. 40); Gocycle (S. 10, 60); GoreWear (S. 229, 232); Konrad Gös (S. 169); Grenzsteintrophy.de / Gunnar Fehlau (S. 248); Haibike.de / pd-f (S. 11, 16, 35, 39, 48, 85, 87, 93); Haibike.de / pd-f / Stratmann (S. 16); Hamax (S. 207, 208); Hasebikes.com (S. 76, 78); Hebie GmbH (S. 199, 200, 203); Hpvelotechnik.com / pd-f (S. 10, 76, 77); Tatsiana Hrak (S. 133); I:SY (S. 66); **Kapitel-Icons:** Motorama (Kap. 1, 10), etraveler (Kap. 2, 4, 5), puruan (Kap. 3), Panda Vector (Kap. 6), Dn Br (Kap. 7), Catz (Kap. 8), Sereda Serhii (Kap. 9); Koninklijke Gazelle (S. 10, 54); KMC (S. 130); **Legende-Icons:** VoodooDot (Gewicht), AVIcon (Wartungsaufwand), Ma Sua (Kaufnotiz); Roy Löw, Bikecolours (S. 95); Magniclight.com (S. 182); Mavic (S. 114); Michael Link (S. 18, 33, 63, 79, 167, 207); Magura (S. 44, 168, 192, 194, 197); Mate.Bike (S. 58); Meerglas (S. 5, 85, 92, 110); Messingschlager (S. 113, 118, 206); Messingschlager.com / pd-f (80, 131, 175, 202, 208, 233, 235); Miles-Radsport (S. 91); Miloje (S. 8, 9, 10, 11, U4); Montague-bikes.de / pd-f (S. 57); Moulton (S. 57, 87); Mtbcycletech.com / pd-f (S. 32, 150, 159); Muli-cycles GmbH (S. 67); Nabendynamo.de (S. 181); Niceshops GmbH (S. 11, 34); Norwid.de (S. 45); Ortlieb (S. 223); Ortlieb.com / pd-f (S. 47, 199, 223, 225, 226); Ortlieb.com / Russ Roca / pd-f (S. 46, 227); Paul Lange & Co. (S. 2, 134, 135, 191, 192, 194, 197, 230); Pd-f.de: Roland Baege (S. 86, 115), Arne Bischoff (S. 156, 248), Bernd Bohle (S. 13, 95, 96, 97, 181), gregor bresser (S. 45, 116, 131), Gunnar Fehlau (S. 2, 49, 193, 249), Thomas Geisler (S. 142, 235), Luka Gorjup (S. 2, 52, 183), Sebastian Hofer (S. 2, 49, 51, 132, 137, 160, 183), hovding.de / sportimport.de (S. 219), Mathias Kutt (S. 199, 223), Christian Mang (S. 49, 131, 135, 136, 137, 160, 180), Paul Masukowitz (S. 5, 49, 103, 114, 139, 165, 186, 195, 197), Messe Friedrichshafen / Eurobike (S. 41, 49), Phil Pham (S. 165, 199), Florian Schuh (S. 61, 156, 201, 225, 235), Kay Tkatzik (S. 3, 4, 39, 49, 55, 64, 69, 89, 105, 111, 112, 116, 124, 136, 156, 196, 210, 211, 225, 249), Heiko Truppel (S. 29); Pinion (S 3, 131, 142, 143, 144); Puky.de / pd-f (S. 38, 202); R-m.de / pd-f (S. 10, 18, 20, 62, 68, 171); Radkutsche (S. 69); Radplan-delta.de (S. 73); Riese & Müller (S. 10, 55, 65, 70); Roland Werk (S. 72); Rose Bikes (S. 50, 100); Sblocs (S. 10, 68); Schaltauge.de (S. 137); Schwalbe.com / pd-f (S. 4, 16, 43, 115, 118, 119, 120, 121, 122, 123, 124, 235); Scott (S. 11, 39); Carsten Seiffert (S. 76); Sella Berolinum (S. 102); Shutterstock.com: gorillaimages, Tomasz Mazon (S. 6, 7), bibiphoto, Moshbidon (S. 82, 83), dolomite-summits, hermitis (S. 108, 109), Flystock (S. 214, 215), gorillaimages, Angela Dukich (S. 128, 129), Zoe Rae, Altrendo Images (S. 172, 173), RobSimonART, OZBEACHES (S. 188, 189), Alex Sipeta, Pierre Jarry (S. 236, 237), Monkey Business Images, KI Photography (S. 256, 257); Sidi (S. 229); Sigma Sport (S. 5, 183, 185, 186, 209); Sks Germany (S. 200, 201); Sks-germany.com / pd-f (S. 203, 234); Specialized (S. 36); Sportimport.de / pd-f (S. 4, 11, 17, 48, 91, 115, 117, 147, 175, 185, 203, 210, 249); SQlab GmbH (S. 101, 175); Sram.com / pd-f (S. 49, 102, 124); Stevensbikes.de / pd-f (30, 52, 104); Stiftung Warentest / Alexandra Konstantinoudi (S. 10, 31); Strida (S. 11, 57); Tern (S. 58); Thule (S. 199, 204, 253); TiAl GmbH (S. 95); Tout-Terrain (S. 206); Triple2 (S. 232); VanMoof (S. 3, 32, 161); Vanraam.com (S. 78); Vaude (S. 223, 230, 231); Vaude.com / pd-f (S. 229, 231, 232, 233); Velotraum.de / pd-f (S. 10, 11, 42, 43, 44, 45, 46, 71, 73, 84, 193, 242); Velotraum.de / Henning Mohr / pd-f (S. 71); Velovilles.com (S. 138); Voss-spezialrad.de / pd-f (S. 229); Weber (S. 205); WikiCommons: Bundesministerium für Verkehr, Bau- und Wohnungswesen (S. 251), C. Corleis (S. 137), Dantor (S. 135), Dbubnoski (S. 98), Julo (S. 187), Markus Schweiß (S. 196), Mattes (S. 88), Nobsy (S. 146), Oswald Wieser (S. 88), Ralf Roletschek / roletschek.at (S. 125, 178), Rwendland (S. 87), Zserghei (S. 98); Winora.de / pd-f (S. 10, 27, 30, 32, 35, 53, 85, 86, 97); Winora.de / pd-f / Stratmann (S. 87); XLC (S. 197, 203); Yuba-europe.com (S. 69)

Danksagung: Für die sehr freundliche und großzügige Unterstützung bei den Fotoarbeiten bedanken wir uns vor allem beim Pressedienst-Fahrrad, namentlich besonders bei Gunnar Fehlau und Bernd Bohle.

Die Stiftung Warentest wurde 1964 auf Beschluss des Deutschen Bundestages gegründet, um dem Verbraucher durch vergleichende Tests von Waren und Dienstleistungen eine unabhängige und objektive Unterstützung zu bieten.

Wir kaufen – anonym im Handel,
nehmen Dienstleistungen verdeckt in Anspruch.

Wir testen – mit wissenschaftlichen Methoden in unabhängigen Instituten nach unseren Vorgaben.

Wir bewerten – von sehr gut bis mangelhaft, ausschließlich auf Basis der objektivierten Untersuchungsergebnisse.

Wir veröffentlichen – anzeigenfrei in unseren Büchern, den Zeitschriften test und Finanztest und im Internet unter www.test.de

Der Autor:
Michael Link ist Journalist und engagierter Hobby-Radfahrer. Er unternimmt mit seiner Familie längere Touren in Deutschland, verfolgt besonders die Verkehrspolitik in Berlin und ist in seiner Freizeit darüber hinaus gern auf dem Rennrad im Berliner Umland unterwegs.

Stiftung Warentest
Lützowplatz 11–13
10785 Berlin
Telefon 0 30/26 31–0
Fax 0 30/26 31–25 25
www.test.de
email@stiftung-warentest.de

USt-IdNr.: DE136725570

Vorstand: Hubertus Primus
Weitere Mitglieder der Geschäftsleitung:
Dr. Holger Brackemann, Julia Bönisch, Daniel Gläser

Programmleitung: Niclas Dewitz

Autor: Michael Link

Projektleitung: Uwe Meilahn
Lektorat: Magnus Enxing, Münster
Korrektorat: Uwe Meilahn
Fachliche Beratung: René Dannenberg, Berlin (E-Bikes); Jörg Scheuermann, RSG Frankfurt 1890 e. V.
Titelentwurf: Susann Unger, Berlin
Layout, Grafik, Satz: Annett Hansen, Berlin
Bildredaktion: Magnus Enxing, Münster

Produktion: Vera Göring
Verlagsherstellung: Rita Brosius (Ltg.), Romy Alig, Susanne Beeh
Litho: tiff.any, Berlin
Druck: Westermann Druck Zwickau GmbH

ISBN: 978-3-7471-0315-9

Wir haben für dieses Buch 100 % Recyclingpapier und mineralölfreie Druckfarben verwendet. Stiftung Warentest druckt ausschließlich in Deutschland, weil hier hohe Umweltstandards gelten und kurze Transportwege für geringe CO_2-Emissionen sorgen. Auch die Weiterverarbeitung erfolgt ausschließlich in Deutschland.